# FÜNFSTELLIGE LOGARITHMENTAFEL

## DER TRIGONOMETRISCHEN FUNKTIONEN FÜR JEDE ZEITSEKUNDE DES QUADRANTEN


HERAUSGEGEBEN

VON

PROF. DR. J. PETERS

OBSERVATOR AM KGL. ASTRONOMISCHEN RECHEN-INSTITUT



BERLIN

DRUCK UND VERLAG VON GEORG REIMER

1912

# Einleitung.

Die lästige Umrechnung von Zeit- in Gradmaß und umgekehrt von Grad- in Zeitmaß allen hieran interessierten Rechnern zu ersparen, ist der Zweck der vorliegenden Tafel. Sie gibt in ihrem Hauptteile die fünfstelligen Logarithmen der trigonometrischen Funktionen für jede Zeitsekunde des Quadranten.

Um im Anfange der Tafel die hier unbequeme Interpolation unnötig zu machen, wurden dem Hauptteile Tafeln vorangestellt, die für jede Zehntel-Zeitsekunde die fünfstelligen Logarithmen von sin und tang für $0^h\ 0^m$ bis $0^h\ 8^m$, von cos und cotg von $5^h\ 52^m$ bis $6^h\ 0^m$ enthalten. Die Anordnung stimmt überein mit der gewöhnlich für die Logarithmen der Zahlen verwendeten.

Bei fünfstelliger Rechnung ist in diesem Bereiche der Tafel im allgemeinen eine über die Zehntelsekunde hinausgehende Interpolation überflüssig. Sollte sie ausnahmsweise einmal erforderlich werden, so benutze man hierzu die Hilfsgrößen S und T auf Seite 18. Ihr Gebrauch erhellt aus den Formeln:

$$\log \sin \alpha = \log \alpha^s + S$$
$$\log \operatorname{tang} \alpha = \log \alpha^s + T,$$

in denen $\alpha^s$ den in Zeitsekunden angesetzten Wert des Winkels $\alpha$ bezeichnet.

In dem Hauptteile der Tafel wird die Interpolation durch Angabe der Proportionalteile, soweit die Differenzen den Wert 10 überschreiten, erleichtert. Auf den Seiten 24 bis 27 konnten die Proportionalteile für die jeweils vorkommenden Differenzen nicht in einer Spalte untergebracht werden. Deshalb sind sie hier auf den einzelnen Seiten selbst weggelassen, dagegen für die vier Seiten in eine Interpolationstafel zusammengefaßt, die zwischen Seite 24 und 25, sowie zwischen Seite 26 und 27 eingebunden ist. So wird beim Gebrauch der Tafel auch an diesen Stellen die Zuhülfenahme einer Multiplikationstafel zum Zwecke der Interpolation unnötig.

Noch muß auf die Bedeutung der hier und da in der Haupttafel vorkommenden Sternchen (*) hingewiesen werden. Um an Raum zu sparen und dadurch den Preis der Tafel möglichst niedrig zu halten, sind von Seite 26 an die

Kennziffer und die erste oder die beiden ersten Ziffern der Mantisse abgetrennt und, durch fetten Druck hervorgehoben, nur über und unter die Spalten gesetzt. Unterscheidet sich hierbei die über der Spalte stehende Zifferngruppe um eine Einheit von der unter der Spalte sich befindlichen, so ist der Übergang von der einen zur anderen Gruppe durch ein Sternchen (*) zwischen zwei Zeilen der Spalte angedeutet: alle Zahlwerte in der Spalte bis zu dem Sternchen (*) sind mit der oben stehenden Zifferngruppe zu verbinden, die Werte vom Sternchen (*) ab bis zum Ende der Spalte gehören zur unteren Zifferngruppe.

Eine auf Seite 82 gegebene Hilfstafel soll die manchmal erforderlich werdende Umwandlung von Grad- in Zeitmaß und umgekehrt von Zeit- in Gradmaß erleichtern. Scheut man diese Umrechnung nicht, so kann man die vorliegende Logarithmentafel auch statt jeder anderen fünfstelligen logarithmisch-trigonometrischen Tafel verwenden: mit dem Vorteil, daß die durch die Wahl eines viermal kleineren Intervalls im Argument erzielte Herabsetzung der Differenzen auf ihren vierten Teil die Entnahme der Werte bedeutend bequemer gestaltet.

Alle Werte der Tafel II, sowie die Hälfte der Werte in Tafel I (die in den mit **.0**, **.2**, **.4**, **.6**, **.8**, **1.0** überschriebenen Spalten stehenden Zahlen) sind durch Abkürzung aus der von J. Bauschinger und J. Peters herausgegebenen achtstelligen Logarithmentafel*) gewonnen. Die verbleibenden Werte aus Tafel I (die in den mit **.1**, **.3**, **.5**, **.7**, **.9** überschriebenen Spalten stehenden Zahlen) wurden vom Verfasser unter Zugrundelegung der Gellibrandschen Tafel in ganz ähnlicher Weise vollständig neu berechnet, wie dies in der Einleitung der eben erwähnten achtstelligen Logarithmentafel auseinandergesetzt ist.

---

*) Siehe Seite 84.

# I.

# Fünfstellige Logarithmen der Sinus und Tangenten

für $0^h\ 0^m$ bis $0^h\ 8^m$

und

# der Kosinus und Kotangenten

für $5^h\ 52^m$ bis $6^h\ 0^m$ von Zehntel zu Zehntel der Zeitsekunde

# log sin $0^h$ $0^m$

| s | .0 | .1 | .2 | .3 | .4 | .5 | .6 | .7 | .8 | .9 | 1.0 | |
|---|---|---|---|---|---|---|---|---|---|---|---|---|
| 0 | 4. — | 86167 | *16270 | *33879 | *46373 | *56064 | *63982 | *70676 | *76476 | *81591 | *86167 | 59 |
| 1 | 5. 86167 | 90306 | 94085 | 97561 | *00779 | *03776 | *06579 | *09212 | *11694 | *14042 | *16270 | 58 |
| 2 | 6. 16270 | 18389 | 20409 | 22339 | 24188 | 25961 | 27664 | 29303 | 30882 | 32406 | 33879 | 57 |
| 3 | 33879 | 35303 | 36682 | 38018 | 39315 | 40573 | 41797 | 42987 | 44145 | 45273 | 46373 | 56 |
| 4 | 46373 | 47445 | 48492 | 49513 | 50512 | 51488 | 52442 | 53376 | 54291 | 55186 | 56064 | 55 |
| 5 | 6. 56064 | 56924 | 57767 | 58594 | 59406 | 60203 | 60985 | 61754 | 62509 | 63252 | 63982 | 54 |
| 6 | 63982 | 64700 | 65406 | 66101 | 66785 | 67458 | 68121 | 68774 | 69418 | 70052 | 70676 | 53 |
| 7 | 70676 | 71292 | 71900 | 72499 | 73090 | 73673 | 74248 | 74816 | 75376 | 75929 | 76476 | 52 |
| 8 | 76476 | 77015 | 77548 | 78074 | 78595 | 79109 | 79616 | 80119 | 80615 | 81106 | 81591 | 51 |
| 9 | 81591 | 82071 | 82545 | 83015 | 83479 | 83939 | 84394 | 84844 | 85289 | 85730 | 86167 | 50 |
| 10 | 6. 86167 | 86599 | 87027 | 87450 | 87870 | 88286 | 88697 | 89105 | 89509 | 89909 | 90306 | 49 |
| 11 | 90306 | 90699 | 91088 | 91474 | 91857 | 92236 | 92612 | 92985 | 93355 | 93721 | 94085 | 48 |
| 12 | 94085 | 94445 | 94803 | 95157 | 95509 | 95858 | 96204 | 96547 | 96888 | 97226 | 97561 | 47 |
| 13 | 97561 | 97894 | 98224 | 98552 | 98877 | 99200 | 99520 | 99839 | *00155 | *00468 | *00779 | 46 |
| 14 | 7. 00779 | 01089 | 01395 | 01700 | 02003 | 02303 | 02602 | 02898 | 03193 | 03485 | 03776 | 45 |
| 15 | 7. 03776 | 04064 | 04351 | 04636 | 04919 | 05200 | 05479 | 05757 | 06032 | 06306 | 06579 | 44 |
| 16 | 06579 | 06849 | 07118 | 07385 | 07651 | 07915 | 08177 | 08438 | 08698 | 08955 | 09211 | 43 |
| 17 | 09211 | 09466 | 09719 | 09971 | 10222 | 10470 | 10718 | 10964 | 11209 | 11452 | 11694 | 42 |
| 18 | 11694 | 11934 | 12174 | 12412 | 12648 | 12884 | 13118 | 13351 | 13582 | 13813 | 14042 | 41 |
| 19 | 14042 | 14270 | 14497 | 14722 | 14947 | 15170 | 15392 | 15613 | 15833 | 16052 | 16270 | 40 |
| 20 | 7. 16270 | 16486 | 16702 | 16916 | 17130 | 17342 | 17553 | 17764 | 17973 | 18181 | 18389 | 39 |
| 21 | 18389 | 18595 | 18800 | 19005 | 19208 | 19410 | 19612 | 19813 | 20012 | 20211 | 20409 | 38 |
| 22 | 20409 | 20606 | 20802 | 20997 | 21191 | 21385 | 21577 | 21769 | 21960 | 22150 | 22339 | 37 |
| 23 | 22339 | 22528 | 22715 | 22902 | 23088 | 23273 | 23458 | 23641 | 23824 | 24006 | 24188 | 36 |
| 24 | 24188 | 24368 | 24548 | 24727 | 24906 | 25083 | 25260 | 25436 | 25612 | 25787 | 25961 | 35 |
| 25 | 7. 25961 | 26134 | 26307 | 26479 | 26650 | 26821 | 26991 | 27160 | 27329 | 27497 | 27664 | 34 |
| 26 | 27664 | 27831 | 27997 | 28162 | 28327 | 28491 | 28655 | 28818 | 28980 | 29142 | 29303 | 33 |
| 27 | 29303 | 29464 | 29623 | 29783 | 29942 | 30100 | 30257 | 30415 | 30571 | 30727 | 30882 | 32 |
| 28 | 30882 | 31037 | 31191 | 31345 | 31498 | 31651 | 31803 | 31955 | 32106 | 32256 | 32406 | 31 |
| 29 | 32406 | 32556 | 32705 | 32853 | 33001 | 33149 | 33296 | 33442 | 33588 | 33734 | 33879 | 30 |
| 30 | 7. 33879 | 34023 | 34167 | 34311 | 34454 | 34597 | 34739 | 34880 | 35022 | 35162 | 35303 | 29 |
| 31 | 35303 | 35443 | 35582 | 35721 | 35860 | 35998 | 36135 | 36273 | 36409 | 36546 | 36682 | 28 |
| 32 | 36682 | 36817 | 36952 | 37087 | 37221 | 37355 | 37488 | 37621 | 37754 | 37886 | 38018 | 27 |
| 33 | 38018 | 38149 | 38280 | 38411 | 38541 | 38671 | 38800 | 38930 | 39058 | 39187 | 39314 | 26 |
| 34 | 39314 | 39442 | 39569 | 39696 | 39822 | 39948 | 40074 | 40200 | 40324 | 40449 | 40573 | 25 |
| 35 | 7. 40573 | 40697 | 40821 | 40944 | 41067 | 41189 | 41312 | 41433 | 41555 | 41676 | 41797 | 24 |
| 36 | 41797 | 41917 | 42037 | 42157 | 42277 | 42396 | 42515 | 42633 | 42751 | 42869 | 42987 | 23 |
| 37 | 42987 | 43104 | 43221 | 43337 | 43454 | 43570 | 43685 | 43801 | 43916 | 44030 | 44145 | 22 |
| 38 | 44145 | 44259 | 44373 | 44486 | 44600 | 44713 | 44825 | 44938 | 45050 | 45162 | 45273 | 21 |
| 39 | 45273 | 45384 | 45495 | 45606 | 45716 | 45826 | 45936 | 46046 | 46155 | 46264 | 46373 | 20 |
| 40 | 7. 46373 | 46481 | 46589 | 46697 | 46805 | 46912 | 47019 | 47126 | 47233 | 47339 | 47445 | 19 |
| 41 | 47445 | 47551 | 47656 | 47762 | 47867 | 47971 | 48076 | 48180 | 48284 | 48388 | 48491 | 18 |
| 42 | 48491 | 48595 | 48698 | 48801 | 48903 | 49005 | 49108 | 49209 | 49311 | 49412 | 49513 | 17 |
| 43 | 49513 | 49614 | 49715 | 49815 | 49916 | 50015 | 50115 | 50215 | 50314 | 50413 | 50512 | 16 |
| 44 | 50512 | 50610 | 50709 | 50807 | 50905 | 51003 | 51100 | 51197 | 51294 | 51391 | 51488 | 15 |
| 45 | 7. 51488 | 51584 | 51680 | 51776 | 51872 | 51968 | 52063 | 52158 | 52253 | 52348 | 52442 | 14 |
| 46 | 52442 | 52537 | 52631 | 52725 | 52818 | 52912 | 53005 | 53098 | 53191 | 53284 | 53376 | 13 |
| 47 | 53376 | 53469 | 53561 | 53653 | 53744 | 53836 | 53927 | 54018 | 54109 | 54200 | 54291 | 12 |
| 48 | 54291 | 54381 | 54471 | 54561 | 54651 | 54741 | 54830 | 54919 | 55009 | 55097 | 55186 | 11 |
| 49 | 55186 | 55275 | 55363 | 55451 | 55539 | 55627 | 55715 | 55802 | 55889 | 55977 | 56064 | 10 |
| 50 | 7. 56064 | 56150 | 56237 | 56323 | 56410 | 56496 | 56582 | 56667 | 56753 | 56838 | 56924 | 9 |
| 51 | 56924 | 57009 | 57094 | 57178 | 57263 | 57347 | 57431 | 57516 | 57599 | 57683 | 57767 | 8 |
| 52 | 57767 | 57850 | 57934 | 58017 | 58100 | 58182 | 58265 | 58348 | 58430 | 58512 | 58594 | 7 |
| 53 | 58594 | 58676 | 58758 | 58839 | 58921 | 59002 | 59083 | 59164 | 59245 | 59325 | 59406 | 6 |
| 54 | 59406 | 59486 | 59566 | 59646 | 59726 | 59806 | 59886 | 59965 | 60045 | 60124 | 60203 | 5 |
| 55 | 7. 60203 | 60282 | 60360 | 60439 | 60517 | 60596 | 60674 | 60752 | 60830 | 60908 | 60985 | 4 |
| 56 | 60985 | 61063 | 61140 | 61217 | 61294 | 61371 | 61448 | 61525 | 61601 | 61678 | 61754 | 3 |
| 57 | 61754 | 61830 | 61906 | 61982 | 62058 | 62133 | 62209 | 62284 | 62359 | 62434 | 62509 | 2 |
| 58 | 62509 | 62584 | 62659 | 62733 | 62808 | 62882 | 62956 | 63030 | 63104 | 63178 | 63252 | 1 |
| 59 | 63252 | 63325 | 63399 | 63472 | 63545 | 63618 | 63691 | 63764 | 63837 | 63909 | 63982 | 0 |
| | 1.0 | .9 | .8 | .7 | .6 | .5 | .4 | .3 | .2 | .1 | .0 | s |

log cos $5^h$ $59^m$

# log tang $0^h\ 0^m$

| s | .0 | .1 | .2 | .3 | .4 | .5 | .6 | .7 | .8 | .9 | 1.0 | |
|---|---|---|---|---|---|---|---|---|---|---|---|---|
| 0 | 4. — | 86167 | *16270 | *33879 | *46373 | *56064 | *63982 | *70676 | *76476 | *81591 | *86167 | 59 |
| 1 | 5. 86167 | 90306 | 94085 | 97561 | *00779 | *03776 | *06579 | *09212 | *11694 | *14042 | *16270 | 58 |
| 2 | 6. 16270 | 18389 | 20409 | 22339 | 24188 | 25961 | 27664 | 29303 | 30882 | 32406 | 33879 | 57 |
| 3 | 33879 | 35303 | 36682 | 38018 | 39315 | 40573 | 41797 | 42987 | 44145 | 45273 | 46373 | 56 |
| 4 | 46373 | 47445 | 48492 | 49513 | 50512 | 51488 | 52442 | 53376 | 54291 | 55186 | 56064 | 55 |
| 5 | 6. 56064 | 56924 | 57767 | 58594 | 59406 | 60203 | 60985 | 61754 | 62509 | 63252 | 63982 | 54 |
| 6 | 63982 | 64700 | 65406 | 66101 | 66785 | 67458 | 68121 | 68774 | 69418 | 70052 | 70676 | 53 |
| 7 | 70676 | 71292 | 71900 | 72499 | 73090 | 73673 | 74248 | 74816 | 75376 | 75929 | 76476 | 52 |
| 8 | 76476 | 77015 | 77548 | 78074 | 78595 | 79109 | 79616 | 80119 | 80615 | 81106 | 81591 | 51 |
| 9 | 81591 | 82071 | 82545 | 83015 | 83479 | 83939 | 84394 | 84844 | 85289 | 85730 | 86167 | 50 |
| 10 | 6. 86167 | 86599 | 87027 | 87450 | 87870 | 88286 | 88697 | 89105 | 89509 | 89909 | 90306 | 49 |
| 11 | 90306 | 90699 | 91088 | 91474 | 91857 | 92236 | 92612 | 92985 | 93355 | 93721 | 94085 | 48 |
| 12 | 94085 | 94445 | 94803 | 95157 | 95509 | 95858 | 96204 | 96547 | 96888 | 97226 | 97561 | 47 |
| 13 | 97561 | 97894 | 98224 | 98552 | 98877 | 99200 | 99521 | 99839 | *00155 | *00468 | *00779 | 46 |
| 14 | 7. 00779 | 01089 | 01395 | 01700 | 02003 | 02303 | 02602 | 02898 | 03193 | 03485 | 03776 | 45 |
| 15 | 7. 03776 | 04064 | 04351 | 04636 | 04919 | 05200 | 05479 | 05757 | 06032 | 06306 | 06579 | 44 |
| 16 | 06579 | 06849 | 07118 | 07385 | 07651 | 07915 | 08177 | 08438 | 08698 | 08955 | 09212 | 43 |
| 17 | 09212 | 09466 | 09719 | 09971 | 10222 | 10470 | 10718 | 10964 | 11209 | 11452 | 11694 | 42 |
| 18 | 11694 | 11934 | 12174 | 12412 | 12648 | 12884 | 13118 | 13351 | 13582 | 13813 | 14042 | 41 |
| 19 | 14042 | 14270 | 14497 | 14722 | 14947 | 15170 | 15392 | 15613 | 15833 | 16052 | 16270 | 40 |
| 20 | 7. 16270 | 16486 | 16702 | 16916 | 17130 | 17342 | 17553 | 17764 | 17973 | 18181 | 18389 | 39 |
| 21 | 18389 | 18595 | 18800 | 19005 | 19208 | 19410 | 19612 | 19813 | 20012 | 20211 | 20409 | 38 |
| 22 | 20409 | 20606 | 20802 | 20997 | 21191 | 21385 | 21577 | 21769 | 21960 | 22150 | 22339 | 37 |
| 23 | 22339 | 22528 | 22715 | 22902 | 23088 | 23273 | 23458 | 23641 | 23824 | 24006 | 24188 | 36 |
| 24 | 24188 | 24368 | 24548 | 24727 | 24906 | 25083 | 25260 | 25436 | 25612 | 25787 | 25961 | 35 |
| 25 | 7. 25961 | 26134 | 26307 | 26479 | 26650 | 26821 | 26991 | 27160 | 27329 | 27497 | 27664 | 34 |
| 26 | 27664 | 27831 | 27997 | 28162 | 28327 | 28491 | 28655 | 28818 | 28980 | 29142 | 29303 | 33 |
| 27 | 29303 | 29464 | 29624 | 29783 | 29942 | 30100 | 30258 | 30415 | 30571 | 30727 | 30882 | 32 |
| 28 | 30882 | 31037 | 31192 | 31345 | 31499 | 31651 | 31803 | 31955 | 32106 | 32256 | 32406 | 31 |
| 29 | 32406 | 32556 | 32705 | 32853 | 33001 | 33149 | 33296 | 33442 | 33588 | 33734 | 33879 | 30 |
| 30 | 7. 33879 | 34023 | 34167 | 34311 | 34454 | 34597 | 34739 | 34881 | 35022 | 35163 | 35303 | 29 |
| 31 | 35303 | 35443 | 35582 | 35721 | 35860 | 35998 | 36135 | 36273 | 36409 | 36546 | 36682 | 28 |
| 32 | 36682 | 36817 | 36952 | 37087 | 37221 | 37355 | 37488 | 37621 | 37754 | 37886 | 38018 | 27 |
| 33 | 38018 | 38149 | 38281 | 38411 | 38541 | 38671 | 38801 | 38930 | 39058 | 39187 | 39315 | 26 |
| 34 | 39315 | 39442 | 39569 | 39696 | 39823 | 39949 | 40074 | 40200 | 40325 | 40449 | 40574 | 25 |
| 35 | 7. 40574 | 40697 | 40821 | 40944 | 41067 | 41190 | 41312 | 41434 | 41555 | 41676 | 41797 | 24 |
| 36 | 41797 | 41917 | 42038 | 42157 | 42277 | 42396 | 42515 | 42633 | 42751 | 42869 | 42987 | 23 |
| 37 | 42987 | 43104 | 43221 | 43338 | 43454 | 43570 | 43686 | 43801 | 43916 | 44031 | 44145 | 22 |
| 38 | 44145 | 44259 | 44373 | 44487 | 44600 | 44713 | 44825 | 44938 | 45050 | 45162 | 45273 | 21 |
| 39 | 45273 | 45384 | 45495 | 45606 | 45716 | 45826 | 45936 | 46046 | 46155 | 46264 | 46373 | 20 |
| 40 | 7. 46373 | 46481 | 46589 | 46697 | 46805 | 46912 | 47019 | 47126 | 47233 | 47339 | 47445 | 19 |
| 41 | 47445 | 47551 | 47656 | 47762 | 47867 | 47972 | 48076 | 48180 | 48284 | 48388 | 48492 | 18 |
| 42 | 48492 | 48595 | 48698 | 48801 | 48903 | 49006 | 49108 | 49210 | 49311 | 49412 | 49514 | 17 |
| 43 | 49514 | 49614 | 49715 | 49816 | 49916 | 50016 | 50115 | 50215 | 50314 | 50413 | 50512 | 16 |
| 44 | 50512 | 50611 | 50709 | 50807 | 50905 | 51003 | 51100 | 51198 | 51295 | 51391 | 51488 | 15 |
| 45 | 7. 51488 | 51584 | 51681 | 51777 | 51872 | 51968 | 52063 | 52158 | 52253 | 52348 | 52443 | 14 |
| 46 | 52443 | 52537 | 52631 | 52725 | 52819 | 52912 | 53005 | 53098 | 53191 | 53284 | 53377 | 13 |
| 47 | 53377 | 53469 | 53561 | 53653 | 53745 | 53836 | 53927 | 54019 | 54110 | 54200 | 54291 | 12 |
| 48 | 54291 | 54381 | 54471 | 54562 | 54651 | 54741 | 54830 | 54920 | 55009 | 55098 | 55186 | 11 |
| 49 | 55186 | 55275 | 55363 | 55451 | 55539 | 55627 | 55715 | 55802 | 55890 | 55977 | 56064 | 10 |
| 50 | 7. 56064 | 56151 | 56237 | 56324 | 56410 | 56496 | 56582 | 56668 | 56753 | 56839 | 56924 | 9 |
| 51 | 56924 | 57009 | 57094 | 57179 | 57263 | 57348 | 57432 | 57516 | 57600 | 57684 | 57767 | 8 |
| 52 | 57767 | 57851 | 57934 | 58017 | 58100 | 58183 | 58265 | 58348 | 58430 | 58512 | 58594 | 7 |
| 53 | 58594 | 58676 | 58758 | 58840 | 58921 | 59002 | 59083 | 59164 | 59245 | 59326 | 59406 | 6 |
| 54 | 59406 | 59487 | 59567 | 59647 | 59727 | 59806 | 59886 | 59966 | 60045 | 60124 | 60203 | 5 |
| 55 | 7. 60203 | 60282 | 60361 | 60439 | 60518 | 60596 | 60674 | 60752 | 60830 | 60908 | 60986 | 4 |
| 56 | 60986 | 61063 | 61140 | 61218 | 61295 | 61372 | 61449 | 61525 | 61602 | 61678 | 61754 | 3 |
| 57 | 61754 | 61830 | 61906 | 61982 | 62058 | 62134 | 62209 | 62284 | 62360 | 62435 | 62510 | 2 |
| 58 | 62510 | 62584 | 62659 | 62734 | 62808 | 62882 | 62957 | 63031 | 63105 | 63178 | 63252 | 1 |
| 59 | 63252 | 63326 | 63399 | 63472 | 63546 | 63619 | 63692 | 63764 | 63837 | 63910 | 63982 | 0 |
| | 1.0 | .9 | .8 | .7 | .6 | .5 | .4 | .3 | .2 | .1 | .0 | s |

log cotg $5^h\ 59^m$

# log sin $0^h\ 1^m$

| s | .0 | .1 | .2 | .3 | .4 | .5 | .6 | .7 | .8 | .9 | 1.0 | |
|---|---|---|---|---|---|---|---|---|---|---|---|---|
| 0 | 7.63 982 | *054 | *126 | *198 | *270 | *342 | *414 | *485 | *557 | *628 | *699 | 59 |
| 1 | 7.64 699 | 771 | 842 | 913 | 983 | *054 | *125 | *195 | *265 | *336 | *406 | 58 |
| 2 | 7.65 406 | 476 | 546 | 615 | 685 | 754 | 824 | 893 | 962 | *032 | *101 | 57 |
| 3 | 7.66 101 | 169 | 238 | 307 | 375 | 444 | 512 | 580 | 649 | 717 | 784 | 56 |
| 4 | 784 | 852 | 920 | 988 | *055 | *122 | *190 | *257 | *324 | *391 | *458 | 55 |
| 5 | 7.67 458 | 525 | 591 | 658 | 724 | 791 | 857 | 923 | 989 | *055 | *121 | 54 |
| 6 | 7.68 121 | 187 | 252 | 318 | 383 | 449 | 514 | 579 | 644 | 709 | 774 | 53 |
| 7 | 774 | 839 | 903 | 968 | *032 | *097 | *161 | *225 | *289 | *353 | *417 | 52 |
| 8 | 7.69 417 | 481 | 545 | 609 | 672 | 735 | 799 | 862 | 925 | 988 | *051 | 51 |
| 9 | 7.70 051 | 114 | 177 | 240 | 302 | 365 | 427 | 490 | 552 | 614 | 676 | 50 |
| 10 | 7.70 676 | 738 | 800 | 862 | 924 | 985 | *047 | *108 | *170 | *231 | *292 | 49 |
| 11 | 7.71 292 | 353 | 414 | 475 | 536 | 597 | 658 | 718 | 779 | 839 | 900 | 48 |
| 12 | 900 | 960 | *020 | *080 | *140 | *200 | *260 | *320 | *380 | *439 | *499 | 47 |
| 13 | 7.72 499 | 558 | 618 | 677 | 736 | 795 | 854 | 913 | 972 | *031 | *090 | 46 |
| 14 | 7.73 090 | 148 | 207 | 265 | 324 | 382 | 440 | 498 | 557 | 615 | 673 | 45 |
| 15 | 7.73 673 | 730 | 788 | 846 | 904 | 961 | *019 | *076 | *133 | *191 | *248 | 44 |
| 16 | 7.74 248 | 305 | 362 | 419 | 476 | 533 | 589 | 646 | 703 | 759 | 815 | 43 |
| 17 | 815 | 872 | 928 | 984 | *040 | *097 | *153 | *208 | *264 | *320 | *376 | 42 |
| 18 | 7.75 376 | 431 | 487 | 543 | 598 | 653 | 709 | 764 | 819 | 874 | 929 | 41 |
| 19 | 929 | 984 | *039 | *094 | *148 | *203 | *258 | *312 | *367 | *421 | *475 | 40 |
| 20 | 7.76 475 | 530 | 584 | 638 | 692 | 746 | 800 | 854 | 907 | 961 | *015 | 39 |
| 21 | 7.77 015 | 068 | 122 | 175 | 229 | 282 | 335 | 389 | 442 | 495 | 548 | 38 |
| 22 | 548 | 601 | 654 | 706 | 759 | 812 | 864 | 917 | 969 | *022 | *074 | 37 |
| 23 | 7.78 074 | 126 | 179 | 231 | 283 | 335 | 387 | 439 | 491 | 543 | 594 | 36 |
| 24 | 594 | 646 | 698 | 749 | 801 | 852 | 903 | 955 | *006 | *057 | *108 | 35 |
| 25 | 7.79 108 | 159 | 210 | 261 | 312 | 363 | 414 | 464 | 515 | 566 | 616 | 34 |
| 26 | 616 | 667 | 717 | 767 | 818 | 868 | 918 | 968 | *018 | *068 | *118 | 33 |
| 27 | 7.80 118 | 168 | 218 | 268 | 317 | 367 | 417 | 466 | 516 | 565 | 615 | 32 |
| 28 | 615 | 664 | 713 | 762 | 812 | 861 | 910 | 959 | *008 | *056 | *105 | 31 |
| 29 | 7.81 105 | 154 | 203 | 251 | 300 | 349 | 397 | 446 | 494 | 542 | 591 | 30 |
| 30 | 7.81 591 | 639 | 687 | 735 | 783 | 831 | 879 | 927 | 975 | *023 | *070 | 29 |
| 31 | 7.82 070 | 118 | 166 | 213 | 261 | 308 | 356 | 403 | 451 | 498 | 545 | 28 |
| 32 | 545 | 592 | 639 | 686 | 733 | 780 | 827 | 874 | 921 | 968 | *015 | 27 |
| 33 | 7.83 015 | 061 | 108 | 154 | 201 | 247 | 294 | 340 | 387 | 433 | 479 | 26 |
| 34 | 479 | 525 | 571 | 617 | 663 | 709 | 755 | 801 | 847 | 893 | 939 | 25 |
| 35 | 7.83 939 | 984 | *030 | *076 | *121 | *167 | *212 | *257 | *303 | *348 | *393 | 24 |
| 36 | 7.84 393 | 439 | 484 | 529 | 574 | 619 | 664 | 709 | 754 | 799 | 843 | 23 |
| 37 | 843 | 888 | 933 | 978 | *022 | *067 | *111 | *156 | *200 | *245 | *289 | 22 |
| 38 | 7.85 289 | 333 | 377 | 422 | 466 | 510 | 554 | 598 | 642 | 686 | 730 | 21 |
| 39 | 730 | 774 | 817 | 861 | 905 | 949 | 992 | *036 | *079 | *123 | *166 | 20 |
| 40 | 7.86 166 | 210 | 253 | 296 | 340 | 383 | 426 | 469 | 512 | 555 | 598 | 19 |
| 41 | 598 | 641 | 684 | 727 | 770 | 813 | 856 | 898 | 941 | 984 | *026 | 18 |
| 42 | 7.87 026 | 069 | 111 | 154 | 196 | 239 | 281 | 323 | 366 | 408 | 450 | 17 |
| 43 | 450 | 492 | 534 | 576 | 618 | 660 | 702 | 744 | 786 | 828 | 870 | 16 |
| 44 | 870 | 911 | 953 | 995 | *036 | *078 | *119 | *161 | *202 | *244 | *285 | 15 |
| 45 | 7.88 285 | 326 | 368 | 409 | 450 | 491 | 533 | 574 | 615 | 656 | 697 | 14 |
| 46 | 697 | 738 | 779 | 820 | 860 | 901 | 942 | 983 | *023 | *064 | *105 | 13 |
| 47 | 7.89 105 | 145 | 186 | 226 | 267 | 307 | 347 | 388 | 428 | 468 | 509 | 12 |
| 48 | 509 | 549 | 589 | 629 | 669 | 709 | 749 | 789 | 829 | 869 | 909 | 11 |
| 49 | 909 | 949 | 988 | *028 | *068 | *108 | *147 | *187 | *226 | *266 | *305 | 10 |
| 50 | 7.90 305 | 345 | 384 | 424 | 463 | 502 | 542 | 581 | 620 | 659 | 698 | 9 |
| 51 | 698 | 738 | 777 | 816 | 855 | 894 | 933 | 971 | *010 | *049 | *088 | 8 |
| 52 | 7.91 088 | 127 | 165 | 204 | 243 | 281 | 320 | 359 | 397 | 436 | 474 | 7 |
| 53 | 474 | 512 | 551 | 589 | 627 | 666 | 704 | 742 | 780 | 818 | 857 | 6 |
| 54 | 857 | 895 | 933 | 971 | *009 | *047 | *085 | *122 | *160 | *198 | *236 | 5 |
| 55 | 7.92 236 | 274 | 311 | 349 | 387 | 424 | 462 | 499 | 537 | 574 | 612 | 4 |
| 56 | 612 | 649 | 687 | 724 | 761 | 799 | 836 | 873 | 910 | 948 | 985 | 3 |
| 57 | 985 | *022 | *059 | *096 | *133 | *170 | *207 | *244 | *281 | *317 | *354 | 2 |
| 58 | 7.93 354 | 391 | 428 | 465 | 501 | 538 | 575 | 611 | 648 | 684 | 721 | 1 |
| 59 | 721 | 757 | 794 | 830 | 866 | 903 | 939 | 975 | *012 | *048 | *084 | 0 |
| | 1.0 | .9 | .8 | .7 | .6 | .5 | .4 | .3 | .2 | .1 | .0 | s |

log cos $5^h\ 58^m$

| s | .0 | .1 | .2 | .3 | .4 | .5 | .6 | .7 | .8 | .9 | 1.0 | |
|---|---|---|---|---|---|---|---|---|---|---|---|---|
| 0 | 7.63 982 | *054 | *127 | *199 | *271 | *342 | *414 | *486 | *557 | *629 | *700 | 59 |
| 1 | 7.64 700 | 771 | 842 | 913 | 984 | *054 | *125 | *195 | *266 | *336 | *406 | 58 |
| 2 | 7.65 406 | 476 | 546 | 616 | 685 | 755 | 824 | 894 | 963 | *032 | *101 | 57 |
| 3 | 7.66 101 | 170 | 239 | 307 | 376 | 444 | 513 | 581 | 649 | 717 | 785 | 56 |
| 4 | 785 | 853 | 920 | 988 | *056 | *123 | *190 | *257 | *324 | *391 | *458 | 55 |
| 5 | 7.67 458 | 525 | 592 | 658 | 725 | 791 | 857 | 923 | 990 | *055 | *121 | 54 |
| 6 | 7.68 121 | 187 | 253 | 318 | 384 | 449 | 514 | 580 | 645 | 710 | 774 | 53 |
| 7 | 774 | 839 | 904 | 968 | *033 | *097 | *162 | *226 | *290 | *354 | *418 | 52 |
| 8 | 7.69 418 | 482 | 545 | 609 | 673 | 736 | 799 | 863 | 926 | 989 | *052 | 51 |
| 9 | 7.70 052 | 115 | 178 | 240 | 303 | 365 | 428 | 490 | 553 | 615 | 677 | 50 |
| 10 | 7.70 677 | 739 | 801 | 863 | 924 | 986 | *047 | *109 | *170 | *232 | *293 | 49 |
| 11 | 7.71 293 | 354 | 415 | 476 | 537 | 598 | 658 | 719 | 779 | 840 | 900 | 48 |
| 12 | 900 | 961 | *021 | *081 | *141 | *201 | *261 | *320 | *380 | *440 | *499 | 47 |
| 13 | 7.72 499 | 559 | 618 | 677 | 737 | 796 | 855 | 914 | 973 | *031 | *090 | 46 |
| 14 | 7.73 090 | 149 | 207 | 266 | 324 | 383 | 441 | 499 | 557 | 615 | 673 | 45 |
| 15 | 7.73 673 | 731 | 789 | 847 | 904 | 962 | *019 | *077 | *134 | *191 | *248 | 44 |
| 16 | 7.74 248 | 306 | 363 | 420 | 476 | 533 | 590 | 647 | 703 | 760 | 816 | 43 |
| 17 | 816 | 873 | 929 | 985 | *041 | *097 | *153 | *209 | *265 | *321 | *377 | 42 |
| 18 | 7.75 377 | 432 | 488 | 543 | 599 | 654 | 709 | 765 | 820 | 875 | 930 | 41 |
| 19 | 930 | 985 | *040 | *094 | *149 | *204 | *258 | *313 | *367 | *422 | *476 | 40 |
| 20 | 7.76 476 | 530 | 585 | 639 | 693 | 747 | 801 | 854 | 908 | 962 | *016 | 39 |
| 21 | 7.77 016 | 069 | 123 | 176 | 230 | 283 | 336 | 389 | 442 | 496 | 549 | 38 |
| 22 | 549 | 601 | 654 | 707 | 760 | 813 | 865 | 918 | 970 | *023 | *075 | 37 |
| 23 | 7.78 075 | 127 | 179 | 232 | 284 | 336 | 388 | 440 | 492 | 543 | 595 | 36 |
| 24 | 595 | 647 | 698 | 750 | 801 | 853 | 904 | 956 | *007 | *058 | *109 | 35 |
| 25 | 7.79 109 | 160 | 211 | 262 | 313 | 364 | 415 | 465 | 516 | 566 | 617 | 34 |
| 26 | 617 | 667 | 718 | 768 | 819 | 869 | 919 | 969 | *019 | *069 | *119 | 33 |
| 27 | 7.80 119 | 169 | 219 | 269 | 318 | 368 | 418 | 467 | 517 | 566 | 615 | 32 |
| 28 | 615 | 665 | 714 | 763 | 812 | 862 | 911 | 960 | *009 | *057 | *106 | 31 |
| 29 | 7.81 106 | 155 | 204 | 252 | 301 | 350 | 398 | 446 | 495 | 543 | 591 | 30 |
| 30 | 7.81 591 | 640 | 688 | 736 | 784 | 832 | 880 | 928 | 976 | *024 | *071 | 29 |
| 31 | 7.82 071 | 119 | 167 | 214 | 262 | 309 | 357 | 404 | 452 | 499 | 546 | 28 |
| 32 | 546 | 593 | 640 | 687 | 734 | 781 | 828 | 875 | 922 | 969 | *016 | 27 |
| 33 | 7.83 016 | 062 | 109 | 155 | 202 | 248 | 295 | 341 | 388 | 434 | 480 | 26 |
| 34 | 480 | 526 | 572 | 618 | 664 | 710 | 756 | 802 | 848 | 894 | 940 | 25 |
| 35 | 7.83 940 | 985 | *031 | *077 | *122 | *168 | *213 | *259 | *304 | *349 | *394 | 24 |
| 36 | 7.84 394 | 440 | 485 | 530 | 575 | 620 | 665 | 710 | 755 | 800 | 845 | 23 |
| 37 | 845 | 889 | 934 | 979 | *023 | *068 | *112 | *157 | *201 | *246 | *290 | 22 |
| 38 | 7.85 290 | 334 | 378 | 423 | 467 | 511 | 555 | 599 | 643 | 687 | 731 | 21 |
| 39 | 731 | 775 | 819 | 862 | 906 | 950 | 993 | *037 | *080 | *124 | *167 | 20 |
| 40 | 7.86 167 | 211 | 254 | 297 | 341 | 384 | 427 | 470 | 513 | 557 | 600 | 19 |
| 41 | 600 | 643 | 685 | 728 | 771 | 814 | 857 | 899 | 942 | 985 | *027 | 18 |
| 42 | 7.87 027 | 070 | 113 | 155 | 197 | 240 | 282 | 324 | 367 | 409 | 451 | 17 |
| 43 | 451 | 493 | 535 | 577 | 619 | 661 | 703 | 745 | 787 | 829 | 871 | 16 |
| 44 | 871 | 913 | 954 | 996 | *037 | *079 | *121 | *162 | *204 | *245 | *286 | 15 |
| 45 | 7.88 286 | 328 | 369 | 410 | 452 | 493 | 534 | 575 | 616 | 657 | 698 | 14 |
| 46 | 698 | 739 | 780 | 821 | 862 | 902 | 943 | 984 | *025 | *065 | *106 | 13 |
| 47 | 7.89 106 | 146 | 187 | 227 | 268 | 308 | 349 | 389 | 429 | 470 | 510 | 12 |
| 48 | 510 | 550 | 590 | 630 | 670 | 710 | 750 | 790 | 830 | 870 | 910 | 11 |
| 49 | 910 | 950 | 990 | *030 | *069 | *109 | *149 | *188 | *228 | *267 | *307 | 10 |
| 50 | 7.90 307 | 346 | 386 | 425 | 464 | 504 | 543 | 582 | 622 | 661 | 700 | 9 |
| 51 | 700 | 739 | 778 | 817 | 856 | 895 | 934 | 973 | *012 | *051 | *089 | 8 |
| 52 | 7.91 089 | 128 | 167 | 206 | 244 | 283 | 321 | 360 | 398 | 437 | 475 | 7 |
| 53 | 475 | 514 | 552 | 591 | 629 | 667 | 705 | 744 | 782 | 820 | 858 | 6 |
| 54 | 858 | 896 | 934 | 972 | *010 | *048 | *086 | *124 | *162 | *200 | *237 | 5 |
| 55 | 7.92 237 | 275 | 313 | 351 | 388 | 426 | 463 | 501 | 538 | 576 | 613 | 4 |
| 56 | 613 | 651 | 688 | 726 | 763 | 800 | 838 | 875 | 912 | 949 | 986 | 3 |
| 57 | 986 | *023 | *060 | *097 | *134 | *171 | *208 | *245 | *282 | *319 | *356 | 2 |
| 58 | 7.93 356 | 393 | 429 | 466 | 503 | 540 | 576 | 613 | 649 | 686 | 722 | 1 |
| 59 | 722 | 759 | 795 | 832 | 868 | 904 | 941 | 977 | *013 | *050 | *086 | 0 |
| | 1.0 | .9 | .8 | .7 | .6 | .5 | .4 | .3 | .2 | .1 | .0 | s |

log cotg $5^h\ 58^m$

## log sin $0^h\ 2^m$

| s | .0 | .1 | .2 | .3 | .4 | .5 | .6 | .7 | .8 | .9 | 1.0 | |
|---|---|---|---|---|---|---|---|---|---|---|---|---|
| 0 | 7.94 084 | 120 | 157 | 193 | 229 | 265 | 301 | 337 | 373 | 409 | 445 | 59 |
| 1 | 445 | 480 | 516 | 552 | 588 | 624 | 659 | 695 | 731 | 766 | 802 | 58 |
| 2 | 802 | 838 | 873 | 909 | 944 | 980 | *015 | *050 | *086 | *121 | *157 | 57 |
| 3 | 7.95 157 | 192 | 227 | 262 | 298 | 333 | 368 | 403 | 438 | 473 | 508 | 56 |
| 4 | 508 | 543 | 578 | 613 | 648 | 683 | 718 | 753 | 787 | 822 | 857 | 55 |
| 5 | 7.95 857 | 892 | 926 | 961 | 996 | *030 | *065 | *100 | *134 | *169 | *203 | 54 |
| 6 | 7.96 203 | 238 | 272 | 306 | 341 | 375 | 409 | 444 | 478 | 512 | 546 | 53 |
| 7 | 546 | 581 | 615 | 649 | 683 | 717 | 751 | 785 | 819 | 853 | 887 | 52 |
| 8 | 887 | 921 | 955 | 989 | *022 | *056 | *090 | *124 | *158 | *191 | *225 | 51 |
| 9 | 7.97 225 | 259 | 292 | 326 | 359 | 393 | 426 | 460 | 493 | 527 | 560 | 50 |
| 10 | 7.97 560 | 594 | 627 | 660 | 694 | 727 | 760 | 794 | 827 | 860 | 893 | 49 |
| 11 | 893 | 926 | 959 | 992 | *025 | *059 | *092 | *125 | *157 | *190 | *223 | 48 |
| 12 | 7.98 223 | 256 | 289 | 322 | 355 | 388 | 420 | 453 | 486 | 518 | 551 | 47 |
| 13 | 551 | 584 | 616 | 649 | 682 | 714 | 747 | 779 | 812 | 844 | 876 | 46 |
| 14 | 876 | 909 | 941 | 974 | *006 | *038 | *070 | *103 | *135 | *167 | *199 | 45 |
| 15 | 7.99 199 | 231 | 264 | 296 | 328 | 360 | 392 | 424 | 456 | 488 | 520 | 44 |
| 16 | 520 | 552 | 584 | 615 | 647 | 679 | 711 | 743 | 775 | 806 | 838 | 43 |
| 17 | 838 | 870 | 901 | 933 | 965 | 996 | *028 | *059 | *091 | *122 | *154 | 42 |
| 18 | 8.00 154 | 185 | 217 | 248 | 279 | 311 | 342 | 374 | 405 | 436 | 467 | 41 |
| 19 | 467 | 499 | 530 | 561 | 592 | 623 | 654 | 686 | 717 | 748 | 779 | 40 |
| 20 | 8.00 779 | 810 | 841 | 872 | 903 | 933 | 964 | 995 | *026 | *057 | *088 | 39 |
| 21 | 8.01 088 | 119 | 149 | 180 | 211 | 241 | 272 | 303 | 333 | 364 | 395 | 38 |
| 22 | 395 | 425 | 456 | 486 | 517 | 547 | 578 | 608 | 639 | 669 | 699 | 37 |
| 23 | 699 | 730 | 760 | 790 | 821 | 851 | 881 | 911 | 942 | 972 | *002 | 36 |
| 24 | 8.02 002 | 032 | 062 | 092 | 123 | 153 | 183 | 213 | 243 | 273 | 303 | 35 |
| 25 | 8.02 303 | 333 | 362 | 392 | 422 | 452 | 482 | 512 | 542 | 571 | 601 | 34 |
| 26 | 601 | 631 | 661 | 690 | 720 | 750 | 779 | 809 | 838 | 868 | 898 | 33 |
| 27 | 898 | 927 | 957 | 986 | *016 | *045 | *074 | *104 | *133 | *163 | *192 | 32 |
| 28 | 8.03 192 | 221 | 251 | 280 | 309 | 338 | 368 | 397 | 426 | 455 | 484 | 31 |
| 29 | 484 | 514 | 543 | 572 | 601 | 630 | 659 | 688 | 717 | 746 | 775 | 30 |
| 30 | 8.03 775 | 804 | 833 | 862 | 891 | 919 | 948 | 977 | *006 | *035 | *063 | 29 |
| 31 | 8.04 063 | 092 | 121 | 150 | 178 | 207 | 236 | 264 | 293 | 322 | 350 | 28 |
| 32 | 350 | 379 | 407 | 436 | 464 | 493 | 521 | 550 | 578 | 606 | 635 | 27 |
| 33 | 635 | 663 | 692 | 720 | 748 | 777 | 805 | 833 | 861 | 890 | 918 | 26 |
| 34 | 918 | 946 | 974 | *002 | *030 | *059 | *087 | *115 | *143 | *171 | *199 | 25 |
| 35 | 8.05 199 | 227 | 255 | 283 | 311 | 339 | 367 | 395 | 422 | 450 | 478 | 24 |
| 36 | 478 | 506 | 534 | 562 | 589 | 617 | 645 | 673 | 700 | 728 | 756 | 23 |
| 37 | 756 | 783 | 811 | 839 | 866 | 894 | 921 | 949 | 976 | *004 | *031 | 22 |
| 38 | 8.06 031 | 059 | 086 | 114 | 141 | 169 | 196 | 223 | 251 | 278 | 305 | 21 |
| 39 | 305 | 333 | 360 | 387 | 414 | 442 | 469 | 496 | 523 | 550 | 578 | 20 |
| 40 | 8.06 578 | 605 | 632 | 659 | 686 | 713 | 740 | 767 | 794 | 821 | 848 | 19 |
| 41 | 848 | 875 | 902 | 929 | 956 | 983 | *010 | *037 | *063 | *090 | *117 | 18 |
| 42 | 8.07 117 | 144 | 171 | 197 | 224 | 251 | 278 | 304 | 331 | 358 | 384 | 17 |
| 43 | 384 | 411 | 438 | 464 | 491 | 517 | 544 | 570 | 597 | 623 | 650 | 16 |
| 44 | 650 | 676 | 703 | 729 | 756 | 782 | 809 | 835 | 861 | 888 | 914 | 15 |
| 45 | 8.07 914 | 940 | 967 | 993 | *019 | *045 | *072 | *098 | *124 | *150 | *176 | 14 |
| 46 | 8.08 176 | 203 | 229 | 255 | 281 | 307 | 333 | 359 | 385 | 411 | 437 | 13 |
| 47 | 437 | 463 | 489 | 515 | 541 | 567 | 593 | 619 | 645 | 671 | 696 | 12 |
| 48 | 696 | 722 | 748 | 774 | 800 | 826 | 851 | 877 | 903 | 928 | 954 | 11 |
| 49 | 954 | 980 | *006 | *031 | *057 | *082 | *108 | *134 | *159 | *185 | *210 | 10 |
| 50 | 8.09 210 | 236 | 261 | 287 | 312 | 338 | 363 | 389 | 414 | 440 | 465 | 9 |
| 51 | 465 | 490 | 516 | 541 | 567 | 592 | 617 | 643 | 668 | 693 | 718 | 8 |
| 52 | 718 | 744 | 769 | 794 | 819 | 844 | 870 | 895 | 920 | 945 | 970 | 7 |
| 53 | 970 | 995 | *020 | *045 | *070 | *095 | *120 | *145 | *170 | *195 | *220 | 6 |
| 54 | 8.10 220 | 245 | 270 | 295 | 320 | 345 | 370 | 395 | 420 | 444 | 469 | 5 |
| 55 | 8.10 469 | 494 | 519 | 544 | 568 | 593 | 618 | 643 | 667 | 692 | 717 | 4 |
| 56 | 717 | 741 | 766 | 791 | 815 | 840 | 864 | 889 | 914 | 938 | 963 | 3 |
| 57 | 963 | 987 | *012 | *036 | *061 | *085 | *110 | *134 | *159 | *183 | *207 | 2 |
| 58 | 8.11 207 | 232 | 256 | 281 | 305 | 329 | 354 | 378 | 402 | 426 | 451 | 1 |
| 59 | 451 | 475 | 499 | 523 | 548 | 572 | 596 | 620 | 644 | 668 | 693 | 0 |
| | 1.0 | .9 | .8 | .7 | .6 | .5 | .4 | .3 | .2 | .1 | .0 | s |

## log cos $5^h\ 57^m$

| s | .0 | .1 | .2 | .3 | .4 | .5 | .6 | .7 | .8 | .9 | 1.0 | |
|---|---|---|---|---|---|---|---|---|---|---|---|---|
| 0 | 7.94 086 | 122 | 158 | 194 | 230 | 266 | 302 | 338 | 374 | 410 | 446 | 59 |
| 1 | 446 | 482 | 518 | 554 | 590 | 625 | 661 | 697 | 732 | 768 | 804 | 58 |
| 2 | 804 | 839 | 875 | 910 | 946 | 981 | *017 | *052 | *088 | *123 | *158 | 57 |
| 3 | 7.95 158 | 194 | 229 | 264 | 299 | 334 | 370 | 405 | 440 | 475 | 510 | 56 |
| 4 | 510 | 545 | 580 | 615 | 650 | 685 | 720 | 754 | 789 | 824 | 859 | 55 |
| 5 | 7.95 859 | 894 | 928 | 963 | 998 | *032 | *067 | *101 | *136 | *170 | *205 | 54 |
| 6 | 7.96 205 | 239 | 274 | 308 | 343 | 377 | 411 | 446 | 480 | 514 | 548 | 53 |
| 7 | 548 | 582 | 617 | 651 | 685 | 719 | 753 | 787 | 821 | 855 | 889 | 52 |
| 8 | 889 | 923 | 957 | 991 | *024 | *058 | *092 | *126 | *159 | *193 | *227 | 51 |
| 9 | 7.97 227 | 261 | 294 | 328 | 361 | 395 | 428 | 462 | 495 | 529 | 562 | 50 |
| 10 | 7.97 562 | 596 | 629 | 662 | 696 | 729 | 762 | 795 | 829 | 862 | 895 | 49 |
| 11 | 895 | 928 | 961 | 994 | *027 | *061 | *094 | *127 | *159 | *192 | *225 | 48 |
| 12 | 7.98 225 | 258 | 291 | 324 | 357 | 390 | 422 | 455 | 488 | 520 | 553 | 47 |
| 13 | 553 | 586 | 618 | 651 | 684 | 716 | 749 | 781 | 814 | 846 | 878 | 46 |
| 14 | 878 | 911 | 943 | 976 | *008 | *040 | *073 | *105 | *137 | *169 | *201 | 45 |
| 15 | 7.99 201 | 234 | 266 | 298 | 330 | 362 | 394 | 426 | 458 | 490 | 522 | 44 |
| 16 | 522 | 554 | 586 | 618 | 649 | 681 | 713 | 745 | 777 | 808 | 840 | 43 |
| 17 | 840 | 872 | 903 | 935 | 967 | 998 | *030 | *061 | *093 | *124 | *156 | 42 |
| 18 | 8.00 156 | 187 | 219 | 250 | 282 | 313 | 344 | 376 | 407 | 438 | 470 | 41 |
| 19 | 470 | 501 | 532 | 563 | 594 | 626 | 657 | 688 | 719 | 750 | 781 | 40 |
| 20 | 8.00 781 | 812 | 843 | 874 | 905 | 936 | 967 | 998 | *028 | *059 | *090 | 39 |
| 21 | 8.01 090 | 121 | 152 | 182 | 213 | 244 | 274 | 305 | 336 | 366 | 397 | 38 |
| 22 | 397 | 428 | 458 | 489 | 519 | 550 | 580 | 611 | 641 | 671 | 702 | 37 |
| 23 | 702 | 732 | 762 | 793 | 823 | 853 | 884 | 914 | 944 | 974 | *004 | 36 |
| 24 | 8.02 004 | 035 | 065 | 095 | 125 | 155 | 185 | 215 | 245 | 275 | 305 | 35 |
| 25 | 8.02 305 | 335 | 365 | 395 | 425 | 455 | 484 | 514 | 544 | 574 | 604 | 34 |
| 26 | 604 | 633 | 663 | 693 | 722 | 752 | 782 | 811 | 841 | 870 | 900 | 33 |
| 27 | 900 | 930 | 959 | 989 | *018 | *047 | *077 | *106 | *136 | *165 | *194 | 32 |
| 28 | 8.03 194 | 224 | 253 | 282 | 312 | 341 | 370 | 399 | 429 | 458 | 487 | 31 |
| 29 | 487 | 516 | 545 | 574 | 603 | 632 | 661 | 691 | 720 | 748 | 777 | 30 |
| 30 | 8.03 777 | 806 | 835 | 864 | 893 | 922 | 951 | 980 | *008 | *037 | *066 | 29 |
| 31 | 8.04 066 | 095 | 124 | 152 | 181 | 210 | 238 | 267 | 296 | 324 | 353 | 28 |
| 32 | 353 | 381 | 410 | 438 | 467 | 495 | 524 | 552 | 581 | 609 | 638 | 27 |
| 33 | 638 | 666 | 694 | 723 | 751 | 779 | 808 | 836 | 864 | 892 | 921 | 26 |
| 34 | 921 | 949 | 977 | *005 | *033 | *061 | *089 | *117 | *146 | *174 | *202 | 25 |
| 35 | 8.05 202 | 230 | 258 | 286 | 314 | 342 | 369 | 397 | 425 | 453 | 481 | 24 |
| 36 | 481 | 509 | 537 | 564 | 592 | 620 | 648 | 675 | 703 | 731 | 758 | 23 |
| 37 | 758 | 786 | 814 | 841 | 869 | 897 | 924 | 952 | 979 | *007 | *034 | 22 |
| 38 | 8.06 034 | 062 | 089 | 117 | 144 | 171 | 199 | 226 | 254 | 281 | 308 | 21 |
| 39 | 308 | 336 | 363 | 390 | 417 | 445 | 472 | 499 | 526 | 553 | 581 | 20 |
| 40 | 8.06 581 | 608 | 635 | 662 | 689 | 716 | 743 | 770 | 797 | 824 | 851 | 19 |
| 41 | 851 | 878 | 905 | 932 | 959 | 986 | *013 | *040 | *066 | *093 | *120 | 18 |
| 42 | 8.07 120 | 147 | 174 | 200 | 227 | 254 | 281 | 307 | 334 | 361 | 387 | 17 |
| 43 | 387 | 414 | 441 | 467 | 494 | 520 | 547 | 574 | 600 | 627 | 653 | 16 |
| 44 | 653 | 680 | 706 | 732 | 759 | 785 | 812 | 838 | 864 | 891 | 917 | 15 |
| 45 | 8.07 917 | 943 | 970 | 996 | *022 | *049 | *075 | *101 | *127 | *153 | *180 | 14 |
| 46 | 8.08 180 | 206 | 232 | 258 | 284 | 310 | 336 | 362 | 388 | 414 | 440 | 13 |
| 47 | 440 | 466 | 492 | 518 | 544 | 570 | 596 | 622 | 648 | 674 | 700 | 12 |
| 48 | 700 | 726 | 751 | 777 | 803 | 829 | 855 | 880 | 906 | 932 | 957 | 11 |
| 49 | 957 | 983 | *009 | *035 | *060 | *086 | *111 | *137 | *163 | *188 | *214 | 10 |
| 50 | 8.09 214 | 239 | 265 | 290 | 316 | 341 | 367 | 392 | 418 | 443 | 468 | 9 |
| 51 | 468 | 494 | 519 | 545 | 570 | 595 | 621 | 646 | 671 | 696 | 722 | 8 |
| 52 | 722 | 747 | 772 | 797 | 823 | 848 | 873 | 898 | 923 | 948 | 974 | 7 |
| 53 | 974 | 999 | *024 | *049 | *074 | *099 | *124 | *149 | *174 | *199 | *224 | 6 |
| 54 | 8.10 224 | 249 | 274 | 299 | 324 | 348 | 373 | 398 | 423 | 448 | 473 | 5 |
| 55 | 8.10 473 | 498 | 522 | 547 | 572 | 597 | 621 | 646 | 671 | 696 | 720 | 4 |
| 56 | 720 | 745 | 770 | 794 | 819 | 843 | 868 | 893 | 917 | 942 | 966 | 3 |
| 57 | 966 | 991 | *015 | *040 | *064 | *089 | *113 | *138 | *162 | *187 | *211 | 2 |
| 58 | 8.11 211 | 235 | 260 | 284 | 309 | 333 | 357 | 382 | 406 | 430 | 454 | 1 |
| 59 | 454 | 479 | 503 | 527 | 551 | 576 | 600 | 624 | 648 | 672 | 696 | 0 |
| | 1.0 | .9 | .8 | .7 | .6 | .5 | .4 | .3 | .2 | .1 | .0 | s |

log cotg $5^h\ 57^m$

## log sin $0^h\ 3^m$

| s | .0 | .1 | .2 | .3 | .4 | .5 | .6 | .7 | .8 | .9 | 1.0 | |
|---|---|---|---|---|---|---|---|---|---|---|---|---|
| 0 | 8.11 693 | 717 | 741 | 765 | 789 | 813 | 837 | 861 | 885 | 909 | 933 | 59 |
| 1 | 933 | 957 | 981 | *005 | *029 | *053 | *077 | *101 | *125 | *149 | *172 | 58 |
| 2 | 8.12 172 | 196 | 220 | 244 | 268 | 292 | 315 | 339 | 363 | 387 | 410 | 57 |
| 3 | 410 | 434 | 458 | 482 | 505 | 529 | 553 | 576 | 600 | 623 | 647 | 56 |
| 4 | 647 | 671 | 694 | 718 | 741 | 765 | 788 | 812 | 836 | 859 | 882 | 55 |
| 5 | 8.12 882 | 906 | 929 | 953 | 976 | *000 | *023 | *046 | *070 | *093 | *117 | 54 |
| 6 | 8.13 117 | 140 | 163 | 187 | 210 | 233 | 256 | 280 | 303 | 326 | 349 | 53 |
| 7 | 349 | 373 | 396 | 419 | 442 | 465 | 489 | 512 | 535 | 558 | 581 | 52 |
| 8 | 581 | 604 | 627 | 650 | 673 | 696 | 719 | 742 | 765 | 788 | 811 | 51 |
| 9 | 811 | 834 | 857 | 880 | 903 | 926 | 949 | 972 | 995 | *018 | *041 | 50 |
| 10 | 8.14 041 | 063 | 086 | 109 | 132 | 155 | 178 | 200 | 223 | 246 | 269 | 49 |
| 11 | 269 | 291 | 314 | 337 | 359 | 382 | 405 | 427 | 450 | 473 | 495 | 48 |
| 12 | 495 | 518 | 541 | 563 | 586 | 608 | 631 | 653 | 676 | 698 | 721 | 47 |
| 13 | 721 | 743 | 766 | 788 | 811 | 833 | 856 | 878 | 901 | 923 | 945 | 46 |
| 14 | 945 | 968 | 990 | *012 | *035 | *057 | *079 | *102 | *124 | *146 | *169 | 45 |
| 15 | 8.15 169 | 191 | 213 | 235 | 258 | 280 | 302 | 324 | 346 | 369 | 391 | 44 |
| 16 | 391 | 413 | 435 | 457 | 479 | 501 | 523 | 546 | 568 | 590 | 612 | 43 |
| 17 | 612 | 634 | 656 | 678 | 700 | 722 | 744 | 766 | 788 | 810 | 832 | 42 |
| 18 | 832 | 854 | 875 | 897 | 919 | 941 | 963 | 985 | *007 | *029 | *050 | 41 |
| 19 | 8.16 050 | 072 | 094 | 116 | 138 | 159 | 181 | 203 | 225 | 246 | 268 | 40 |
| 20 | 8.16 268 | 290 | 311 | 333 | 355 | 377 | 398 | 420 | 441 | 463 | 485 | 39 |
| 21 | 485 | 506 | 528 | 549 | 571 | 593 | 614 | 636 | 657 | 679 | 700 | 38 |
| 22 | 700 | 722 | 743 | 765 | 786 | 808 | 829 | 850 | 872 | 893 | 915 | 37 |
| 23 | 915 | 936 | 957 | 979 | *000 | *021 | *043 | *064 | *085 | *107 | *128 | 36 |
| 24 | 8.17 128 | 149 | 171 | 192 | 213 | 234 | 256 | 277 | 298 | 319 | 340 | 35 |
| 25 | 8.17 340 | 362 | 383 | 404 | 425 | 446 | 467 | 488 | 510 | 531 | 552 | 34 |
| 26 | 552 | 573 | 594 | 615 | 636 | 657 | 678 | 699 | 720 | 741 | 762 | 33 |
| 27 | 762 | 783 | 804 | 825 | 846 | 867 | 888 | 909 | 930 | 950 | 971 | 32 |
| 28 | 971 | 992 | *013 | *034 | *055 | *076 | *096 | *117 | *138 | *159 | *180 | 31 |
| 29 | 8.18 180 | 200 | 221 | 242 | 263 | 283 | 304 | 325 | 345 | 366 | 387 | 30 |
| 30 | 8.18 387 | 408 | 428 | 449 | 469 | 490 | 511 | 531 | 552 | 573 | 593 | 29 |
| 31 | 593 | 614 | 634 | 655 | 675 | 696 | 716 | 737 | 757 | 778 | 798 | 28 |
| 32 | 798 | 819 | 839 | 860 | 880 | 901 | 921 | 942 | 962 | 982 | *003 | 27 |
| 33 | 8.19 003 | 023 | 044 | 064 | 084 | 105 | 125 | 145 | 166 | 186 | 206 | 26 |
| 34 | 206 | 227 | 247 | 267 | 287 | 308 | 328 | 348 | 368 | 388 | 409 | 25 |
| 35 | 8.19 409 | 429 | 449 | 469 | 489 | 510 | 530 | 550 | 570 | 590 | 610 | 24 |
| 36 | 610 | 630 | 650 | 670 | 691 | 711 | 731 | 751 | 771 | 791 | 811 | 23 |
| 37 | 811 | 831 | 851 | 871 | 891 | 911 | 931 | 951 | 971 | 991 | *010 | 22 |
| 38 | 8.20 010 | 030 | 050 | 070 | 090 | 110 | 130 | 150 | 170 | 189 | 209 | 21 |
| 39 | 209 | 229 | 249 | 269 | 288 | 308 | 328 | 348 | 368 | 387 | 407 | 20 |
| 40 | 8.20 407 | 427 | 446 | 466 | 486 | 506 | 525 | 545 | 565 | 584 | 604 | 19 |
| 41 | 604 | 624 | 643 | 663 | 682 | 702 | 722 | 741 | 761 | 780 | 800 | 18 |
| 42 | 800 | 820 | 839 | 859 | 878 | 898 | 917 | 937 | 956 | 976 | 995 | 17 |
| 43 | 995 | *015 | *034 | *054 | *073 | *092 | *112 | *131 | *151 | *170 | *189 | 16 |
| 44 | 8.21 189 | 209 | 228 | 248 | 267 | 286 | 306 | 325 | 344 | 364 | 383 | 15 |
| 45 | 8.21 383 | 402 | 422 | 441 | 460 | 479 | 499 | 518 | 537 | 556 | 576 | 14 |
| 46 | 576 | 595 | 614 | 633 | 652 | 671 | 691 | 710 | 729 | 748 | 767 | 13 |
| 47 | 767 | 786 | 805 | 825 | 844 | 863 | 882 | 901 | 920 | 939 | 958 | 12 |
| 48 | 958 | 977 | 996 | *015 | *034 | *053 | *072 | *091 | *110 | *129 | *148 | 11 |
| 49 | 8.22 148 | 167 | 186 | 205 | 224 | 243 | 262 | 281 | 300 | 318 | 337 | 10 |
| 50 | 8.22 337 | 356 | 375 | 394 | 413 | 432 | 451 | 469 | 488 | 507 | 526 | 9 |
| 51 | 526 | 545 | 563 | 582 | 601 | 620 | 638 | 657 | 676 | 695 | 713 | 8 |
| 52 | 713 | 732 | 751 | 769 | 788 | 807 | 826 | 844 | 863 | 881 | 900 | 7 |
| 53 | 900 | 919 | 937 | 956 | 975 | 993 | *012 | *030 | *049 | *068 | *086 | 6 |
| 54 | 8.23 086 | 105 | 123 | 142 | 160 | 179 | 197 | 216 | 234 | 253 | 271 | 5 |
| 55 | 8.23 271 | 290 | 308 | 327 | 345 | 364 | 382 | 400 | 419 | 437 | 456 | 4 |
| 56 | 456 | 474 | 492 | 511 | 529 | 548 | 566 | 584 | 603 | 621 | 639 | 3 |
| 57 | 639 | 658 | 676 | 694 | 713 | 731 | 749 | 767 | 786 | 804 | 822 | 2 |
| 58 | 822 | 840 | 859 | 877 | 895 | 913 | 931 | 950 | 968 | 986 | *004 | 1 |
| 59 | 8.24 004 | 022 | 041 | 059 | 077 | 095 | 113 | 131 | 149 | 167 | 186 | 0 |
| | 1.0 | .9 | .8 | .7 | .6 | .5 | .4 | .3 | .2 | .1 | .0 | s |

## log cos $5^h\ 56^m$

## log tang $0^h$ $3^m$

| s | .0 | .1 | .2 | .3 | .4 | .5 | .6 | .7 | .8 | .9 | 1.0 | |
|---|---|---|---|---|---|---|---|---|---|---|---|---|
| **0** | 8.11 696 | 720 | 745 | 769 | 793 | 817 | 841 | 865 | 889 | 913 | 937 | 59 |
| 1 | 937 | 961 | 985 | *009 | *033 | *057 | *081 | *105 | *129 | *152 | *176 | 58 |
| 2 | 8.12 176 | 200 | 224 | 248 | 272 | 295 | 319 | 343 | 367 | 391 | 414 | 57 |
| 3 | 414 | 438 | 462 | 485 | 509 | 533 | 556 | 580 | 604 | 627 | 651 | 56 |
| 4 | 651 | 675 | 698 | 722 | 745 | 769 | 792 | 816 | 839 | 863 | 886 | 55 |
| 5 | 8.12 886 | 910 | 933 | 957 | 980 | *004 | *027 | *050 | *074 | *097 | *121 | 54 |
| 6 | 8.13 121 | 144 | 167 | 191 | 214 | 237 | 260 | 284 | 307 | 330 | 353 | 53 |
| 7 | 353 | 377 | 400 | 423 | 446 | 469 | 493 | 516 | 539 | 562 | 585 | 52 |
| 8 | 585 | 608 | 631 | 654 | 677 | 700 | 724 | 747 | 770 | 793 | 816 | 51 |
| 9 | 816 | 839 | 861 | 884 | 907 | 930 | 953 | 976 | 999 | *022 | *045 | **50** |
| **10** | 8.14 045 | 068 | 090 | 113 | 136 | 159 | 182 | 204 | 227 | 250 | 273 | 49 |
| 11 | 273 | 295 | 318 | 341 | 364 | 386 | 409 | 432 | 454 | 477 | 500 | 48 |
| 12 | 500 | 522 | 545 | 567 | 590 | 613 | 635 | 658 | 680 | 703 | 725 | 47 |
| 13 | 725 | 748 | 770 | 793 | 815 | 838 | 860 | 882 | 905 | 927 | 950 | 46 |
| 14 | 950 | 972 | 994 | *017 | *039 | *061 | *084 | *106 | *128 | *151 | *173 | 45 |
| 15 | 8.15 173 | 195 | 218 | 240 | 262 | 284 | 306 | 329 | 351 | 373 | 395 | 44 |
| 16 | 395 | 417 | 439 | 462 | 484 | 506 | 528 | 550 | 572 | 594 | 616 | 43 |
| 17 | 616 | 638 | 660 | 682 | 704 | 726 | 748 | 770 | 792 | 814 | 836 | 42 |
| 18 | 836 | 858 | 880 | 902 | 924 | 946 | 968 | 989 | *011 | *033 | *055 | 41 |
| 19 | 8.16 055 | 077 | 099 | 120 | 142 | 164 | 186 | 207 | 229 | 251 | 273 | **40** |
| **20** | 8.16 273 | 294 | 316 | 338 | 359 | 381 | 403 | 424 | 446 | 468 | 489 | 39 |
| 21 | 489 | 511 | 533 | 554 | 576 | 597 | 619 | 640 | 662 | 683 | 705 | 38 |
| 22 | 705 | 726 | 748 | 769 | 791 | 812 | 834 | 855 | 877 | 898 | 919 | 37 |
| 23 | 919 | 941 | 962 | 984 | *005 | *026 | *048 | *069 | *090 | *112 | *133 | 36 |
| 24 | 8.17 133 | 154 | 175 | 197 | 218 | 239 | 260 | 282 | 303 | 324 | 345 | 35 |
| 25 | 8.17 345 | 366 | 388 | 409 | 430 | 451 | 472 | 493 | 514 | 535 | 557 | 34 |
| 26 | 557 | 578 | 599 | 620 | 641 | 662 | 683 | 704 | 725 | 746 | 767 | 33 |
| 27 | 767 | 788 | 809 | 830 | 851 | 872 | 893 | 914 | 934 | 955 | 976 | 32 |
| 28 | 976 | 997 | *018 | *039 | *060 | *081 | *101 | *122 | *143 | *164 | *185 | 31 |
| 29 | 8.18 185 | 205 | 226 | 247 | 268 | 288 | 309 | 330 | 351 | 371 | 392 | **30** |
| **30** | 8.18 392 | 413 | 433 | 454 | 475 | 495 | 516 | 536 | 557 | 578 | 598 | 29 |
| 31 | 598 | 619 | 639 | 660 | 681 | 701 | 722 | 742 | 763 | 783 | 804 | 28 |
| 32 | 804 | 824 | 845 | 865 | 886 | 906 | 926 | 947 | 967 | 988 | *008 | 27 |
| 33 | 8.19 008 | 028 | 049 | 069 | 090 | 110 | 130 | 151 | 171 | 191 | 211 | 26 |
| 34 | 211 | 232 | 252 | 272 | 293 | 313 | 333 | 353 | 374 | 394 | 414 | 25 |
| 35 | 8.19 414 | 434 | 454 | 475 | 495 | 515 | 535 | 555 | 575 | 595 | 616 | 24 |
| 36 | 616 | 636 | 656 | 676 | 696 | 716 | 736 | 756 | 776 | 796 | 816 | 23 |
| 37 | 816 | 836 | 856 | 876 | 896 | 916 | 936 | 956 | 976 | 996 | *016 | 22 |
| 38 | 8.20 016 | 036 | 056 | 076 | 096 | 115 | 135 | 155 | 175 | 195 | 215 | 21 |
| 39 | 215 | 235 | 254 | 274 | 294 | 314 | 334 | 353 | 373 | 393 | 413 | **20** |
| **40** | 8.20 413 | 432 | 452 | 472 | 491 | 511 | 531 | 551 | 570 | 590 | 610 | 19 |
| 41 | 610 | 629 | 649 | 669 | 688 | 708 | 727 | 747 | 767 | 786 | 806 | 18 |
| 42 | 806 | 825 | 845 | 864 | 884 | 903 | 923 | 942 | 962 | 981 | *001 | 17 |
| 43 | 8.21 001 | 020 | 040 | 059 | 079 | 098 | 118 | 137 | 156 | 176 | 195 | 16 |
| 44 | 195 | 215 | 234 | 253 | 273 | 292 | 311 | 331 | 350 | 369 | 389 | 15 |
| 45 | 8.21 389 | 408 | 427 | 447 | 466 | 485 | 504 | 524 | 543 | 562 | 581 | 14 |
| 46 | 581 | 601 | 620 | 639 | 658 | 677 | 697 | 716 | 735 | 754 | 773 | 13 |
| 47 | 773 | 792 | 811 | 831 | 850 | 869 | 888 | 907 | 926 | 945 | 964 | 12 |
| 48 | 964 | 983 | *002 | *021 | *040 | *059 | *078 | *097 | *116 | *135 | *154 | 11 |
| 49 | 8.22 154 | 173 | 192 | 211 | 230 | 249 | 268 | 287 | 306 | 325 | 343 | **10** |
| **50** | 8.22 343 | 362 | 381 | 400 | 419 | 438 | 457 | 475 | 494 | 513 | 532 | 9 |
| 51 | 532 | 551 | 569 | 588 | 607 | 626 | 645 | 663 | 682 | 701 | 720 | 8 |
| 52 | 720 | 738 | 757 | 776 | 794 | 813 | 832 | 850 | 869 | 888 | 906 | 7 |
| 53 | 906 | 925 | 944 | 962 | 981 | 999 | *018 | *037 | *055 | *074 | *092 | 6 |
| 54 | 8.23 092 | 111 | 130 | 148 | 167 | 185 | 204 | 222 | 241 | 259 | 278 | 5 |
| 55 | 8.23 278 | 296 | 315 | 333 | 352 | 370 | 388 | 407 | 425 | 444 | 462 | 4 |
| 56 | 462 | 480 | 499 | 517 | 536 | 554 | 572 | 591 | 609 | 627 | 646 | 3 |
| 57 | 646 | 664 | 682 | 701 | 719 | 737 | 756 | 774 | 792 | 810 | 829 | 2 |
| 58 | 829 | 847 | 865 | 883 | 902 | 920 | 938 | 956 | 974 | 993 | *011 | 1 |
| 59 | 8.24 011 | 029 | 047 | 065 | 083 | 102 | 120 | 138 | 156 | 174 | 192 | **0** |
| | **1.0** | .9 | .8 | .7 | .6 | .5 | .4 | .3 | .2 | .1 | .0 | s |

## log cotg $5^h$ $56^m$

# log sin $0^h\ 4^m$

| s | .0 | .1 | .2 | .3 | .4 | .5 | .6 | .7 | .8 | .9 | 1.0 | |
|---|---|---|---|---|---|---|---|---|---|---|---|---|
| 0 | 8.24 186 | 204 | 222 | 240 | 258 | 276 | 294 | 312 | 330 | 348 | 366 | 59 |
| 1 | 366 | 384 | 402 | 420 | 438 | 456 | 474 | 492 | 510 | 528 | 546 | 58 |
| 2 | 546 | 564 | 582 | 600 | 618 | 636 | 653 | 671 | 689 | 707 | 725 | 57 |
| 3 | 725 | 743 | 761 | 779 | 796 | 814 | 832 | 850 | 868 | 886 | 903 | 56 |
| 4 | 903 | 921 | 939 | 957 | 974 | 992 | *010 | *028 | *045 | *063 | *081 | 55 |
| 5 | 8.25 081 | 099 | 116 | 134 | 152 | 169 | 187 | 205 | 222 | 240 | 258 | 54 |
| 6 | 258 | 275 | 293 | 311 | 328 | 346 | 364 | 381 | 399 | 416 | 434 | 53 |
| 7 | 434 | 452 | 469 | 487 | 504 | 522 | 539 | 557 | 574 | 592 | 609 | 52 |
| 8 | 609 | 627 | 644 | 662 | 679 | 697 | 714 | 732 | 749 | 767 | 784 | 51 |
| 9 | 784 | 802 | 819 | 836 | 854 | 871 | 889 | 906 | 923 | 941 | 958 | 50 |
| 10 | 8.25 958 | 976 | 993 | *010 | *028 | *045 | *062 | *080 | *097 | *114 | *132 | 49 |
| 11 | 8.26 132 | 149 | 166 | 183 | 201 | 218 | 235 | 253 | 270 | 287 | 304 | 48 |
| 12 | 304 | 321 | 339 | 356 | 373 | 390 | 408 | 425 | 442 | 459 | 476 | 47 |
| 13 | 476 | 493 | 511 | 528 | 545 | 562 | 579 | 596 | 613 | 630 | 648 | 46 |
| 14 | 648 | 665 | 682 | 699 | 716 | 733 | 750 | 767 | 784 | 801 | 818 | 45 |
| 15 | 8.26 818 | 835 | 852 | 869 | 886 | 903 | 920 | 937 | 954 | 971 | 988 | 44 |
| 16 | 988 | *005 | *022 | *039 | *056 | *073 | *090 | *107 | *124 | *140 | *157 | 43 |
| 17 | 8.27 157 | 174 | 191 | 208 | 225 | 242 | 259 | 276 | 292 | 309 | 326 | 42 |
| 18 | 326 | 343 | 360 | 376 | 393 | 410 | 427 | 444 | 460 | 477 | 494 | 41 |
| 19 | 494 | 511 | 528 | 544 | 561 | 578 | 595 | 611 | 628 | 645 | 661 | 40 |
| 20 | 8.27 661 | 678 | 695 | 711 | 728 | 745 | 761 | 778 | 795 | 811 | 828 | 39 |
| 21 | 828 | 845 | 861 | 878 | 895 | 911 | 928 | 944 | 961 | 978 | 994 | 38 |
| 22 | 994 | *011 | *027 | *044 | *060 | *077 | *093 | *110 | *127 | *143 | *160 | 37 |
| 23 | 8.28 160 | 176 | 193 | 209 | 226 | 242 | 258 | 275 | 291 | 308 | 324 | 36 |
| 24 | 324 | 341 | 357 | 374 | 390 | 407 | 423 | 439 | 456 | 472 | 489 | 35 |
| 25 | 8.28 489 | 505 | 521 | 538 | 554 | 570 | 587 | 603 | 619 | 636 | 652 | 34 |
| 26 | 652 | 668 | 685 | 701 | 717 | 734 | 750 | 766 | 782 | 799 | 815 | 33 |
| 27 | 815 | 831 | 848 | 864 | 880 | 896 | 912 | 929 | 945 | 961 | 977 | 32 |
| 28 | 977. | 994 | *010 | *026 | *042 | *058 | *074 | *091 | *107 | *123 | *139 | 31 |
| 29 | 8.29 139 | 155 | 171 | 187 | 204 | 220 | 236 | 252 | 268 | 284 | 300 | 30 |
| 30 | 8.29 300 | 316 | 332 | 348 | 364 | 381 | 397 | 413 | 429 | 445 | 461 | 29 |
| 31 | 461 | 477 | 493 | 509 | 525 | 541 | 557 | 573 | 589 | 605 | 621 | 28 |
| 32 | 621 | 637 | 653 | 669 | 684 | 700 | 716 | 732 | 748 | 764 | 780 | 27 |
| 33 | 780 | 796 | 812 | 828 | 844 | 859 | 875 | 891 | 907 | 923 | 939 | 26 |
| 34 | 939 | 955 | 970 | 986 | *002 | *018 | *034 | *050 | *065 | *081 | *097 | 25 |
| 35 | 8.30 097 | 113 | 129 | 144 | 160 | 176 | 192 | 207 | 223 | 239 | 255 | 24 |
| 36 | 255 | 270 | 286 | 302 | 317 | 333 | 349 | 365 | 380 | 396 | 412 | 23 |
| 37 | 412 | 427 | 443 | 459 | 474 | 490 | 506 | 521 | 537 | 553 | 568 | 22 |
| 38 | 568 | 584 | 599 | 615 | 631 | 646 | 662 | 677 | 693 | 708 | 724 | 21 |
| 39 | 724 | 740 | 755 | 771 | 786 | 802 | 817 | 833 | 848 | 864 | 879 | 20 |
| 40 | 8.30 879 | 895 | 910 | 926 | 941 | 957 | 972 | 988 | *003 | *019 | *034 | 19 |
| 41 | 8.31 034 | 050 | 065 | 081 | 096 | 111 | 127 | 142 | 158 | 173 | 188 | 18 |
| 42 | 188 | 204 | 219 | 235 | 250 | 265 | 281 | 296 | 311 | 327 | 342 | 17 |
| 43 | 342 | 358 | 373 | 388 | 404 | 419 | 434 | 449 | 465 | 480 | 495 | 16 |
| 44 | 495 | 511 | 526 | 541 | 556 | 572 | 587 | 602 | 618 | 633 | 648 | 15 |
| 45 | 8.31 648 | 663 | 678 | 694 | 709 | 724 | 739 | 755 | 770 | 785 | 800 | 14 |
| 46 | 800 | 815 | 830 | 846 | 861 | 876 | 891 | 906 | 921 | 937 | 952 | 13 |
| 47 | 952 | 967 | 982 | 997 | *012 | *027 | *042 | *057 | *073 | *088 | *103 | 12 |
| 48 | 8.32 103 | 118 | 133 | 148 | 163 | 178 | 193 | 208 | 223 | 238 | 253 | 11 |
| 49 | 253 | 268 | 283 | 298 | 313 | 328 | 343 | 358 | 373 | 388 | 403 | 10 |
| 50 | 8.32 403 | 418 | 433 | 448 | 463 | 478 | 493 | 508 | 523 | 538 | 553 | 9 |
| 51 | 553 | 568 | 583 | 597 | 612 | 627 | 642 | 657 | 672 | 687 | 702 | 8 |
| 52 | 702 | 717 | 731 | 746 | 761 | 776 | 791 | 806 | 820 | 835 | 850 | 7 |
| 53 | 850 | 865 | 880 | 895 | 909 | 924 | 939 | 954 | 968 | 983 | 998 | 6 |
| 54 | 998 | *013 | *028 | *042 | *057 | *072 | *087 | *101 | *116 | *131 | *145 | 5 |
| 55 | 8.33 145 | 160 | 175 | 190 | 204 | 219 | 234 | 248 | 263 | 278 | 292 | 4 |
| 56 | 292 | 307 | 322 | 336 | 351 | 366 | 380 | 395 | 410 | 424 | 439 | 3 |
| 57 | 439 | 453 | 468 | 483 | 497 | 512 | 527 | 541 | 556 | 570 | 585 | 2 |
| 58 | 585 | 599 | 614 | 629 | 643 | 658 | 672 | 687 | 701 | 716 | 730 | 1 |
| 59 | 730 | 745 | 759 | 774 | 788 | 803 | 817 | 832 | 846 | 861 | 875 | 0 |
| | 1.0 | .9 | .8 | .7 | .6 | .5 | .4 | .3 | .2 | .1 | .0 | s |

log cos $5^h\ 55^m$

| s | .0 | .1 | .2 | .3 | .4 | .5 | .6 | .7 | .8 | .9 | 1.0 | |
|---|---|---|---|---|---|---|---|---|---|---|---|---|
| 0 | 8.24 192 | 210 | 228 | 246 | 264 | 283 | 301 | 319 | 337 | 355 | 373 | 59 |
| 1 | 373 | 391 | 409 | 427 | 445 | 463 | 481 | 499 | 517 | 535 | 553 | 58 |
| 2 | 553 | 571 | 589 | 606 | 624 | 642 | 660 | 678 | 696 | 714 | 732 | 57 |
| 3 | 732 | 750 | 767 | 785 | 803 | 821 | 839 | 857 | 875 | 892 | 910 | 56 |
| 4 | 910 | 928 | 946 | 964 | 981 | 999 | *017 | *035 | *052 | *070 | *088 | 55 |
| 5 | 8.25 088 | 106 | 123 | 141 | 159 | 176 | 194 | 212 | 229 | 247 | 265 | 54 |
| 6 | 265 | 282 | 300 | 318 | 335 | 353 | 371 | 388 | 406 | 423 | 441 | 53 |
| 7 | 441 | 459 | 476 | 494 | 511 | 529 | 546 | 564 | 581 | 599 | 616 | 52 |
| 8 | 616 | 634 | 652 | 669 | 686 | 704 | 721 | 739 | 756 | 774 | 791 | 51 |
| 9 | 791 | 809 | 826 | 844 | 861 | 878 | 896 | 913 | 931 | 948 | 965 | 50 |
| 10 | 8.25 965 | 983 | *000 | *017 | *035 | *052 | *070 | *087 | *104 | *121 | *139 | 49 |
| 11 | 8.26 139 | 156 | 173 | 191 | 208 | 225 | 243 | 260 | 277 | 294 | 312 | 48 |
| 12 | 312 | 329 | 346 | 363 | 380 | 398 | 415 | 432 | 449 | 466 | 484 | 47 |
| 13 | 484 | 501 | 518 | 535 | 552 | 569 | 586 | 604 | 621 | 638 | 655 | 46 |
| 14 | 655 | 672 | 689 | 706 | 723 | 740 | 757 | 774 | 792 | 809 | 826 | 45 |
| 15 | 8.26 826 | 843 | 860 | 877 | 894 | 911 | 928 | 945 | 962 | 979 | 996 | 44 |
| 16 | 996 | *013 | *030 | *047 | *063 | *080 | *097 | *114 | *131 | *148 | *165 | 43 |
| 17 | 8.27 165 | 182 | 199 | 216 | 233 | 249 | 266 | 283 | 300 | 317 | 334 | 42 |
| 18 | 334 | 351 | 367 | 384 | 401 | 418 | 435 | 451 | 468 | 485 | 502 | 41 |
| 19 | 502 | 518 | 535 | 552 | 569 | 586 | 602 | 619 | 636 | 652 | 669 | 40 |
| 20 | 8.27 669 | 686 | 703 | 719 | 736 | 753 | 769 | 786 | 803 | 819 | 836 | 39 |
| 21 | 836 | 853 | 869 | 886 | 902 | 919 | 936 | 952 | 969 | 985 | *002 | 38 |
| 22 | 8.28 002 | 019 | 035 | 052 | 068 | 085 | 101 | 118 | 134 | 151 | 167 | 37 |
| 23 | 167 | 184 | 201 | 217 | 234 | 250 | 266 | 283 | 299 | 316 | 332 | 36 |
| 24 | 332 | 349 | 365 | 382 | 398 | 415 | 431 | 447 | 464 | 480 | 497 | 35 |
| 25 | 8.28 497 | 513 | 529 | 546 | 562 | 578 | 595 | 611 | 628 | 644 | 660 | 34 |
| 26 | 660 | 677 | 693 | 709 | 725 | 742 | 758 | 774 | 791 | 807 | 823 | 33 |
| 27 | 823 | 839 | 856 | 872 | 888 | 904 | 921 | 937 | 953 | 969 | 986 | 32 |
| 28 | 986 | *002 | *018 | *034 | *050 | *067 | *083 | *099 | *115 | *131 | *147 | 31 |
| 29 | 8.29 147 | 164 | 180 | 196 | 212 | 228 | 244 | 260 | 276 | 292 | 309 | 30 |
| 30 | 8.29 309 | 325 | 341 | 357 | 373 | 389 | 405 | 421 | 437 | 453 | 469 | 29 |
| 31 | 469 | 485 | 501 | 517 | 533 | 549 | 565 | 581 | 597 | 613 | 629 | 28 |
| 32 | 629 | 645 | 661 | 677 | 693 | 709 | 725 | 741 | 757 | 773 | 789 | 27 |
| 33 | 789 | 804 | 820 | 836 | 852 | 868 | 884 | 900 | 916 | 932 | 947 | 26 |
| 34 | 947 | 963 | 979 | 995 | *011 | *027 | *042 | *058 | *074 | *090 | *106 | 25 |
| 35 | 8.30 106 | 121 | 137 | 153 | 169 | 185 | 200 | 216 | 232 | 248 | 263 | 24 |
| 36 | 263 | 279 | 295 | 311 | 326 | 342 | 358 | 373 | 389 | 405 | 420 | 23 |
| 37 | 420 | 436 | 452 | 467 | 483 | 499 | 514 | 530 | 546 | 561 | 577 | 22 |
| 38 | 577 | 593 | 608 | 624 | 639 | 655 | 671 | 686 | 702 | 717 | 733 | 21 |
| 39 | 733 | 749 | 764 | 780 | 795 | 811 | 826 | 842 | 857 | 873 | 888 | 20 |
| 40 | 8.30 888 | 904 | 919 | 935 | 950 | 966 | 981 | 997 | *012 | *028 | *043 | 19 |
| 41 | 8.31 043 | 059 | 074 | 090 | 105 | 121 | 136 | 151 | 167 | 182 | 198 | 18 |
| 42 | 198 | 213 | 228 | 244 | 259 | 275 | 290 | 305 | 321 | 336 | 351 | 17 |
| 43 | 351 | 367 | 382 | 397 | 413 | 428 | 443 | 459 | 474 | 489 | 505 | 16 |
| 44 | 505 | 520 | 535 | 550 | 566 | 581 | 596 | 612 | 627 | 642 | 657 | 15 |
| 45 | 8.31 657 | 673 | 688 | 703 | 718 | 733 | 749 | 764 | 779 | 794 | 809 | 14 |
| 46 | 809 | 825 | 840 | 855 | 870 | 885 | 901 | 916 | 931 | 946 | 961 | 13 |
| 47 | 961 | 976 | 991 | *006 | *022 | *037 | *052 | *067 | *082 | *097 | *112 | 12 |
| 48 | 8.32 112 | 127 | 142 | 157 | 173 | 188 | 203 | 218 | 233 | 248 | 263 | 11 |
| 49 | 263 | 278 | 293 | 308 | 323 | 338 | 353 | 368 | 383 | 398 | 413 | 10 |
| 50 | 8.32 413 | 428 | 443 | 458 | 473 | 488 | 503 | 518 | 533 | 547 | 562 | 9 |
| 51 | 562 | 577 | 592 | 607 | 622 | 637 | 652 | 667 | 682 | 697 | 711 | 8 |
| 52 | 711 | 726 | 741 | 756 | 771 | 786 | 801 | 815 | 830 | 845 | 860 | 7 |
| 53 | 860 | 875 | 890 | 904 | 919 | 934 | 949 | 964 | 978 | 993 | *008 | 6 |
| 54 | 8.33 008 | 023 | 038 | 052 | 067 | 082 | 097 | 111 | 126 | 141 | 155 | 5 |
| 55 | 8.33 155 | 170 | 185 | 200 | 214 | 229 | 244 | 258 | 273 | 288 | 302 | 4 |
| 56 | 302 | 317 | 332 | 346 | 361 | 376 | 390 | 405 | 420 | 434 | 449 | 3 |
| 57 | 449 | 464 | 478 | 493 | 507 | 522 | 537 | 551 | 566 | 580 | 595 | 2 |
| 58 | 595 | 610 | 624 | 639 | 653 | 668 | 682 | 697 | 712 | 726 | 741 | 1 |
| 59 | 741 | 755 | 770 | 784 | 799 | 813 | 828 | 842 | 857 | 871 | 886 | 0 |
| | 1.0 | .9 | .8 | .7 | .6 | .5 | .4 | .3 | .2 | .1 | .0 | s |

log cotg $5^h\ 55^m$

# log sin $0^h$ $5^m$

| s | .0 | .1 | .2 | .3 | .4 | .5 | .6 | .7 | .8 | .9 | 1.0 | |
|---|---|---|---|---|---|---|---|---|---|---|---|---|
| 0 | 8.33 875 | 890 | 904 | 919 | 933 | 948 | 962 | 976 | 991 | *005 | *020 | 59 |
| 1 | 8.34 020 | 034 | 049 | 063 | 077 | 092 | 106 | 121 | 135 | 149 | 164 | 58 |
| 2 | 164 | 178 | 193 | 207 | 221 | 236 | 250 | 264 | 279 | 293 | 307 | 57 |
| 3 | 307 | 322 | 336 | 350 | 365 | 379 | 393 | 408 | 422 | 436 | 450 | 56 |
| 4 | 450 | 465 | 479 | 493 | 508 | 522 | 536 | 550 | 565 | 579 | 593 | 55 |
| 5 | 8.34 593 | 607 | 621 | 636 | 650 | 664 | 678 | 693 | 707 | 721 | 735 | 54 |
| 6 | 735 | 749 | 764 | 778 | 792 | 806 | 820 | 834 | 849 | 863 | 877 | 53 |
| 7 | 877 | 891 | 905 | 919 | 933 | 948 | 962 | 976 | 990 | *004 | *018 | 52 |
| 8 | 8.35 018 | 032 | 046 | 060 | 074 | 088 | 103 | 117 | 131 | 145 | 159 | 51 |
| 9 | 159 | 173 | 187 | 201 | 215 | 229 | 243 | 257 | 271 | 285 | 299 | 50 |
| 10 | 8.35 299 | 313 | 327 | 341 | 355 | 369 | 383 | 397 | 411 | 425 | 439 | 49 |
| 11 | 439 | 453 | 467 | 481 | 495 | 509 | 523 | 537 | 551 | 564 | 578 | 48 |
| 12 | 578 | 592 | 606 | 620 | 634 | 648 | 662 | 676 | 690 | 703 | 717 | 47 |
| 13 | 717 | 731 | 745 | 759 | 773 | 787 | 800 | 814 | 828 | 842 | 856 | 46 |
| 14 | 856 | 870 | 883 | 897 | 911 | 925 | 939 | 952 | 966 | 980 | 994 | 45 |
| 15 | 8.35 994 | *008 | *021 | *035 | *049 | *063 | *076 | *090 | *104 | *118 | *131 | 44 |
| 16 | 8.36 131 | 145 | 159 | 173 | 186 | 200 | 214 | 228 | 241 | 255 | 269 | 43 |
| 17 | 269 | 282 | 296 | 310 | 323 | 337 | 351 | 364 | 378 | 392 | 405 | 42 |
| 18 | 405 | 419 | 433 | 446 | 460 | 474 | 487 | 501 | 515 | 528 | 542 | 41 |
| 19 | 542 | 555 | 569 | 583 | 596 | 610 | 623 | 637 | 651 | 664 | 678 | 40 |
| 20 | 8.36 678 | 691 | 705 | 718 | 732 | 745 | 759 | 773 | 786 | 800 | 813 | 39 |
| 21 | 813 | 827 | 840 | 854 | 867 | 881 | 894 | 908 | 921 | 935 | 948 | 38 |
| 22 | 948 | 962 | 975 | 989 | *002 | *016 | *029 | *043 | *056 | *069 | *083 | 37 |
| 23 | 8.37 083 | 096 | 110 | 123 | 137 | 150 | 163 | 177 | 190 | 204 | 217 | 36 |
| 24 | 217 | 230 | 244 | 257 | 271 | 284 | 297 | 311 | 324 | 338 | 351 | 35 |
| 25 | 8.37 351 | 364 | 378 | 391 | 404 | 418 | 431 | 444 | 458 | 471 | 484 | 34 |
| 26 | 484 | 498 | 511 | 524 | 538 | 551 | 564 | 577 | 591 | 604 | 617 | 33 |
| 27 | 617 | 631 | 644 | 657 | 670 | 684 | 697 | 710 | 723 | 737 | 750 | 32 |
| 28 | 750 | 763 | 776 | 790 | 803 | 816 | 829 | 842 | 856 | 869 | 882 | 31 |
| 29 | 882 | 895 | 908 | 922 | 935 | 948 | 961 | 974 | 988 | *001 | *014 | 30 |
| 30 | 8.38 014 | 027 | 040 | 053 | 066 | 080 | 093 | 106 | 119 | 132 | 145 | 29 |
| 31 | 145 | 158 | 171 | 185 | 198 | 211 | 224 | 237 | 250 | 263 | 276 | 28 |
| 32 | 276 | 289 | 302 | 315 | 328 | 342 | 355 | 368 | 381 | 394 | 407 | 27 |
| 33 | 407 | 420 | 433 | 446 | 459 | 472 | 485 | 498 | 511 | 524 | 537 | 26 |
| 34 | 537 | 550 | 563 | 576 | 589 | 602 | 615 | 628 | 641 | 654 | 667 | 25 |
| 35 | 8.38 667 | 680 | 693 | 706 | 719 | 732 | 744 | 757 | 770 | 783 | 796 | 24 |
| 36 | 796 | 809 | 822 | 835 | 848 | 861 | 874 | 887 | 899 | 912 | 925 | 23 |
| 37 | 925 | 938 | 951 | 964 | 977 | 990 | *002 | *015 | *028 | *041 | *054 | 22 |
| 38 | 8.39 054 | 067 | 080 | 092 | 105 | 118 | 131 | 144 | 157 | 169 | 182 | 21 |
| 39 | 182 | 195 | 208 | 221 | 233 | 246 | 259 | 272 | 285 | 297 | 310 | 20 |
| 40 | 8.39 310 | 323 | 336 | 348 | 361 | 374 | 387 | 399 | 412 | 425 | 438 | 19 |
| 41 | 438 | 450 | 463 | 476 | 489 | 501 | 514 | 527 | 539 | 552 | 565 | 18 |
| 42 | 565 | 577 | 590 | 603 | 616 | 628 | 641 | 654 | 666 | 679 | 692 | 17 |
| 43 | 692 | 704 | 717 | 729 | 742 | 755 | 767 | 780 | 793 | 805 | 818 | 16 |
| 44 | 818 | 831 | 843 | 856 | 868 | 881 | 894 | 906 | 919 | 931 | 944 | 15 |
| 45 | 8.39 944 | 957 | 969 | 982 | 994 | *007 | *019 | *032 | *045 | *057 | *070 | 14 |
| 46 | 8.40 070 | 082 | 095 | 107 | 120 | 132 | 145 | 157 | 170 | 182 | 195 | 13 |
| 47 | 195 | 207 | 220 | 232 | 245 | 257 | 270 | 282 | 295 | 307 | 320 | 12 |
| 48 | 320 | 332 | 345 | 357 | 370 | 382 | 395 | 407 | 420 | 432 | 444 | 11 |
| 49 | 444 | 457 | 469 | 482 | 494 | 507 | 519 | 531 | 544 | 556 | 569 | 10 |
| 50 | 8.40 569 | 581 | 594 | 606 | 618 | 631 | 643 | 655 | 668 | 680 | 693 | 9 |
| 51 | 693 | 705 | 717 | 730 | 742 | 754 | 767 | 779 | 791 | 804 | 816 | 8 |
| 52 | 816 | 828 | 841 | 853 | 865 | 878 | 890 | 902 | 915 | 927 | 939 | 7 |
| 53 | 939 | 952 | 964 | 976 | 988 | *001 | *013 | *025 | *038 | *050 | *062 | 6 |
| 54 | 8.41 062 | 074 | 087 | 099 | 111 | 123 | 136 | 148 | 160 | 172 | 185 | 5 |
| 55 | 8.41 185 | 197 | 209 | 221 | 234 | 246 | 258 | 270 | 282 | 295 | 307 | 4 |
| 56 | 307 | 319 | 331 | 343 | 356 | 368 | 380 | 392 | 404 | 416 | 429 | 3 |
| 57 | 429 | 441 | 453 | 465 | 477 | 489 | 501 | 514 | 526 | 538 | 550 | 2 |
| 58 | 550 | 562 | 574 | 586 | 598 | 611 | 623 | 635 | 647 | 659 | 671 | 1 |
| 59 | 671 | 683 | 695 | 707 | 719 | 732 | 744 | 756 | 768 | 780 | 792 | 0 |
| | 1.0 | .9 | .8 | .7 | .6 | .5 | .4 | .3 | .2 | .1 | .0 | s |

log cos $5^h$ $54^m$

| s | .0 | .1 | .2 | .3 | .4 | .5 | .6 | .7 | .8 | .9 | 1.0 | |
|---|---|---|---|---|---|---|---|---|---|---|---|---|
| 0 | 8.33 886 | 900 | 915 | 929 | 944 | 958 | 972 | 987 | *001 | *016 | *030 | 59 |
| 1 | 8.34 030 | 045 | 059 | 073 | 088 | 102 | 117 | 131 | 146 | 160 | 174 | 58 |
| 2 | 174 | 189 | 203 | 217 | 232 | 246 | 261 | 275 | 289 | 304 | 318 | 57 |
| 3 | 318 | 332 | 347 | 361 | 375 | 390 | 404 | 418 | 432 | 447 | 461 | 56 |
| 4 | 461 | 475 | 490 | 504 | 518 | 532 | 547 | 561 | 575 | 589 | 604 | 55 |
| 5 | 8.34 604 | 618 | 632 | 646 | 661 | 675 | 689 | 703 | 718 | 732 | 746 | 54 |
| 6 | 746 | 760 | 774 | 788 | 803 | 817 | 831 | 845 | 859 | 874 | 888 | 53 |
| 7 | 888 | 902 | 916 | 930 | 944 | 958 | 972 | 987 | *001 | *015 | *029 | 52 |
| 8 | 8.35 029 | 043 | 057 | 071 | 085 | 099 | 113 | 128 | 142 | 156 | 170 | 51 |
| 9 | 170 | 184 | 198 | 212 | 226 | 240 | 254 | 268 | 282 | 296 | 310 | 50 |
| 10 | 8.35 310 | 324 | 338 | 352 | 366 | 380 | 394 | 408 | 422 | 436 | 450 | 49 |
| 11 | 450 | 464 | 478 | 492 | 506 | 520 | 534 | 548 | 562 | 576 | 590 | 48 |
| 12 | 590 | 603 | 617 | 631 | 645 | 659 | 673 | 687 | 701 | 715 | 729 | 47 |
| 13 | 729 | 742 | 756 | 770 | 784 | 798 | 812 | 826 | 839 | 853 | 867 | 46 |
| 14 | 867 | 881 | 895 | 909 | 922 | 936 | 950 | 964 | 978 | 991 | *005 | 45 |
| 15 | 8.36 005 | 019 | 033 | 047 | 060 | 074 | 088 | 102 | 115 | 129 | 143 | 44 |
| 16 | 143 | 157 | 170 | 184 | 198 | 212 | 225 | 239 | 253 | 267 | 280 | 43 |
| 17 | 280 | 294 | 308 | 321 | 335 | 349 | 362 | 376 | 390 | 403 | 417 | 42 |
| 18 | 417 | 431 | 444 | 458 | 472 | 485 | 499 | 513 | 526 | 540 | 553 | 41 |
| 19 | 553 | 567 | 581 | 594 | 608 | 622 | 635 | 649 | 662 | 676 | 689 | 40 |
| 20 | 8.36 689 | 703 | 717 | 730 | 744 | 757 | 771 | 784 | 798 | 811 | 825 | 39 |
| 21 | 825 | 839 | 852 | 866 | 879 | 893 | 906 | 920 | 933 | 947 | 960 | 38 |
| 22 | 960 | 974 | 987 | *001 | *014 | *028 | *041 | *054 | *068 | *081 | *095 | 37 |
| 23 | 8.37 095 | 108 | 122 | 135 | 149 | 162 | 175 | 189 | 202 | 216 | 229 | 36 |
| 24 | 229 | 243 | 256 | 269 | 283 | 296 | 310 | 323 | 336 | 350 | 363 | 35 |
| 25 | 8.37 363 | 376 | 390 | 403 | 416 | 430 | 443 | 457 | 470 | 483 | 497 | 34 |
| 26 | 497 | 510 | 523 | 536 | 550 | 563 | 576 | 590 | 603 | 616 | 630 | 33 |
| 27 | 630 | 643 | 656 | 669 | 683 | 696 | 709 | 722 | 736 | 749 | 762 | 32 |
| 28 | 762 | 775 | 789 | 802 | 815 | 828 | 842 | 855 | 868 | 881 | 894 | 31 |
| 29 | 894 | 908 | 921 | 934 | 947 | 960 | 974 | 987 | *000 | *013 | *026 | 30 |
| 30 | 8.38 026 | 040 | 053 | 066 | 079 | 092 | 105 | 118 | 132 | 145 | 158 | 29 |
| 31 | 158 | 171 | 184 | 197 | 210 | 223 | 236 | 250 | 263 | 276 | 289 | 28 |
| 32 | 289 | 302 | 315 | 328 | 341 | 354 | 367 | 380 | 393 | 406 | 420 | 27 |
| 33 | 420 | 433 | 446 | 459 | 472 | 485 | 498 | 511 | 524 | 537 | 550 | 26 |
| 34 | 550 | 563 | 576 | 589 | 602 | 615 | 628 | 641 | 654 | 667 | 680 | 25 |
| 35 | 8.38 680 | 693 | 706 | 719 | 732 | 744 | 757 | 770 | 783 | 796 | 809 | 24 |
| 36 | 809 | 822 | 835 | 848 | 861 | 874 | 887 | 900 | 913 | 925 | 938 | 23 |
| 37 | 938 | 951 | 964 | 977 | 990 | *003 | *016 | *028 | *041 | *054 | *067 | 22 |
| 38 | 8.39 067 | 080 | 093 | 106 | 118 | 131 | 144 | 157 | 170 | 183 | 195 | 21 |
| 39 | 195 | 208 | 221 | 234 | 247 | 259 | 272 | 285 | 298 | 311 | 323 | 20 |
| 40 | 8.39 323 | 336 | 349 | 362 | 374 | 387 | 400 | 413 | 425 | 438 | 451 | 19 |
| 41 | 451 | 464 | 476 | 489 | 502 | 515 | 527 | 540 | 553 | 565 | 578 | 18 |
| 42 | 578 | 591 | 604 | 616 | 629 | 642 | 654 | 667 | 680 | 692 | 705 | 17 |
| 43 | 705 | 718 | 730 | 743 | 756 | 768 | 781 | 794 | 806 | 819 | 832 | 16 |
| 44 | 832 | 844 | 857 | 869 | 882 | 895 | 907 | 920 | 932 | 945 | 958 | 15 |
| 45 | 8.39 958 | 970 | 983 | 995 | *008 | *021 | *033 | *046 | *058 | *071 | *083 | 14 |
| 46 | 8.40 083 | 096 | 108 | 121 | 134 | 146 | 159 | 171 | 184 | 196 | 209 | 13 |
| 47 | 209 | 221 | 234 | 246 | 259 | 271 | 284 | 296 | 309 | 321 | 334 | 12 |
| 48 | 334 | 346 | 359 | 371 | 384 | 396 | 409 | 421 | 434 | 446 | 458 | 11 |
| 49 | 458 | 471 | 483 | 496 | 508 | 521 | 533 | 546 | 558 | 570 | 583 | 10 |
| 50 | 8.40 583 | 595 | 608 | 620 | 632 | 645 | 657 | 670 | 682 | 694 | 707 | 9 |
| 51 | 707 | 719 | 732 | 744 | 756 | 769 | 781 | 793 | 806 | 818 | 830 | 8 |
| 52 | 830 | 843 | 855 | 867 | 880 | 892 | 904 | 917 | 929 | 941 | 954 | 7 |
| 53 | 954 | 966 | 978 | 991 | *003 | *015 | *027 | *040 | *052 | *064 | *077 | 6 |
| 54 | 8.41 077 | 089 | 101 | 113 | 126 | 138 | 150 | 162 | 175 | 187 | 199 | 5 |
| 55 | 8.41 199 | 211 | 224 | 236 | 248 | 260 | 272 | 285 | 297 | 309 | 321 | 4 |
| 56 | 321 | 334 | 346 | 358 | 370 | 382 | 394 | 407 | 419 | 431 | 443 | 3 |
| 57 | 443 | 455 | 468 | 480 | 492 | 504 | 516 | 528 | 540 | 553 | 565 | 2 |
| 58 | 565 | 577 | 589 | 601 | 613 | 625 | 637 | 650 | 662 | 674 | 686 | 1 |
| 59 | 686 | 698 | 710 | 722 | 734 | 746 | 758 | 771 | 783 | 795 | 807 | 0 |
| | 1.0 | .9 | .8 | .7 | .6 | .5 | .4 | .3 | .2 | .1 | .0 | s |

# log sin $0^h$ $6^m$

| s | .0 | .1 | .2 | .3 | .4 | .5 | .6 | .7 | .8 | .9 | 1.0 | |
|---|---|---|---|---|---|---|---|---|---|---|---|---|
| 0 | 8.41 792 | 804 | 816 | 828 | 840 | 852 | 864 | 876 | 888 | 900 | 912 | 59 |
| 1 | 912 | 924 | 936 | 948 | 960 | 972 | 984 | 996 | *008 | *020 | *032 | 58 |
| 2 | 8.42 032 | 044 | 056 | 068 | 080 | 092 | 104 | 116 | 128 | 140 | 152 | 57 |
| 3 | 152 | 164 | 176 | 188 | 200 | 212 | 224 | 236 | 248 | 260 | 272 | 56 |
| 4 | 272 | 284 | 296 | 307 | 319 | 331 | 343 | 355 | 367 | 379 | 391 | 55 |
| 5 | 8.42 391 | 403 | 415 | 426 | 438 | 450 | 462 | 474 | 486 | 498 | 510 | 54 |
| 6 | 510 | 521 | 533 | 545 | 557 | 569 | 581 | 593 | 604 | 616 | 628 | 53 |
| 7 | 628 | 640 | 652 | 664 | 675 | 687 | 699 | 711 | 723 | 734 | 746 | 52 |
| 8 | 746 | 758 | 770 | 782 | 793 | 805 | 817 | 829 | 840 | 852 | 864 | 51 |
| 9 | 864 | 876 | 888 | 899 | 911 | 923 | 935 | 946 | 958 | 970 | 982 | 50 |
| 10 | 8.42 982 | 993 | *005 | *017 | *028 | *040 | *052 | *064 | *075 | *087 | *099 | 49 |
| 11 | 8.43 099 | 110 | 122 | 134 | 146 | 157 | 169 | 181 | 192 | 204 | 216 | 48 |
| 12 | 216 | 227 | 239 | 251 | 262 | 274 | 286 | 297 | 309 | 321 | 332 | 47 |
| 13 | 332 | 344 | 355 | 367 | 379 | 390 | 402 | 414 | 425 | 437 | 448 | 46 |
| 14 | 448 | 460 | 472 | 483 | 495 | 506 | 518 | 530 | 541 | 553 | 564 | 45 |
| 15 | 8.43 564 | 576 | 588 | 599 | 611 | 622 | 634 | 645 | 657 | 668 | 680 | 44 |
| 16 | 680 | 692 | 703 | 715 | 726 | 738 | 749 | 761 | 772 | 784 | 795 | 43 |
| 17 | 795 | 807 | 818 | 830 | 841 | 853 | 864 | 876 | 887 | 899 | 910 | 42 |
| 18 | 910 | 922 | 933 | 945 | 956 | 968 | 979 | 991 | *002 | *014 | *025 | 41 |
| 19 | 8.44 025 | 036 | 048 | 059 | 071 | 082 | 094 | 105 | 117 | 128 | 139 | 40 |
| 20 | 8.44 139 | 151 | 162 | 174 | 185 | 197 | 208 | 219 | 231 | 242 | 254 | 39 |
| 21 | 254 | 265 | 276 | 288 | 299 | 310 | 322 | 333 | 345 | 356 | 367 | 38 |
| 22 | 367 | 379 | 390 | 401 | 413 | 424 | 436 | 447 | 458 | 470 | 481 | 37 |
| 23 | 481 | 492 | 504 | 515 | 526 | 538 | 549 | 560 | 571 | 583 | 594 | 36 |
| 24 | 594 | 605 | 617 | 628 | 639 | 651 | 662 | 673 | 684 | 696 | 707 | 35 |
| 25 | 8.44 707 | 718 | 730 | 741 | 752 | 763 | 775 | 786 | 797 | 808 | 820 | 34 |
| 26 | 820 | 831 | 842 | 853 | 865 | 876 | 887 | 898 | 910 | 921 | 932 | 33 |
| 27 | 932 | 943 | 954 | 966 | 977 | 988 | 999 | *010 | *022 | *033 | *044 | 32 |
| 28 | 8.45 044 | 055 | 066 | 078 | 089 | 100 | 111 | 122 | 133 | 145 | 156 | 31 |
| 29 | 156 | 167 | 178 | 189 | 200 | 212 | 223 | 234 | 245 | 256 | 267 | 30 |
| 30 | 8.45 267 | 278 | 290 | 301 | 312 | 323 | 334 | 345 | 356 | 367 | 378 | 29 |
| 31 | 378 | 390 | 401 | 412 | 423 | 434 | 445 | 456 | 467 | 478 | 489 | 28 |
| 32 | 489 | 500 | 511 | 523 | 534 | 545 | 556 | 567 | 578 | 589 | 600 | 27 |
| 33 | 600 | 611 | 622 | 633 | 644 | 655 | 666 | 677 | 688 | 699 | 710 | 26 |
| 34 | 710 | 721 | 732 | 743 | 754 | 765 | 776 | 787 | 798 | 809 | 820 | 25 |
| 35 | 8.45 820 | 831 | 842 | 853 | 864 | 875 | 886 | 897 | 908 | 919 | 930 | 24 |
| 36 | 930 | 941 | 952 | 963 | 974 | 985 | 996 | *007 | *018 | *029 | *040 | 23 |
| 37 | 8.46 040 | 051 | 061 | 072 | 083 | 094 | 105 | 116 | 127 | 138 | 149 | 22 |
| 38 | 149 | 160 | 171 | 182 | 192 | 203 | 214 | 225 | 236 | 247 | 258 | 21 |
| 39 | 258 | 269 | 280 | 290 | 301 | 312 | 323 | 334 | 345 | 356 | 366 | 20 |
| 40 | 8.46 366 | 377 | 388 | 399 | 410 | 421 | 432 | 442 | 453 | 464 | 475 | 19 |
| 41 | 475 | 486 | 497 | 507 | 518 | 529 | 540 | 551 | 561 | 572 | 583 | 18 |
| 42 | 583 | 594 | 605 | 615 | 626 | 637 | 648 | 659 | 669 | 680 | 691 | 17 |
| 43 | 691 | 702 | 712 | 723 | 734 | 745 | 755 | 766 | 777 | 788 | 799 | 16 |
| 44 | 799 | 809 | 820 | 831 | 841 | 852 | 863 | 874 | 884 | 895 | 906 | 15 |
| 45 | 8.46 906 | 917 | 927 | 938 | 949 | 959 | 970 | 981 | 992 | *002 | *013 | 14 |
| 46 | 8.47 013 | 024 | 034 | 045 | 056 | 066 | 077 | 088 | 098 | 109 | 120 | 13 |
| 47 | 120 | 130 | 141 | 152 | 162 | 173 | 184 | 194 | 205 | 216 | 226 | 12 |
| 48 | 226 | 237 | 248 | 258 | 269 | 279 | 290 | 301 | 311 | 322 | 333 | 11 |
| 49 | 333 | 343 | 354 | 364 | 375 | 386 | 396 | 407 | 417 | 428 | 439 | 10 |
| 50 | 8.47 439 | 449 | 460 | 470 | 481 | 491 | 502 | 513 | 523 | 534 | 544 | 9 |
| 51 | 544 | 555 | 565 | 576 | 587 | 597 | 608 | 618 | 629 | 639 | 650 | 8 |
| 52 | 650 | 660 | 671 | 681 | 692 | 702 | 713 | 724 | 734 | 745 | 755 | 7 |
| 53 | 755 | 766 | 776 | 787 | 797 | 808 | 818 | 829 | 839 | 850 | 860 | 6 |
| 54 | 860 | 871 | 881 | 892 | 902 | 912 | 923 | 933 | 944 | 954 | 965 | 5 |
| 55 | 8.47 965 | 975 | 986 | 996 | *007 | *017 | *028 | *038 | *048 | *059 | *069 | 4 |
| 56 | 8.48 069 | 080 | 090 | 101 | 111 | 121 | 132 | 142 | 153 | 163 | 174 | 3 |
| 57 | 174 | 184 | 194 | 205 | 215 | 226 | 236 | 246 | 257 | 267 | 278 | 2 |
| 58 | 278 | 288 | 298 | 309 | 319 | 329 | 340 | 350 | 361 | 371 | 381 | 1 |
| 59 | 381 | 392 | 402 | 412 | 423 | 433 | 443 | 454 | 464 | 474 | 485 | 0 |
| | 1.0 | .9 | .8 | .7 | .6 | .5 | .4 | .3 | .2 | .1 | .0 | s |

log cos $5^h$ $53^m$

| s | .0 | .1 | .2 | .3 | .4 | .5 | .6 | .7 | .8 | .9 | 1.0 | |
|---|---|---|---|---|---|---|---|---|---|---|---|---|
| 0 | 8.41 807 | 819 | 831 | 843 | 855 | 867 | 879 | 891 | 903 | 915 | 927 | 59 |
| 1 | 927 | 939 | 951 | 963 | 975 | 987 | 999 | *011 | *023 | *035 | *048 | 58 |
| 2 | 8.42 048 | 060 | 072 | 083 | 095 | 107 | 119 | 131 | 143 | 155 | 167 | 57 |
| 3 | 167 | 179 | 191 | 203 | 215 | 227 | 239 | 251 | 263 | 275 | 287 | 56 |
| 4 | 287 | 299 | 311 | 323 | 335 | 347 | 358 | 370 | 382 | 394 | 406 | 55 |
| 5 | 8.42 406 | 418 | 430 | 442 | 454 | 466 | 477 | 489 | 501 | 513 | 525 | 54 |
| 6 | 525 | 537 | 549 | 561 | 572 | 584 | 596 | 608 | 620 | 632 | 644 | 53 |
| 7 | 644 | 655 | 667 | 679 | 691 | 703 | 715 | 726 | 738 | 750 | 762 | 52 |
| 8 | 762 | 774 | 785 | 797 | 809 | 821 | 833 | 844 | 856 | 868 | 880 | 51 |
| 9 | 880 | 891 | 903 | 915 | 927 | 939 | 950 | 962 | 974 | 986 | 997 | 50 |
| 10 | 8.42 997 | *009 | *021 | *032 | *044 | *056 | *068 | *079 | *091 | *103 | *115 | 49 |
| 11 | 8.43 115 | 126 | 138 | 150 | 161 | 173 | 185 | 196 | 208 | 220 | 232 | 48 |
| 12 | 232 | 243 | 255 | 267 | 278 | 290 | 302 | 313 | 325 | 336 | 348 | 47 |
| 13 | 348 | 360 | 371 | 383 | 395 | 406 | 418 | 430 | 441 | 453 | 464 | 46 |
| 14 | 464 | 476 | 488 | 499 | 511 | 523 | 534 | 546 | 557 | 569 | 581 | 45 |
| 15 | 8.43 581 | 592 | 604 | 615 | 627 | 638 | 650 | 662 | 673 | 685 | 696 | 44 |
| 16 | 696 | 708 | 719 | 731 | 742 | 754 | 766 | 777 | 789 | 800 | 812 | 43 |
| 17 | 812 | 823 | 835 | 846 | 858 | 869 | 881 | 892 | 904 | 915 | 927 | 42 |
| 18 | 927 | 938 | 950 | 961 | 973 | 984 | 996 | *007 | *019 | *030 | *042 | 41 |
| 19 | 8.44 042 | 053 | 064 | 076 | 087 | 099 | 110 | 122 | 133 | 145 | 156 | 40 |
| 20 | 8.44 156 | 167 | 179 | 190 | 202 | 213 | 225 | 236 | 247 | 259 | 270 | 39 |
| 21 | 270 | 282 | 293 | 304 | 316 | 327 | 339 | 350 | 361 | 373 | 384 | 38 |
| 22 | 384 | 395 | 407 | 418 | 430 | 441 | 452 | 464 | 475 | 486 | 498 | 37 |
| 23 | 498 | 509 | 520 | 532 | 543 | 554 | 566 | 577 | 588 | 600 | 611 | 36 |
| 24 | 611 | 622 | 634 | 645 | 656 | 668 | 679 | 690 | 701 | 713 | 724 | 35 |
| 25 | 8.44 724 | 735 | 747 | 758 | 769 | 780 | 792 | 803 | 814 | 825 | 837 | 34 |
| 26 | 837 | 848 | 859 | 871 | 882 | 893 | 904 | 915 | 927 | 938 | 949 | 33 |
| 27 | 949 | 960 | 972 | 983 | 994 | *005 | *016 | *028 | *039 | *050 | *061 | 32 |
| 28 | 8.45 061 | 073 | 084 | 095 | 106 | 117 | 128 | 140 | 151 | 162 | 173 | 31 |
| 29 | 173 | 184 | 195 | 207 | 218 | 229 | 240 | 251 | 262 | 274 | 285 | 30 |
| 30 | 8.45 285 | 296 | 307 | 318 | 329 | 340 | 352 | 363 | 374 | 385 | 396 | 29 |
| 31 | 396 | 407 | 418 | 429 | 440 | 452 | 463 | 474 | 485 | 496 | 507 | 28 |
| 32 | 507 | 518 | 529 | 540 | 551 | 562 | 573 | 585 | 596 | 607 | 618 | 27 |
| 33 | 618 | 629 | 640 | 651 | 662 | 673 | 684 | 695 | 706 | 717 | 728 | 26 |
| 34 | 728 | 739 | 750 | 761 | 772 | 783 | 794 | 805 | 816 | 827 | 838 | 25 |
| 35 | 8.45 838 | 849 | 860 | 871 | 882 | 893 | 904 | 915 | 926 | 937 | 948 | 24 |
| 36 | 948 | 959 | 970 | 981 | 992 | *003 | *014 | *025 | *036 | *047 | *058 | 23 |
| 37 | 8.46 058 | 069 | 080 | 091 | 101 | 112 | 123 | 134 | 145 | 156 | 167 | 22 |
| 38 | 167 | 178 | 189 | 200 | 211 | 222 | 233 | 243 | 254 | 265 | 276 | 21 |
| 39 | 276 | 287 | 298 | 309 | 320 | 331 | 341 | 352 | 363 | 374 | 385 | 20 |
| 40 | 8.46 385 | 396 | 407 | 417 | 428 | 439 | 450 | 461 | 472 | 483 | 493 | 19 |
| 41 | 493 | 504 | 515 | 526 | 537 | 548 | 558 | 569 | 580 | 591 | 602 | 18 |
| 42 | 602 | 612 | 623 | 634 | 645 | 656 | 666 | 677 | 688 | 699 | 710 | 17 |
| 43 | 710 | 720 | 731 | 742 | 753 | 763 | 774 | 785 | 796 | 806 | 817 | 16 |
| 44 | 817 | 828 | 839 | 850 | 860 | 871 | 882 | 892 | 903 | 914 | 925 | 15 |
| 45 | 8.46 925 | 935 | 946 | 957 | 968 | 978 | 989 | *000 | *010 | *021 | *032 | 14 |
| 46 | 8.47 032 | 043 | 053 | 064 | 075 | 085 | 096 | 107 | 117 | 128 | 139 | 13 |
| 47 | 139 | 149 | 160 | 171 | 181 | 192 | 203 | 213 | 224 | 235 | 245 | 12 |
| 48 | 245 | 256 | 267 | 277 | 288 | 299 | 309 | 320 | 330 | 341 | 352 | 11 |
| 49 | 352 | 362 | 373 | 384 | 394 | 405 | 415 | 426 | 437 | 447 | 458 | 10 |
| 50 | 8.47 458 | 468 | 479 | 490 | 500 | 511 | 521 | 532 | 543 | 553 | 564 | 9 |
| 51 | 564 | 574 | 585 | 595 | 606 | 617 | 627 | 638 | 648 | 659 | 669 | 8 |
| 52 | 669 | 680 | 690 | 701 | 712 | 722 | 733 | 743 | 754 | 764 | 775 | 7 |
| 53 | 775 | 785 | 796 | 806 | 817 | 827 | 838 | 848 | 859 | 869 | 880 | 6 |
| 54 | 880 | 890 | 901 | 911 | 922 | 932 | 943 | 953 | 964 | 974 | 985 | 5 |
| 55 | 8.47 985 | 995 | *006 | *016 | *026 | *037 | *047 | *058 | *068 | *079 | *089 | 4 |
| 56 | 8.48 089 | 100 | 110 | 121 | 131 | 141 | 152 | 162 | 173 | 183 | 194 | 3 |
| 57 | 194 | 204 | 214 | 225 | 235 | 246 | 256 | 266 | 277 | 287 | 298 | 2 |
| 58 | 298 | 308 | 318 | 329 | 339 | 350 | 360 | 370 | 381 | 391 | 401 | 1 |
| 59 | 401 | 412 | 422 | 433 | 443 | 453 | 464 | 474 | 484 | 495 | 505 | 0 |
| | 1.0 | .9 | .8 | .7 | .6 | .5 | .4 | .3 | .2 | .1 | .0 | s |

# log sin 0h 7m

| s | .0 | .1 | .2 | .3 | .4 | .5 | .6 | .7 | .8 | .9 | 1.0 | |
|---|---|---|---|---|---|---|---|---|---|---|---|---|
| 0 | 8.48 485 | 495 | 505 | 516 | 526 | 536 | 547 | 557 | 567 | 578 | 588 | 59 |
| 1 | 588 | 598 | 609 | 619 | 629 | 640 | 650 | 660 | 670 | 681 | 691 | 58 |
| 2 | 691 | 701 | 712 | 722 | 732 | 742 | 753 | 763 | 773 | 784 | 794 | 57 |
| 3 | 794 | 804 | 814 | 825 | 835 | 845 | 855 | 866 | 876 | 886 | 896 | 56 |
| 4 | 896 | 907 | 917 | 927 | 937 | 947 | 958 | 968 | 978 | 988 | 999 | 55 |
| 5 | 8.48 999 | *009 | *019 | *029 | *039 | *050 | *060 | *070 | *080 | *090 | *101 | 54 |
| 6 | 8.49 101 | 111 | 121 | 131 | 141 | 152 | 162 | 172 | 182 | 192 | 202 | 53 |
| 7 | 202 | 213 | 223 | 233 | 243 | 253 | 263 | 274 | 284 | 294 | 304 | 52 |
| 8 | 304 | 314 | 324 | 334 | 345 | 355 | 365 | 375 | 385 | 395 | 405 | 51 |
| 9 | 405 | 415 | 426 | 436 | 446 | 456 | 466 | 476 | 486 | 496 | 506 | 50 |
| 10 | 8.49 506 | 516 | 527 | 537 | 547 | 557 | 567 | 577 | 587 | 597 | 607 | 49 |
| 11 | 607 | 617 | 627 | 637 | 648 | 658 | 668 | 678 | 688 | 698 | 708 | 48 |
| 12 | 708 | 718 | 728 | 738 | 748 | 758 | 768 | 778 | 788 | 798 | 808 | 47 |
| 13 | 808 | 818 | 828 | 838 | 848 | 858 | 868 | 878 | 888 | 898 | 908 | 46 |
| 14 | 908 | 918 | 928 | 938 | 948 | 958 | 968 | 978 | 988 | 998 | *008 | 45 |
| 15 | 8.50 008 | 018 | 028 | 038 | 048 | 058 | 068 | 078 | 088 | 098 | 108 | 44 |
| 16 | 108 | 118 | 128 | 138 | 148 | 158 | 168 | 178 | 188 | 198 | 207 | 43 |
| 17 | 207 | 217 | 227 | 237 | 247 | 257 | 267 | 277 | 287 | 297 | 307 | 42 |
| 18 | 307 | 317 | 326 | 336 | 346 | 356 | 366 | 376 | 386 | 396 | 406 | 41 |
| 19 | 406 | 416 | 425 | 435 | 445 | 455 | 465 | 475 | 485 | 495 | 504 | 40 |
| 20 | 8.50 504 | 514 | 524 | 534 | 544 | 554 | 564 | 573 | 583 | 593 | 603 | 39 |
| 21 | 603 | 613 | 623 | 633 | 642 | 652 | 662 | 672 | 682 | 692 | 701 | 38 |
| 22 | 701 | 711 | 721 | 731 | 741 | 750 | 760 | 770 | 780 | 790 | 799 | 37 |
| 23 | 799 | 809 | 819 | 829 | 839 | 848 | 858 | 868 | 878 | 888 | 897 | 36 |
| 24 | 897 | 907 | 917 | 927 | 936 | 946 | 956 | 966 | 976 | 985 | 995 | 35 |
| 25 | 8.50 995 | *005 | *015 | *024 | *034 | *044 | *054 | *063 | *073 | *083 | *092 | 34 |
| 26 | 8.51 092 | 102 | 112 | 122 | 131 | 141 | 151 | 161 | 170 | 180 | 190 | 33 |
| 27 | 190 | 199 | 209 | 219 | 229 | 238 | 248 | 258 | 267 | 277 | 287 | 32 |
| 28 | 287 | 296 | 306 | 316 | 325 | 335 | 345 | 355 | 364 | 374 | 384 | 31 |
| 29 | 384 | 393 | 403 | 413 | 422 | 432 | 442 | 451 | 461 | 470 | 480 | 30 |
| 30 | 8.51 480 | 490 | 499 | 509 | 519 | 528 | 538 | 548 | 557 | 567 | 576 | 29 |
| 31 | 576 | 586 | 596 | 605 | 615 | 625 | 634 | 644 | 653 | 663 | 673 | 28 |
| 32 | 673 | 682 | 692 | 701 | 711 | 721 | 730 | 740 | 749 | 759 | 769 | 27 |
| 33 | 769 | 778 | 788 | 797 | 807 | 816 | 826 | 836 | 845 | 855 | 864 | 26 |
| 34 | 864 | 874 | 883 | 893 | 903 | 912 | 922 | 931 | 941 | 950 | 960 | 25 |
| 35 | 8.51 960 | 969 | 979 | 988 | 998 | *008 | *017 | *027 | *036 | *046 | *055 | 24 |
| 36 | 8.52 055 | 065 | 074 | 084 | 093 | 103 | 112 | 122 | 131 | 141 | 150 | 23 |
| 37 | 150 | 160 | 169 | 179 | 188 | 198 | 207 | 217 | 226 | 236 | 245 | 22 |
| 38 | 245 | 255 | 264 | 274 | 283 | 292 | 302 | 311 | 321 | 330 | 340 | 21 |
| 39 | 340 | 349 | 359 | 368 | 378 | 387 | 397 | 406 | 415 | 425 | 434 | 20 |
| 40 | 8.52 434 | 444 | 453 | 463 | 472 | 481 | 491 | 500 | 510 | 519 | 529 | 19 |
| 41 | 529 | 538 | 547 | 557 | 566 | 576 | 585 | 594 | 604 | 613 | 623 | 18 |
| 42 | 623 | 632 | 641 | 651 | 660 | 670 | 679 | 688 | 698 | 707 | 717 | 17 |
| 43 | 717 | 726 | 735 | 745 | 754 | 763 | 773 | 782 | 791 | 801 | 810 | 16 |
| 44 | 810 | 820 | 829 | 838 | 848 | 857 | 866 | 876 | 885 | 894 | 904 | 15 |
| 45 | 8.52 904 | 913 | 922 | 932 | 941 | 950 | 960 | 969 | 978 | 988 | 997 | 14 |
| 46 | 997 | *006 | *016 | *025 | *034 | *043 | *053 | *062 | *071 | *081 | *090 | 13 |
| 47 | 8.53 090 | 099 | 109 | 118 | 127 | 136 | 146 | 155 | 164 | 174 | 183 | 12 |
| 48 | 183 | 192 | 201 | 211 | 220 | 229 | 238 | 248 | 257 | 266 | 275 | 11 |
| 49 | 275 | 285 | 294 | 303 | 312 | 322 | 331 | 340 | 349 | 359 | 368 | 10 |
| 50 | 8.53 368 | 377 | 386 | 396 | 405 | 414 | 423 | 433 | 442 | 451 | 460 | 9 |
| 51 | 460 | 469 | 479 | 488 | 497 | 506 | 515 | 525 | 534 | 543 | 552 | 8 |
| 52 | 552 | 561 | 571 | 580 | 589 | 598 | 607 | 617 | 626 | 635 | 644 | 7 |
| 53 | 644 | 653 | 663 | 672 | 681 | 690 | 699 | 708 | 718 | 727 | 736 | 6 |
| 54 | 736 | 745 | 754 | 763 | 772 | 782 | 791 | 800 | 809 | 818 | 827 | 5 |
| 55 | 8.53 827 | 836 | 846 | 855 | 864 | 873 | 882 | 891 | 900 | 910 | 919 | 4 |
| 56 | 919 | 928 | 937 | 946 | 955 | 964 | 973 | 982 | 992 | *001 | *010 | 3 |
| 57 | 8.54 010 | 019 | 028 | 037 | 046 | 055 | 064 | 073 | 082 | 092 | 101 | 2 |
| 58 | 101 | 110 | 119 | 128 | 137 | 146 | 155 | 164 | 173 | 182 | 191 | 1 |
| 59 | 191 | 200 | 210 | 219 | 228 | 237 | 246 | 255 | 264 | 273 | 282 | 0 |
| | 1.0 | .9 | .8 | .7 | .6 | .5 | .4 | .3 | .2 | .1 | .0 | s |

log cos 5h 52m

| s | .0 | .1 | .2 | .3 | .4 | .5 | .6 | .7 | .8 | .9 | 1.0 | |
|---|---|---|---|---|---|---|---|---|---|---|---|---|
| 0 | 8.48 505 | 515 | 526 | 536 | 546 | 557 | 567 | 577 | 588 | 598 | 608 | 59 |
| 1 | 608 | 619 | 629 | 639 | 650 | 660 | 670 | 681 | 691 | 701 | 711 | 58 |
| 2 | 711 | 722 | 732 | 742 | 753 | 763 | 773 | 784 | 794 | 804 | 814 | 57 |
| 3 | 814 | 825 | 835 | 845 | 855 | 866 | 876 | 886 | 896 | 907 | 917 | 56 |
| 4 | 917 | 927 | 937 | 948 | 958 | 968 | 978 | 989 | 999 | *009 | *019 | 55 |
| 5 | 8.49 019 | 030 | 040 | 050 | 060 | 070 | 081 | 091 | 101 | 111 | 121 | 54 |
| 6 | 121 | 132 | 142 | 152 | 162 | 172 | 183 | 193 | 203 | 213 | 223 | 53 |
| 7 | 223 | 234 | 244 | 254 | 264 | 274 | 284 | 295 | 305 | 315 | 325 | 52 |
| 8 | 325 | 335 | 345 | 355 | 366 | 376 | 386 | 396 | 406 | 416 | 426 | 51 |
| 9 | 426 | 437 | 447 | 457 | 467 | 477 | 487 | 497 | 507 | 518 | 528 | 50 |
| 10 | 8.49 528 | 538 | 548 | 558 | 568 | 578 | 588 | 598 | 608 | 618 | 629 | 49 |
| 11 | 629 | 639 | 649 | 659 | 669 | 679 | 689 | 699 | 709 | 719 | 729 | 48 |
| 12 | 729 | 739 | 749 | 759 | 769 | 780 | 790 | 800 | 810 | 820 | 830 | 47 |
| 13 | 830 | 840 | 850 | 860 | 870 | 880 | 890 | 900 | 910 | 920 | 930 | 46 |
| 14 | 930 | 940 | 950 | 960 | 970 | 980 | 990 | *000 | *010 | *020 | *030 | 45 |
| 15 | 8.50 030 | 040 | 050 | 060 | 070 | 080 | 090 | 100 | 110 | 120 | 130 | 44 |
| 16 | 130 | 140 | 150 | 160 | 170 | 180 | 190 | 200 | 209 | 219 | 229 | 43 |
| 17 | 229 | 239 | 249 | 259 | 269 | 279 | 289 | 299 | 309 | 319 | 329 | 42 |
| 18 | 329 | 339 | 349 | 358 | 368 | 378 | 388 | 398 | 408 | 418 | 428 | 41 |
| 19 | 428 | 438 | 448 | 458 | 467 | 477 | 487 | 497 | 507 | 517 | 527 | 40 |
| 20 | 8.50 527 | 537 | 546 | 556 | 566 | 576 | 586 | 596 | 606 | 616 | 625 | 39 |
| 21 | 625 | 635 | 645 | 655 | 665 | 675 | 684 | 694 | 704 | 714 | 724 | 38 |
| 22 | 724 | 734 | 743 | 753 | 763 | 773 | 783 | 793 | 802 | 812 | 822 | 37 |
| 23 | 822 | 832 | 842 | 851 | 861 | 871 | 881 | 891 | 900 | 910 | 920 | 36 |
| 24 | 920 | 930 | 940 | 949 | 959 | 969 | 979 | 988 | 998 | *008 | *018 | 35 |
| 25 | 8.51 018 | 028 | 037 | 047 | 057 | 067 | 076 | 086 | 096 | 106 | 115 | 34 |
| 26 | 115 | 125 | 135 | 145 | 154 | 164 | 174 | 183 | 193 | 203 | 213 | 33 |
| 27 | 213 | 222 | 232 | 242 | 252 | 261 | 271 | 281 | 290 | 300 | 310 | 32 |
| 28 | 310 | 319 | 329 | 339 | 349 | 358 | 368 | 378 | 387 | 397 | 407 | 31 |
| 29 | 407 | 416 | 426 | 436 | 445 | 455 | 465 | 474 | 484 | 494 | 503 | 30 |
| 30 | 8.51 503 | 513 | 523 | 532 | 542 | 552 | 561 | 571 | 581 | 590 | 600 | 29 |
| 31 | 600 | 609 | 619 | 629 | 638 | 648 | 658 | 667 | 677 | 686 | 696 | 28 |
| 32 | 696 | 706 | 715 | 725 | 735 | 744 | 754 | 763 | 773 | 783 | 792 | 27 |
| 33 | 792 | 802 | 811 | 821 | 831 | 840 | 850 | 859 | 869 | 878 | 888 | 26 |
| 34 | 888 | 898 | 907 | 917 | 926 | 936 | 945 | 955 | 964 | 974 | 984 | 25 |
| 35 | 8.51 984 | 993 | *003 | *012 | *022 | *031 | *041 | *050 | *060 | *069 | *079 | 24 |
| 36 | 8.52 079 | 089 | 098 | 108 | 117 | 127 | 136 | 146 | 155 | 165 | 174 | 23 |
| 37 | 174 | 184 | 193 | 203 | 212 | 222 | 231 | 241 | 250 | 260 | 269 | 22 |
| 38 | 269 | 279 | 288 | 298 | 307 | 317 | 326 | 336 | 345 | 355 | 364 | 21 |
| 39 | 364 | 373 | 383 | 392 | 402 | 411 | 421 | 430 | 440 | 449 | 459 | 20 |
| 40 | 8.52 459 | 468 | 477 | 487 | 496 | 506 | 515 | 525 | 534 | 544 | 553 | 19 |
| 41 | 553 | 562 | 572 | 581 | 591 | 600 | 610 | 619 | 628 | 638 | 647 | 18 |
| 42 | 647 | 657 | 666 | 675 | 685 | 694 | 704 | 713 | 722 | 732 | 741 | 17 |
| 43 | 741 | 751 | 760 | 769 | 779 | 788 | 797 | 807 | 816 | 826 | 835 | 16 |
| 44 | 835 | 844 | 854 | 863 | 872 | 882 | 891 | 900 | 910 | 919 | 928 | 15 |
| 45 | 8.52 928 | 938 | 947 | 956 | 966 | 975 | 985 | 994 | *003 | *013 | *022 | 14 |
| 46 | 8.53 022 | 031 | 040 | 050 | 059 | 068 | 078 | 087 | 096 | 106 | 115 | 13 |
| 47 | 115 | 124 | 134 | 143 | 152 | 162 | 171 | 180 | 189 | 199 | 208 | 12 |
| 48 | 208 | 217 | 227 | 236 | 245 | 254 | 264 | 273 | 282 | 291 | 301 | 11 |
| 49 | 301 | 310 | 319 | 329 | 338 | 347 | 356 | 366 | 375 | 384 | 393 | 10 |
| 50 | 8.53 393 | 403 | 412 | 421 | 430 | 440 | 449 | 458 | 467 | 476 | 486 | 9 |
| 51 | 486 | 495 | 504 | 513 | 523 | 532 | 541 | 550 | 559 | 569 | 578 | 8 |
| 52 | 578 | 587 | 596 | 605 | 615 | 624 | 633 | 642 | 651 | 661 | 670 | 7 |
| 53 | 670 | 679 | 688 | 697 | 707 | 716 | 725 | 734 | 743 | 752 | 762 | 6 |
| 54 | 762 | 771 | 780 | 789 | 798 | 807 | 817 | 826 | 835 | 844 | 853 | 5 |
| 55 | 8.53 853 | 862 | 872 | 881 | 890 | 899 | 908 | 917 | 926 | 936 | 945 | 4 |
| 56 | 945 | 954 | 963 | 972 | 981 | 990 | 999 | *009 | *018 | *027 | *036 | 3 |
| 57 | 8.54 036 | 045 | 054 | 063 | 072 | 081 | 091 | 100 | 109 | 118 | 127 | 2 |
| 58 | 127 | 136 | 145 | 154 | 163 | 172 | 181 | 191 | 200 | 209 | 218 | 1 |
| 59 | 218 | 227 | 236 | 245 | 254 | 263 | 272 | 281 | 290 | 299 | 308 | 0 |
| | 1.0 | .9 | .8 | .7 | .6 | .5 | .4 | .3 | .2 | .1 | .0 | s |

log cotg $5^h$ $52^m$

| | | S | T | log sin | log tang |
|---|---|---|---|---|---|
| $0^h$ | | 5.86 | 5.86 | | |
| $0^m\ 0^s$ | $0^s$ | 167 | 167 | — | — |
| 10 | 10 | 167 | 167 | 6.86167 | 6.86167 |
| 20 | 20 | 167 | 167 | 7.16270 | 7.16270 |
| 30 | 30 | 167 | 167 | 7.33879 | 7.33879 |
| 40 | 40 | 167 | 167 | 7.46373 | 7.46373 |
| 50 | 50 | 167 | 167 | 7.56064 | 7.56064 |
| **1 0** | **60** | 166 | 167 | 7.63982 | 7.63982 |
| 10 | 70 | 166 | 167 | 7.70676 | 7.70677 |
| 20 | 80 | 166 | 167 | 7.76475 | 7.76476 |
| 30 | 90 | 166 | 167 | 7.81591 | 7.81591 |
| 40 | 100 | 166 | 167 | 7.86166 | 7.86167 |
| 50 | 110 | 166 | 168 | 7.90305 | 7.90307 |
| **2 0** | **120** | 166 | 168 | 7.94084 | 7.94086 |
| 10 | 130 | 166 | 168 | 7.97560 | 7.97562 |
| 20 | 140 | 166 | 168 | 8.00779 | 8.00781 |
| 30 | 150 | 166 | 168 | 8.03775 | 8.03777 |
| 40 | 160 | 166 | 169 | 8.06578 | 8.06581 |
| 50 | 170 | 166 | 169 | 8.09210 | 8.09214 |
| **3 0** | **180** | 165 | 169 | 8.11693 | 8.11696 |
| 10 | 190 | 165 | 169 | 8.14041 | 8.14045 |
| 20 | 200 | 165 | 170 | 8.16268 | 8.16273 |
| 30 | 210 | 165 | 170 | 8.18387 | 8.18392 |
| 40 | 220 | 165 | 170 | 8.20407 | 8.20413 |
| 50 | 230 | 165 | 171 | 8.22337 | 8.22343 |
| **4 0** | **240** | 164 | 171 | 8.24186 | 8.24192 |
| 10 | 250 | 164 | 171 | 8.25958 | 8.25965 |
| 20 | 260 | 164 | 172 | 8.27661 | 8.27669 |
| 30 | 270 | 164 | 172 | 8.29300 | 8.29309 |
| 40 | 280 | 164 | 173 | 8.30879 | 8.30888 |
| 50 | 290 | 163 | 173 | 8.32403 | 8.32413 |
| **5 0** | **300** | 163 | 174 | 8.33875 | 8.33886 |
| 10 | 310 | 163 | 174 | 8.35299 | 8.35310 |
| 20 | 320 | 163 | 174 | 8.36678 | 8.36689 |
| 30 | 330 | 162 | 175 | 8.38014 | 8.38026 |
| 40 | 340 | 162 | 175 | 8.39310 | 8.39323 |
| 50 | 350 | 162 | 176 | 8.40569 | 8.40583 |
| **6 0** | **360** | 162 | 177 | 8.41792 | 8.41807 |
| 10 | 370 | 161 | 177 | 8.42982 | 8.42997 |
| 20 | 380 | 161 | 178 | 8.44139 | 8.44156 |
| 30 | 390 | 161 | 178 | 8.45267 | 8.45285 |
| 40 | 400 | 160 | 179 | 8.46366 | 8.46385 |
| 50 | 410 | 160 | 179 | 8.47439 | 8.47458 |
| **7 0** | **420** | 160 | 180 | 8.48485 | 8.48505 |
| 10 | 430 | 160 | 181 | 8.49506 | 8.49528 |
| 20 | 440 | 159 | 181 | 8.50504 | 8.50527 |
| 30 | 450 | 159 | 182 | 8.51480 | 8.51503 |
| 40 | 460 | 159 | 183 | 8.52434 | 8.52459 |
| 50 | 470 | 158 | 184 | 8.53368 | 8.53393 |
| **8 0** | **480** | 158 | 184 | 8.54282 | 8.54308 |
| 10 | 490 | 157 | 185 | 8.55177 | 8.55205 |
| 20 | 500 | 157 | 186 | 8.56054 | 8.56083 |
| 30 | 510 | 157 | 187 | 8.56914 | 8.56944 |
| 40 | 520 | 156 | 187 | 8.57757 | 8.57788 |
| 50 | 530 | 156 | 188 | 8.58583 | 8.58616 |
| **9 0** | **540** | 155 | 189 | 8.59395 | 8.59428 |
| 10 | 550 | 155 | 190 | 8.60191 | 8.60226 |
| 20 | 560 | 155 | 191 | 8.60973 | 8.61009 |
| 30 | 570 | 154 | 191 | 8.61742 | 8.61779 |
| 40 | 580 | 154 | 192 | 8.62497 | 8.62535 |
| 50 | 590 | 153 | 193 | 8.63238 | 8.63278 |
| **10 0** | **600** | 153 | 194 | 8.63968 | 8.64009 |

| | | S | T | log sin | log tang |
|---|---|---|---|---|---|
| $0^h$ | | 5.86 | 5.86 | | |
| $10^m\ 0^s$ | **$600^s$** | 153 | 194 | 8.63968 | 8.64009 |
| 10 | 610 | 152 | 195 | 8.64685 | 8.64728 |
| 20 | 620 | 152 | 196 | 8.65391 | 8.65435 |
| 30 | 630 | 151 | 197 | 8.66085 | 8.66131 |
| 40 | 640 | 151 | 198 | 8.66769 | 8.66816 |
| 50 | 650 | 150 | 199 | 8.67442 | 8.67490 |
| **11 0** | **660** | 150 | 200 | 8.68104 | 8.68154 |
| 10 | 670 | 149 | 201 | 8.68757 | 8.68808 |
| 20 | 680 | 149 | 202 | 8.69400 | 8.69453 |
| 30 | 690 | 148 | 203 | 8.70033 | 8.70088 |
| 40 | 700 | 148 | 204 | 8.70658 | 8.70714 |
| 50 | 710 | 147 | 205 | 8.71273 | 8.71331 |
| **12 0** | **720** | 147 | 206 | 8.71880 | 8.71940 |
| 10 | 730 | 146 | 207 | 8.72478 | 8.72540 |
| 20 | 740 | 146 | 209 | 8.73069 | 8.73132 |
| 30 | 750 | 145 | 210 | 8.73651 | 8.73716 |
| 40 | 760 | 145 | 211 | 8.74226 | 8.74292 |
| 50 | 770 | 144 | 212 | 8.74793 | 8.74861 |
| **13 0** | **780** | 143 | 213 | 8.75353 | 8.75423 |
| 10 | 790 | 143 | 214 | 8.75905 | 8.75977 |
| 20 | 800 | 142 | 216 | 8.76451 | 8.76525 |
| 30 | 810 | 141 | 217 | 8.76990 | 8.77065 |
| 40 | 820 | 141 | 218 | 8.77522 | 8.77600 |
| 50 | 830 | 140 | 219 | 8.78048 | 8.78127 |
| **14 0** | **840** | 140 | 221 | 8.78568 | 8.78649 |
| 10 | 850 | 139 | 222 | 8.79081 | 8.79164 |
| 20 | 860 | 138 | 223 | 8.79588 | 8.79673 |
| 30 | 870 | 138 | 225 | 8.80090 | 8.80177 |
| 40 | 880 | 137 | 226 | 8.80585 | 8.80674 |
| 50 | 890 | 136 | 227 | 8.81075 | 8.81166 |
| **15 0** | **900** | 136 | 229 | 8.81560 | 8.81653 |
| 10 | 910 | 135 | 230 | 8.82039 | 8.82134 |
| 20 | 920 | 134 | 231 | 8.82513 | 8.82610 |
| 30 | 930 | 133 | 233 | 8.82982 | 8.83081 |
| 40 | 940 | 133 | 234 | 8.83446 | 8.83547 |
| 50 | 950 | 132 | 236 | 8.83904 | 8.84008 |
| **16 0** | **960** | 131 | 237 | 8.84358 | 8.84464 |
| 10 | 970 | 131 | 239 | 8.84808 | 8.84916 |
| 20 | 980 | 130 | 240 | 8.85252 | 8.85363 |
| 30 | 990 | 129 | 242 | 8.85693 | 8.85805 |
| 40 | 1000 | 128 | 243 | 8.86128 | 8.86243 |
| 50 | 1010 | 128 | 245 | 8.86560 | 8.86677 |
| **17 0** | **1020** | 127 | 246 | 8.86987 | 8.87106 |
| 10 | 1030 | 126 | 248 | 8.87410 | 8.87532 |
| 20 | 1040 | 125 | 250 | 8.87829 | 8.87953 |
| 30 | 1050 | 124 | 251 | 8.88243 | 8.88370 |
| 40 | 1060 | 124 | 253 | 8.88654 | 8.88783 |
| 50 | 1070 | 123 | 254 | 8.89061 | 8.89193 |
| **18 0** | **1080** | 122 | 256 | 8.89464 | 8.89598 |
| 10 | 1090 | 121 | 258 | 8.89864 | 8.90000 |
| 20 | 1100 | 120 | 259 | 8.90260 | 8.90399 |
| 30 | 1110 | 119 | 261 | 8.90652 | 8.90793 |
| 40 | 1120 | 119 | 263 | 8.91040 | 8.91185 |
| 50 | 1130 | 118 | 265 | 8.91426 | 8.91572 |
| **19 0** | **1140** | 117 | 266 | 8.91807 | 8.91957 |
| 10 | 1150 | 116 | 268 | 8.92186 | 8.92338 |
| 20 | 1160 | 115 | 270 | 8.92561 | 8.92716 |
| 30 | 1170 | 114 | 272 | 8.92933 | 8.93090 |
| 40 | 1180 | 113 | 273 | 8.93301 | 8.93462 |
| 50 | 1190 | 112 | 275 | 8.93667 | 8.93830 |
| **20 0** | **1200** | 111 | 277 | 8.94030 | 8.94195 |

# II.

# Fünfstellige Logarithmen der trigonometrischen Funktionen

## von Zeitsekunde zu Zeitsekunde

| | 0h 0m | | | | 0h 1m | | | | |
|---|---|---|---|---|---|---|---|---|---|
| | sin | tang | cotg | cos | sin | tang | cotg | cos | |
| 0s | — | — | — | 0.00000 | 7.63982 | 7.63982 | 2.36018 | 0.00000 | 60s |
| 1 | 5.86167 | 5.86167 | 4.13833 | 0.00000 | 7.64699 | 7.64700 | 2.35300 | 0.00000 | 59 |
| 2 | 6.16270 | 6.16270 | 3.83730 | 0.00000 | 7.65406 | 7.65406 | 2.34594 | 0.00000 | 58 |
| 3 | 6.33879 | 6.33879 | 3.66121 | 0.00000 | 7.66101 | 7.66101 | 2.33899 | 0.00000 | 57 |
| 4 | 6.46373 | 6.46373 | 3.53627 | 0.00000 | 7.66784 | 7.66785 | 2.33215 | 0.00000 | 56 |
| 5 | 6.56064 | 6.56064 | 3.43936 | 0.00000 | 7.67458 | 7.67458 | 2.32542 | 0.00000 | 55 |
| 6 | 6.63982 | 6.63982 | 3.36018 | 0.00000 | 7.68121 | 7.68121 | 2.31879 | 9.99999 | 54 |
| 7 | 6.70676 | 6.70676 | 3.29324 | 0.00000 | 7.68774 | 7.68774 | 2.31226 | 9.99999 | 53 |
| 8 | 6.76476 | 6.76476 | 3.23524 | 0.00000 | 7.69417 | 7.69418 | 2.30582 | 9.99999 | 52 |
| 9 | 6.81591 | 6.81591 | 3.18409 | 0.00000 | 7.70051 | 7.70052 | 2.29948 | 9.99999 | 51 |
| 10 | 6.86167 | 6.86167 | 3.13833 | 0.00000 | 7.70676 | 7.70677 | 2.29323 | 9.99999 | 50 |
| 11 | 6.90306 | 6.90306 | 3.09694 | 0.00000 | 7.71292 | 7.71293 | 2.28707 | 9.99999 | 49 |
| 12 | 6.94085 | 6.94085 | 3.05915 | 0.00000 | 7.71900 | 7.71900 | 2.28100 | 9.99999 | 48 |
| 13 | 6.97561 | 6.97561 | 3.02439 | 0.00000 | 7.72499 | 7.72499 | 2.27501 | 9.99999 | 47 |
| 14 | 7.00779 | 7.00779 | 2.99221 | 0.00000 | 7.73090 | 7.73090 | 2.26910 | 9.99999 | 46 |
| 15 | 7.03776 | 7.03776 | 2.96224 | 0.00000 | 7.73673 | 7.73673 | 2.26327 | 9.99999 | 45 |
| 16 | 7.06579 | 7.06579 | 2.93421 | 0.00000 | 7.74248 | 7.74248 | 2.25752 | 9.99999 | 44 |
| 17 | 7.09211 | 7.09212 | 2.90788 | 0.00000 | 7.74815 | 7.74816 | 2.25184 | 9.99999 | 43 |
| 18 | 7.11694 | 7.11694 | 2.88306 | 0.00000 | 7.75376 | 7.75377 | 2.24623 | 9.99999 | 42 |
| 19 | 7.14042 | 7.14042 | 2.85958 | 0.00000 | 7.75929 | 7.75930 | 2.24070 | 9.99999 | 41 |
| 20 | 7.16270 | 7.16270 | 2.83730 | 0.00000 | 7.76475 | 7.76476 | 2.23524 | 9.99999 | 40 |
| 21 | 7.18389 | 7.18389 | 2.81611 | 0.00000 | 7.77015 | 7.77016 | 2.22984 | 9.99999 | 39 |
| 22 | 7.20409 | 7.20409 | 2.79591 | 0.00000 | 7.77548 | 7.77549 | 2.22451 | 9.99999 | 38 |
| 23 | 7.22339 | 7.22339 | 2.77661 | 0.00000 | 7.78074 | 7.78075 | 2.21925 | 9.99999 | 37 |
| 24 | 7.24188 | 7.24188 | 2.75812 | 0.00000 | 7.78594 | 7.78595 | 2.21405 | 9.99999 | 36 |
| 25 | 7.25961 | 7.25961 | 2.74039 | 0.00000 | 7.79108 | 7.79109 | 2.20891 | 9.99999 | 35 |
| 26 | 7.27664 | 7.27664 | 2.72336 | 0.00000 | 7.79616 | 7.79617 | 2.20383 | 9.99999 | 34 |
| 27 | 7.29303 | 7.29303 | 2.70697 | 0.00000 | 7.80118 | 7.80119 | 2.19881 | 9.99999 | 33 |
| 28 | 7.30882 | 7.30882 | 2.69118 | 0.00000 | 7.80615 | 7.80615 | 2.19385 | 9.99999 | 32 |
| 29 | 7.32406 | 7.32406 | 2.67594 | 0.00000 | 7.81105 | 7.81106 | 2.18894 | 9.99999 | 31 |
| 30 | 7.33879 | 7.33879 | 2.66121 | 0.00000 | 7.81591 | 7.81591 | 2.18409 | 9.99999 | 30 |
| 31 | 7.35303 | 7.35303 | 2.64697 | 0.00000 | 7.82070 | 7.82071 | 2.17929 | 9.99999 | 29 |
| 32 | 7.36682 | 7.36682 | 2.63318 | 0.00000 | 7.82545 | 7.82546 | 2.17454 | 9.99999 | 28 |
| 33 | 7.38018 | 7.38018 | 2.61982 | 0.00000 | 7.83015 | 7.83016 | 2.16984 | 9.99999 | 27 |
| 34 | 7.39314 | 7.39315 | 2.60685 | 0.00000 | 7.83479 | 7.83480 | 2.16520 | 9.99999 | 26 |
| 35 | 7.40573 | 7.40574 | 2.59426 | 0.00000 | 7.83939 | 7.83940 | 2.16060 | 9.99999 | 25 |
| 36 | 7.41797 | 7.41797 | 2.58203 | 0.00000 | 7.84393 | 7.84394 | 2.15606 | 9.99999 | 24 |
| 37 | 7.42987 | 7.42987 | 2.57013 | 0.00000 | 7.84843 | 7.84845 | 2.15155 | 9.99999 | 23 |
| 38 | 7.44145 | 7.44145 | 2.55855 | 0.00000 | 7.85289 | 7.85290 | 2.14710 | 9.99999 | 22 |
| 39 | 7.45273 | 7.45273 | 2.54727 | 0.00000 | 7.85730 | 7.85731 | 2.14269 | 9.99999 | 21 |
| 40 | 7.46373 | 7.46373 | 2.53627 | 0.00000 | 7.86166 | 7.86167 | 2.13833 | 9.99999 | 20 |
| 41 | 7.47445 | 7.47445 | 2.52555 | 0.00000 | 7.86598 | 7.86600 | 2.13400 | 9.99999 | 19 |
| 42 | 7.48491 | 7.48492 | 2.51508 | 0.00000 | 7.87026 | 7.87027 | 2.12973 | 9.99999 | 18 |
| 43 | 7.49513 | 7.49514 | 2.50486 | 0.00000 | 7.87450 | 7.87451 | 2.12549 | 9.99999 | 17 |
| 44 | 7.50512 | 7.50512 | 2.49488 | 0.00000 | 7.87870 | 7.87871 | 2.12129 | 9.99999 | 16 |
| 45 | 7.51488 | 7.51488 | 2.48512 | 0.00000 | 7.88285 | 7.88286 | 2.11714 | 9.99999 | 15 |
| 46 | 7.52442 | 7.52443 | 2.47557 | 0.00000 | 7.88697 | 7.88698 | 2.11302 | 9.99999 | 14 |
| 47 | 7.53376 | 7.53377 | 2.46623 | 0.00000 | 7.89105 | 7.89106 | 2.10894 | 9.99999 | 13 |
| 48 | 7.54291 | 7.54291 | 2.45709 | 0.00000 | 7.89509 | 7.89510 | 2.10490 | 9.99999 | 12 |
| 49 | 7.55186 | 7.55186 | 2.44814 | 0.00000 | 7.89909 | 7.89910 | 2.10090 | 9.99999 | 11 |
| 50 | 7.56064 | 7.56064 | 2.43936 | 0.00000 | 7.90305 | 7.90307 | 2.09693 | 9.99999 | 10 |
| 51 | 7.56924 | 7.56924 | 2.43076 | 0.00000 | 7.90698 | 7.90700 | 2.09300 | 9.99999 | 9 |
| 52 | 7.57767 | 7.57767 | 2.42233 | 0.00000 | 7.91088 | 7.91089 | 2.08911 | 9.99999 | 8 |
| 53 | 7.58594 | 7.58594 | 2.41406 | 0.00000 | 7.91474 | 7.91475 | 2.08525 | 9.99999 | 7 |
| 54 | 7.59406 | 7.59406 | 2.40594 | 0.00000 | 7.91857 | 7.91858 | 2.08142 | 9.99999 | 6 |
| 55 | 7.60203 | 7.60203 | 2.39797 | 0.00000 | 7.92236 | 7.92237 | 2.07763 | 9.99998 | 5 |
| 56 | 7.60985 | 7.60986 | 2.39014 | 0.00000 | 7.92612 | 7.92613 | 2.07387 | 9.99998 | 4 |
| 57 | 7.61754 | 7.61754 | 2.38246 | 0.00000 | 7.92985 | 7.92986 | 2.07014 | 9.99998 | 3 |
| 58 | 7.62509 | 7.62510 | 2.37490 | 0.00000 | 7.93354 | 7.93356 | 2.06644 | 9.99998 | 2 |
| 59 | 7.63252 | 7.63252 | 2.36748 | 0.00000 | 7.93721 | 7.93722 | 2.06278 | 9.99998 | 1 |
| 60 | 7.63982 | 7.63982 | 2.36018 | 0.00000 | 7.94084 | 7.94086 | 2.05914 | 9.99998 | 0 |
| | cos | cotg | tang | sin | cos | cotg | tang | sin | |
| | 5h 59m | | | | 5h 58m | | | | |

| | 0h 2m sin | 0h 2m tang | 0h 2m cotg | 0h 2m cos | 0h 3m sin | 0h 3m tang | 0h 3m cotg | 0h 3m cos | |
|---|---|---|---|---|---|---|---|---|---|
| 0s | 7.94084 | 7.94086 | 2.05914 | 9.99998 | 8.11693 | 8.11696 | 1.88304 | 9.99996 | 60s |
| 1 | 7.94445 | 7.94446 | 2.05554 | 9.99998 | 8.11933 | 8.11937 | 1.88063 | 9.99996 | 59 |
| 2 | 7.94802 | 7.94804 | 2.05196 | 9.99998 | 8.12172 | 8.12176 | 1.87824 | 9.99996 | 58 |
| 3 | 7.95157 | 7.95158 | 2.04842 | 9.99998 | 8.12410 | 8.12414 | 1.87586 | 9.99996 | 57 |
| 4 | 7.95508 | 7.95510 | 2.04490 | 9.99998 | 8.12647 | 8.12651 | 1.87349 | 9.99996 | 56 |
| 5 | 7.95857 | 7.95859 | 2.04141 | 9.99998 | 8.12882 | 8.12886 | 1.87114 | 9.99996 | 55 |
| 6 | 7.96203 | 7.96205 | 2.03795 | 9.99998 | 8.13117 | 8.13121 | 1.86879 | 9.99996 | 54 |
| 7 | 7.96546 | 7.96548 | 2.03452 | 9.99998 | 8.13349 | 8.13353 | 1.86647 | 9.99996 | 53 |
| 8 | 7.96887 | 7.96889 | 2.03111 | 9.99998 | 8.13581 | 8.13585 | 1.86415 | 9.99996 | 52 |
| 9 | 7.97225 | 7.97227 | 2.02773 | 9.99998 | 8.13811 | 8.13816 | 1.86184 | 9.99996 | 51 |
| 10 | 7.97560 | 7.97562 | 2.02438 | 9.99998 | 8.14041 | 8.14045 | 1.85955 | 9.99996 | 50 |
| 11 | 7.97893 | 7.97895 | 2.02105 | 9.99998 | 8.14269 | 8.14273 | 1.85727 | 9.99996 | 49 |
| 12 | 7.98223 | 7.98225 | 2.01775 | 9.99998 | 8.14495 | 8.14500 | 1.85500 | 9.99996 | 48 |
| 13 | 7.98551 | 7.98553 | 2.01447 | 9.99998 | 8.14721 | 8.14725 | 1.85275 | 9.99996 | 47 |
| 14 | 7.98876 | 7.98878 | 2.01122 | 9.99998 | 8.14945 | 8.14950 | 1.85050 | 9.99996 | 46 |
| 15 | 7.99199 | 7.99201 | 2.00799 | 9.99998 | 8.15169 | 8.15173 | 1.84827 | 9.99996 | 45 |
| 16 | 7.99520 | 7.99522 | 2.00478 | 9.99998 | 8.15391 | 8.15395 | 1.84605 | 9.99996 | 44 |
| 17 | 7.99838 | 7.99840 | 2.00160 | 9.99998 | 8.15612 | 8.15616 | 1.84384 | 9.99996 | 43 |
| 18 | 8.00154 | 8.00156 | 1.99844 | 9.99998 | 8.15832 | 8.15836 | 1.84164 | 9.99995 | 42 |
| 19 | 8.00467 | 8.00470 | 1.99530 | 9.99998 | 8.16050 | 8.16055 | 1.83945 | 9.99995 | 41 |
| 20 | 8.00779 | 8.00781 | 1.99219 | 9.99998 | 8.16268 | 8.16273 | 1.83727 | 9.99995 | 40 |
| 21 | 8.01088 | 8.01090 | 1.98910 | 9.99998 | 8.16485 | 8.16489 | 1.83511 | 9.99995 | 39 |
| 22 | 8.01395 | 8.01397 | 1.98603 | 9.99998 | 8.16700 | 8.16705 | 1.83295 | 9.99995 | 38 |
| 23 | 8.01699 | 8.01702 | 1.98298 | 9.99998 | 8.16915 | 8.16919 | 1.83081 | 9.99995 | 37 |
| 24 | 8.02002 | 8.02004 | 1.97996 | 9.99998 | 8.17128 | 8.17133 | 1.82867 | 9.99995 | 36 |
| 25 | 8.02303 | 8.02305 | 1.97695 | 9.99998 | 8.17340 | 8.17345 | 1.82655 | 9.99995 | 35 |
| 26 | 8.02601 | 8.02604 | 1.97396 | 9.99998 | 8.17552 | 8.17557 | 1.82443 | 9.99995 | 34 |
| 27 | 8.02898 | 8.02900 | 1.97100 | 9.99998 | 8.17762 | 8.17767 | 1.82233 | 9.99995 | 33 |
| 28 | 8.03192 | 8.03194 | 1.96806 | 9.99997 | 8.17971 | 8.17976 | 1.82024 | 9.99995 | 32 |
| 29 | 8.03484 | 8.03487 | 1.96513 | 9.99997 | 8.18180 | 8.18185 | 1.81815 | 9.99995 | 31 |
| 30 | 8.03775 | 8.03777 | 1.96223 | 9.99997 | 8.18387 | 8.18392 | 1.81608 | 9.99995 | 30 |
| 31 | 8.04063 | 8.04066 | 1.95934 | 9.99997 | 8.18593 | 8.18598 | 1.81402 | 9.99995 | 29 |
| 32 | 8.04350 | 8.04353 | 1.95647 | 9.99997 | 8.18798 | 8.18804 | 1.81196 | 9.99995 | 28 |
| 33 | 8.04635 | 8.04638 | 1.95362 | 9.99997 | 8.19003 | 8.19008 | 1.80992 | 9.99995 | 27 |
| 34 | 8.04918 | 8.04921 | 1.95079 | 9.99997 | 8.19206 | 8.19211 | 1.80789 | 9.99995 | 26 |
| 35 | 8.05199 | 8.05202 | 1.94798 | 9.99997 | 8.19409 | 8.19414 | 1.80586 | 9.99995 | 25 |
| 36 | 8.05478 | 8.05481 | 1.94519 | 9.99997 | 8.19610 | 8.19616 | 1.80384 | 9.99995 | 24 |
| 37 | 8.05756 | 8.05758 | 1.94242 | 9.99997 | 8.19811 | 8.19816 | 1.80184 | 9.99995 | 23 |
| 38 | 8.06031 | 8.06034 | 1.93966 | 9.99997 | 8.20010 | 8.20016 | 1.79984 | 9.99995 | 22 |
| 39 | 8.06305 | 8.06308 | 1.93692 | 9.99997 | 8.20209 | 8.20215 | 1.79785 | 9.99994 | 21 |
| 40 | 8.06578 | 8.06581 | 1.93419 | 9.99997 | 8.20407 | 8.20413 | 1.79587 | 9.99994 | 20 |
| 41 | 8.06848 | 8.06851 | 1.93149 | 9.99997 | 8.20604 | 8.20610 | 1.79390 | 9.99994 | 19 |
| 42 | 8.07117 | 8.07120 | 1.92880 | 9.99997 | 8.20800 | 8.20806 | 1.79194 | 9.99994 | 18 |
| 43 | 8.07384 | 8.07387 | 1.92613 | 9.99997 | 8.20995 | 8.21001 | 1.78999 | 9.99994 | 17 |
| 44 | 8.07650 | 8.07653 | 1.92347 | 9.99997 | 8.21189 | 8.21195 | 1.78805 | 9.99994 | 16 |
| 45 | 8.07914 | 8.07917 | 1.92083 | 9.99997 | 8.21383 | 8.21389 | 1.78611 | 9.99994 | 15 |
| 46 | 8.08176 | 8.08180 | 1.91820 | 9.99997 | 8.21576 | 8.21581 | 1.78419 | 9.99994 | 14 |
| 47 | 8.08437 | 8.08440 | 1.91560 | 9.99997 | 8.21767 | 8.21773 | 1.78227 | 9.99994 | 13 |
| 48 | 8.08696 | 8.08700 | 1.91300 | 9.99997 | 8.21958 | 8.21964 | 1.78036 | 9.99994 | 12 |
| 49 | 8.08954 | 8.08957 | 1.91043 | 9.99997 | 8.22148 | 8.22154 | 1.77846 | 9.99994 | 11 |
| 50 | 8.09210 | 8.09214 | 1.90786 | 9.99997 | 8.22337 | 8.22343 | 1.77657 | 9.99994 | 10 |
| 51 | 8.09465 | 8.09468 | 1.90532 | 9.99997 | 8.22526 | 8.22532 | 1.77468 | 9.99994 | 9 |
| 52 | 8.09718 | 8.09722 | 1.90278 | 9.99997 | 8.22713 | 8.22720 | 1.77280 | 9.99994 | 8 |
| 53 | 8.09970 | 8.09974 | 1.90026 | 9.99997 | 8.22900 | 8.22906 | 1.77094 | 9.99994 | 7 |
| 54 | 8.10220 | 8.10224 | 1.89776 | 9.99997 | 8.23086 | 8.23092 | 1.76908 | 9.99994 | 6 |
| 55 | 8.10469 | 8.10473 | 1.89527 | 9.99996 | 8.23271 | 8.23278 | 1.76722 | 9.99994 | 5 |
| 56 | 8.10717 | 8.10720 | 1.89280 | 9.99996 | 8.23456 | 8.23462 | 1.76538 | 9.99994 | 4 |
| 57 | 8.10963 | 8.10966 | 1.89034 | 9.99996 | 8.23639 | 8.23646 | 1.76354 | 9.99994 | 3 |
| 58 | 8.11207 | 8.11211 | 1.88789 | 9.99996 | 8.23822 | 8.23829 | 1.76171 | 9.99993 | 2 |
| 59 | 8.11451 | 8.11454 | 1.88546 | 9.99996 | 8.24004 | 8.24011 | 1.75989 | 9.99993 | 1 |
| 60 | 8.11693 | 8.11696 | 1.88304 | 9.99996 | 8.24186 | 8.24192 | 1.75808 | 9.99993 | 0 |
| | 5h 57m cos | 5h 57m cotg | 5h 57m tang | 5h 57m sin | 5h 56m cos | 5h 56m cotg | 5h 56m tang | 5h 56m sin | |

| | $0^h\ 4^m$ | | | | $0^h\ 5^m$ | | | | |
|---|---|---|---|---|---|---|---|---|---|
| | sin | tang | cotg | cos | sin | tang | cotg | cos | |
| $0^s$ | 8.24186 | 8.24192 | 1.75808 | 9.99993 | 8.33875 | 8.33886 | 1.66114 | 9.99990 | $60^s$ |
| 1 | 8.24366 | 8.24373 | 1.75627 | 9.99993 | 8.34020 | 8.34030 | 1.65970 | 9.99990 | 59 |
| 2 | 8.24546 | 8.24553 | 1.75447 | 9.99993 | 8.34164 | 8.34174 | 1.65826 | 9.99990 | 58 |
| 3 | 8.24725 | 8.24732 | 1.75268 | 9.99993 | 8.34307 | 8.34318 | 1.65682 | 9.99989 | 57 |
| 4 | 8.24903 | 8.24910 | 1.75090 | 9.99993 | 8.34450 | 8.34461 | 1.65539 | 9.99989 | 56 |
| 5 | 8.25081 | 8.25088 | 1.74912 | 9.99993 | 8.34593 | 8.34604 | 1.65396 | 9.99989 | 55 |
| 6 | 8.25258 | 8.25265 | 1.74735 | 9.99993 | 8.34735 | 8.34746 | 1.65254 | 9.99989 | 54 |
| 7 | 8.25434 | 8.25441 | 1.74559 | 9.99993 | 8.34877 | 8.34888 | 1.65112 | 9.99989 | 53 |
| 8 | 8.25609 | 8.25616 | 1.74384 | 9.99993 | 8.35018 | 8.35029 | 1.64971 | 9.99989 | 52 |
| 9 | 8.25784 | 8.25791 | 1.74209 | 9.99993 | 8.35159 | 8.35170 | 1.64830 | 9.99989 | 51 |
| 10 | 8.25958 | 8.25965 | 1.74035 | 9.99993 | 8.35299 | 8.35310 | 1.64690 | 9.99989 | 50 |
| 11 | 8.26132 | 8.26139 | 1.73861 | 9.99993 | 8.35439 | 8.35450 | 1.64550 | 9.99989 | 49 |
| 12 | 8.26304 | 8.26312 | 1.73688 | 9.99993 | 8.35578 | 8.35590 | 1.64410 | 9.99989 | 48 |
| 13 | 8.26476 | 8.26484 | 1.73516 | 9.99993 | 8.35717 | 8.35729 | 1.64271 | 9.99989 | 47 |
| 14 | 8.26648 | 8.26655 | 1.73345 | 9.99993 | 8.35856 | 8.35867 | 1.64133 | 9.99989 | 46 |
| 15 | 8.26818 | 8.26826 | 1.73174 | 9.99993 | 8.35994 | 8.36005 | 1.63995 | 9.99989 | 45 |
| 16 | 8.26988 | 8.26996 | 1.73004 | 9.99992 | 8.36131 | 8.36143 | 1.63857 | 9.99989 | 44 |
| 17 | 8.27157 | 8.27165 | 1.72835 | 9.99992 | 8.36269 | 8.36280 | 1.63720 | 9.99988 | 43 |
| 18 | 8.27326 | 8.27334 | 1.72666 | 9.99992 | 8.36405 | 8.36417 | 1.63583 | 9.99988 | 42 |
| 19 | 8.27494 | 8.27502 | 1.72498 | 9.99992 | 8.36542 | 8.36553 | 1.63447 | 9.99988 | 41 |
| 20 | 8.27661 | 8.27669 | 1.72331 | 9.99992 | 8.36678 | 8.36689 | 1.63311 | 9.99988 | 40 |
| 21 | 8.27828 | 8.27836 | 1.72164 | 9.99992 | 8.36813 | 8.36825 | 1.63175 | 9.99988 | 39 |
| 22 | 8.27994 | 8.28002 | 1.71998 | 9.99992 | 8.36948 | 8.36960 | 1.63040 | 9.99988 | 38 |
| 23 | 8.28160 | 8.28167 | 1.71833 | 9.99992 | 8.37083 | 8.37095 | 1.62905 | 9.99988 | 37 |
| 24 | 8.28324 | 8.28332 | 1.71668 | 9.99992 | 8.37217 | 8.37229 | 1.62771 | 9.99988 | 36 |
| 25 | 8.28489 | 8.28497 | 1.71503 | 9.99992 | 8.37351 | 8.37363 | 1.62637 | 9.99988 | 35 |
| 26 | 8.28652 | 8.28660 | 1.71340 | 9.99992 | 8.37484 | 8.37497 | 1.62503 | 9.99988 | 34 |
| 27 | 8.28815 | 8.28823 | 1.71177 | 9.99992 | 8.37617 | 8.37630 | 1.62370 | 9.99988 | 33 |
| 28 | 8.28977 | 8.28986 | 1.71014 | 9.99992 | 8.37750 | 8.37762 | 1.62238 | 9.99988 | 32 |
| 29 | 8.29139 | 8.29147 | 1.70853 | 9.99992 | 8.37882 | 8.37894 | 1.62106 | 9.99988 | 31 |
| 30 | 8.29300 | 8.29309 | 1.70691 | 9.99992 | 8.38014 | 8.38026 | 1.61974 | 9.99987 | 30 |
| 31 | 8.29461 | 8.29469 | 1.70531 | 9.99992 | 8.38145 | 8.38158 | 1.61842 | 9.99987 | 29 |
| 32 | 8.29621 | 8.29629 | 1.70371 | 9.99992 | 8.38276 | 8.38289 | 1.61711 | 9.99987 | 28 |
| 33 | 8.29780 | 8.29789 | 1.70211 | 9.99991 | 8.38407 | 8.38420 | 1.61580 | 9.99987 | 27 |
| 34 | 8.29939 | 8.29947 | 1.70053 | 9.99991 | 8.38537 | 8.38550 | 1.61450 | 9.99987 | 26 |
| 35 | 8.30097 | 8.30106 | 1.69894 | 9.99991 | 8.38667 | 8.38680 | 1.61320 | 9.99987 | 25 |
| 36 | 8.30255 | 8.30263 | 1.69737 | 9.99991 | 8.38796 | 8.38809 | 1.61191 | 9.99987 | 24 |
| 37 | 8.30412 | 8.30420 | 1.69580 | 9.99991 | 8.38925 | 8.38938 | 1.61062 | 9.99987 | 23 |
| 38 | 8.30568 | 8.30577 | 1.69423 | 9.99991 | 8.39054 | 8.39067 | 1.60933 | 9.99987 | 22 |
| 39 | 8.30724 | 8.30733 | 1.69267 | 9.99991 | 8.39182 | 8.39195 | 1.60805 | 9.99987 | 21 |
| 40 | 8.30879 | 8.30888 | 1.69112 | 9.99991 | 8.39310 | 8.39323 | 1.60677 | 9.99987 | 20 |
| 41 | 8.31034 | 8.31043 | 1.68957 | 9.99991 | 8.39438 | 8.39451 | 1.60549 | 9.99987 | 19 |
| 42 | 8.31188 | 8.31198 | 1.68802 | 9.99991 | 8.39565 | 8.39578 | 1.60422 | 9.99987 | 18 |
| 43 | 8.31342 | 8.31351 | 1.68649 | 9.99991 | 8.39692 | 8.39705 | 1.60295 | 9.99986 | 17 |
| 44 | 8.31495 | 8.31505 | 1.68495 | 9.99991 | 8.39818 | 8.39832 | 1.60168 | 9.99986 | 16 |
| 45 | 8.31648 | 8.31657 | 1.68343 | 9.99991 | 8.39944 | 8.39958 | 1.60042 | 9.99986 | 15 |
| 46 | 8.31800 | 8.31809 | 1.68191 | 9.99991 | 8.40070 | 8.40083 | 1.59917 | 9.99986 | 14 |
| 47 | 8.31952 | 8.31961 | 1.68039 | 9.99991 | 8.40195 | 8.40209 | 1.59791 | 9.99986 | 13 |
| 48 | 8.32103 | 8.32112 | 1.67888 | 9.99990 | 8.40320 | 8.40334 | 1.59666 | 9.99986 | 12 |
| 49 | 8.32253 | 8.32263 | 1.67737 | 9.99990 | 8.40444 | 8.40458 | 1.59542 | 9.99986 | 11 |
| 50 | 8.32403 | 8.32413 | 1.67587 | 9.99990 | 8.40569 | 8.40583 | 1.59417 | 9.99986 | 10 |
| 51 | 8.32553 | 8.32562 | 1.67438 | 9.99990 | 8.40693 | 8.40707 | 1.59293 | 9.99986 | 9 |
| 52 | 8.32702 | 8.32711 | 1.67289 | 9.99990 | 8.40816 | 8.40830 | 1.59170 | 9.99986 | 8 |
| 53 | 8.32850 | 8.32860 | 1.67140 | 9.99990 | 8.40939 | 8.40954 | 1.59046 | 9.99986 | 7 |
| 54 | 8.32998 | 8.33008 | 1.66992 | 9.99990 | 8.41062 | 8.41077 | 1.58923 | 9.99986 | 6 |
| 55 | 8.33145 | 8.33155 | 1.66845 | 9.99990 | 8.41185 | 8.41199 | 1.58801 | 9.99986 | 5 |
| 56 | 8.33292 | 8.33302 | 1.66698 | 9.99990 | 8.41307 | 8.41321 | 1.58679 | 9.99985 | 4 |
| 57 | 8.33439 | 8.33449 | 1.66551 | 9.99990 | 8.41429 | 8.41443 | 1.58557 | 9.99985 | 3 |
| 58 | 8.33585 | 8.33595 | 1.66405 | 9.99990 | 8.41550 | 8.41565 | 1.58435 | 9.99985 | 2 |
| 59 | 8.33730 | 8.33741 | 1.66259 | 9.99990 | 8.41671 | 8.41686 | 1.58314 | 9.99985 | 1 |
| 60 | 8.33875 | 8.33886 | 1.66114 | 9.99990 | 8.41792 | 8.41807 | 1.58193 | 9.99985 | 0 |
| | cos | cotg | tang | sin | cos | cotg | tang | sin | |
| | $5^h\ 55^m$ | | | | $5^h\ 54^m$ | | | | |

| | 0h 6m | | | | 0h 7m | | | | |
|---|---|---|---|---|---|---|---|---|---|
| | sin | tang | cotg | cos | sin | tang | cotg | cos | |
| 0s | 8.41792 | 8.41807 | 1.58193 | 9.99985 | 8.48485 | 8.48505 | 1.51495 | 9.99980 | 60s |
| 1 | 8.41912 | 8.41927 | 1.58073 | 9.99985 | 8.48588 | 8.48608 | 1.51392 | 9.99980 | 59 |
| 2 | 8.42032 | 8.42048 | 1.57952 | 9.99985 | 8.48691 | 8.48711 | 1.51289 | 9.99980 | 58 |
| 3 | 8.42152 | 8.42167 | 1.57833 | 9.99985 | 8.48794 | 8.48814 | 1.51186 | 9.99979 | 57 |
| 4 | 8.42272 | 8.42287 | 1.57713 | 9.99985 | 8.48896 | 8.48917 | 1.51083 | 9.99979 | 56 |
| 5 | 8.42391 | 8.42406 | 1.57594 | 9.99985 | 8.48999 | 8.49019 | 1.50981 | 9.99979 | 55 |
| 6 | 8.42510 | 8.42525 | 1.57475 | 9.99985 | 8.49101 | 8.49121 | 1.50879 | 9.99979 | 54 |
| 7 | 8.42628 | 8.42644 | 1.57356 | 9.99985 | 8.49202 | 8.49223 | 1.50777 | 9.99979 | 53 |
| 8 | 8.42746 | 8.42762 | 1.57238 | 9.99984 | 8.49304 | 8.49325 | 1.50675 | 9.99979 | 52 |
| 9 | 8.42864 | 8.42880 | 1.57120 | 9.99984 | 8.49405 | 8.49426 | 1.50574 | 9.99979 | 51 |
| 10 | 8.42982 | 8.42997 | 1.57003 | 9.99984 | 8.49506 | 8.49528 | 1.50472 | 9.99979 | 50 |
| 11 | 8.43099 | 8.43115 | 1.56885 | 9.99984 | 8.49607 | 8.49629 | 1.50371 | 9.99979 | 49 |
| 12 | 8.43216 | 8.43232 | 1.56768 | 9.99984 | 8.49708 | 8.49729 | 1.50271 | 9.99979 | 48 |
| 13 | 8.43332 | 8.43348 | 1.56652 | 9.99984 | 8.49808 | 8.49830 | 1.50170 | 9.99978 | 47 |
| 14 | 8.43448 | 8.43464 | 1.56536 | 9.99984 | 8.49908 | 8.49930 | 1.50070 | 9.99978 | 46 |
| 15 | 8.43564 | 8.43581 | 1.56419 | 9.99984 | 8.50008 | 8.50030 | 1.49970 | 9.99978 | 45 |
| 16 | 8.43680 | 8.43696 | 1.56304 | 9.99984 | 8.50108 | 8.50130 | 1.49870 | 9.99978 | 44 |
| 17 | 8.43795 | 8.43812 | 1.56188 | 9.99984 | 8.50207 | 8.50229 | 1.49771 | 9.99978 | 43 |
| 18 | 8.43910 | 8.43927 | 1.56073 | 9.99984 | 8.50307 | 8.50329 | 1.49671 | 9.99978 | 42 |
| 19 | 8.44025 | 8.44042 | 1.55958 | 9.99984 | 8.50406 | 8.50428 | 1.49572 | 9.99978 | 41 |
| 20 | 8.44139 | 8.44156 | 1.55844 | 9.99983 | 8.50504 | 8.50527 | 1.49473 | 9.99978 | 40 |
| 21 | 8.44254 | 8.44270 | 1.55730 | 9.99983 | 8.50603 | 8.50625 | 1.49375 | 9.99978 | 39 |
| 22 | 8.44367 | 8.44384 | 1.55616 | 9.99983 | 8.50701 | 8.50724 | 1.49276 | 9.99978 | 38 |
| 23 | 8.44481 | 8.44498 | 1.55502 | 9.99983 | 8.50799 | 8.50822 | 1.49178 | 9.99977 | 37 |
| 24 | 8.44594 | 8.44611 | 1.55389 | 9.99983 | 8.50897 | 8.50920 | 1.49080 | 9.99977 | 36 |
| 25 | 8.44707 | 8.44724 | 1.55276 | 9.99983 | 8.50995 | 8.51018 | 1.48982 | 9.99977 | 35 |
| 26 | 8.44820 | 8.44837 | 1.55163 | 9.99983 | 8.51092 | 8.51115 | 1.48885 | 9.99977 | 34 |
| 27 | 8.44932 | 8.44949 | 1.55051 | 9.99983 | 8.51190 | 8.51213 | 1.48787 | 9.99977 | 33 |
| 28 | 8.45044 | 8.45061 | 1.54939 | 9.99983 | 8.51287 | 8.51310 | 1.48690 | 9.99977 | 32 |
| 29 | 8.45156 | 8.45173 | 1.54827 | 9.99983 | 8.51384 | 8.51407 | 1.48593 | 9.99977 | 31 |
| 30 | 8.45267 | 8.45285 | 1.54715 | 9.99983 | 8.51480 | 8.51503 | 1.48497 | 9.99977 | 30 |
| 31 | 8.45378 | 8.45396 | 1.54604 | 9.99982 | 8.51576 | 8.51600 | 1.48400 | 9.99977 | 29 |
| 32 | 8.45489 | 8.45507 | 1.54493 | 9.99982 | 8.51673 | 8.51696 | 1.48304 | 9.99977 | 28 |
| 33 | 8.45600 | 8.45618 | 1.54382 | 9.99982 | 8.51769 | 8.51792 | 1.48208 | 9.99976 | 27 |
| 34 | 8.45710 | 8.45728 | 1.54272 | 9.99982 | 8.51864 | 8.51888 | 1.48112 | 9.99976 | 26 |
| 35 | 8.45820 | 8.45838 | 1.54162 | 9.99982 | 8.51960 | 8.51984 | 1.48016 | 9.99976 | 25 |
| 36 | 8.45930 | 8.45948 | 1.54052 | 9.99982 | 8.52055 | 8.52079 | 1.47921 | 9.99976 | 24 |
| 37 | 8.46040 | 8.46058 | 1.53942 | 9.99982 | 8.52150 | 8.52174 | 1.47826 | 9.99976 | 23 |
| 38 | 8.46149 | 8.46167 | 1.53833 | 9.99982 | 8.52245 | 8.52269 | 1.47731 | 9.99976 | 22 |
| 39 | 8.46258 | 8.46276 | 1.53724 | 9.99982 | 8.52340 | 8.52364 | 1.47636 | 9.99976 | 21 |
| 40 | 8.46366 | 8.46385 | 1.53615 | 9.99982 | 8.52434 | 8.52459 | 1.47541 | 9.99976 | 20 |
| 41 | 8.46475 | 8.46493 | 1.53507 | 9.99982 | 8.52529 | 8.52553 | 1.47447 | 9.99976 | 19 |
| 42 | 8.46583 | 8.46602 | 1.53398 | 9.99981 | 8.52623 | 8.52647 | 1.47353 | 9.99975 | 18 |
| 43 | 8.46691 | 8.46710 | 1.53290 | 9.99981 | 8.52717 | 8.52741 | 1.47259 | 9.99975 | 17 |
| 44 | 8.46799 | 8.46817 | 1.53183 | 9.99981 | 8.52810 | 8.52835 | 1.47165 | 9.99975 | 16 |
| 45 | 8.46906 | 8.46925 | 1.53075 | 9.99981 | 8.52904 | 8.52928 | 1.47072 | 9.99975 | 15 |
| 46 | 8.47013 | 8.47032 | 1.52968 | 9.99981 | 8.52997 | 8.53022 | 1.46978 | 9.99975 | 14 |
| 47 | 8.47120 | 8.47139 | 1.52861 | 9.99981 | 8.53090 | 8.53115 | 1.46885 | 9.99975 | 13 |
| 48 | 8.47226 | 8.47245 | 1.52755 | 9.99981 | 8.53183 | 8.53208 | 1.46792 | 9.99975 | 12 |
| 49 | 8.47333 | 8.47352 | 1.52648 | 9.99981 | 8.53275 | 8.53301 | 1.46699 | 9.99975 | 11 |
| 50 | 8.47439 | 8.47458 | 1.52542 | 9.99981 | 8.53368 | 8.53393 | 1.46607 | 9.99975 | 10 |
| 51 | 8.47544 | 8.47564 | 1.52436 | 9.99981 | 8.53460 | 8.53486 | 1.46514 | 9.99975 | 9 |
| 52 | 8.47650 | 8.47669 | 1.52331 | 9.99981 | 8.53552 | 8.53578 | 1.46422 | 9.99974 | 8 |
| 53 | 8.47755 | 8.47775 | 1.52225 | 9.99980 | 8.53644 | 8.53670 | 1.46330 | 9.99974 | 7 |
| 54 | 8.47860 | 8.47880 | 1.52120 | 9.99980 | 8.53736 | 8.53762 | 1.46238 | 9.99974 | 6 |
| 55 | 8.47965 | 8.47985 | 1.52015 | 9.99980 | 8.53827 | 8.53853 | 1.46147 | 9.99974 | 5 |
| 56 | 8.48069 | 8.48089 | 1.51911 | 9.99980 | 8.53919 | 8.53945 | 1.46055 | 9.99974 | 4 |
| 57 | 8.48174 | 8.48194 | 1.51806 | 9.99980 | 8.54010 | 8.54036 | 1.45964 | 9.99974 | 3 |
| 58 | 8.48278 | 8.48298 | 1.51702 | 9.99980 | 8.54101 | 8.54127 | 1.45873 | 9.99974 | 2 |
| 59 | 8.48381 | 8.48401 | 1.51599 | 9.99980 | 8.54191 | 8.54218 | 1.45782 | 9.99974 | 1 |
| 60 | 8.48485 | 8.48505 | 1.51495 | 9.99980 | 8.54282 | 8.54308 | 1.45692 | 9.99974 | 0 |
| | cos | cotg | tang | sin | cos | cotg | tang | sin | |
| | 5h 53m | | | | 5h 52m | | | | |

| | $0^h\ 8^m$ | | | | $0^h\ 9^m$ | | | | |
|---|---|---|---|---|---|---|---|---|---|
| | sin | tang | cotg | cos | sin | tang | cotg | cos | |
| $0^s$ | 8.54282 | 8.54308 | 1.45692 | 9.99974 | 8.59395 | 8.59428 | 1.40572 | 9.99967 | $60^s$ |
| 1 | 8.54372 | 8.54399 | 1.45601 | 9.99973 | 8.59475 | 8.59509 | 1.40491 | 9.99966 | 59 |
| 2 | 8.54462 | 8.54489 | 1.45511 | 9.99973 | 8.59555 | 8.59589 | 1.40411 | 9.99966 | 58 |
| 3 | 8.54552 | 8.54579 | 1.45421 | 9.99973 | 8.59635 | 8.59669 | 1.40331 | 9.99966 | 57 |
| 4 | 8.54642 | 8.54669 | 1.45331 | 9.99973 | 8.59715 | 8.59749 | 1.40251 | 9.99966 | 56 |
| 5 | 8.54732 | 8.54759 | 1.45241 | 9.99973 | 8.59795 | 8.59829 | 1.40171 | 9.99966 | 55 |
| 6 | 8.54821 | 8.54848 | 1.45152 | 9.99973 | 8.59874 | 8.59909 | 1.40091 | 9.99966 | 54 |
| 7 | 8.54910 | 8.54938 | 1.45062 | 9.99973 | 8.59954 | 8.59988 | 1.40012 | 9.99966 | 53 |
| 8 | 8.54999 | 8.55027 | 1.44973 | 9.99973 | 8.60033 | 8.60068 | 1.39932 | 9.99966 | 52 |
| 9 | 8.55088 | 8.55116 | 1.44884 | 9.99973 | 8.60112 | 8.60147 | 1.39853 | 9.99965 | 51 |
| 10 | 8.55177 | 8.55205 | 1.44795 | 9.99972 | 8.60191 | 8.60226 | 1.39774 | 9.99965 | 50 |
| 11 | 8.55266 | 8.55293 | 1.44707 | 9.99972 | 8.60270 | 8.60305 | 1.39695 | 9.99965 | 49 |
| 12 | 8.55354 | 8.55382 | 1.44618 | 9.99972 | 8.60349 | 8.60384 | 1.39616 | 9.99965 | 48 |
| 13 | 8.55442 | 8.55470 | 1.44530 | 9.99972 | 8.60427 | 8.60463 | 1.39537 | 9.99965 | 47 |
| 14 | 8.55530 | 8.55558 | 1.44442 | 9.99972 | 8.60506 | 8.60541 | 1.39459 | 9.99965 | 46 |
| 15 | 8.55618 | 8.55646 | 1.44354 | 9.99972 | 8.60584 | 8.60620 | 1.39380 | 9.99965 | 45 |
| 16 | 8.55705 | 8.55734 | 1.44266 | 9.99972 | 8.60662 | 8.60698 | 1.39302 | 9.99964 | 44 |
| 17 | 8.55793 | 8.55821 | 1.44179 | 9.99972 | 8.60740 | 8.60776 | 1.39224 | 9.99964 | 43 |
| 18 | 8.55880 | 8.55909 | 1.44091 | 9.99972 | 8.60818 | 8.60854 | 1.39146 | 9.99964 | 42 |
| 19 | 8.55967 | 8.55996 | 1.44004 | 9.99971 | 8.60896 | 8.60932 | 1.39068 | 9.99964 | 41 |
| 20 | 8.56054 | 8.56083 | 1.43917 | 9.99971 | 8.60973 | 8.61009 | 1.38991 | 9.99964 | 40 |
| 21 | 8.56141 | 8.56170 | 1.43830 | 9.99971 | 8.61051 | 8.61087 | 1.38913 | 9.99964 | 39 |
| 22 | 8.56227 | 8.56256 | 1.43744 | 9.99971 | 8.61128 | 8.61164 | 1.38836 | 9.99964 | 38 |
| 23 | 8.56314 | 8.56343 | 1.43657 | 9.99971 | 8.61205 | 8.61242 | 1.38758 | 9.99964 | 37 |
| 24 | 8.56400 | 8.56429 | 1.43571 | 9.99971 | 8.61282 | 8.61319 | 1.38681 | 9.99963 | 36 |
| 25 | 8.56486 | 8.56515 | 1.43485 | 9.99971 | 8.61359 | 8.61396 | 1.38604 | 9.99963 | 35 |
| 26 | 8.56572 | 8.56601 | 1.43399 | 9.99971 | 8.61436 | 8.61473 | 1.38527 | 9.99963 | 34 |
| 27 | 8.56658 | 8.56687 | 1.43313 | 9.99970 | 8.61513 | 8.61550 | 1.38450 | 9.99963 | 33 |
| 28 | 8.56743 | 8.56773 | 1.43227 | 9.99970 | 8.61589 | 8.61626 | 1.38374 | 9.99963 | 32 |
| 29 | 8.56828 | 8.56858 | 1.43142 | 9.99970 | 8.61665 | 8.61703 | 1.38297 | 9.99963 | 31 |
| 30 | 8.56914 | 8.56944 | 1.43056 | 9.99970 | 8.61742 | 8.61779 | 1.38221 | 9.99963 | 30 |
| 31 | 8.56999 | 8.57029 | 1.42971 | 9.99970 | 8.61818 | 8.61855 | 1.38145 | 9.99963 | 29 |
| 32 | 8.57084 | 8.57114 | 1.42886 | 9.99970 | 8.61894 | 8.61931 | 1.38069 | 9.99962 | 28 |
| 33 | 8.57168 | 8.57199 | 1.42801 | 9.99970 | 8.61970 | 8.62007 | 1.37993 | 9.99962 | 27 |
| 34 | 8.57253 | 8.57283 | 1.42717 | 9.99970 | 8.62045 | 8.62083 | 1.37917 | 9.99962 | 26 |
| 35 | 8.57337 | 8.57368 | 1.42632 | 9.99970 | 8.62121 | 8.62159 | 1.37841 | 9.99962 | 25 |
| 36 | 8.57421 | 8.57452 | 1.42548 | 9.99969 | 8.62196 | 8.62234 | 1.37766 | 9.99962 | 24 |
| 37 | 8.57505 | 8.57536 | 1.42464 | 9.99969 | 8.62271 | 8.62310 | 1.37690 | 9.99962 | 23 |
| 38 | 8.57589 | 8.57620 | 1.42380 | 9.99969 | 8.62347 | 8.62385 | 1.37615 | 9.99962 | 22 |
| 39 | 8.57673 | 8.57704 | 1.42296 | 9.99969 | 8.62422 | 8.62460 | 1.37540 | 9.99961 | 21 |
| 40 | 8.57757 | 8.57788 | 1.42212 | 9.99969 | 8.62497 | 8.62535 | 1.37465 | 9.99961 | 20 |
| 41 | 8.57840 | 8.57871 | 1.42129 | 9.99969 | 8.62571 | 8.62610 | 1.37390 | 9.99961 | 19 |
| 42 | 8.57923 | 8.57955 | 1.42045 | 9.99969 | 8.62646 | 8.62685 | 1.37315 | 9.99961 | 18 |
| 43 | 8.58006 | 8.58038 | 1.41962 | 9.99969 | 8.62720 | 8.62760 | 1.37240 | 9.99961 | 17 |
| 44 | 8.58089 | 8.58121 | 1.41879 | 9.99968 | 8.62795 | 8.62834 | 1.37166 | 9.99961 | 16 |
| 45 | 8.58172 | 8.58204 | 1.41796 | 9.99968 | 8.62869 | 8.62908 | 1.37092 | 9.99961 | 15 |
| 46 | 8.58255 | 8.58286 | 1.41714 | 9.99968 | 8.62943 | 8.62983 | 1.37017 | 9.99961 | 14 |
| 47 | 8.58337 | 8.58369 | 1.41631 | 9.99968 | 8.63017 | 8.63057 | 1.36943 | 9.99960 | 13 |
| 48 | 8.58419 | 8.58451 | 1.41549 | 9.99968 | 8.63091 | 8.63131 | 1.36869 | 9.99960 | 12 |
| 49 | 8.58501 | 8.58534 | 1.41466 | 9.99968 | 8.63165 | 8.63205 | 1.36795 | 9.99960 | 11 |
| 50 | 8.58583 | 8.58616 | 1.41384 | 9.99968 | 8.63238 | 8.63278 | 1.36722 | 9.99960 | 10 |
| 51 | 8.58665 | 8.58698 | 1.41302 | 9.99968 | 8.63312 | 8.63352 | 1.36648 | 9.99960 | 9 |
| 52 | 8.58747 | 8.58779 | 1.41221 | 9.99967 | 8.63385 | 8.63426 | 1.36574 | 9.99960 | 8 |
| 53 | 8.58828 | 8.58861 | 1.41139 | 9.99967 | 8.63459 | 8.63499 | 1.36501 | 9.99960 | 7 |
| 54 | 8.58910 | 8.58943 | 1.41057 | 9.99967 | 8.63532 | 8.63572 | 1.36428 | 9.99959 | 6 |
| 55 | 8.58991 | 8.59024 | 1.40976 | 9.99967 | 8.63605 | 8.63645 | 1.36355 | 9.99959 | 5 |
| 56 | 8.59072 | 8.59105 | 1.40895 | 9.99967 | 8.63678 | 8.63718 | 1.36282 | 9.99959 | 4 |
| 57 | 8.59153 | 8.59186 | 1.40814 | 9.99967 | 8.63750 | 8.63791 | 1.36209 | 9.99959 | 3 |
| 58 | 8.59234 | 8.59267 | 1.40733 | 9.99967 | 8.63823 | 8.63864 | 1.36136 | 9.99959 | 2 |
| 59 | 8.59314 | 8.59348 | 1.40652 | 9.99967 | 8.63896 | 8.63937 | 1.36063 | 9.99959 | 1 |
| 60 | 8.59395 | 8.59428 | 1.40572 | 9.99967 | 8.63968 | 8.64009 | 1.35991 | 9.99959 | 0 |
| | cos | cotg | tang | sin | cos | cotg | tang | sin | |
| | $5^h\ 51^m$ | | | | $5^h\ 50^m$ | | | | |

# Interpolationstafel.

| | 40 | 41 | 42 | 43 | 44 | | 45 | 46 | 47 | 48 | 49 |
|---|---|---|---|---|---|---|---|---|---|---|---|
| 1 | 4.0 | 4.1 | 4.2 | 4.3 | 4.4 | 1 | 4.5 | 4.6 | 4.7 | 4.8 | 4.9 |
| 2 | 8.0 | 8.2 | 8.4 | 8.6 | 8.8 | 2 | 9.0 | 9.2 | 9.4 | 9.6 | 9.8 |
| 3 | 12.0 | 12.3 | 12.6 | 12.9 | 13.2 | 3 | 13.5 | 13.8 | 14.1 | 14.4 | 14.7 |
| 4 | 16.0 | 16.4 | 16.8 | 17.2 | 17.6 | 4 | 18.0 | 18.4 | 18.8 | 19.2 | 19.6 |
| 5 | 20.0 | 20.5 | 21.0 | 21.5 | 22.0 | 5 | 22.5 | 23.0 | 23.5 | 24.0 | 24.5 |
| 6 | 24.0 | 24.6 | 25.2 | 25.8 | 26.4 | 6 | 27.0 | 27.6 | 28.2 | 28.8 | 29.4 |
| 7 | 28.0 | 28.7 | 29.4 | 30.1 | 30.8 | 7 | 31.5 | 32.2 | 32.9 | 33.6 | 34.3 |
| 8 | 32.0 | 32.8 | 33.6 | 34.4 | 35.2 | 8 | 36.0 | 36.8 | 37.6 | 38.4 | 39.2 |
| 9 | 36.0 | 36.9 | 37.8 | 38.7 | 39.6 | 9 | 40.5 | 41.4 | 42.3 | 43.2 | 44.1 |

| | 50 | 51 | 52 | 53 | 54 | | 55 | 56 | 57 | 58 | 59 |
|---|---|---|---|---|---|---|---|---|---|---|---|
| 1 | 5.0 | 5.1 | 5.2 | 5.3 | 5.4 | 1 | 5.5 | 5.6 | 5.7 | 5.8 | 5.9 |
| 2 | 10.0 | 10.2 | 10.4 | 10.6 | 10.8 | 2 | 11.0 | 11.2 | 11.4 | 11.6 | 11.8 |
| 3 | 15.0 | 15.3 | 15.6 | 15.9 | 16.2 | 3 | 16.5 | 16.8 | 17.1 | 17.4 | 17.7 |
| 4 | 20.0 | 20.4 | 20.8 | 21.2 | 21.6 | 4 | 22.0 | 22.4 | 22.8 | 23.2 | 23.6 |
| 5 | 25.0 | 25.5 | 26.0 | 26.5 | 27.0 | 5 | 27.5 | 28.0 | 28.5 | 29.0 | 29.5 |
| 6 | 30.0 | 30.6 | 31.2 | 31.8 | 32.4 | 6 | 33.0 | 33.6 | 34.2 | 34.8 | 35.4 |
| 7 | 35.0 | 35.7 | 36.4 | 37.1 | 37.8 | 7 | 38.5 | 39.2 | 39.9 | 40.6 | 41.3 |
| 8 | 40.0 | 40.8 | 41.6 | 42.4 | 43.2 | 8 | 44.0 | 44.8 | 45.6 | 46.4 | 47.2 |
| 9 | 45.0 | 45.9 | 46.8 | 47.7 | 48.6 | 9 | 49.5 | 50.4 | 51.3 | 52.2 | 53.1 |

| | 60 | 61 | 62 | 63 | 64 | | 65 | 66 | 67 | 68 | 69 |
|---|---|---|---|---|---|---|---|---|---|---|---|
| 1 | 6.0 | 6.1 | 6.2 | 6.3 | 6.4 | 1 | 6.5 | 6.6 | 6.7 | 6.8 | 6.9 |
| 2 | 12.0 | 12.2 | 12.4 | 12.6 | 12.8 | 2 | 13.0 | 13.2 | 13.4 | 13.6 | 13.8 |
| 3 | 18.0 | 18.3 | 18.6 | 18.9 | 19.2 | 3 | 19.5 | 19.8 | 20.1 | 20.4 | 20.7 |
| 4 | 24.0 | 24.4 | 24.8 | 25.2 | 25.6 | 4 | 26.0 | 26.4 | 26.8 | 27.2 | 27.6 |
| 5 | 30.0 | 30.5 | 31.0 | 31.5 | 32.0 | 5 | 32.5 | 33.0 | 33.5 | 34.0 | 34.5 |
| 6 | 36.0 | 36.6 | 37.2 | 37.8 | 38.4 | 6 | 39.0 | 39.6 | 40.2 | 40.8 | 41.4 |
| 7 | 42.0 | 42.7 | 43.4 | 44.1 | 44.8 | 7 | 45.5 | 46.2 | 46.9 | 47.6 | 48.3 |
| 8 | 48.0 | 48.8 | 49.6 | 50.4 | 51.2 | 8 | 52.0 | 52.8 | 53.6 | 54.4 | 55.2 |
| 9 | 54.0 | 54.9 | 55.8 | 56.7 | 57.6 | 9 | 58.5 | 59.4 | 60.3 | 61.2 | 62.1 |

| | 70 | 71 | 72 | 73 | 74 | | 75 | 76 | 77 | 78 | 79 |
|---|---|---|---|---|---|---|---|---|---|---|---|
| 1 | 7.0 | 7.1 | 7.2 | 7.3 | 7.4 | 1 | 7.5 | 7.6 | 7.7 | 7.8 | 7.9 |
| 2 | 14.0 | 14.2 | 14.4 | 14.6 | 14.8 | 2 | 15.0 | 15.2 | 15.4 | 15.6 | 15.8 |
| 3 | 21.0 | 21.3 | 21.6 | 21.9 | 22.2 | 3 | 22.5 | 22.8 | 23.1 | 23.4 | 23.7 |
| 4 | 28.0 | 28.4 | 28.8 | 29.2 | 29.6 | 4 | 30.0 | 30.4 | 30.8 | 31.2 | 31.6 |
| 5 | 35.0 | 35.5 | 36.0 | 36.5 | 37.0 | 5 | 37.5 | 38.0 | 38.5 | 39.0 | 39.5 |
| 6 | 42.0 | 42.6 | 43.2 | 43.8 | 44.4 | 6 | 45.0 | 45.6 | 46.2 | 46.8 | 47.4 |
| 7 | 49.0 | 49.7 | 50.4 | 51.1 | 51.8 | 7 | 52.5 | 53.2 | 53.9 | 54.6 | 55.3 |
| 8 | 56.0 | 56.8 | 57.6 | 58.4 | 59.2 | 8 | 60.0 | 60.8 | 61.6 | 62.4 | 63.2 |
| 9 | 63.0 | 63.9 | 64.8 | 65.7 | 66.6 | 9 | 67.5 | 68.4 | 69.3 | 70.2 | 71.1 |

| | 80 | 81 | 82 | 83 | 84 | | 85 | 86 | 87 | 88 | 89 |
|---|---|---|---|---|---|---|---|---|---|---|---|
| 1 | 8.0 | 8.1 | 8.2 | 8.3 | 8.4 | 1 | 8.5 | 8.6 | 8.7 | 8.8 | 8.9 |
| 2 | 16.0 | 16.2 | 16.4 | 16.6 | 16.8 | 2 | 17.0 | 17.2 | 17.4 | 17.6 | 17.8 |
| 3 | 24.0 | 24.3 | 24.6 | 24.9 | 25.2 | 3 | 25.5 | 25.8 | 26.1 | 26.4 | 26.7 |
| 4 | 32.0 | 32.4 | 32.8 | 33.2 | 33.6 | 4 | 34.0 | 34.4 | 34.8 | 35.2 | 35.6 |
| 5 | 40.0 | 40.5 | 41.0 | 41.5 | 42.0 | 5 | 42.5 | 43.0 | 43.5 | 44.0 | 44.5 |
| 6 | 48.0 | 48.6 | 49.2 | 49.8 | 50.4 | 6 | 51.0 | 51.6 | 52.2 | 52.8 | 53.4 |
| 7 | 56.0 | 56.7 | 57.4 | 58.1 | 58.8 | 7 | 59.5 | 60.2 | 60.9 | 61.6 | 62.3 |
| 8 | 64.0 | 64.8 | 65.6 | 66.4 | 67.2 | 8 | 68.0 | 68.8 | 69.6 | 70.4 | 71.2 |
| 9 | 72.0 | 72.9 | 73.8 | 74.7 | 75.6 | 9 | 76.5 | 77.4 | 78.3 | 79.2 | 80.1 |

| | 90 | 91 | 92 | 93 | 94 | | 95 | 96 | 97 | 98 | 99 |
|---|---|---|---|---|---|---|---|---|---|---|---|
| 1 | 9.0 | 9.1 | 9.2 | 9.3 | 9.4 | 1 | 9.5 | 9.6 | 9.7 | 9.8 | 9.9 |
| 2 | 18.0 | 18.2 | 18.4 | 18.6 | 18.8 | 2 | 19.0 | 19.2 | 19.4 | 19.6 | 19.8 |
| 3 | 27.0 | 27.3 | 27.6 | 27.9 | 28.2 | 3 | 28.5 | 28.8 | 29.1 | 29.4 | 29.7 |
| 4 | 36.0 | 36.4 | 36.8 | 37.2 | 37.6 | 4 | 38.0 | 38.4 | 38.8 | 39.2 | 39.6 |
| 5 | 45.0 | 45.5 | 46.0 | 46.5 | 47.0 | 5 | 47.5 | 48.0 | 48.5 | 49.0 | 49.5 |
| 6 | 54.0 | 54.6 | 55.2 | 55.8 | 56.4 | 6 | 57.0 | 57.6 | 58.2 | 58.8 | 59.4 |
| 7 | 63.0 | 63.7 | 64.4 | 65.1 | 65.8 | 7 | 66.5 | 67.2 | 67.9 | 68.6 | 69.3 |
| 8 | 72.0 | 72.8 | 73.6 | 74.4 | 75.2 | 8 | 76.0 | 76.8 | 77.6 | 78.4 | 79.2 |
| 9 | 81.0 | 81.9 | 82.8 | 83.7 | 84.6 | 9 | 85.5 | 86.4 | 87.3 | 88.2 | 89.1 |

# Interpolationstafel.

| | 40 | 41 | 42 | 43 | 44 | | 45 | 46 | 47 | 48 | 49 |
|---|---|---|---|---|---|---|---|---|---|---|---|
| 1 | 4.0 | 4.1 | 4.2 | 4.3 | 4.4 | 1 | 4.5 | 4.6 | 4.7 | 4.8 | 4.9 |
| 2 | 8.0 | 8.2 | 8.4 | 8.6 | 8.8 | 2 | 9.0 | 9.2 | 9.4 | 9.6 | 9.8 |
| 3 | 12.0 | 12.3 | 12.6 | 12.9 | 13.2 | 3 | 13.5 | 13.8 | 14.1 | 14.4 | 14.7 |
| 4 | 16.0 | 16.4 | 16.8 | 17.2 | 17.6 | 4 | 18.0 | 18.4 | 18.8 | 19.2 | 19.6 |
| 5 | 20.0 | 20.5 | 21.0 | 21.5 | 22.0 | 5 | 22.5 | 23.0 | 23.5 | 24.0 | 24.5 |
| 6 | 24.0 | 24.6 | 25.2 | 25.8 | 26.4 | 6 | 27.0 | 27.6 | 28.2 | 28.8 | 29.4 |
| 7 | 28.0 | 28.7 | 29.4 | 30.1 | 30.8 | 7 | 31.5 | 32.2 | 32.9 | 33.6 | 34.3 |
| 8 | 32.0 | 32.8 | 33.6 | 34.4 | 35.2 | 8 | 36.0 | 36.8 | 37.6 | 38.4 | 39.2 |
| 9 | 36.0 | 36.9 | 37.8 | 38.7 | 39.6 | 9 | 40.5 | 41.4 | 42.3 | 43.2 | 44.1 |

| | 50 | 51 | 52 | 53 | 54 | | 55 | 56 | 57 | 58 | 59 |
|---|---|---|---|---|---|---|---|---|---|---|---|
| 1 | 5.0 | 5.1 | 5.2 | 5.3 | 5.4 | 1 | 5.5 | 5.6 | 5.7 | 5.8 | 5.9 |
| 2 | 10.0 | 10.2 | 10.4 | 10.6 | 10.8 | 2 | 11.0 | 11.2 | 11.4 | 11.6 | 11.8 |
| 3 | 15.0 | 15.3 | 15.6 | 15.9 | 16.2 | 3 | 16.5 | 16.8 | 17.1 | 17.4 | 17.7 |
| 4 | 20.0 | 20.4 | 20.8 | 21.2 | 21.6 | 4 | 22.0 | 22.4 | 22.8 | 23.2 | 23.6 |
| 5 | 25.0 | 25.5 | 26.0 | 26.5 | 27.0 | 5 | 27.5 | 28.0 | 28.5 | 29.0 | 29.5 |
| 6 | 30.0 | 30.6 | 31.2 | 31.8 | 32.4 | 6 | 33.0 | 33.6 | 34.2 | 34.8 | 35.4 |
| 7 | 35.0 | 35.7 | 36.4 | 37.1 | 37.8 | 7 | 38.5 | 39.2 | 39.9 | 40.6 | 41.3 |
| 8 | 40.0 | 40.8 | 41.6 | 42.4 | 43.2 | 8 | 44.0 | 44.8 | 45.6 | 46.4 | 47.2 |
| 9 | 45.0 | 45.9 | 46.8 | 47.7 | 48.6 | 9 | 49.5 | 50.4 | 51.3 | 52.2 | 53.1 |

| | 60 | 61 | 62 | 63 | 64 | | 65 | 66 | 67 | 68 | 69 |
|---|---|---|---|---|---|---|---|---|---|---|---|
| 1 | 6.0 | 6.1 | 6.2 | 6.3 | 6.4 | 1 | 6.5 | 6.6 | 6.7 | 6.8 | 6.9 |
| 2 | 12.0 | 12.2 | 12.4 | 12.6 | 12.8 | 2 | 13.0 | 13.2 | 13.4 | 13.6 | 13.8 |
| 3 | 18.0 | 18.3 | 18.6 | 18.9 | 19.2 | 3 | 19.5 | 19.8 | 20.1 | 20.4 | 20.7 |
| 4 | 24.0 | 24.4 | 24.8 | 25.2 | 25.6 | 4 | 26.0 | 26.4 | 26.8 | 27.2 | 27.6 |
| 5 | 30.0 | 30.5 | 31.0 | 31.5 | 32.0 | 5 | 32.5 | 33.0 | 33.5 | 34.0 | 34.5 |
| 6 | 36.0 | 36.6 | 37.2 | 37.8 | 38.4 | 6 | 39.0 | 39.6 | 40.2 | 40.8 | 41.4 |
| 7 | 42.0 | 42.7 | 43.4 | 44.1 | 44.8 | 7 | 45.5 | 46.2 | 46.9 | 47.6 | 48.3 |
| 8 | 48.0 | 48.8 | 49.6 | 50.4 | 51.2 | 8 | 52.0 | 52.8 | 53.6 | 54.4 | 55.2 |
| 9 | 54.0 | 54.9 | 55.8 | 56.7 | 57.6 | 9 | 58.5 | 59.4 | 60.3 | 61.2 | 62.1 |

| | 70 | 71 | 72 | 73 | 74 | | 75 | 76 | 77 | 78 | 79 |
|---|---|---|---|---|---|---|---|---|---|---|---|
| 1 | 7.0 | 7.1 | 7.2 | 7.3 | 7.4 | 1 | 7.5 | 7.6 | 7.7 | 7.8 | 7.9 |
| 2 | 14.0 | 14.2 | 14.4 | 14.6 | 14.8 | 2 | 15.0 | 15.2 | 15.4 | 15.6 | 15.8 |
| 3 | 21.0 | 21.3 | 21.6 | 21.9 | 22.2 | 3 | 22.5 | 22.8 | 23.1 | 23.4 | 23.7 |
| 4 | 28.0 | 28.4 | 28.8 | 29.2 | 29.6 | 4 | 30.0 | 30.4 | 30.8 | 31.2 | 31.6 |
| 5 | 35.0 | 35.5 | 36.0 | 36.5 | 37.0 | 5 | 37.5 | 38.0 | 38.5 | 39.0 | 39.5 |
| 6 | 42.0 | 42.6 | 43.2 | 43.8 | 44.4 | 6 | 45.0 | 45.6 | 46.2 | 46.8 | 47.4 |
| 7 | 49.0 | 49.7 | 50.4 | 51.1 | 51.8 | 7 | 52.5 | 53.2 | 53.9 | 54.6 | 55.3 |
| 8 | 56.0 | 56.8 | 57.6 | 58.4 | 59.2 | 8 | 60.0 | 60.8 | 61.6 | 62.4 | 63.2 |
| 9 | 63.0 | 63.9 | 64.8 | 65.7 | 66.6 | 9 | 67.5 | 68.4 | 69.3 | 70.2 | 71.1 |

| | 80 | 81 | 82 | 83 | 84 | | 85 | 86 | 87 | 88 | 89 |
|---|---|---|---|---|---|---|---|---|---|---|---|
| 1 | 8.0 | 8.1 | 8.2 | 8.3 | 8.4 | 1 | 8.5 | 8.6 | 8.7 | 8.8 | 8.9 |
| 2 | 16.0 | 16.2 | 16.4 | 16.6 | 16.8 | 2 | 17.0 | 17.2 | 17.4 | 17.6 | 17.8 |
| 3 | 24.0 | 24.3 | 24.6 | 24.9 | 25.2 | 3 | 25.5 | 25.8 | 26.1 | 26.4 | 26.7 |
| 4 | 32.0 | 32.4 | 32.8 | 33.2 | 33.6 | 4 | 34.0 | 34.4 | 34.8 | 35.2 | 35.6 |
| 5 | 40.0 | 40.5 | 41.0 | 41.5 | 42.0 | 5 | 42.5 | 43.0 | 43.5 | 44.0 | 44.5 |
| 6 | 48.0 | 48.6 | 49.2 | 49.8 | 50.4 | 6 | 51.0 | 51.6 | 52.2 | 52.8 | 53.4 |
| 7 | 56.0 | 56.7 | 57.4 | 58.1 | 58.8 | 7 | 59.5 | 60.2 | 60.9 | 61.6 | 62.3 |
| 8 | 64.0 | 64.8 | 65.6 | 66.4 | 67.2 | 8 | 68.0 | 68.8 | 69.6 | 70.4 | 71.2 |
| 9 | 72.0 | 72.9 | 73.8 | 74.7 | 75.6 | 9 | 76.5 | 77.4 | 78.3 | 79.2 | 80.1 |

| | 90 | 91 | 92 | 93 | 94 | | 95 | 96 | 97 | 98 | 99 |
|---|---|---|---|---|---|---|---|---|---|---|---|
| 1 | 9.0 | 9.1 | 9.2 | 9.3 | 9.4 | 1 | 9.5 | 9.6 | 9.7 | 9.8 | 9.9 |
| 2 | 18.0 | 18.2 | 18.4 | 18.6 | 18.8 | 2 | 19.0 | 19.2 | 19.4 | 19.6 | 19.8 |
| 3 | 27.0 | 27.3 | 27.6 | 27.9 | 28.2 | 3 | 28.5 | 28.8 | 29.1 | 29.4 | 29.7 |
| 4 | 36.0 | 36.4 | 36.8 | 37.2 | 37.6 | 4 | 38.0 | 38.4 | 38.8 | 39.2 | 39.6 |
| 5 | 45.0 | 45.5 | 46.0 | 46.5 | 47.0 | 5 | 47.5 | 48.0 | 48.5 | 49.0 | 49.5 |
| 6 | 54.0 | 54.6 | 55.2 | 55.8 | 56.4 | 6 | 57.0 | 57.6 | 58.2 | 58.8 | 59.4 |
| 7 | 63.0 | 63.7 | 64.4 | 65.1 | 65.8 | 7 | 66.5 | 67.2 | 67.9 | 68.6 | 69.3 |
| 8 | 72.0 | 72.8 | 73.6 | 74.4 | 75.2 | 8 | 76.0 | 76.8 | 77.6 | 78.4 | 79.2 |
| 9 | 81.0 | 81.9 | 82.8 | 83.7 | 84.6 | 9 | 85.5 | 86.4 | 87.3 | 88.2 | 89.1 |

| | $0^h\ 10^m$ | | | | $0^h\ 11^m$ | | | | |
|---|---|---|---|---|---|---|---|---|---|
| | sin | tang | cotg | cos | sin | tang | cotg | cos | |
| $0^s$ | 8.63968 | 8.64009 | 1.35991 | 9.99959 | 8.68104 | 8.68154 | 1.31846 | 9.99950 | $60^s$ |
| 1 | 8.64040 | 8.64082 | 1.35918 | 9.99959 | 8.68170 | 8.68220 | 1.31780 | 9.99950 | 59 |
| 2 | 8.64112 | 8.64154 | 1.35846 | 9.99958 | 8.68236 | 8.68286 | 1.31714 | 9.99950 | 58 |
| 3 | 8.64184 | 8.64226 | 1.35774 | 9.99958 | 8.68301 | 8.68352 | 1.31648 | 9.99950 | 57 |
| 4 | 8.64256 | 8.64298 | 1.35702 | 9.99958 | 8.68367 | 8.68417 | 1.31583 | 9.99949 | 56 |
| 5 | 8.64328 | 8.64370 | 1.35630 | 9.99958 | 8.68432 | 8.68483 | 1.31517 | 9.99949 | 55 |
| 6 | 8.64400 | 8.64442 | 1.35558 | 9.99958 | 8.68497 | 8.68548 | 1.31452 | 9.99949 | 54 |
| 7 | 8.64471 | 8.64514 | 1.35486 | 9.99958 | 8.68562 | 8.68613 | 1.31387 | 9.99949 | 53 |
| 8 | 8.64543 | 8.64585 | 1.35415 | 9.99958 | 8.68627 | 8.68678 | 1.31322 | 9.99949 | 52 |
| 9 | 8.64614 | 8.64657 | 1.35343 | 9.99957 | 8.68692 | 8.68744 | 1.31256 | 9.99949 | 51 |
| 10 | 8.64685 | 8.64728 | 1.35272 | 9.99957 | 8.68757 | 8.68808 | 1.31192 | 9.99948 | 50 |
| 11 | 8.64756 | 8.64799 | 1.35201 | 9.99957 | 8.68822 | 8.68873 | 1.31127 | 9.99948 | 49 |
| 12 | 8.64827 | 8.64870 | 1.35130 | 9.99957 | 8.68886 | 8.68938 | 1.31062 | 9.99948 | 48 |
| 13 | 8.64898 | 8.64941 | 1.35059 | 9.99957 | 8.68951 | 8.69003 | 1.30997 | 9.99948 | 47 |
| 14 | 8.64969 | 8.65012 | 1.34988 | 9.99957 | 8.69015 | 8.69067 | 1.30933 | 9.99948 | 46 |
| 15 | 8.65040 | 8.65083 | 1.34917 | 9.99957 | 8.69080 | 8.69132 | 1.30868 | 9.99948 | 45 |
| 16 | 8.65110 | 8.65154 | 1.34846 | 9.99956 | 8.69144 | 8.69196 | 1.30804 | 9.99948 | 44 |
| 17 | 8.65181 | 8.65224 | 1.34776 | 9.99956 | 8.69208 | 8.69261 | 1.30739 | 9.99947 | 43 |
| 18 | 8.65251 | 8.65295 | 1.34705 | 9.99956 | 8.69272 | 8.69325 | 1.30675 | 9.99947 | 42 |
| 19 | 8.65321 | 8.65365 | 1.34635 | 9.99956 | 8.69336 | 8.69389 | 1.30611 | 9.99947 | 41 |
| 20 | 8.65391 | 8.65435 | 1.34565 | 9.99956 | 8.69400 | 8.69453 | 1.30547 | 9.99947 | 40 |
| 21 | 8.65461 | 8.65505 | 1.34495 | 9.99956 | 8.69464 | 8.69517 | 1.30483 | 9.99947 | 39 |
| 22 | 8.65531 | 8.65575 | 1.34425 | 9.99956 | 8.69527 | 8.69581 | 1.30419 | 9.99947 | 38 |
| 23 | 8.65601 | 8.65645 | 1.34355 | 9.99955 | 8.69591 | 8.69644 | 1.30356 | 9.99946 | 37 |
| 24 | 8.65670 | 8.65715 | 1.34285 | 9.99955 | 8.69654 | 8.69708 | 1.30292 | 9.99946 | 36 |
| 25 | 8.65740 | 8.65785 | 1.34215 | 9.99955 | 8.69718 | 8.69772 | 1.30228 | 9.99946 | 35 |
| 26 | 8.65809 | 8.65854 | 1.34146 | 9.99955 | 8.69781 | 8.69835 | 1.30165 | 9.99946 | 34 |
| 27 | 8.65878 | 8.65923 | 1.34077 | 9.99955 | 8.69844 | 8.69898 | 1.30102 | 9.99946 | 33 |
| 28 | 8.65947 | 8.65993 | 1.34007 | 9.99955 | 8.69907 | 8.69962 | 1.30038 | 9.99946 | 32 |
| 29 | 8.66017 | 8.66062 | 1.33938 | 9.99955 | 8.69970 | 8.70025 | 1.29975 | 9.99945 | 31 |
| 30 | 8.66085 | 8.66131 | 1.33869 | 9.99954 | 8.70033 | 8.70088 | 1.29912 | 9.99945 | 30 |
| 31 | 8.66154 | 8.66200 | 1.33800 | 9.99954 | 8.70096 | 8.70151 | 1.29849 | 9.99945 | 29 |
| 32 | 8.66223 | 8.66269 | 1.33731 | 9.99954 | 8.70159 | 8.70214 | 1.29786 | 9.99945 | 28 |
| 33 | 8.66292 | 8.66338 | 1.33662 | 9.99954 | 8.70222 | 8.70277 | 1.29723 | 9.99945 | 27 |
| 34 | 8.66360 | 8.66406 | 1.33594 | 9.99954 | 8.70284 | 8.70339 | 1.29661 | 9.99945 | 26 |
| 35 | 8.66429 | 8.66475 | 1.33525 | 9.99954 | 8.70347 | 8.70402 | 1.29598 | 9.99945 | 25 |
| 36 | 8.66497 | 8.66543 | 1.33457 | 9.99954 | 8.70409 | 8.70465 | 1.29535 | 9.99944 | 24 |
| 37 | 8.66565 | 8.66612 | 1.33388 | 9.99953 | 8.70471 | 8.70527 | 1.29473 | 9.99944 | 23 |
| 38 | 8.66633 | 8.66680 | 1.33320 | 9.99953 | 8.70534 | 8.70589 | 1.29411 | 9.99944 | 22 |
| 39 | 8.66701 | 8.66748 | 1.33252 | 9.99953 | 8.70596 | 8.70652 | 1.29348 | 9.99944 | 21 |
| 40 | 8.66769 | 8.66816 | 1.33184 | 9.99953 | 8.70658 | 8.70714 | 1.29286 | 9.99944 | 20 |
| 41 | 8.66837 | 8.66884 | 1.33116 | 9.99953 | 8.70720 | 8.70776 | 1.29224 | 9.99944 | 19 |
| 42 | 8.66904 | 8.66952 | 1.33048 | 9.99953 | 8.70781 | 8.70838 | 1.29162 | 9.99943 | 18 |
| 43 | 8.66972 | 8.67019 | 1.32981 | 9.99953 | 8.70843 | 8.70900 | 1.29100 | 9.99943 | 17 |
| 44 | 8.67039 | 8.67087 | 1.32913 | 9.99952 | 8.70905 | 8.70962 | 1.29038 | 9.99943 | 16 |
| 45 | 8.67107 | 8.67154 | 1.32846 | 9.99952 | 8.70966 | 8.71024 | 1.28976 | 9.99943 | 15 |
| 46 | 8.67174 | 8.67222 | 1.32778 | 9.99952 | 8.71028 | 8.71085 | 1.28915 | 9.99943 | 14 |
| 47 | 8.67241 | 8.67289 | 1.32711 | 9.99952 | 8.71089 | 8.71147 | 1.28853 | 9.99943 | 13 |
| 48 | 8.67308 | 8.67356 | 1.32644 | 9.99952 | 8.71151 | 8.71208 | 1.28792 | 9.99942 | 12 |
| 49 | 8.67375 | 8.67423 | 1.32577 | 9.99952 | 8.71212 | 8.71270 | 1.28730 | 9.99942 | 11 |
| 50 | 8.67442 | 8.67490 | 1.32510 | 9.99951 | 8.71273 | 8.71331 | 1.28669 | 9.99942 | 10 |
| 51 | 8.67508 | 8.67557 | 1.32443 | 9.99951 | 8.71334 | 8.71392 | 1.28608 | 9.99942 | 9 |
| 52 | 8.67575 | 8.67624 | 1.32376 | 9.99951 | 8.71395 | 8.71453 | 1.28547 | 9.99942 | 8 |
| 53 | 8.67642 | 8.67691 | 1.32309 | 9.99951 | 8.71456 | 8.71515 | 1.28485 | 9.99942 | 7 |
| 54 | 8.67708 | 8.67757 | 1.32243 | 9.99951 | 8.71517 | 8.71575 | 1.28425 | 9.99941 | 6 |
| 55 | 8.67774 | 8.67824 | 1.32176 | 9.99951 | 8.71578 | 8.71636 | 1.28364 | 9.99941 | 5 |
| 56 | 8.67841 | 8.67890 | 1.32110 | 9.99951 | 8.71638 | 8.71697 | 1.28303 | 9.99941 | 4 |
| 57 | 8.67907 | 8.67956 | 1.32044 | 9.99950 | 8.71699 | 8.71758 | 1.28242 | 9.99941 | 3 |
| 58 | 8.67973 | 8.68022 | 1.31978 | 9.99950 | 8.71759 | 8.71819 | 1.28181 | 9.99941 | 2 |
| 59 | 8.68039 | 8.68088 | 1.31912 | 9.99950 | 8.71820 | 8.71879 | 1.28121 | 9.99941 | 1 |
| 60 | 8.68104 | 8.68154 | 1.31846 | 9.99950 | 8.71880 | 8.71940 | 1.28060 | 9.99940 | 0 |
| | cos | cotg | tang | sin | cos | cotg | tang | sin | |
| | $5^h\ 49^m$ | | | | $5^h\ 48^m$ | | | | |

| | 0h 12m | | | | 0h 13m | | | | 0h 14m | | | | |
|---|---|---|---|---|---|---|---|---|---|---|---|---|---|
| | sin | tang | cotg | cos | sin | tang | cotg | cos | sin | tang | cotg | cos | |
| | **8.7** | **8.7** | **1.2** | **9.9** | **8.7** | **8.7** | **1.2** | **9.9** | **8.7** | **8.7** | **1.2** | **9.9** | |
| 0s | 1880 | 1940 | 8060 | 9940 | 5353 | 5423 | 4577 | 9930 | 8568 | 8649 | 1351 | 9919 | 60s |
| 1 | 1940 | 2000 | 8000 | 9940 | 5408 | 5478 | 4522 | 9930 | 8619 | 8700 | 1300 | 9919 | 59 |
| 2 | 2000 | 2060 | 7940 | 9940 | 5464 | 5534 | 4466 | 9930 | 8671 | 8752 | 1248 | 9919 | 58 |
| 3 | 2060 | 2120 | 7880 | 9940 | 5519 | 5590 | 4410 | 9930 | 8722 | 8804 | 1196 | 9918 | 57 |
| 4 | 2120 | 2181 | 7819 | 9940 | 5575 | 5645 | 4355 | 9929 | 8774 | 8855 | 1145 | 9918 | 56 |
| 5 | 2180 | 2241 | 7759 | 9940 | 5630 | 5701 | 4299 | 9929 | 8825 | 8907 | 1093 | 9918 | 55 |
| 6 | 2240 | 2301 | 7699 | 9939 | 5685 | 5756 | 4244 | 9929 | 8876 | 8958 | 1042 | 9918 | 54 |
| 7 | 2300 | 2361 | 7639 | 9939 | 5740 | 5812 | 4188 | 9929 | 8927 | 9010 | 0990 | 9918 | 53 |
| 8 | 2359 | 2420 | 7580 | 9939 | 5795 | 5867 | 4133 | 9929 | 8979 | 9061 | 0939 | 9917 | 52 |
| 9 | 2419 | 2480 | 7520 | 9939 | 5850 | 5922 | 4078 | 9928 | 9030 | 9113 | 0887 | 9917 | 51 |
| **10** | 2478 | 2540 | 7460 | 9939 | 5905 | 5977 | 4023 | 9928 | 9081 | 9164 | 0836 | 9917 | **50** |
| 11 | 2538 | 2599 | 7401 | 9939 | 5960 | 6032 | 3968 | 9928 | 9132 | 9215 | 0785 | 9917 | 49 |
| 12 | 2597 | 2659 | 7341 | 9938 | 6015 | 6087 | 3913 | 9928 | 9183 | 9266 | 0734 | 9917 | 48 |
| 13 | 2656 | 2718 | 7282 | 9938 | 6070 | 6142 | 3858 | 9928 | 9234 | 9317 | 0683 | 9916 | 47 |
| 14 | 2716 | 2777 | 7223 | 9938 | 6125 | 6197 | 3803 | 9928 | 9284 | 9368 | 0632 | 9916 | 46 |
| 15 | 2775 | 2837 | 7163 | 9938 | 6179 | 6252 | 3748 | 9927 | 9335 | 9419 | 0581 | 9916 | 45 |
| 16 | 2834 | 2896 | 7104 | 9938 | 6234 | 6306 | 3694 | 9927 | 9386 | 9470 | 0530 | 9916 | 44 |
| 17 | 2893 | 2955 | 7045 | 9938 | 6288 | 6361 | 3639 | 9927 | 9437 | 9521 | 0479 | 9916 | 43 |
| 18 | 2951 | 3014 | 6986 | 9937 | 6343 | 6416 | 3584 | 9927 | 9487 | 9572 | 0428 | 9915 | 42 |
| 19 | 3010 | 3073 | 6927 | 9937 | 6397 | 6470 | 3530 | 9927 | 9538 | 9622 | 0378 | 9915 | 41 |
| **20** | 3069 | 3132 | 6868 | 9937 | 6451 | 6525 | 3475 | 9926 | 9588 | 9673 | 0327 | 9915 | **40** |
| 21 | 3127 | 3190 | 6810 | 9937 | 6505 | 6579 | 3421 | 9926 | 9639 | 9724 | 0276 | 9915 | 39 |
| 22 | 3186 | 3249 | 6751 | 9937 | 6559 | 6633 | 3367 | 9926 | 9689 | 9774 | 0226 | 9915 | 38 |
| 23 | 3244 | 3308 | 6692 | 9937 | 6613 | 6688 | 3312 | 9926 | 9739 | 9825 | 0175 | 9914 | 37 |
| 24 | 3303 | 3366 | 6634 | 9936 | 6667 | 6742 | 3258 | 9926 | 9789 | 9875 | 0125 | 9914 | 36 |
| 25 | 3361 | 3425 | 6575 | 9936 | 6721 | 6796 | 3204 | 9926 | 9840 | 9926 | 0074 | 9914 | 35 |
| 26 | 3419 | 3483 | 6517 | 9936 | 6775 | 6850 | 3150 | 9925 | 9890 | 9976 | 0024 | 9914 | 34 |
| 27 | 3477 | 3541 | 6459 | 9936 | 6829 | 6904 | 3096 | 9925 | 9940 | *0026 | *9974 | 9914 | 33 |
| 28 | 3535 | 3600 | 6400 | 9936 | 6883 | 6958 | 3042 | 9925 | 9990 | 0076 | 9924 | 9913 | 32 |
| 29 | 3593 | 3658 | 6342 | 9936 | 6936 | 7012 | 2988 | 9925 | *0040 | 0126 | 9874 | 9913 | 31 |
| **30** | 3651 | 3716 | 6284 | 9935 | 6990 | 7065 | 2935 | 9925 | 0090 | 0177 | 9823 | 9913 | **30** |
| 31 | 3709 | 3774 | 6226 | 9935 | 7044 | 7119 | 2881 | 9924 | 0139 | 0227 | 9773 | 9913 | 29 |
| 32 | 3767 | 3832 | 6168 | 9935 | 7097 | 7173 | 2827 | 9924 | 0189 | 0277 | 9723 | 9913 | 28 |
| 33 | 3824 | 3890 | 6110 | 9935 | 7150 | 7226 | 2774 | 9924 | 0239 | 0326 | 9674 | 9912 | 27 |
| 34 | 3882 | 3947 | 6053 | 9935 | 7204 | 7280 | 2720 | 9924 | 0289 | 0376 | 9624 | 9912 | 26 |
| 35 | 3939 | 4005 | 5995 | 9935 | 7257 | 7333 | 2667 | 9924 | 0338 | 0426 | 9574 | 9912 | 25 |
| 36 | 3997 | 4063 | 5937 | 9934 | 7310 | 7387 | 2613 | 9923 | 0388 | 0476 | 9524 | 9912 | 24 |
| 37 | 4054 | 4120 | 5880 | 9934 | 7363 | 7440 | 2560 | 9923 | 0437 | 0526 | 9474 | 9912 | 23 |
| 38 | 4112 | 4178 | 5822 | 9934 | 7416 | 7493 | 2507 | 9923 | 0487 | 0575 | 9425 | 9911 | 22 |
| 39 | 4169 | 4235 | 5765 | 9934 | 7469 | 7546 | 2454 | 9923 | 0536 | 0625 | 9375 | 9911 | 21 |
| **40** | 4226 | 4292 | 5708 | 9934 | 7522 | 7600 | 2400 | 9923 | 0585 | 0674 | 9326 | 9911 | **20** |
| 41 | 4283 | 4349 | 5651 | 9933 | 7575 | 7653 | 2347 | 9923 | 0634 | 0724 | 9276 | 9911 | 19 |
| 42 | 4340 | 4407 | 5593 | 9933 | 7628 | 7706 | 2294 | 9922 | 0684 | 0773 | 9227 | 9911 | 18 |
| 43 | 4397 | 4464 | 5536 | 9933 | 7681 | 7758 | 2242 | 9922 | 0733 | 0822 | 9178 | 9910 | 17 |
| 44 | 4454 | 4521 | 5479 | 9933 | 7733 | 7811 | 2189 | 9922 | 0782 | 0872 | 9128 | 9910 | 16 |
| 45 | 4510 | 4578 | 5422 | 9933 | 7786 | 7864 | 2136 | 9922 | 0831 | 0921 | 9079 | 9910 | 15 |
| 46 | 4567 | 4634 | 5366 | 9933 | 7838 | 7917 | 2083 | 9922 | 0880 | 0970 | 9030 | 9910 | 14 |
| 47 | 4624 | 4691 | 5309 | 9932 | 7891 | 7970 | 2030 | 9921 | 0929 | 1019 | 8981 | 9910 | 13 |
| 48 | 4680 | 4748 | 5252 | 9932 | 7943 | 8022 | 1978 | 9921 | 0978 | 1068 | 8932 | 9909 | 12 |
| 49 | 4737 | 4805 | 5195 | 9932 | 7996 | 8075 | 1925 | 9921 | 1027 | 1117 | 8883 | 9909 | 11 |
| **50** | 4793 | 4861 | 5139 | 9932 | 8048 | 8127 | 1873 | 9921 | 1075 | 1166 | 8834 | 9909 | **10** |
| 51 | 4849 | 4918 | 5082 | 9932 | 8100 | 8180 | 1820 | 9921 | 1124 | 1215 | 8785 | 9909 | 9 |
| 52 | 4906 | 4974 | 5026 | 9932 | 8152 | 8232 | 1768 | 9920 | 1173 | 1264 | 8736 | 9909 | 8 |
| 53 | 4962 | 5030 | 4970 | 9931 | 8205 | 8284 | 1716 | 9920 | 1221 | 1313 | 8687 | 9908 | 7 |
| 54 | 5018 | 5087 | 4913 | 9931 | 8257 | 8337 | 1663 | 9920 | 1270 | 1362 | 8638 | 9908 | 6 |
| 55 | 5074 | 5143 | 4857 | 9931 | 8309 | 8389 | 1611 | 9920 | 1318 | 1410 | 8590 | 9908 | 5 |
| 56 | 5130 | 5199 | 4801 | 9931 | 8360 | 8441 | 1559 | 9920 | 1367 | 1459 | 8541 | 9908 | 4 |
| 57 | 5186 | 5255 | 4745 | 9931 | 8412 | 8493 | 1507 | 9919 | 1415 | 1508 | 8492 | 9908 | 3 |
| 58 | 5241 | 5311 | 4689 | 9930 | 8464 | 8545 | 1455 | 9919 | 1463 | 1556 | 8444 | 9907 | 2 |
| 59 | 5297 | 5367 | 4633 | 9930 | 8516 | 8597 | 1403 | 9919 | 1512 | 1605 | 8395 | 9907 | 1 |
| **60** | 5353 | 5423 | 4577 | 9930 | 8568 | 8649 | 1351 | 9919 | 1560 | 1653 | 8347 | 9907 | **0** |
| | **8.7** | **8.7** | **1.2** | **9.9** | **8.7** | **8.7** | **1.2** | **9.9** | **8.8** | **8.8** | **1.1** | **9.9** | |
| | cos | cotg | tang | sin | cos | cotg | tang | sin | cos | cotg | tang | sin | |
| | 5h 47m | | | | 5h 46m | | | | 5h 45m | | | | |

## Interpolationstafel.

| | 40 | 41 | 42 | 43 | 44 | 45 | 46 | 47 | 48 | 49 |
|---|---|---|---|---|---|---|---|---|---|---|
| 1 | 4.0 | 4.1 | 4.2 | 4.3 | 4.4 | 4.5 | 4.6 | 4.7 | 4.8 | 4.9 |
| 2 | 8.0 | 8.2 | 8.4 | 8.6 | 8.8 | 9.0 | 9.2 | 9.4 | 9.6 | 9.8 |
| 3 | 12.0 | 12.3 | 12.6 | 12.9 | 13.2 | 13.5 | 13.8 | 14.1 | 14.4 | 14.7 |
| 4 | 16.0 | 16.4 | 16.8 | 17.2 | 17.6 | 18.0 | 18.4 | 18.8 | 19.2 | 19.6 |
| 5 | 20.0 | 20.5 | 21.0 | 21.5 | 22.0 | 22.5 | 23.0 | 23.5 | 24.0 | 24.5 |
| 6 | 24.0 | 24.6 | 25.2 | 25.8 | 26.4 | 27.0 | 27.6 | 28.2 | 28.8 | 29.4 |
| 7 | 28.0 | 28.7 | 29.4 | 30.1 | 30.8 | 31.5 | 32.2 | 32.9 | 33.6 | 34.3 |
| 8 | 32.0 | 32.8 | 33.6 | 34.4 | 35.2 | 36.0 | 36.8 | 37.6 | 38.4 | 39.2 |
| 9 | 36.0 | 36.9 | 37.8 | 38.7 | 39.6 | 40.5 | 41.4 | 42.3 | 43.2 | 44.1 |

| | 50 | 51 | 52 | 53 | 54 | 55 | 56 | 57 | 58 | 59 |
|---|---|---|---|---|---|---|---|---|---|---|
| 1 | 5.0 | 5.1 | 5.2 | 5.3 | 5.4 | 5.5 | 5.6 | 5.7 | 5.8 | 5.9 |
| 2 | 10.0 | 10.2 | 10.4 | 10.6 | 10.8 | 11.0 | 11.2 | 11.4 | 11.6 | 11.8 |
| 3 | 15.0 | 15.3 | 15.6 | 15.9 | 16.2 | 16.5 | 16.8 | 17.1 | 17.4 | 17.7 |
| 4 | 20.0 | 20.4 | 20.8 | 21.2 | 21.6 | 22.0 | 22.4 | 22.8 | 23.2 | 23.6 |
| 5 | 25.0 | 25.5 | 26.0 | 26.5 | 27.0 | 27.5 | 28.0 | 28.5 | 29.0 | 29.5 |
| 6 | 30.0 | 30.6 | 31.2 | 31.8 | 32.4 | 33.0 | 33.6 | 34.2 | 34.8 | 35.4 |
| 7 | 35.0 | 35.7 | 36.4 | 37.1 | 37.8 | 38.5 | 39.2 | 39.9 | 40.6 | 41.3 |
| 8 | 40.0 | 40.8 | 41.6 | 42.4 | 43.2 | 44.0 | 44.8 | 45.6 | 46.4 | 47.2 |
| 9 | 45.0 | 45.9 | 46.8 | 47.7 | 48.6 | 49.5 | 50.4 | 51.3 | 52.2 | 53.1 |

| | 60 | 61 | 62 | 63 | 64 | 65 | 66 | 67 | 68 | 69 |
|---|---|---|---|---|---|---|---|---|---|---|
| 1 | 6.0 | 6.1 | 6.2 | 6.3 | 6.4 | 6.5 | 6.6 | 6.7 | 6.8 | 6.9 |
| 2 | 12.0 | 12.2 | 12.4 | 12.6 | 12.8 | 13.0 | 13.2 | 13.4 | 13.6 | 13.8 |
| 3 | 18.0 | 18.3 | 18.6 | 18.9 | 19.2 | 19.5 | 19.8 | 20.1 | 20.4 | 20.7 |
| 4 | 24.0 | 24.4 | 24.8 | 25.2 | 25.6 | 26.0 | 26.4 | 26.8 | 27.2 | 27.6 |
| 5 | 30.0 | 30.5 | 31.0 | 31.5 | 32.0 | 32.5 | 33.0 | 33.5 | 34.0 | 34.5 |
| 6 | 36.0 | 36.6 | 37.2 | 37.8 | 38.4 | 39.0 | 39.6 | 40.2 | 40.8 | 41.4 |
| 7 | 42.0 | 42.7 | 43.4 | 44.1 | 44.8 | 45.5 | 46.2 | 46.9 | 47.6 | 48.3 |
| 8 | 48.0 | 48.8 | 49.6 | 50.4 | 51.2 | 52.0 | 52.8 | 53.6 | 54.4 | 55.2 |
| 9 | 54.0 | 54.9 | 55.8 | 56.7 | 57.6 | 58.5 | 59.4 | 60.3 | 61.2 | 62.1 |

| | 70 | 71 | 72 | 73 | 74 | 75 | 76 | 77 | 78 | 79 |
|---|---|---|---|---|---|---|---|---|---|---|
| 1 | 7.0 | 7.1 | 7.2 | 7.3 | 7.4 | 7.5 | 7.6 | 7.7 | 7.8 | 7.9 |
| 2 | 14.0 | 14.2 | 14.4 | 14.6 | 14.8 | 15.0 | 15.2 | 15.4 | 15.6 | 15.8 |
| 3 | 21.0 | 21.3 | 21.6 | 21.9 | 22.2 | 22.5 | 22.8 | 23.1 | 23.4 | 23.7 |
| 4 | 28.0 | 28.4 | 28.8 | 29.2 | 29.6 | 30.0 | 30.4 | 30.8 | 31.2 | 31.6 |
| 5 | 35.0 | 35.5 | 36.0 | 36.5 | 37.0 | 37.5 | 38.0 | 38.5 | 39.0 | 39.5 |
| 6 | 42.0 | 42.6 | 43.2 | 43.8 | 44.4 | 45.0 | 45.6 | 46.2 | 46.8 | 47.4 |
| 7 | 49.0 | 49.7 | 50.4 | 51.1 | 51.8 | 52.5 | 53.2 | 53.9 | 54.6 | 55.3 |
| 8 | 56.0 | 56.8 | 57.6 | 58.4 | 59.2 | 60.0 | 60.8 | 61.6 | 62.4 | 63.2 |
| 9 | 63.0 | 63.9 | 64.8 | 65.7 | 66.6 | 67.5 | 68.4 | 69.3 | 70.2 | 71.1 |

| | 80 | 81 | 82 | 83 | 84 | 85 | 86 | 87 | 88 | 89 |
|---|---|---|---|---|---|---|---|---|---|---|
| 1 | 8.0 | 8.1 | 8.2 | 8.3 | 8.4 | 8.5 | 8.6 | 8.7 | 8.8 | 8.9 |
| 2 | 16.0 | 16.2 | 16.4 | 16.6 | 16.8 | 17.0 | 17.2 | 17.4 | 17.6 | 17.8 |
| 3 | 24.0 | 24.3 | 24.6 | 24.9 | 25.2 | 25.5 | 25.8 | 26.1 | 26.4 | 26.7 |
| 4 | 32.0 | 32.4 | 32.8 | 33.2 | 33.6 | 34.0 | 34.4 | 34.8 | 35.2 | 35.6 |
| 5 | 40.0 | 40.5 | 41.0 | 41.5 | 42.0 | 42.5 | 43.0 | 43.5 | 44.0 | 44.5 |
| 6 | 48.0 | 48.6 | 49.2 | 49.8 | 50.4 | 51.0 | 51.6 | 52.2 | 52.8 | 53.4 |
| 7 | 56.0 | 56.7 | 57.4 | 58.1 | 58.8 | 59.5 | 60.2 | 60.9 | 61.6 | 62.3 |
| 8 | 64.0 | 64.8 | 65.6 | 66.4 | 67.2 | 68.0 | 68.8 | 69.6 | 70.4 | 71.2 |
| 9 | 72.0 | 72.9 | 73.8 | 74.7 | 75.6 | 76.5 | 77.4 | 78.3 | 79.2 | 80.1 |

| | 90 | 91 | 92 | 93 | 94 | 95 | 96 | 97 | 98 | 99 |
|---|---|---|---|---|---|---|---|---|---|---|
| 1 | 9.0 | 9.1 | 9.2 | 9.3 | 9.4 | 9.5 | 9.6 | 9.7 | 9.8 | 9.9 |
| 2 | 18.0 | 18.2 | 18.4 | 18.6 | 18.8 | 19.0 | 19.2 | 19.4 | 19.6 | 19.8 |
| 3 | 27.0 | 27.3 | 27.6 | 27.9 | 28.2 | 28.5 | 28.8 | 29.1 | 29.4 | 29.7 |
| 4 | 36.0 | 36.4 | 36.8 | 37.2 | 37.6 | 38.0 | 38.4 | 38.8 | 39.2 | 39.6 |
| 5 | 45.0 | 45.5 | 46.0 | 46.5 | 47.0 | 47.5 | 48.0 | 48.5 | 49.0 | 49.5 |
| 6 | 54.0 | 54.6 | 55.2 | 55.8 | 56.4 | 57.0 | 57.6 | 58.2 | 58.8 | 59.4 |
| 7 | 63.0 | 63.7 | 64.4 | 65.1 | 65.8 | 66.5 | 67.2 | 67.9 | 68.6 | 69.3 |
| 8 | 72.0 | 72.8 | 73.6 | 74.4 | 75.2 | 76.0 | 76.8 | 77.6 | 78.4 | 79.2 |
| 9 | 81.0 | 81.9 | 82.8 | 83.7 | 84.6 | 85.5 | 86.4 | 87.3 | 88.2 | 89 1 |

# Interpolationstafel.

| | 40 | 41 | 42 | 43 | 44 | | 45 | 46 | 47 | 48 | 49 |
|---|---|---|---|---|---|---|---|---|---|---|---|
| 1 | 4.0 | 4.1 | 4.2 | 4.3 | 4.4 | 1 | 4.5 | 4.6 | 4.7 | 4.8 | 4.9 |
| 2 | 8.0 | 8.2 | 8.4 | 8.6 | 8.8 | 2 | 9.0 | 9.2 | 9.4 | 9.6 | 9.8 |
| 3 | 12.0 | 12.3 | 12.6 | 12.9 | 13.2 | 3 | 13.5 | 13.8 | 14.1 | 14.4 | 14.7 |
| 4 | 16.0 | 16.4 | 16.8 | 17.2 | 17.6 | 4 | 18.0 | 18.4 | 18.8 | 19.2 | 19.6 |
| 5 | 20.0 | 20.5 | 21.0 | 21.5 | 22.0 | 5 | 22.5 | 23.0 | 23.5 | 24.0 | 24.5 |
| 6 | 24.0 | 24.6 | 25.2 | 25.8 | 26.4 | 6 | 27.0 | 27.6 | 28.2 | 28.8 | 29.4 |
| 7 | 28.0 | 28.7 | 29.4 | 30.1 | 30.8 | 7 | 31.5 | 32.2 | 32.9 | 33.6 | 34.3 |
| 8 | 32.0 | 32.8 | 33.6 | 34.4 | 35.2 | 8 | 36.0 | 36.8 | 37.6 | 38.4 | 39.2 |
| 9 | 36.0 | 36.9 | 37.8 | 38.7 | 39.6 | 9 | 40.5 | 41.4 | 42.3 | 43.2 | 44.1 |
| | **50** | **51** | **52** | **53** | **54** | | **55** | **56** | **57** | **58** | **59** |
| 1 | 5.0 | 5.1 | 5.2 | 5.3 | 5.4 | 1 | 5.5 | 5.6 | 5.7 | 5.8 | 5.9 |
| 2 | 10.0 | 10.2 | 10.4 | 10.6 | 10.8 | 2 | 11.0 | 11.2 | 11.4 | 11.6 | 11.8 |
| 3 | 15.0 | 15.3 | 15.6 | 15.9 | 16.2 | 3 | 16.5 | 16.8 | 17.1 | 17.4 | 17.7 |
| 4 | 20.0 | 20.4 | 20.8 | 21.2 | 21.6 | 4 | 22.0 | 22.4 | 22.8 | 23.2 | 23.6 |
| 5 | 25.0 | 25.5 | 26.0 | 26.5 | 27.0 | 5 | 27.5 | 28.0 | 28.5 | 29.0 | 29.5 |
| 6 | 30.0 | 30.6 | 31.2 | 31.8 | 32.4 | 6 | 33.0 | 33.6 | 34.2 | 34.8 | 35.4 |
| 7 | 35.0 | 35.7 | 36.4 | 37.1 | 37.8 | 7 | 38.5 | 39.2 | 39.9 | 40.6 | 41.3 |
| 8 | 40.0 | 40.8 | 41.6 | 42.4 | 43.2 | 8 | 44.0 | 44.8 | 45.6 | 46.4 | 47.2 |
| 9 | 45.0 | 45.9 | 46.8 | 47.7 | 48.6 | 9 | 49.5 | 50.4 | 51.3 | 52.2 | 53.1 |
| | **60** | **61** | **62** | **63** | **64** | | **65** | **66** | **67** | **68** | **69** |
| 1 | 6.0 | 6.1 | 6.2 | 6.3 | 6.4 | 1 | 6.5 | 6.6 | 6.7 | 6.8 | 6.9 |
| 2 | 12.0 | 12.2 | 12.4 | 12.6 | 12.8 | 2 | 13.0 | 13.2 | 13.4 | 13.6 | 13.8 |
| 3 | 18.0 | 18.3 | 18.6 | 18.9 | 19.2 | 3 | 19.5 | 19.8 | 20.1 | 20.4 | 20.7 |
| 4 | 24.0 | 24.4 | 24.8 | 25.2 | 25.6 | 4 | 26.0 | 26.4 | 26.8 | 27.2 | 27.6 |
| 5 | 30.0 | 30.5 | 31.0 | 31.5 | 32.0 | 5 | 32.5 | 33.0 | 33.5 | 34.0 | 34.5 |
| 6 | 36.0 | 36.6 | 37.2 | 37.8 | 38.4 | 6 | 39.0 | 39.6 | 40.2 | 40.8 | 41.4 |
| 7 | 42.0 | 42.7 | 43.4 | 44.1 | 44.8 | 7 | 45.5 | 46.2 | 46.9 | 47.6 | 48.3 |
| 8 | 48.0 | 48.8 | 49.6 | 50.4 | 51.2 | 8 | 52.0 | 52.8 | 53.6 | 54.4 | 55.2 |
| 9 | 54.0 | 54.9 | 55.8 | 56.7 | 57.6 | 9 | 58.5 | 59.4 | 60.3 | 61.2 | 62.1 |
| | **70** | **71** | **72** | **73** | **74** | | **75** | **76** | **77** | **78** | **79** |
| 1 | 7.0 | 7.1 | 7.2 | 7.3 | 7.4 | 1 | 7.5 | 7.6 | 7.7 | 7.8 | 7.9 |
| 2 | 14.0 | 14.2 | 14.4 | 14.6 | 14.8 | 2 | 15.0 | 15.2 | 15.4 | 15.6 | 15.8 |
| 3 | 21.0 | 21.3 | 21.6 | 21.9 | 22.2 | 3 | 22.5 | 22.8 | 23.1 | 23.4 | 23.7 |
| 4 | 28.0 | 28.4 | 28.8 | 29.2 | 29.6 | 4 | 30.0 | 30.4 | 30.8 | 31.2 | 31.6 |
| 5 | 35.0 | 35.5 | 36.0 | 36.5 | 37.0 | 5 | 37.5 | 38.0 | 38.5 | 39.0 | 39.5 |
| 6 | 42.0 | 42.6 | 43.2 | 43.8 | 44.4 | 6 | 45.0 | 45.6 | 46.2 | 46.8 | 47.4 |
| 7 | 49.0 | 49.7 | 50.4 | 51.1 | 51.8 | 7 | 52.5 | 53.2 | 53.9 | 54.6 | 55.3 |
| 8 | 56.0 | 56.8 | 57.6 | 58.4 | 59.2 | 8 | 60.0 | 60.8 | 61.6 | 62.4 | 63.2 |
| 9 | 63.0 | 63.9 | 64.8 | 65.7 | 66.6 | 9 | 67.5 | 68.4 | 69.3 | 70.2 | 71.1 |
| | **80** | **81** | **82** | **83** | **84** | | **85** | **86** | **87** | **88** | **89** |
| 1 | 8.0 | 8.1 | 8.2 | 8.3 | 8.4 | 1 | 8.5 | 8.6 | 8.7 | 8.8 | 8.9 |
| 2 | 16.0 | 16.2 | 16.4 | 16.6 | 16.8 | 2 | 17.0 | 17.2 | 17.4 | 17.6 | 17.8 |
| 3 | 24.0 | 24.3 | 24.6 | 24.9 | 25.2 | 3 | 25.5 | 25.8 | 26.1 | 26.4 | 26.7 |
| 4 | 32.0 | 32.4 | 32.8 | 33.2 | 33.6 | 4 | 34.0 | 34.4 | 34.8 | 35.2 | 35.6 |
| 5 | 40.0 | 40.5 | 41.0 | 41.5 | 42.0 | 5 | 42.5 | 43.0 | 43.5 | 44.0 | 44.5 |
| 6 | 48.0 | 48.6 | 49.2 | 49.8 | 50.4 | 6 | 51.0 | 51.6 | 52.2 | 52.8 | 53.4 |
| 7 | 56.0 | 56.7 | 57.4 | 58.1 | 58.8 | 7 | 59.5 | 60.2 | 60.9 | 61.6 | 62.3 |
| 8 | 64.0 | 64.8 | 65.6 | 66.4 | 67.2 | 8 | 68.0 | 68.8 | 69.6 | 70.4 | 71.2 |
| 9 | 72.0 | 72.9 | 73.8 | 74.7 | 75.6 | 9 | 76.5 | 77.4 | 78.3 | 79.2 | 80.1 |
| | **90** | **91** | **92** | **93** | **94** | | **95** | **96** | **97** | **98** | **99** |
| 1 | 9.0 | 9.1 | 9.2 | 9.3 | 9.4 | 1 | 9.5 | 9.6 | 9.7 | 9.8 | 9.9 |
| 2 | 18.0 | 18.2 | 18.4 | 18.6 | 18.8 | 2 | 19.0 | 19.2 | 19.4 | 19.6 | 19.8 |
| 3 | 27.0 | 27.3 | 27.6 | 27.9 | 28.2 | 3 | 28.5 | 28.8 | 29.1 | 29.4 | 29.7 |
| 4 | 36.0 | 36.4 | 36.8 | 37.2 | 37.6 | 4 | 38.0 | 38.4 | 38.8 | 39.2 | 39.6 |
| 5 | 45.0 | 45.5 | 46.0 | 46.5 | 47.0 | 5 | 47.5 | 48.0 | 48.5 | 49.0 | 49.5 |
| 6 | 54.0 | 54.6 | 55.2 | 55.8 | 56.4 | 6 | 57.0 | 57.6 | 58.2 | 58.8 | 59.4 |
| 7 | 63.0 | 63.7 | 64.4 | 65.1 | 65.8 | 7 | 66.5 | 67.2 | 67.9 | 68.6 | 69.3 |
| 8 | 72.0 | 72.8 | 73.6 | 74.4 | 75.2 | 8 | 76.0 | 76.8 | 77.6 | 78.4 | 79.2 |
| 9 | 81.0 | 81.9 | 82.8 | 83.7 | 84.6 | 9 | 85.5 | 86.4 | 87.3 | 88.2 | 89.1 |

| | 0h 15m | | | | 0h 16m | | | | 0h 17m | | | | |
|---|---|---|---|---|---|---|---|---|---|---|---|---|---|
| | sin | tang | cotg | cos | sin | tang | cotg | cos | sin | tang | cotg | cos | |
| | **8.8** | **8.8** | **1.1** | **9.9** | **8.8** | **8.8** | **1.1** | **9.9** | **8.8** | **8.8** | **1.1** | **9.9** | |
| **0s** | 1560 | 1653 | 8347 | 9907 | 4358 | 4464 | 5536 | 9894 | 6987 | 7106 | 2894 | 9880 | **60s** |
| 1 | 1608 | 1701 | 8299 | 9907 | 4404 | 4510 | 5490 | 9894 | 7029 | 7149 | 2851 | 9880 | 59 |
| 2 | 1656 | 1750 | 8250 | 9907 | 4449 | 4555 | 5445 | 9894 | 7072 | 7192 | 2808 | 9880 | 58 |
| 3 | 1704 | 1798 | 8202 | 9906 | 4494 | 4600 | 5400 | 9893 | 7114 | 7234 | 2766 | 9880 | 57 |
| 4 | 1752 | 1846 | 8154 | 9906 | 4539 | 4646 | 5354 | 9893 | 7156 | 7277 | 2723 | 9879 | 56 |
| 5 | 1800 | 1894 | 8106 | 9906 | 4584 | 4691 | 5309 | 9893 | 7199 | 7320 | 2680 | 9879 | 55 |
| 6 | 1848 | 1942 | 8058 | 9906 | 4629 | 4736 | 5264 | 9893 | 7241 | 7362 | 2638 | 9879 | 54 |
| 7 | 1896 | 1990 | 8010 | 9905 | 4673 | 4781 | 5219 | 9893 | 7283 | 7405 | 2595 | 9879 | 53 |
| 8 | 1944 | 2038 | 7962 | 9905 | 4718 | 4826 | 5174 | 9892 | 7325 | 7447 | 2553 | 9879 | 52 |
| 9 | 1991 | 2086 | 7914 | 9905 | 4763 | 4871 | 5129 | 9892 | 7368 | 7489 | 2511 | 9878 | 51 |
| **10** | 2039 | 2134 | 7866 | 9905 | 4808 | 4916 | 5084 | 9892 | 7410 | 7532 | 2468 | 9878 | **50** |
| 11 | 2087 | 2182 | 7818 | 9905 | 4852 | 4961 | 5039 | 9892 | 7452 | 7574 | 2426 | 9878 | 49 |
| 12 | 2134 | 2230 | 7770 | 9904 | 4897 | 5006 | 4994 | 9891 | 7494 | 7616 | 2384 | 9878 | 48 |
| 13 | 2182 | 2278 | 7722 | 9904 | 4942 | 5050 | 4950 | 9891 | 7536 | 7658 | 2342 | 9877 | 47 |
| 14 | 2229 | 2325 | 7675 | 9904 | 4986 | 5095 | 4905 | 9891 | 7578 | 7701 | 2299 | 9877 | 46 |
| 15 | 2277 | 2373 | 7627 | 9904 | 5031 | 5140 | 4860 | 9891 | 7620 | 7743 | 2257 | 9877 | 45 |
| 16 | 2324 | 2420 | 7580 | 9904 | 5075 | 5185 | 4815 | 9891 | 7661 | 7785 | 2215 | 9877 | 44 |
| 17 | 2371 | 2468 | 7532 | 9903 | 5120 | 5229 | 4771 | 9890 | 7703 | 7827 | 2173 | 9876 | 43 |
| 18 | 2419 | 2515 | 7485 | 9903 | 5164 | 5274 | 4726 | 9890 | 7745 | 7869 | 2131 | 9876 | 42 |
| 19 | 2466 | 2563 | 7437 | 9903 | 5208 | 5318 | 4682 | 9890 | 7787 | 7911 | 2089 | 9876 | 41 |
| **20** | 2513 | 2610 | 7390 | 9903 | 5252 | 5363 | 4637 | 9890 | 7829 | 7953 | 2047 | 9876 | **40** |
| 21 | 2560 | 2658 | 7342 | 9903 | 5297 | 5407 | 4593 | 9889 | 7870 | 7995 | 2005 | 9875 | 39 |
| 22 | 2607 | 2705 | 7295 | 9902 | 5341 | 5452 | 4548 | 9889 | 7912 | 8037 | 1963 | 9875 | 38 |
| 23 | 2654 | 2752 | 7248 | 9902 | 5385 | 5496 | 4504 | 9889 | 7953 | 8078 | 1922 | 9875 | 37 |
| 24 | 2701 | 2799 | 7201 | 9902 | 5429 | 5540 | 4460 | 9889 | 7995 | 8120 | 1880 | 9875 | 36 |
| 25 | 2748 | 2846 | 7154 | 9902 | 5473 | 5585 | 4415 | 9888 | 8036 | 8162 | 1838 | 9874 | 35 |
| 26 | 2795 | 2893 | 7107 | 9901 | 5517 | 5629 | 4371 | 9888 | 8078 | 8204 | 1796 | 9874 | 34 |
| 27 | 2842 | 2940 | 7060 | 9901 | 5561 | 5673 | 4327 | 9888 | 8119 | 8245 | 1755 | 9874 | 33 |
| 28 | 2888 | 2987 | 7013 | 9901 | 5605 | 5717 | 4283 | 9888 | 8161 | 8287 | 1713 | 9874 | 32 |
| 29 | 2935 | 3034 | 6966 | 9901 | 5649 | 5761 | 4239 | 9888 | 8202 | 8329 | 1671 | 9874 | 31 |
| **30** | 2982 | 3081 | 6919 | 9901 | 5693 | 5805 | 4195 | 9887 | 8243 | 8370 | 1630 | 9873 | **30** |
| 31 | 3028 | 3128 | 6872 | 9900 | 5736 | 5849 | 4151 | 9887 | 8285 | 8412 | 1588 | 9873 | 29 |
| 32 | 3075 | 3175 | 6825 | 9900 | 5780 | 5893 | 4107 | 9887 | 8326 | 8453 | 1547 | 9873 | 28 |
| 33 | 3121 | 3221 | 6779 | 9900 | 5824 | 5937 | 4063 | 9887 | 8367 | 8494 | 1506 | 9873 | 27 |
| 34 | 3168 | 3268 | 6732 | 9900 | 5867 | 5981 | 4019 | 9886 | 8408 | 8536 | 1464 | 9872 | 26 |
| 35 | 3214 | 3315 | 6685 | 9900 | 5911 | 6025 | 3975 | 9886 | 8449 | 8577 | 1423 | 9872 | 25 |
| 36 | 3261 | 3361 | 6639 | 9899 | 5955 | 6069 | 3931 | 9886 | 8490 | 8618 | 1382 | 9872 | 24 |
| 37 | 3307 | 3408 | 6592 | 9899 | 5998 | 6112 | 3888 | 9886 | 8531 | 8660 | 1340 | 9872 | 23 |
| 38 | 3353 | 3454 | 6546 | 9899 | 6042 | 6156 | 3844 | 9886 | 8572 | 8701 | 1299 | 9871 | 22 |
| 39 | 3399 | 3501 | 6499 | 9899 | 6085 | 6200 | 3800 | 9885 | 8613 | 8742 | 1258 | 9871 | 21 |
| **40** | 3446 | 3547 | 6453 | 9898 | 6128 | 6243 | 3757 | 9885 | 8654 | 8783 | 1217 | 9871 | **20** |
| 41 | 3492 | 3593 | 6407 | 9898 | 6172 | 6287 | 3713 | 9885 | 8695 | 8824 | 1176 | 9871 | 19 |
| 42 | 3538 | 3640 | 6360 | 9898 | 6215 | 6330 | 3670 | 9885 | 8736 | 8866 | 1134 | 9870 | 18 |
| 43 | 3584 | 3686 | 6314 | 9898 | 6258 | 6374 | 3626 | 9884 | 8777 | 8907 | 1093 | 9870 | 17 |
| 44 | 3630 | 3732 | 6268 | 9898 | 6301 | 6417 | 3583 | 9884 | 8817 | 8948 | 1052 | 9870 | 16 |
| 45 | 3676 | 3778 | 6222 | 9897 | 6345 | 6461 | 3539 | 9884 | 8858 | 8989 | 1011 | 9870 | 15 |
| 46 | 3721 | 3824 | 6176 | 9897 | 6388 | 6504 | 3496 | 9884 | 8899 | 9029 | 0971 | 9869 | 14 |
| 47 | 3767 | 3870 | 6130 | 9897 | 6431 | 6547 | 3453 | 9883 | 8939 | 9070 | 0930 | 9869 | 13 |
| 48 | 3813 | 3916 | 6084 | 9897 | 6474 | 6591 | 3409 | 9883 | 8980 | 9111 | 0889 | 9869 | 12 |
| 49 | 3859 | 3962 | 6038 | 9896 | 6517 | 6634 | 3366 | 9883 | 9021 | 9152 | 0848 | 9869 | 11 |
| **50** | 3904 | 4008 | 5992 | 9896 | 6560 | 6677 | 3323 | 9883 | 9061 | 9193 | 0807 | 9868 | **10** |
| 51 | 3950 | 4054 | 5946 | 9896 | 6603 | 6720 | 3280 | 9883 | 9102 | 9234 | 0766 | 9868 | 9 |
| 52 | 3996 | 4100 | 5900 | 9896 | 6645 | 6763 | 3237 | 9882 | 9142 | 9274 | 0726 | 9868 | 8 |
| 53 | 4041 | 4146 | 5854 | 9896 | 6688 | 6806 | 3194 | 9882 | 9183 | 9315 | 0685 | 9868 | 7 |
| 54 | 4087 | 4191 | 5809 | 9895 | 6731 | 6849 | 3151 | 9882 | 9223 | 9355 | 0645 | 9867 | 6 |
| 55 | 4132 | 4237 | 5763 | 9895 | 6774 | 6892 | 3108 | 9882 | 9263 | 9396 | 0604 | 9867 | 5 |
| 56 | 4177 | 4282 | 5718 | 9895 | 6816 | 6935 | 3065 | 9881 | 9304 | 9437 | 0563 | 9867 | 4 |
| 57 | 4223 | 4328 | 5672 | 9895 | 6859 | 6978 | 3022 | 9881 | 9344 | 9477 | 0523 | 9867 | 3 |
| 58 | 4268 | 4374 | 5626 | 9895 | 6902 | 7021 | 2979 | 9881 | 9384 | 9518 | 0482 | 9866 | 2 |
| 59 | 4313 | 4419 | 5581 | 9894 | 6944 | 7064 | 2936 | 9881 | 9424 | 9558 | 0442 | 9866 | 1 |
| **60** | 4358 | 4464 | 5536 | 9894 | 6987 | 7106 | 2894 | 9880 | 9464 | 9598 | 0402 | 9866 | **0** |
| | **8.8** | **8 8** | **1.1** | **9.9** | **8.8** | **8.8** | **1.1** | **9.9** | **8.8** | **8.8** | **1.1** | **9.9** | |
| | cos | cotg | tang | sin | cos | cotg | tang | sin | cos | cotg | tang | sin | |
| | 5h 44m | | | | 5h 43m | | | | 5h 42m | | | | |

| s | 0h 18m sin | tang | cotg | cos | 0h 19m sin | tang | cotg | cos | 0h 20m sin | tang | cotg | cos | s |
|---|---|---|---|---|---|---|---|---|---|---|---|---|---|
| | 8.8 | 8.8 | 1.1 | 9.9 | 8.9 | 8.9 | 1.0 | 9.9 | 8.9 | 8.9 | 1.0 | 9.9 | |
| 0s | 9464 | 9598 | 0402 | 9866 | 1807 | 1957 | 8043 | 9851 | 4030 | 4195 | 5805 | 9834 | 60s |
| 1 | 9504 | 9639 | 0361 | 9866 | 1845 | 1995 | 8005 | 9850 | 4066 | 4232 | 5768 | 9834 | 59 |
| 2 | 9545 | 9679 | 0321 | 9865 | 1883 | 2033 | 7967 | 9850 | 4102 | 4268 | 5732 | 9834 | 58 |
| 3 | 9585 | 9719 | 0281 | 9865 | 1921 | 2071 | 7929 | 9850 | 4138 | 4304 | 5696 | 9834 | 57 |
| 4 | 9625 | 9760 | 0240 | 9865 | 1959 | 2110 | 7890 | 9850 | 4174 | 4340 | 5660 | 9833 | 56 |
| 5 | 9665 | 9800 | 0200 | 9865 | 1997 | 2148 | 7852 | 9849 | 4210 | 4377 | 5623 | 9833 | 55 |
| 6 | 9704 | 9840 | 0160 | 9864 | 2035 | 2186 | 7814 | 9849 | 4246 | 4413 | 5587 | 9833 | 54 |
| 7 | 9744 | 9880 | 0120 | 9864 | 2073 | 2224 | 7776 | 9849 | 4282 | 4449 | 5551 | 9832 | 53 |
| 8 | 9784 | 9920 | 0080 | 9864 | 2110 | 2262 | 7738 | 9848 | 4317 | 4485 | 5515 | 9832 | 52 |
| 9 | 9824 | 9960 | 0040 | 9864 | 2148 | 2300 | 7700 | 9848 | 4353 | 4521 | 5479 | 9832 | 51 |
| 10 | 9864 | *0000 | 0000 | 9863 | 2186 | 2338 | 7662 | 9848 | 4389 | 4557 | 5443 | 9832 | 50 |
| 11 | 9904 | 0040 | *9960 | 9863 | 2223 | 2376 | 7624 | 9848 | 4425 | 4594 | 5406 | 9831 | 49 |
| 12 | 9943 | 0080 | 9920 | 9863 | 2261 | 2414 | 7586 | 9847 | 4461 | 4630 | 5370 | 9831 | 48 |
| 13 | 9983 | 0120 | 9880 | 9863 | 2299 | 2451 | 7549 | 9847 | 4496 | 4666 | 5334 | 9831 | 47 |
| 14 | *0023 | 0160 | 9840 | 9862 | 2336 | 2489 | 7511 | 9847 | 4532 | 4702 | 5298 | 9831 | 46 |
| 15 | 0062 | 0200 | 9800 | 9862 | 2374 | 2527 | 7473 | 9847 | 4568 | 4737 | 5263 | 9830 | 45 |
| 16 | 0102 | 0240 | 9760 | 9862 | 2411 | 2565 | 7435 | 9846 | 4603 | 4773 | 5227 | 9830 | 44 |
| 17 | 0141 | 0280 | 9720 | 9862 | 2449 | 2603 | 7397 | 9846 | 4639 | 4809 | 5191 | 9830 | 43 |
| 18 | 0181 | 0319 | 9681 | 9861 | 2486 | 2640 | 7360 | 9846 | 4675 | 4845 | 5155 | 9829 | 42 |
| 19 | 0220 | 0359 | 9641 | 9861 | 2524 | 2678 | 7322 | 9846 | 4710 | 4881 | 5119 | 9829 | 41 |
| 20 | 0260 | 0399 | 9601 | 9861 | 2561 | 2716 | 7284 | 9845 | 4746 | 4917 | 5083 | 9829 | 40 |
| 21 | 0299 | 0438 | 9562 | 9861 | 2598 | 2753 | 7247 | 9845 | 4781 | 4953 | 5047 | 9829 | 39 |
| 22 | 0338 | 0478 | 9522 | 9860 | 2636 | 2791 | 7209 | 9845 | 4817 | 4988 | 5012 | 9828 | 38 |
| 23 | 0378 | 0517 | 9483 | 9860 | 2673 | 2828 | 7172 | 9844 | 4852 | 5024 | 4976 | 9828 | 37 |
| 24 | 0417 | 0557 | 9443 | 9860 | 2710 | 2866 | 7134 | 9844 | 4887 | 5060 | 4940 | 9828 | 36 |
| 25 | 0456 | 0596 | 9404 | 9860 | 2747 | 2903 | 7097 | 9844 | 4923 | 5095 | 4905 | 9827 | 35 |
| 26 | 0495 | 0636 | 9364 | 9859 | 2784 | 2941 | 7059 | 9844 | 4958 | 5131 | 4869 | 9827 | 34 |
| 27 | 0534 | 0675 | 9325 | 9859 | 2822 | 2978 | 7022 | 9843 | 4993 | 5167 | 4833 | 9827 | 33 |
| 28 | 0574 | 0715 | 9285 | 9859 | 2859 | 3016 | 6984 | 9843 | 5029 | 5202 | 4798 | 9827 | 32 |
| 29 | 0613 | 0754 | 9246 | 9859 | 2896 | 3053 | 6947 | 9843 | 5064 | 5238 | 4762 | 9826 | 31 |
| 30 | 0652 | 0793 | 9207 | 9858 | 2933 | 3090 | 6910 | 9843 | 5099 | 5273 | 4727 | 9826 | 30 |
| 31 | 0691 | 0833 | 9167 | 9858 | 2970 | 3127 | 6873 | 9842 | 5134 | 5309 | 4691 | 9826 | 29 |
| 32 | 0730 | 0872 | 9128 | 9858 | 3007 | 3165 | 6835 | 9842 | 5170 | 5344 | 4656 | 9825 | 28 |
| 33 | 0769 | 0911 | 9089 | 9858 | 3044 | 3202 | 6798 | 9842 | 5205 | 5380 | 4620 | 9825 | 27 |
| 34 | 0808 | 0950 | 9050 | 9857 | 3081 | 3239 | 6761 | 9842 | 5240 | 5415 | 4585 | 9825 | 26 |
| 35 | 0846 | 0989 | 9011 | 9857 | 3118 | 3276 | 6724 | 9841 | 5275 | 5450 | 4550 | 9825 | 25 |
| 36 | 0885 | 1029 | 8971 | 9857 | 3154 | 3313 | 6687 | 9841 | 5310 | 5486 | 4514 | 9824 | 24 |
| 37 | 0924 | 1068 | 8932 | 9857 | 3191 | 3350 | 6650 | 9841 | 5345 | 5521 | 4479 | 9824 | 23 |
| 38 | 0963 | 1107 | 8893 | 9856 | 3228 | 3388 | 6612 | 9840 | 5380 | 5556 | 4444 | 9824 | 22 |
| 39 | 1002 | 1146 | 8854 | 9856 | 3265 | 3425 | 6575 | 9840 | 5415 | 5591 | 4409 | 9823 | 21 |
| 40 | 1040 | 1185 | 8815 | 9856 | 3301 | 3462 | 6538 | 9840 | 5450 | 5627 | 4373 | 9823 | 20 |
| 41 | 1079 | 1224 | 8776 | 9856 | 3338 | 3499 | 6501 | 9840 | 5485 | 5662 | 4338 | 9823 | 19 |
| 42 | 1118 | 1262 | 8738 | 9855 | 3375 | 3536 | 6464 | 9839 | 5520 | 5697 | 4303 | 9823 | 18 |
| 43 | 1156 | 1301 | 8699 | 9855 | 3412 | 3572 | 6428 | 9839 | 5555 | 5732 | 4268 | 9822 | 17 |
| 44 | 1195 | 1340 | 8660 | 9855 | 3448 | 3609 | 6391 | 9839 | 5589 | 5767 | 4233 | 9822 | 16 |
| 45 | 1233 | 1379 | 8621 | 9854 | 3485 | 3646 | 6354 | 9839 | 5624 | 5802 | 4198 | 9822 | 15 |
| 46 | 1272 | 1418 | 8582 | 9854 | 3521 | 3683 | 6317 | 9838 | 5659 | 5838 | 4162 | 9821 | 14 |
| 47 | 1310 | 1456 | 8544 | 9854 | 3558 | 3720 | 6280 | 9838 | 5694 | 5873 | 4127 | 9821 | 13 |
| 48 | 1349 | 1495 | 8505 | 9854 | 3594 | 3756 | 6244 | 9838 | 5728 | 5908 | 4092 | 9821 | 12 |
| 49 | 1387 | 1534 | 8466 | 9853 | 3631 | 3793 | 6207 | 9837 | 5763 | 5943 | 4057 | 9821 | 11 |
| 50 | 1426 | 1572 | 8428 | 9853 | 3667 | 3830 | 6170 | 9837 | 5798 | 5977 | 4023 | 9820 | 10 |
| 51 | 1464 | 1611 | 8389 | 9853 | 3703 | 3867 | 6133 | 9837 | 5832 | 6012 | 3988 | 9820 | 9 |
| 52 | 1502 | 1650 | 8350 | 9853 | 3740 | 3903 | 6097 | 9837 | 5867 | 6047 | 3953 | 9820 | 8 |
| 53 | 1540 | 1688 | 8312 | 9852 | 3776 | 3940 | 6060 | 9836 | 5902 | 6082 | 3918 | 9819 | 7 |
| 54 | 1579 | 1727 | 8273 | 9852 | 3812 | 3976 | 6024 | 9836 | 5936 | 6117 | 3883 | 9819 | 6 |
| 55 | 1617 | 1765 | 8235 | 9852 | 3849 | 4013 | 5987 | 9836 | 5971 | 6152 | 3848 | 9819 | 5 |
| 56 | 1655 | 1803 | 8197 | 9852 | 3885 | 4049 | 5951 | 9836 | 6005 | 6187 | 3813 | 9819 | 4 |
| 57 | 1693 | 1842 | 8158 | 9851 | 3921 | 4086 | 5914 | 9835 | 6040 | 6221 | 3779 | 9818 | 3 |
| 58 | 1731 | 1880 | 8120 | 9851 | 3957 | 4122 | 5878 | 9835 | 6074 | 6256 | 3744 | 9818 | 2 |
| 59 | 1769 | 1918 | 8082 | 9851 | 3993 | 4159 | 5841 | 9835 | 6108 | 6291 | 3709 | 9818 | 1 |
| 60 | 1807 | 1957 | 8043 | 9851 | 4030 | 4195 | 5805 | 9834 | 6143 | 6325 | 3675 | 9817 | 0 |
| | 8.9 | 8.9 | 1.0 | 9.9 | 8.9 | 8.9 | 1.0 | 9.9 | 8.9 | 8.9 | 1.0 | 9.9 | |
| | cos | cotg | tang | sin | cos | cotg | tang | sin | cos | cotg | tang | sin | |
| | 5h 41m | | | | 5h 40m | | | | 5h 39m | | | | |

| | 41 | 40 | 39 | 38 | 37 | 36 |
|---|---|---|---|---|---|---|
| 1 | 4.1 | 4.0 | 3.9 | 3.8 | 3.7 | 3.6 |
| 2 | 8.2 | 8.0 | 7.8 | 7.6 | 7.4 | 7.2 |
| 3 | 12.3 | 12.0 | 11.7 | 11.4 | 11.1 | 10.8 |
| 4 | 16.4 | 16.0 | 15.6 | 15.2 | 14.8 | 14.4 |
| 5 | 20.5 | 20.0 | 19.5 | 19.0 | 18.5 | 18.0 |
| 6 | 24.6 | 24.0 | 23.4 | 22.8 | 22.2 | 21.6 |
| 7 | 28.7 | 28.0 | 27.3 | 26.6 | 25.9 | 25.2 |
| 8 | 32.8 | 32.0 | 31.2 | 30.4 | 29.6 | 28.8 |
| 9 | 36.9 | 36.0 | 35.1 | 34.2 | 33.3 | 32.4 |

| | $0^h\ 21^m$ | | | | $0^h\ 22^m$ | | | | $0^h\ 23^m$ | | | | |
|---|---|---|---|---|---|---|---|---|---|---|---|---|---|
| | sin | tang | cotg | cos | sin | tang | cotg | cos | sin | tang | cotg | cos | |
| | **8.9** | **8.9** | **1.0** | **9.9** | **8.9** | **8.9** | **1.0** | **9.9** | **9.0** | **9.0** | **0.9** | **9.9** | |
| **$0^s$** | 6143 | 6325 | 3675 | 9817 | 8157 | 8358 | 1642 | 9800 | 0082 | 0301 | 9699 | 9781 | **$60^s$** |
| 1 | 6177 | 6360 | 3640 | 9817 | 8190 | 8391 | 1609 | 9799 | 0113 | 0332 | 9668 | 9781 | 59 |
| 2 | 6212 | 6395 | 3605 | 9817 | 8223 | 8424 | 1576 | 9799 | 0144 | 0364 | 9636 | 9780 | 58 |
| 3 | 6246 | 6429 | 3571 | 9817 | 8256 | 8457 | 1543 | 9799 | 0176 | 0396 | 9604 | 9780 | 57 |
| 4 | 6280 | 6464 | 3536 | 9816 | 8288 | 8490 | 1510 | 9798 | 0207 | 0427 | 9573 | 9780 | 56 |
| 5 | 6314 | 6498 | 3502 | 9816 | 8321 | 8523 | 1477 | 9798 | 0238 | 0459 | 9541 | 9779 | 55 |
| 6 | 6349 | 6533 | 3467 | 9816 | 8354 | 8556 | 1444 | 9798 | 0269 | 0490 | 9510 | 9779 | 54 |
| 7 | 6383 | 6567 | 3433 | 9815 | 8386 | 8589 | 1411 | 9797 | 0301 | 0522 | 9478 | 9779 | 53 |
| 8 | 6417 | 6602 | 3398 | 9815 | 8419 | 8622 | 1378 | 9797 | 0332 | 0553 | 9447 | 9778 | 52 |
| 9 | 6451 | 6636 | 3364 | 9815 | 8451 | 8655 | 1345 | 9797 | 0363 | 0585 | 9415 | 9778 | 51 |
| **10** | 6485 | 6671 | 3329 | 9815 | 8484 | 8687 | 1313 | 9797 | 0394 | 0616 | 9384 | 9778 | **50** |
| 11 | 6519 | 6705 | 3295 | 9814 | 8517 | 8720 | 1280 | 9796 | 0425 | 0648 | 9352 | 9777 | 49 |
| 12 | 6553 | 6739 | 3261 | 9814 | 8549 | 8753 | 1247 | 9796 | 0456 | 0679 | 9321 | 9777 | 48 |
| 13 | 6587 | 6774 | 3226 | 9814 | 8582 | 8786 | 1214 | 9796 | 0487 | 0711 | 9289 | 9777 | 47 |
| 14 | 6621 | 6808 | 3192 | 9813 | 8614 | 8819 | 1181 | 9795 | 0518 | 0742 | 9258 | 9776 | 46 |
| 15 | 6655 | 6842 | 3158 | 9813 | 8646 | 8851 | 1149 | 9795 | 0550 | 0773 | 9227 | 9776 | 45 |
| 16 | 6689 | 6877 | 3123 | 9813 | 8679 | 8884 | 1116 | 9795 | 0581 | 0805 | 9195 | 9776 | 44 |
| 17 | 6723 | 6911 | 3089 | 9812 | 8711 | 8917 | 1083 | 9794 | 0612 | 0836 | 9164 | 9775 | 43 |
| 18 | 6757 | 6945 | 3055 | 9812 | 8744 | 8950 | 1050 | 9794 | 0642 | 0867 | 9133 | 9775 | 42 |
| 19 | 6791 | 6979 | 3021 | 9812 | 8776 | 8982 | 1018 | 9794 | 0673 | 0899 | 9101 | 9775 | 41 |
| **20** | 6825 | 7013 | 2987 | 9812 | 8808 | 9015 | 0985 | 9793 | 0704 | 0930 | 9070 | 9775 | **40** |
| 21 | 6859 | 7047 | 2953 | 9811 | 8841 | 9047 | 0953 | 9793 | 0735 | 0961 | 9039 | 9774 | 39 |
| 22 | 6892 | 7081 | 2919 | 9811 | 8873 | 9080 | 0920 | 9793 | 0766 | 0992 | 9008 | 9774 | 38 |
| 23 | 6926 | 7116 | 2884 | 9811 | 8905 | 9113 | 0887 | 9793 | 0797 | 1023 | 8977 | 9774 | 37 |
| 24 | 6960 | 7150 | 2850 | 9810 | 8937 | 9145 | 0855 | 9792 | 0828 | 1055 | 8945 | 9773 | 36 |
| 25 | 6994 | 7184 | 2816 | 9810 | 8970 | 9178 | 0822 | 9792 | 0859 | 1086 | 8914 | 9773 | 35 |
| 26 | 7027 | 7218 | 2782 | 9810 | 9002 | 9210 | 0790 | 9792 | 0889 | 1117 | 8883 | 9773 | 34 |
| 27 | 7061 | 7252 | 2748 | 9810 | 9034 | 9243 | 0757 | 9791 | 0920 | 1148 | 8852 | 9772 | 33 |
| 28 | 7095 | 7285 | 2715 | 9809 | 9066 | 9275 | 0725 | 9791 | 0951 | 1179 | 8821 | 9772 | 32 |
| 29 | 7128 | 7319 | 2681 | 9809 | 9098 | 9307 | 0693 | 9791 | 0982 | 1210 | 8790 | 9772 | 31 |
| **30** | 7162 | 7353 | 2647 | 9809 | 9130 | 9340 | 0660 | 9790 | 1012 | 1241 | 8759 | 9771 | **30** |
| 31 | 7195 | 7387 | 2613 | 9808 | 9162 | 9372 | 0628 | 9790 | 1043 | 1272 | 8728 | 9771 | 29 |
| 32 | 7229 | 7421 | 2579 | 9808 | 9194 | 9405 | 0595 | 9790 | 1074 | 1303 | 8697 | 9771 | 28 |
| 33 | 7262 | 7455 | 2545 | 9808 | 9226 | 9437 | 0563 | 9789 | 1104 | 1334 | 8666 | 9770 | 27 |
| 34 | 7296 | 7488 | 2512 | 9807 | 9258 | 9469 | 0531 | 9789 | 1135 | 1365 | 8635 | 9770 | 26 |
| 35 | 7329 | 7522 | 2478 | 9807 | 9290 | 9501 | 0499 | 9789 | 1166 | 1396 | 8604 | 9770 | 25 |
| 36 | 7363 | 7556 | 2444 | 9807 | 9322 | 9534 | 0466 | 9788 | 1196 | 1427 | 8573 | 9769 | 24 |
| 37 | 7396 | 7590 | 2410 | 9807 | 9354 | 9566 | 0434 | 9788 | 1227 | 1458 | 8542 | 9769 | 23 |
| 38 | 7430 | 7623 | 2377 | 9806 | 9386 | 9598 | 0402 | 9788 | 1257 | 1489 | 8511 | 9769 | 22 |
| 39 | 7463 | 7657 | 2343 | 9806 | 9418 | 9630 | 0370 | 9788 | 1288 | 1519 | 8481 | 9768 | 21 |
| **40** | 7496 | 7691 | 2309 | 9806 | 9450 | 9662 | 0338 | 9787 | 1318 | 1550 | 8450 | 9768 | **20** |
| 41 | 7530 | 7724 | 2276 | 9805 | 9481 | 9695 | 0305 | 9787 | 1349 | 1581 | 8419 | 9768 | 19 |
| 42 | 7563 | 7758 | 2242 | 9805 | 9513 | 9727 | 0273 | 9787 | 1379 | 1612 | 8388 | 9767 | 18 |
| 43 | 7596 | 7791 | 2209 | 9805 | 9545 | 9759 | 0241 | 9786 | 1410 | 1643 | 8357 | 9767 | 17 |
| 44 | 7629 | 7825 | 2175 | 9804 | 9577 | 9791 | 0209 | 9786 | 1440 | 1673 | 8327 | 9767 | 16 |
| 45 | 7662 | 7858 | 2142 | 9804 | 9609 | 9823 | 0177 | 9786 | 1470 | 1704 | 8296 | 9766 | 15 |
| 46 | 7696 | 7892 | 2108 | 9804 | 9640 | 9855 | 0145 | 9785 | 1501 | 1735 | 8265 | 9766 | 14 |
| 47 | 7729 | 7925 | 2075 | 9804 | 9672 | 9887 | 0113 | 9785 | 1531 | 1765 | 8235 | 9766 | 13 |
| 48 | 7762 | 7959 | 2041 | 9803 | 9704 | 9919 | 0081 | 9785 | 1561 | 1796 | 8204 | 9765 | 12 |
| 49 | 7795 | 7992 | 2008 | 9803 | 9735 | 9951 | 0049 | 9784 | 1592 | 1827 | 8173 | 9765 | 11 |
| **50** | 7828 | 8025 | 1975 | 9803 | 9767 | 9983 | 0017 | 9784 | 1622 | 1857 | 8143 | 9765 | **10** |
| 51 | 7861 | 8059 | 1941 | 9802 | 9798 | *0015 | *9985 | 9784 | 1652 | 1888 | 8112 | 9764 | 9 |
| 52 | 7894 | 8092 | 1908 | 9802 | 9830 | 0046 | 9954 | 9783 | 1682 | 1918 | 8082 | 9764 | 8 |
| 53 | 7927 | 8125 | 1875 | 9802 | 9861 | 0078 | 9922 | 9783 | 1713 | 1949 | 8051 | 9764 | 7 |
| 54 | 7960 | 8159 | 1841 | 9801 | 9893 | 0110 | 9890 | 9783 | 1743 | 1979 | 8021 | 9763 | 6 |
| 55 | 7993 | 8192 | 1808 | 9801 | 9924 | 0142 | 9858 | 9783 | 1773 | 2010 | 7990 | 9763 | 5 |
| 56 | 8026 | 8225 | 1775 | 9801 | 9956 | 0174 | 9826 | 9782 | 1803 | 2040 | 7960 | 9763 | 4 |
| 57 | 8059 | 8258 | 1742 | 9801 | 9987 | 0206 | 9794 | 9782 | 1833 | 2071 | 7929 | 9762 | 3 |
| 58 | 8092 | 8291 | 1709 | 9800 | *0019 | 0237 | 9763 | 9782 | 1863 | 2101 | 7899 | 9762 | 2 |
| 59 | 8124 | 8325 | 1675 | 9800 | 0050 | 0269 | 9731 | 9781 | 1893 | 2132 | 7868 | 9762 | 1 |
| **60** | 8157 | 8358 | 1642 | 9800 | 0082 | 0301 | 9699 | 9781 | 1923 | 2162 | 7838 | 9761 | **0** |
| | **8.9** | **8.9** | **1.0** | **9.9** | **9.0** | **9.0** | **0.9** | **9.9** | **9.0** | **9.0** | **0.9** | **9.9** | |
| | cos | cotg | tang | sin | cos | cotg | tang | sin | cos | cotg | tang | sin | |
| | $5^h\ 38^m$ | | | | $5^h\ 37^m$ | | | | $5^h\ 36^m$ | | | | |

| | **35** | **34** | **33** | **32** | **31** | **30** |
|---|---|---|---|---|---|---|
| 1 | 3.5 | 3.4 | 3.3 | 3.2 | 3.1 | 3.0 |
| 2 | 7.0 | 6.8 | 6.6 | 6.4 | 6.2 | 6.0 |
| 3 | 10.5 | 10.2 | 9.9 | 9.6 | 9.3 | 9.0 |
| 4 | 14.0 | 13.6 | 13.2 | 12.8 | 12.4 | 12.0 |
| 5 | 17.5 | 17.0 | 16.5 | 16.0 | 15.5 | 15.0 |
| 6 | 21.0 | 20.4 | 19.8 | 19.2 | 18.6 | 18.0 |
| 7 | 24.5 | 23.8 | 23.1 | 22.4 | 21.7 | 21.0 |
| 8 | 28.0 | 27.2 | 26.4 | 25.6 | 24.8 | 24.0 |
| 9 | 31.5 | 30.6 | 29.7 | 28.8 | 27.9 | 27.0 |

| | $0^h\ 24^m$ | | | | $0^h\ 25^m$ | | | | $0^h\ 26^m$ | | | | |
|---|---|---|---|---|---|---|---|---|---|---|---|---|---|
| | sin | tang | cotg | cos | sin | tang | cotg | cos | sin | tang | cotg | cos | |
| | 9.0 | 9.0 | 0.9 | 9.9 | 9.0 | 9.0 | 0.9 | 9.9 | 9.0 | 9.0 | 0.9 | 9.9 | |
| $0^s$ | 1923 | 2162 | 7838 | 9761 | 3690 | 3948 | 6052 | 9741 | 5386 | 5666 | 4334 | 9720 | $60^s$ |
| 1 | 1953 | 2192 | 7808 | 9761 | 3718 | 3978 | 6022 | 9741 | 5414 | 5694 | 4306 | 9720 | 59 |
| 2 | 1984 | 2223 | 7777 | 9761 | 3747 | 4007 | 5993 | 9740 | 5441 | 5722 | 4278 | 9719 | 58 |
| 3 | 2014 | 2253 | 7747 | 9760 | 3776 | 4036 | 5964 | 9740 | 5469 | 5750 | 4250 | 9719 | 57 |
| 4 | 2043 | 2283 | 7717 | 9760 | 3805 | 4065 | 5935 | 9740 | 5497 | 5778 | 4222 | 9718 | 56 |
| 5 | 2073 | 2314 | 7686 | 9760 | 3834 | 4094 | 5906 | 9739 | 5524 | 5806 | 4194 | 9718 | 55 |
| 6 | 2103 | 2344 | 7656 | 9759 | 3862 | 4123 | 5877 | 9739 | 5552 | 5834 | 4166 | 9718 | 54 |
| 7 | 2133 | 2374 | 7626 | 9759 | 3891 | 4152 | 5848 | 9739 | 5579 | 5862 | 4138 | 9717 | 53 |
| 8 | 2163 | 2404 | 7596 | 9759 | 3920 | 4181 | 5819 | 9738 | 5607 | 5890 | 4110 | 9717 | 52 |
| 9 | 2193 | 2435 | 7565 | 9758 | 3948 | 4210 | 5790 | 9738 | 5635 | 5918 | 4082 | 9717 | 51 |
| 10 | 2223 | 2465 | 7535 | 9758 | 3977 | 4239 | 5761 | 9738 | 5662 | 5946 | 4054 | 9716 | 50 |
| 11 | 2253 | 2495 | 7505 | 9758 | 4006 | 4268 | 5732 | 9737 | 5690 | 5974 | 4026 | 9716 | 49 |
| 12 | 2283 | 2525 | 7475 | 9757 | 4034 | 4297 | 5703 | 9737 | 5717 | 6002 | 3998 | 9716 | 48 |
| 13 | 2312 | 2555 | 7445 | 9757 | 4063 | 4326 | 5674 | 9737 | 5745 | 6029 | 3971 | 9715 | 47 |
| 14 | 2342 | 2585 | 7415 | 9757 | 4091 | 4355 | 5645 | 9736 | 5772 | 6057 | 3943 | 9715 | 46 |
| 15 | 2372 | 2615 | 7385 | 9756 | 4120 | 4384 | 5616 | 9736 | 5800 | 6085 | 3915 | 9715 | 45 |
| 16 | 2402 | 2645 | 7355 | 9756 | 4149 | 4413 | 5587 | 9736 | 5827 | 6113 | 3887 | 9714 | 44 |
| 17 | 2431 | 2676 | 7324 | 9756 | 4177 | 4442 | 5558 | 9735 | 5855 | 6141 | 3859 | 9714 | 43 |
| 18 | 2461 | 2706 | 7294 | 9755 | 4206 | 4471 | 5529 | 9735 | 5882 | 6169 | 3831 | 9713 | 42 |
| 19 | 2491 | 2736 | 7264 | 9755 | 4234 | 4500 | 5500 | 9734 | 5909 | 6196 | 3804 | 9713 | 41 |
| 20 | 2520 | 2766 | 7234 | 9755 | 4262 | 4528 | 5472 | 9734 | 5937 | 6224 | 3776 | 9713 | 40 |
| 21 | 2550 | 2795 | 7205 | 9754 | 4291 | 4557 | 5443 | 9734 | 5964 | 6252 | 3748 | 9712 | 39 |
| 22 | 2579 | 2825 | 7175 | 9754 | 4319 | 4586 | 5414 | 9733 | 5991 | 6279 | 3721 | 9712 | 38 |
| 23 | 2609 | 2855 | 7145 | 9754 | 4348 | 4615 | 5385 | 9733 | 6019 | 6307 | 3693 | 9712 | 37 |
| 24 | 2639 | 2885 | 7115 | 9753 | 4376 | 4643 | 5357 | 9733 | 6046 | 6335 | 3665 | 9711 | 36 |
| 25 | 2668 | 2915 | 7085 | 9753 | 4405 | 4672 | 5328 | 9732 | 6073 | 6362 | 3638 | 9711 | 35 |
| 26 | 2698 | 2945 | 7055 | 9753 | 4433 | 4701 | 5299 | 9732 | 6101 | 6390 | 3610 | 9710 | 34 |
| 27 | 2727 | 2975 | 7025 | 9752 | 4461 | 4730 | 5270 | 9732 | 6128 | 6418 | 3582 | 9710 | 33 |
| 28 | 2757 | 3005 | 6995 | 9752 | 4490 | 4758 | 5242 | 9731 | 6155 | 6445 | 3555 | 9710 | 32 |
| 29 | 2786 | 3034 | 6966 | 9752 | 4518 | 4787 | 5213 | 9731 | 6182 | 6473 | 3527 | 9709 | 31 |
| 30 | 2816 | 3064 | 6936 | 9751 | 4546 | 4815 | 5185 | 9731 | 6210 | 6500 | 3500 | 9709 | 30 |
| 31 | 2845 | 3094 | 6906 | 9751 | 4574 | 4844 | 5156 | 9730 | 6237 | 6528 | 3472 | 9709 | 29 |
| 32 | 2874 | 3124 | 6876 | 9751 | 4603 | 4873 | 5127 | 9730 | 6264 | 6556 | 3444 | 9708 | 28 |
| 33 | 2904 | 3153 | 6847 | 9750 | 4631 | 4901 | 5099 | 9730 | 6291 | 6583 | 3417 | 9708 | 27 |
| 34 | 2933 | 3183 | 6817 | 9750 | 4659 | 4930 | 5070 | 9729 | 6318 | 6611 | 3389 | 9708 | 26 |
| 35 | 2963 | 3213 | 6787 | 9750 | 4687 | 4958 | 5042 | 9729 | 6345 | 6638 | 3362 | 9707 | 25 |
| 36 | 2992 | 3242 | 6758 | 9749 | 4715 | 4987 | 5013 | 9728 | 6372 | 6666 | 3334 | 9707 | 24 |
| 37 | 3021 | 3272 | 6728 | 9749 | 4744 | 5015 | 4985 | 9728 | 6399 | 6693 | 3307 | 9706 | 23 |
| 38 | 3050 | 3302 | 6698 | 9749 | 4772 | 5044 | 4956 | 9728 | 6426 | 6720 | 3280 | 9706 | 22 |
| 39 | 3080 | 3331 | 6669 | 9748 | 4800 | 5072 | 4928 | 9727 | 6454 | 6748 | 3252 | 9706 | 21 |
| 40 | 3109 | 3361 | 6639 | 9748 | 4828 | 5101 | 4899 | 9727 | 6481 | 6775 | 3225 | 9705 | 20 |
| 41 | 3138 | 3390 | 6610 | 9748 | 4856 | 5129 | 4871 | 9727 | 6508 | 6803 | 3197 | 9705 | 19 |
| 42 | 3167 | 3420 | 6580 | 9747 | 4884 | 5158 | 4842 | 9726 | 6535 | 6830 | 3170 | 9705 | 18 |
| 43 | 3197 | 3450 | 6550 | 9747 | 4912 | 5186 | 4814 | 9726 | 6562 | 6857 | 3143 | 9704 | 17 |
| 44 | 3226 | 3479 | 6521 | 9747 | 4940 | 5214 | 4786 | 9726 | 6589 | 6885 | 3115 | 9704 | 16 |
| 45 | 3255 | 3509 | 6491 | 9746 | 4968 | 5243 | 4757 | 9725 | 6615 | 6912 | 3088 | 9703 | 15 |
| 46 | 3284 | 3538 | 6462 | 9746 | 4996 | 5271 | 4729 | 9725 | 6642 | 6939 | 3061 | 9703 | 14 |
| 47 | 3313 | 3567 | 6433 | 9746 | 5024 | 5299 | 4701 | 9725 | 6669 | 6967 | 3033 | 9703 | 13 |
| 48 | 3342 | 3597 | 6403 | 9745 | 5052 | 5328 | 4672 | 9724 | 6696 | 6994 | 3006 | 9702 | 12 |
| 49 | 3371 | 3626 | 6374 | 9745 | 5080 | 5356 | 4644 | 9724 | 6723 | 7021 | 2979 | 9702 | 11 |
| 50 | 3400 | 3656 | 6344 | 9745 | 5108 | 5384 | 4616 | 9724 | 6750 | 7048 | 2952 | 9702 | 10 |
| 51 | 3429 | 3685 | 6315 | 9744 | 5136 | 5413 | 4587 | 9723 | 6777 | 7076 | 2924 | 9701 | 9 |
| 52 | 3458 | 3714 | 6286 | 9744 | 5164 | 5441 | 4559 | 9723 | 6804 | 7103 | 2897 | 9701 | 8 |
| 53 | 3487 | 3744 | 6256 | 9744 | 5191 | 5469 | 4531 | 9722 | 6830 | 7130 | 2870 | 9701 | 7 |
| 54 | 3516 | 3773 | 6227 | 9743 | 5219 | 5497 | 4503 | 9722 | 6857 | 7157 | 2843 | 9700 | 6 |
| 55 | 3545 | 3802 | 6198 | 9743 | 5247 | 5525 | 4475 | 9722 | 6884 | 7184 | 2816 | 9700 | 5 |
| 56 | 3574 | 3832 | 6168 | 9742 | 5275 | 5553 | 4447 | 9721 | 6911 | 7211 | 2789 | 9699 | 4 |
| 57 | 3603 | 3861 | 6139 | 9742 | 5303 | 5582 | 4418 | 9721 | 6937 | 7238 | 2762 | 9699 | 3 |
| 58 | 3632 | 3890 | 6110 | 9742 | 5330 | 5610 | 4390 | 9721 | 6964 | 7266 | 2734 | 9699 | 2 |
| 59 | 3661 | 3919 | 6081 | 9741 | 5358 | 5638 | 4362 | 9720 | 6991 | 7293 | 2707 | 9698 | 1 |
| 60 | 3690 | 3948 | 6052 | 9741 | 5386 | 5666 | 4334 | 9720 | 7018 | 7320 | 2680 | 9698 | 0 |
| | 9.0 | 9.0 | 0.9 | 9.9 | 9.0 | 9.0 | 0.9 | 9.9 | 9.0 | 9.0 | 0.9 | 9.9 | |
| | cos | cotg | tang | sin | cos | cotg | tang | sin | cos | cotg | tang | sin | |
| | $5^h\ 35^m$ | | | | $5^h\ 34^m$ | | | | $5^h\ 33^m$ | | | | |

| | 31 | 30 | 29 | 28 | 27 | 26 |
|---|---|---|---|---|---|---|
| 1 | 3.1 | 3.0 | 2.9 | 2.8 | 2.7 | 2.6 |
| 2 | 6.2 | 6.0 | 5.8 | 5.6 | 5.4 | 5.2 |
| 3 | 9.3 | 9.0 | 8.7 | 8.4 | 8.1 | 7.8 |
| 4 | 12.4 | 12.0 | 11.6 | 11.2 | 10.8 | 10.4 |
| 5 | 15.5 | 15.0 | 14.5 | 14.0 | 13.5 | 13.0 |
| 6 | 18.6 | 18.0 | 17.4 | 16.8 | 16.2 | 15.6 |
| 7 | 21.7 | 21.0 | 20.3 | 19.6 | 18.9 | 18.2 |
| 8 | 24.8 | 24.0 | 23.2 | 22.4 | 21.6 | 20.8 |
| 9 | 27.9 | 27.0 | 26.1 | 25.2 | 24.3 | 23.4 |

| | $0^h\ 27^m$ | | | | $0^h\ 28^m$ | | | | $0^h\ 29^m$ | | | | |
|---|---|---|---|---|---|---|---|---|---|---|---|---|---|
| | sin | tang | cotg | cos | sin | tang | cotg | cos | sin | tang | cotg | cos | |
| | 9.0 | 9.0 | 0.9 | 9.9 | 9.0 | 9.0 | 0.9 | 9.9 | 9.1 | 9.1 | 0.8 | 9.9 | |
| 0s | 7018 | 7320 | 2680 | 9698 | 8589 | 8914 | 1086 | 9675 | 0106 | 0454 | 9546 | 9651 | 60s |
| 1 | 7044 | 7347 | 2653 | 9698 | 8615 | 8940 | 1060 | 9675 | 0130 | 0479 | 9521 | 9651 | 59 |
| 2 | 7071 | 7374 | 2626 | 9697 | 8641 | 8967 | 1033 | 9674 | 0155 | 0505 | 9495 | 9651 | 58 |
| 3 | 7098 | 7401 | 2599 | 9697 | 8667 | 8993 | 1007 | 9674 | 0180 | 0530 | 9470 | 9650 | 57 |
| 4 | 7124 | 7428 | 2572 | 9696 | 8692 | 9019 | 0981 | 9674 | 0205 | 0555 | 9445 | 9650 | 56 |
| 5 | 7151 | 7455 | 2545 | 9696 | 8718 | 9045 | 0955 | 9673 | 0230 | 0580 | 9420 | 9649 | 55 |
| 6 | 7177 | 7482 | 2518 | 9696 | 8744 | 9071 | 0929 | 9673 | 0254 | 0605 | 9395 | 9649 | 54 |
| 7 | 7204 | 7509 | 2491 | 9695 | 8769 | 9097 | 0903 | 9672 | 0279 | 0630 | 9370 | 9649 | 53 |
| 8 | 7231 | 7536 | 2464 | 9695 | 8795 | 9123 | 0877 | 9672 | 0304 | 0656 | 9344 | 9648 | 52 |
| 9 | 7257 | 7563 | 2437 | 9695 | 8820 | 9149 | 0851 | 9672 | 0328 | 0681 | 9319 | 9648 | 51 |
| **10** | 7284 | 7589 | 2411 | 9694 | 8846 | 9175 | 0825 | 9671 | 0353 | 0706 | 9294 | 9647 | **50** |
| 11 | 7310 | 7616 | 2384 | 9694 | 8871 | 9201 | 0799 | 9671 | 0378 | 0731 | 9269 | 9647 | 49 |
| 12 | 7337 | 7643 | 2357 | 9693 | 8897 | 9227 | 0773 | 9670 | 0402 | 0756 | 9244 | 9647 | 48 |
| 13 | 7363 | 7670 | 2330 | 9693 | 8923 | 9253 | 0747 | 9670 | 0427 | 0781 | 9219 | 9646 | 47 |
| 14 | 7390 | 7697 | 2303 | 9693 | 8948 | 9278 | 0722 | 9670 | 0452 | 0806 | 9194 | 9646 | 46 |
| 15 | 7416 | 7724 | 2276 | 9692 | 8974 | 9304 | 0696 | 9669 | 0476 | 0831 | 9169 | 9645 | 45 |
| 16 | 7442 | 7751 | 2249 | 9692 | 8999 | 9330 | 0670 | 9669 | 0501 | 0856 | 9144 | 9645 | 44 |
| 17 | 7469 | 7777 | 2223 | 9692 | 9025 | 9356 | 0644 | 9668 | 0526 | 0881 | 9119 | 9645 | 43 |
| 18 | 7495 | 7804 | 2196 | 9691 | 9050 | 9382 | 0618 | 9668 | 0550 | 0906 | 9094 | 9644 | 42 |
| 19 | 7522 | 7831 | 2169 | 9691 | 9075 | 9408 | 0592 | 9668 | 0575 | 0931 | 9069 | 9644 | 41 |
| **20** | 7548 | 7858 | 2142 | 9690 | 9101 | 9434 | 0566 | 9667 | 0599 | 0956 | 9044 | 9643 | **40** |
| 21 | 7574 | 7884 | 2116 | 9690 | 9126 | 9459 | 0541 | 9667 | 0624 | 0981 | 9019 | 9643 | 39 |
| 22 | 7601 | 7911 | 2089 | 9690 | 9152 | 9485 | 0515 | 9666 | 0648 | 1006 | 8994 | 9642 | 38 |
| 23 | 7627 | 7938 | 2062 | 9689 | 9177 | 9511 | 0489 | 9666 | 0673 | 1031 | 8969 | 9642 | 37 |
| 24 | 7653 | 7964 | 2036 | 9689 | 9202 | 9537 | 0463 | 9666 | 0697 | 1056 | 8944 | 9642 | 36 |
| 25 | 7680 | 7991 | 2009 | 9689 | 9228 | 9562 | 0438 | 9665 | 0722 | 1081 | 8919 | 9641 | 35 |
| 26 | 7706 | 8018 | 1982 | 9688 | 9253 | 9588 | 0412 | 9665 | 0746 | 1105 | 8895 | 9641 | 34 |
| 27 | 7732 | 8044 | 1956 | 9688 | 9278 | 9614 | 0386 | 9665 | 0771 | 1130 | 8870 | 9640 | 33 |
| 28 | 7758 | 8071 | 1929 | 9687 | 9304 | 9640 | 0360 | 9664 | 0795 | 1155 | 8845 | 9640 | 32 |
| 29 | 7785 | 8098 | 1902 | 9687 | 9329 | 9665 | 0335 | 9664 | 0820 | 1180 | 8820 | 9640 | 31 |
| **30** | 7811 | 8124 | 1876 | 9687 | 9354 | 9691 | 0309 | 9663 | 0844 | 1205 | 8795 | 9639 | **30** |
| 31 | 7837 | 8151 | 1849 | 9686 | 9379 | 9717 | 0283 | 9663 | 0868 | 1230 | 8770 | 9639 | 29 |
| 32 | 7863 | 8177 | 1823 | 9686 | 9405 | 9742 | 0258 | 9663 | 0893 | 1254 | 8746 | 9638 | 28 |
| 33 | 7889 | 8204 | 1796 | 9685 | 9430 | 9768 | 0232 | 9662 | 0917 | 1279 | 8721 | 9638 | 27 |
| 34 | 7915 | 8230 | 1770 | 9685 | 9455 | 9793 | 0207 | 9662 | 0941 | 1304 | 8696 | 9638 | 26 |
| 35 | 7942 | 8257 | 1743 | 9685 | 9480 | 9819 | 0181 | 9661 | 0966 | 1329 | 8671 | 9637 | 25 |
| 36 | 7968 | 8283 | 1717 | 9684 | 9506 | 9845 | 0155 | 9661 | 0990 | 1353 | 8647 | 9637 | 24 |
| 37 | 7994 | 8310 | 1690 | 9684 | 9531 | 9870 | 0130 | 9661 | 1014 | 1378 | 8622 | 9636 | 23 |
| 38 | 8020 | 8336 | 1664 | 9684 | 9556 | 9896 | 0104 | 9660 | 1039 | 1403 | 8597 | 9636 | 22 |
| 39 | 8046 | 8363 | 1637 | 9683 | 9581 | 9921 | 0079 | 9660 | 1063 | 1427 | 8573 | 9636 | 21 |
| **40** | 8072 | 8389 | 1611 | 9683 | 9606 | 9947 | 0053 | 9659 | 1087 | 1452 | 8548 | 9635 | **20** |
| 41 | 8098 | 8416 | 1584 | 9682 | 9631 | 9972 | 0028 | 9659 | 1112 | 1477 | 8523 | 9635 | 19 |
| 42 | 8124 | 8442 | 1558 | 9682 | 9656 | 9998 | 0002 | 9659 | 1136 | 1501 | 8499 | 9634 | 18 |
| 43 | 8150 | 8468 | 1532 | 9682 | 9681 | *0023 | *9977 | 9658 | 1160 | 1526 | 8474 | 9634 | 17 |
| 44 | 8176 | 8495 | 1505 | 9681 | 9707 | 0049 | 9951 | 9658 | 1184 | 1551 | 8449 | 9633 | 16 |
| 45 | 8202 | 8521 | 1479 | 9681 | 9732 | 0074 | 9926 | 9657 | 1208 | 1575 | 8425 | 9633 | 15 |
| 46 | 8228 | 8547 | 1453 | 9680 | 9757 | 0100 | 9900 | 9657 | 1233 | 1600 | 8400 | 9633 | 14 |
| 47 | 8254 | 8574 | 1426 | 9680 | 9782 | 0125 | 9875 | 9657 | 1257 | 1625 | 8375 | 9632 | 13 |
| 48 | 8280 | 8600 | 1400 | 9680 | 9807 | 0150 | 9850 | 9656 | 1281 | 1649 | 8351 | 9632 | 12 |
| 49 | 8306 | 8626 | 1374 | 9679 | 9832 | 0176 | 9824 | 9656 | 1305 | 1674 | 8326 | 9631 | 11 |
| **50** | 8331 | 8653 | 1347 | 9679 | 9857 | 0201 | 9799 | 9655 | 1329 | 1698 | 8302 | 9631 | **10** |
| 51 | 8357 | 8679 | 1321 | 9679 | 9882 | 0227 | 9773 | 9655 | 1353 | 1723 | 8277 | 9631 | 9 |
| 52 | 8383 | 8705 | 1295 | 9678 | 9907 | 0252 | 9748 | 9655 | 1377 | 1747 | 8253 | 9630 | 8 |
| 53 | 8409 | 8731 | 1269 | 9678 | 9931 | 0277 | 9723 | 9654 | 1402 | 1772 | 8228 | 9630 | 7 |
| 54 | 8435 | 8757 | 1243 | 9677 | 9956 | 0303 | 9697 | 9654 | 1426 | 1796 | 8204 | 9629 | 6 |
| 55 | 8461 | 8784 | 1216 | 9677 | 9981 | 0328 | 9672 | 9653 | 1450 | 1821 | 8179 | 9629 | 5 |
| 56 | 8486 | 8810 | 1190 | 9677 | *0006 | 0353 | 9647 | 9653 | 1474 | 1845 | 8155 | 9629 | 4 |
| 57 | 8512 | 8836 | 1164 | 9676 | 0031 | 0378 | 9622 | 9653 | 1498 | 1870 | 8130 | 9628 | 3 |
| 58 | 8538 | 8862 | 1138 | 9676 | 0056 | 0404 | 9596 | 9652 | 1522 | 1894 | 8106 | 9628 | 2 |
| 59 | 8564 | 8888 | 1112 | 9675 | 0081 | 0429 | 9571 | 9652 | 1546 | 1918 | 8082 | 9627 | 1 |
| **60** | 8589 | 8914 | 1086 | 9675 | 0106 | 0454 | 9546 | 9651 | 1570 | 1943 | 8057 | 9627 | **0** |
| | 9.0 | 9.0 | 0.9 | 9.9 | 9.1 | 9.1 | 0.8 | 9.9 | 9.1 | 9.1 | 0.8 | 9.9 | |
| | cos | cotg | tang | sin | cos | cotg | tang | sin | cos | cotg | tang | sin | |
| | $5^h\ 32^m$ | | | | $5^h\ 31^m$ | | | | $5^h\ 30^m$ | | | | |

| | 27 |
|---|---|
| 1 | 2.7 |
| 2 | 5.4 |
| 3 | 8.1 |
| 4 | 10.8 |
| 5 | 13.5 |
| 6 | 16.2 |
| 7 | 18.9 |
| 8 | 21.6 |
| 9 | 24.3 |

| | 26 |
|---|---|
| 1 | 2.6 |
| 2 | 5.2 |
| 3 | 7.8 |
| 4 | 10.4 |
| 5 | 13.0 |
| 6 | 15.6 |
| 7 | 18.2 |
| 8 | 20.8 |
| 9 | 23.4 |

| | 25 |
|---|---|
| 1 | 2.5 |
| 2 | 5.0 |
| 3 | 7.5 |
| 4 | 10.0 |
| 5 | 12.5 |
| 6 | 15.0 |
| 7 | 17.5 |
| 8 | 20.0 |
| 9 | 22.5 |

| | 24 |
|---|---|
| 1 | 2.4 |
| 2 | 4.8 |
| 3 | 7.2 |
| 4 | 9.6 |
| 5 | 12.0 |
| 6 | 14.4 |
| 7 | 16.8 |
| 8 | 19.2 |
| 9 | 21.6 |

| | $0^h\ 30^m$ | | | | $0^h\ 31^m$ | | | | $0^h\ 32^m$ | | | | |
|---|---|---|---|---|---|---|---|---|---|---|---|---|---|
| | sin | tang | cotg | cos | sin | tang | cotg | cos | sin | tang | cotg | cos | |
| | **9.1** | **9.1** | **0.8** | **9.9** | **9.1** | **9.1** | **0.8** | **9.9** | **9.1** | **9.1** | **0.8** | **9.9** | |
| $0^s$ | 1570 | 1943 | 8057 | 9627 | 2985 | 3384 | 6616 | 9601 | 4356 | 4780 | 5220 | 9575 | $60^s$ |
| 1 | 1594 | 1967 | 8033 | 9626 | 3009 | 3408 | 6592 | 9601 | 4378 | 4803 | 5197 | 9575 | 59 |
| 2 | 1618 | 1992 | 8008 | 9626 | 3032 | 3431 | 6569 | 9601 | 4400 | 4826 | 5174 | 9574 | 58 |
| 3 | 1642 | 2016 | 7984 | 9626 | 3055 | 3455 | 6545 | 9600 | 4423 | 4849 | 5151 | 9574 | 57 |
| 4 | 1666 | 2040 | 7960 | 9625 | 3078 | 3478 | 6522 | 9600 | 4445 | 4872 | 5128 | 9574 | 56 |
| 5 | 1690 | 2065 | 7935 | 9625 | 3101 | 3502 | 6498 | 9599 | 4468 | 4895 | 5105 | 9573 | 55 |
| 6 | 1713 | 2089 | 7911 | 9624 | 3124 | 3526 | 6474 | 9599 | 4490 | 4918 | 5082 | 9573 | 54 |
| 7 | 1737 | 2113 | 7887 | 9624 | 3148 | 3549 | 6451 | 9598 | 4513 | 4940 | 5060 | 9572 | 53 |
| 8 | 1761 | 2138 | 7862 | 9624 | 3171 | 3573 | 6427 | 9598 | 4535 | 4963 | 5037 | 9572 | 52 |
| 9 | 1785 | 2162 | 7838 | 9623 | 3194 | 3596 | 6404 | 9598 | 4557 | 4986 | 5014 | 9571 | 51 |
| **10** | 1809 | 2186 | 7814 | 9623 | 3217 | 3620 | 6380 | 9597 | 4580 | 5009 | 4991 | 9571 | **50** |
| 11 | 1833 | 2211 | 7789 | 9622 | 3240 | 3643 | 6357 | 9597 | 4602 | 5032 | 4968 | 9570 | 49 |
| 12 | 1857 | 2235 | 7765 | 9622 | 3263 | 3667 | 6333 | 9596 | 4624 | 5054 | 4946 | 9570 | 48 |
| 13 | 1880 | 2259 | 7741 | 9621 | 3286 | 3690 | 6310 | 9596 | 4647 | 5077 | 4923 | 9569 | 47 |
| 14 | 1904 | 2283 | 7717 | 9621 | 3309 | 3714 | 6286 | 9595 | 4669 | 5100 | 4900 | 9569 | 46 |
| 15 | 1928 | 2308 | 7692 | 9621 | 3332 | 3737 | 6263 | 9595 | 4691 | 5123 | 4877 | 9569 | 45 |
| 16 | 1952 | 2332 | 7668 | 9620 | 3355 | 3761 | 6239 | 9595 | 4714 | 5145 | 4855 | 9568 | 44 |
| 17 | 1976 | 2356 | 7644 | 9620 | 3378 | 3784 | 6216 | 9594 | 4736 | 5168 | 4832 | 9568 | 43 |
| 18 | 1999 | 2380 | 7620 | 9619 | 3401 | 3807 | 6193 | 9594 | 4758 | 5191 | 4809 | 9567 | 42 |
| 19 | 2023 | 2404 | 7596 | 9619 | 3424 | 3831 | 6169 | 9593 | 4780 | 5214 | 4786 | 9567 | 41 |
| **20** | 2047 | 2428 | 7572 | 9618 | 3447 | 3854 | 6146 | 9593 | 4803 | 5236 | 4764 | 9566 | **40** |
| 21 | 2071 | 2453 | 7547 | 9618 | 3470 | 3878 | 6122 | 9592 | 4825 | 5259 | 4741 | 9566 | 39 |
| 22 | 2094 | 2477 | 7523 | 9618 | 3493 | 3901 | 6099 | 9592 | 4847 | 5282 | 4718 | 9565 | 38 |
| 23 | 2118 | 2501 | 7499 | 9617 | 3516 | 3924 | 6076 | 9592 | 4869 | 5304 | 4696 | 9565 | 37 |
| 24 | 2142 | 2525 | 7475 | 9617 | 3539 | 3948 | 6052 | 9591 | 4891 | 5327 | 4673 | 9565 | 36 |
| 25 | 2165 | 2549 | 7451 | 9616 | 3562 | 3971 | 6029 | 9591 | 4914 | 5350 | 4650 | 9564 | 35 |
| 26 | 2189 | 2573 | 7427 | 9616 | 3585 | 3994 | 6006 | 9590 | 4936 | 5372 | 4628 | 9564 | 34 |
| 27 | 2213 | 2597 | 7403 | 9616 | 3607 | 4018 | 5982 | 9590 | 4958 | 5395 | 4605 | 9563 | 33 |
| 28 | 2236 | 2621 | 7379 | 9615 | 3630 | 4041 | 5959 | 9589 | 4980 | 5417 | 4583 | 9563 | 32 |
| 29 | 2260 | 2645 | 7355 | 9615 | 3653 | 4064 | 5936 | 9589 | 5002 | 5440 | 4560 | 9562 | 31 |
| **30** | 2283 | 2669 | 7331 | 9614 | 3676 | 4087 | 5913 | 9588 | 5024 | 5463 | 4537 | 9562 | **30** |
| 31 | 2307 | 2693 | 7307 | 9614 | 3699 | 4111 | 5889 | 9588 | 5047 | 5485 | 4515 | 9561 | 29 |
| 32 | 2331 | 2717 | 7283 | 9613 | 3722 | 4134 | 5866 | 9588 | 5069 | 5508 | 4492 | 9561 | 28 |
| 33 | 2354 | 2741 | 7259 | 9613 | 3744 | 4157 | 5843 | 9587 | 5091 | 5530 | 4470 | 9561 | 27 |
| 34 | 2378 | 2765 | 7235 | 9613 | 3767 | 4180 | 5820 | 9587 | 5113 | 5553 | 4447 | 9560 | 26 |
| 35 | 2401 | 2789 | 7211 | 9612 | 3790 | 4204 | 5796 | 9586 | 5135 | 5575 | 4425 | 9560 | 25 |
| 36 | 2425 | 2813 | 7187 | 9612 | 3813 | 4227 | 5773 | 9586 | 5157 | 5598 | 4402 | 9559 | 24 |
| 37 | 2448 | 2837 | 7163 | 9611 | 3836 | 4250 | 5750 | 9585 | 5179 | 5620 | 4380 | 9559 | 23 |
| 38 | 2472 | 2861 | 7139 | 9611 | 3858 | 4273 | 5727 | 9585 | 5201 | 5643 | 4357 | 9558 | 22 |
| 39 | 2495 | 2885 | 7115 | 9610 | 3881 | 4296 | 5704 | 9585 | 5223 | 5665 | 4335 | 9558 | 21 |
| **40** | 2519 | 2909 | 7091 | 9610 | 3904 | 4320 | 5680 | 9584 | 5245 | 5688 | 4312 | 9557 | **20** |
| 41 | 2542 | 2933 | 7067 | 9610 | 3926 | 4343 | 5657 | 9584 | 5267 | 5710 | 4290 | 9557 | 19 |
| 42 | 2566 | 2956 | 7044 | 9609 | 3949 | 4366 | 5634 | 9583 | 5289 | 5733 | 4267 | 9556 | 18 |
| 43 | 2589 | 2980 | 7020 | 9609 | 3972 | 4389 | 5611 | 9583 | 5311 | 5755 | 4245 | 9556 | 17 |
| 44 | 2612 | 3004 | 6996 | 9608 | 3994 | 4412 | 5588 | 9582 | 5333 | 5777 | 4223 | 9556 | 16 |
| 45 | 2636 | 3028 | 6972 | 9608 | 4017 | 4435 | 5565 | 9582 | 5355 | 5800 | 4200 | 9555 | 15 |
| 46 | 2659 | 3052 | 6948 | 9607 | 4040 | 4458 | 5542 | 9581 | 5377 | 5822 | 4178 | 9555 | 14 |
| 47 | 2683 | 3076 | 6924 | 9607 | 4062 | 4481 | 5519 | 9581 | 5399 | 5845 | 4155 | 9554 | 13 |
| 48 | 2706 | 3099 | 6901 | 9607 | 4085 | 4504 | 5496 | 9581 | 5421 | 5867 | 4133 | 9554 | 12 |
| 49 | 2729 | 3123 | 6877 | 9606 | 4108 | 4527 | 5473 | 9580 | 5443 | 5889 | 4111 | 9553 | 11 |
| **50** | 2753 | 3147 | 6853 | 9606 | 4130 | 4551 | 5449 | 9580 | 5465 | 5912 | 4088 | 9553 | **10** |
| 51 | 2776 | 3171 | 6829 | 9605 | 4153 | 4574 | 5426 | 9579 | 5486 | 5934 | 4066 | 9552 | 9 |
| 52 | 2799 | 3194 | 6806 | 9605 | 4175 | 4597 | 5403 | 9579 | 5508 | 5956 | 4044 | 9552 | 8 |
| 53 | 2823 | 3218 | 6782 | 9604 | 4198 | 4620 | 5380 | 9578 | 5530 | 5979 | 4021 | 9551 | 7 |
| 54 | 2846 | 3242 | 6758 | 9604 | 4220 | 4643 | 5357 | 9578 | 5552 | 6001 | 3999 | 9551 | 6 |
| 55 | 2869 | 3266 | 6734 | 9604 | 4243 | 4666 | 5334 | 9577 | 5574 | 6023 | 3977 | 9551 | 5 |
| 56 | 2892 | 3289 | 6711 | 9603 | 4266 | 4688 | 5312 | 9577 | 5596 | 6046 | 3954 | 9550 | 4 |
| 57 | 2916 | 3313 | 6687 | 9603 | 4288 | 4711 | 5289 | 9577 | 5618 | 6068 | 3932 | 9550 | 3 |
| 58 | 2939 | 3337 | 6663 | 9602 | 4311 | 4734 | 5266 | 9576 | 5639 | 6090 | 3910 | 9549 | 2 |
| 59 | 2962 | 3360 | 6640 | 9602 | 4333 | 4757 | 5243 | 9576 | 5661 | 6112 | 3888 | 9549 | 1 |
| **60** | 2985 | 3384 | 6616 | 9601 | 4356 | 4780 | 5220 | 9575 | 5683 | 6135 | 3865 | 9548 | **0** |
| | **9.1** | **9.1** | **0.8** | **9.9** | **9.1** | **9.1** | **0.8** | **9.9** | **9.1** | **9.1** | **0.8** | **9.9** | |
| | cos | cotg | tang | sin | cos | cotg | tang | sin | cos | cotg | tang | sin | |
| | $5^h\ 29^m$ | | | | $5^h\ 28^m$ | | | | $5^h\ 27^m$ | | | | |

| | **25** |
|---|---|
| 1 | 2.5 |
| 2 | 5.0 |
| 3 | 7.5 |
| 4 | 10.0 |
| 5 | 12.5 |
| 6 | 15.0 |
| 7 | 17.5 |
| 8 | 20.0 |
| 9 | 22.5 |

| | **24** |
|---|---|
| 1 | 2.4 |
| 2 | 4.8 |
| 3 | 7.2 |
| 4 | 9.6 |
| 5 | 12.0 |
| 6 | 14.4 |
| 7 | 16.8 |
| 8 | 19.2 |
| 9 | 21.6 |

| | **23** |
|---|---|
| 1 | 2.3 |
| 2 | 4.6 |
| 3 | 6.9 |
| 4 | 9.2 |
| 5 | 11.5 |
| 6 | 13.8 |
| 7 | 16.1 |
| 8 | 18.4 |
| 9 | 20.7 |

| | **22** |
|---|---|
| 1 | 2.2 |
| 2 | 4.4 |
| 3 | 6.6 |
| 4 | 8.8 |
| 5 | 11.0 |
| 6 | 13.2 |
| 7 | 15.4 |
| 8 | 17.6 |
| 9 | 19.8 |

| | **21** |
|---|---|
| 1 | 2.1 |
| 2 | 4.2 |
| 3 | 6.3 |
| 4 | 8.4 |
| 5 | 10.5 |
| 6 | 12.6 |
| 7 | 14.7 |
| 8 | 16.8 |
| 9 | 18.9 |

|  | 0h 33m |  |  |  | 0h 34m |  |  |  | 0h 35m |  |  |  |  |
|---|---|---|---|---|---|---|---|---|---|---|---|---|---|
|  | sin | tang | cotg | cos | sin | tang | cotg | cos | sin | tang | cotg | cos |  |
|  | **9.1** | **9.1** | **0.8** | **9.9** | **9.1** | **9.1** | **0.8** | **9.9** | **9.1** | **9.1** | **0.8** | **9.9** |  |
| **0s** | 5683 | 6135 | 3865 | 9548 | 6970 | 7450 | 2550 | 9520 | 8220 | 8728 | 1272 | 9492 | 60s |
| 1 | 5705 | 6157 | 3843 | 9548 | 6991 | 7471 | 2529 | 9520 | 8240 | 8749 | 1251 | 9491 | 59 |
| 2 | 5726 | 6179 | 3821 | 9547 | 7012 | 7493 | 2507 | 9519 | 8261 | 8770 | 1230 | 9491 | 58 |
| 3 | 5748 | 6201 | 3799 | 9547 | 7034 | 7515 | 2485 | 9519 | 8281 | 8791 | 1209 | 9490 | 57 |
| 4 | 5770 | 6224 | 3776 | 9546 | 7055 | 7536 | 2464 | 9518 | 8302 | 8812 | 1188 | 9490 | 56 |
| 5 | 5792 | 6246 | 3754 | 9546 | 7076 | 7558 | 2442 | 9518 | 8322 | 8833 | 1167 | 9489 | 55 |
| 6 | 5813 | 6268 | 3732 | 9545 | 7097 | 7579 | 2421 | 9517 | 8343 | 8854 | 1146 | 9489 | 54 |
| 7 | 5835 | 6290 | 3710 | 9545 | 7118 | 7601 | 2399 | 9517 | 8363 | 8875 | 1125 | 9488 | 53 |
| 8 | 5857 | 6312 | 3688 | 9545 | 7139 | 7622 | 2378 | 9517 | 8383 | 8896 | 1104 | 9488 | 52 |
| 9 | 5879 | 6334 | 3666 | 9544 | 7160 | 7644 | 2356 | 9516 | 8404 | 8917 | 1083 | 9487 | 51 |
| **10** | 5900 | 6357 | 3643 | 9544 | 7181 | 7665 | 2335 | 9516 | 8424 | 8938 | 1062 | 9487 | **50** |
| 11 | 5922 | 6379 | 3621 | 9543 | 7202 | 7687 | 2313 | 9515 | 8445 | 8958 | 1042 | 9486 | 49 |
| 12 | 5944 | 6401 | 3599 | 9543 | 7223 | 7708 | 2292 | 9515 | 8465 | 8979 | 1021 | 9486 | 48 |
| 13 | 5965 | 6423 | 3577 | 9542 | 7244 | 7730 | 2270 | 9514 | 8486 | 9000 | 1000 | 9485 | 47 |
| 14 | 5987 | 6445 | 3555 | 9542 | 7265 | 7751 | 2249 | 9514 | 8506 | 9021 | 0979 | 9485 | 46 |
| 15 | 6008 | 6467 | 3533 | 9541 | 7286 | 7773 | 2227 | 9513 | 8526 | 9042 | 0958 | 9484 | 45 |
| 16 | 6030 | 6489 | 3511 | 9541 | 7307 | 7794 | 2206 | 9513 | 8547 | 9063 | 0937 | 9484 | 44 |
| 17 | 6052 | 6511 | 3489 | 9540 | 7328 | 7816 | 2184 | 9512 | 8567 | 9084 | 0916 | 9483 | 43 |
| 18 | 6073 | 6533 | 3467 | 9540 | 7349 | 7837 | 2163 | 9512 | 8587 | 9105 | 0895 | 9483 | 42 |
| 19 | 6095 | 6555 | 3445 | 9539 | 7370 | 7859 | 2141 | 9511 | 8608 | 9125 | 0875 | 9482 | 41 |
| **20** | 6116 | 6577 | 3423 | 9539 | 7391 | 7880 | 2120 | 9511 | 8628 | 9146 | 0854 | 9482 | **40** |
| 21 | 6138 | 6599 | 3401 | 9539 | 7412 | 7901 | 2099 | 9510 | 8648 | 9167 | 0833 | 9481 | 39 |
| 22 | 6159 | 6621 | 3379 | 9538 | 7433 | 7923 | 2077 | 9510 | 8669 | 9188 | 0812 | 9481 | 38 |
| 23 | 6181 | 6643 | 3357 | 9538 | 7453 | 7944 | 2056 | 9509 | 8689 | 9209 | 0791 | 9480 | 37 |
| 24 | 6203 | 6665 | 3335 | 9537 | 7474 | 7965 | 2035 | 9509 | 8709 | 9229 | 0771 | 9480 | 36 |
| 25 | 6224 | 6687 | 3313 | 9537 | 7495 | 7987 | 2013 | 9508 | 8730 | 9250 | 0750 | 9479 | 35 |
| 26 | 6246 | 6709 | 3291 | 9536 | 7516 | 8008 | 1992 | 9508 | 8750 | 9271 | 0729 | 9479 | 34 |
| 27 | 6267 | 6731 | 3269 | 9536 | 7537 | 8029 | 1971 | 9507 | 8770 | 9292 | 0708 | 9478 | 33 |
| 28 | 6289 | 6753 | 3247 | 9535 | 7558 | 8051 | 1949 | 9507 | 8790 | 9312 | 0688 | 9478 | 32 |
| 29 | 6310 | 6775 | 3225 | 9535 | 7579 | 8072 | 1928 | 9507 | 8811 | 9333 | 0667 | 9477 | 31 |
| **30** | 6331 | 6797 | 3203 | 9534 | 7599 | 8093 | 1907 | 9506 | 8831 | 9354 | 0646 | 9477 | **30** |
| 31 | 6353 | 6819 | 3181 | 9534 | 7620 | 8115 | 1885 | 9506 | 8851 | 9375 | 0625 | 9476 | 29 |
| 32 | 6374 | 6841 | 3159 | 9533 | 7641 | 8136 | 1864 | 9505 | 8871 | 9395 | 0605 | 9476 | 28 |
| 33 | 6396 | 6863 | 3137 | 9533 | 7662 | 8157 | 1843 | 9505 | 8891 | 9416 | 0584 | 9475 | 27 |
| 34 | 6417 | 6885 | 3115 | 9533 | 7683 | 8179 | 1821 | 9504 | 8912 | 9437 | 0563 | 9475 | 26 |
| 35 | 6439 | 6907 | 3093 | 9532 | 7703 | 8200 | 1800 | 9504 | 8932 | 9457 | 0543 | 9474 | 25 |
| 36 | 6460 | 6928 | 3072 | 9532 | 7724 | 8221 | 1779 | 9503 | 8952 | 9478 | 0522 | 9474 | 24 |
| 37 | 6481 | 6950 | 3050 | 9531 | 7745 | 8242 | 1758 | 9503 | 8972 | 9499 | 0501 | 9473 | 23 |
| 38 | 6503 | 6972 | 3028 | 9531 | 7766 | 8264 | 1736 | 9502 | 8992 | 9519 | 0481 | 9473 | 22 |
| 39 | 6524 | 6994 | 3006 | 9530 | 7786 | 8285 | 1715 | 9502 | 9012 | 9540 | 0460 | 9472 | 21 |
| **40** | 6545 | 7016 | 2984 | 9530 | 7807 | 8306 | 1694 | 9501 | 9033 | 9561 | 0439 | 9472 | **20** |
| 41 | 6567 | 7038 | 2962 | 9529 | 7828 | 8327 | 1673 | 9501 | 9053 | 9581 | 0419 | 9471 | 19 |
| 42 | 6588 | 7059 | 2941 | 9529 | 7849 | 8348 | 1652 | 9500 | 9073 | 9602 | 0398 | 9471 | 18 |
| 43 | 6609 | 7081 | 2919 | 9528 | 7869 | 8370 | 1630 | 9500 | 9093 | 9622 | 0378 | 9470 | 17 |
| 44 | 6631 | 7103 | 2897 | 9528 | 7890 | 8391 | 1609 | 9499 | 9113 | 9643 | 0357 | 9470 | 16 |
| 45 | 6652 | 7125 | 2875 | 9527 | 7911 | 8412 | 1588 | 9499 | 9133 | 9664 | 0336 | 9469 | 15 |
| 46 | 6673 | 7146 | 2854 | 9527 | 7931 | 8433 | 1567 | 9498 | 9153 | 9684 | 0316 | 9469 | 14 |
| 47 | 6695 | 7168 | 2832 | 9526 | 7952 | 8454 | 1546 | 9498 | 9173 | 9705 | 0295 | 9468 | 13 |
| 48 | 6716 | 7190 | 2810 | 9526 | 7973 | 8475 | 1525 | 9497 | 9193 | 9725 | 0275 | 9468 | 12 |
| 49 | 6737 | 7212 | 2788 | 9526 | 7993 | 8496 | 1504 | 9497 | 9213 | 9746 | 0254 | 9467 | 11 |
| **50** | 6758 | 7233 | 2767 | 9525 | 8014 | 8517 | 1483 | 9496 | 9233 | 9766 | 0234 | 9467 | **10** |
| 51 | 6780 | 7255 | 2745 | 9525 | 8035 | 8539 | 1461 | 9496 | 9253 | 9787 | 0213 | 9466 | 9 |
| 52 | 6801 | 7277 | 2723 | 9524 | 8055 | 8560 | 1440 | 9495 | 9273 | 9807 | 0193 | 9466 | 8 |
| 53 | 6822 | 7298 | 2702 | 9524 | 8076 | 8581 | 1419 | 9495 | 9293 | 9828 | 0172 | 9465 | 7 |
| 54 | 6843 | 7320 | 2680 | 9523 | 8096 | 8602 | 1398 | 9494 | 9313 | 9848 | 0152 | 9465 | 6 |
| 55 | 6864 | 7342 | 2658 | 9523 | 8117 | 8623 | 1377 | 9494 | 9333 | 9869 | 0131 | 9464 | 5 |
| 56 | 6886 | 7363 | 2637 | 9522 | 8137 | 8644 | 1356 | 9494 | 9353 | 9889 | 0111 | 9464 | 4 |
| 57 | 6907 | 7385 | 2615 | 9522 | 8158 | 8665 | 1335 | 9493 | 9373 | 9910 | 0090 | 9463 | 3 |
| 58 | 6928 | 7407 | 2593 | 9521 | 8179 | 8686 | 1314 | 9493 | 9393 | 9930 | 0070 | 9463 | 2 |
| 59 | 6949 | 7428 | 2572 | 9521 | 8199 | 8707 | 1293 | 9492 | 9413 | 9951 | 0049 | 9462 | 1 |
| **60** | 6970 | 7450 | 2550 | 9520 | 8220 | 8728 | 1272 | 9492 | 9433 | 9971 | 0029 | 9462 | **0** |
|  | **9.1** | **9.1** | **0.8** | **9.9** | **9.1** | **9.1** | **0.8** | **9.9** | **9.1** | **9.1** | **0.8** | **9.9** |  |
|  | cos | cotg | tang | sin | cos | cotg | tang | sin | cos | cotg | tang | sin |  |
|  | 5h 26m |  |  |  | 5h 25m |  |  |  | 5h 24m |  |  |  |  |

| **23** |  |
|---|---|
| 1 | 2.3 |
| 2 | 4.6 |
| 3 | 6.9 |
| 4 | 9.2 |
| 5 | 11.5 |
| 6 | 13.8 |
| 7 | 16.1 |
| 8 | 18.4 |
| 9 | 20.7 |

| **22** |  |
|---|---|
| 1 | 2.2 |
| 2 | 4.4 |
| 3 | 6.6 |
| 4 | 8.8 |
| 5 | 11.0 |
| 6 | 13.2 |
| 7 | 15.4 |
| 8 | 17.6 |
| 9 | 19.8 |

| **21** |  |
|---|---|
| 1 | 2.1 |
| 2 | 4.2 |
| 3 | 6.3 |
| 4 | 8.4 |
| 5 | 10.5 |
| 6 | 12.6 |
| 7 | 14.7 |
| 8 | 16.8 |
| 9 | 18.9 |

| **20** |  |
|---|---|
| 1 | 2.0 |
| 2 | 4.0 |
| 3 | 6.0 |
| 4 | 8.0 |
| 5 | 10.0 |
| 6 | 12.0 |
| 7 | 14.0 |
| 8 | 16.0 |
| 9 | 18.0 |

| | 0h 36m | | | | 0h 37m | | | | 0h 38m | | | | |
|---|---|---|---|---|---|---|---|---|---|---|---|---|---|
| | sin | tang | cotg | cos | sin | tang | cotg | cos | sin | tang | cotg | cos | |
| | 9.1 | 9.1 | 0.8 | 9.9 | 9.2 | 9.2 | 0.7 | 9.9 | 9.2 | 9.2 | 0.7 | 9.9 | |
| 0s | 9433 | 9971 | 0029 | 9462 | 0613 | 1182 | 8818 | 9432 | 1761 | 2361 | 7639 | 9400 | 60s |
| 1 | 9453 | 9992 | 0008 | 9461 | 0632 | 1201 | 8799 | 9431 | 1780 | 2380 | 7620 | 9400 | 59 |
| 2 | 9473 | *0012 | *9988 | 9461 | 0652 | 1221 | 8779 | 9431 | 1799 | 2399 | 7601 | 9399 | 58 |
| 3 | 9493 | 0033 | 9967 | 9460 | 0671 | 1241 | 8759 | 9430 | 1818 | 2419 | 7581 | 9399 | 57 |
| 4 | 9513 | 0053 | 9947 | 9460 | 0691 | 1261 | 8739 | 9429 | 1836 | 2438 | 7562 | 9398 | 56 |
| 5 | 9533 | 0073 | 9927 | 9459 | 0710 | 1281 | 8719 | 9429 | 1855 | 2458 | 7542 | 9398 | 55 |
| 6 | 9553 | 0094 | 9906 | 9459 | 0729 | 1301 | 8699 | 9428 | 1874 | 2477 | 7523 | 9397 | 54 |
| 7 | 9573 | 0114 | 9886 | 9458 | 0749 | 1321 | 8679 | 9428 | 1893 | 2496 | 7504 | 9397 | 53 |
| 8 | 9592 | 0134 | 9866 | 9458 | 0768 | 1341 | 8659 | 9427 | 1912 | 2516 | 7484 | 9396 | 52 |
| 9 | 9612 | 0155 | 9845 | 9457 | 0787 | 1360 | 8640 | 9427 | 1930 | 2535 | 7465 | 9396 | 51 |
| **10** | 9632 | 0175 | 9825 | 9457 | 0807 | 1380 | 8620 | 9426 | 1949 | 2554 | 7446 | 9395 | **50** |
| 11 | 9652 | 0196 | 9804 | 9456 | 0826 | 1400 | 8600 | 9426 | 1968 | 2574 | 7426 | 9394 | 49 |
| 12 | 9672 | 0216 | 9784 | 9456 | 0845 | 1420 | 8580 | 9425 | 1987 | 2593 | 7407 | 9394 | 48 |
| 13 | 9692 | 0236 | 9764 | 9455 | 0864 | 1440 | 8560 | 9425 | 2006 | 2612 | 7388 | 9393 | 47 |
| 14 | 9711 | 0257 | 9743 | 9455 | 0884 | 1459 | 8541 | 9424 | 2024 | 2631 | 7369 | 9393 | 46 |
| 15 | 9731 | 0277 | 9723 | 9454 | 0903 | 1479 | 8521 | 9424 | 2043 | 2651 | 7349 | 9392 | 45 |
| 16 | 9751 | 0297 | 9703 | 9454 | 0922 | 1499 | 8501 | 9423 | 2062 | 2670 | 7330 | 9392 | 44 |
| 17 | 9771 | 0317 | 9683 | 9453 | 0941 | 1519 | 8481 | 9423 | 2081 | 2689 | 7311 | 9391 | 43 |
| 18 | 9791 | 0338 | 9662 | 9453 | 0961 | 1538 | 8462 | 9422 | 2099 | 2709 | 7291 | 9391 | 42 |
| 19 | 9810 | 0358 | 9642 | 9452 | 0980 | 1558 | 8442 | 9422 | 2118 | 2728 | 7272 | 9390 | 41 |
| **20** | 9830 | 0378 | 9622 | 9452 | 0999 | 1578 | 8422 | 9421 | 2137 | 2747 | 7253 | 9390 | **40** |
| 21 | 9850 | 0399 | 9601 | 9451 | 1018 | 1598 | 8402 | 9421 | 2155 | 2766 | 7234 | 9389 | 39 |
| 22 | 9870 | 0419 | 9581 | 9451 | 1038 | 1617 | 8383 | 9420 | 2174 | 2786 | 7214 | 9389 | 38 |
| 23 | 9889 | 0439 | 9561 | 9450 | 1057 | 1637 | 8363 | 9420 | 2193 | 2805 | 7195 | 9388 | 37 |
| 24 | 9909 | 0459 | 9541 | 9450 | 1076 | 1657 | 8343 | 9419 | 2211 | 2824 | 7176 | 9388 | 36 |
| 25 | 9929 | 0479 | 9521 | 9449 | 1095 | 1677 | 8323 | 9419 | 2230 | 2843 | 7157 | 9387 | 35 |
| 26 | 9949 | 0500 | 9500 | 9449 | 1114 | 1696 | 8304 | 9418 | 2249 | 2862 | 7138 | 9386 | 34 |
| 27 | 9968 | 0520 | 9480 | 9448 | 1133 | 1716 | 8284 | 9418 | 2267 | 2882 | 7118 | 9386 | 33 |
| 28 | 9988 | 0540 | 9460 | 9448 | 1153 | 1736 | 8264 | 9417 | 2286 | 2901 | 7099 | 9385 | 32 |
| 29 | *0008 | 0560 | 9440 | 9447 | 1172 | 1755 | 8245 | 9417 | 2305 | 2920 | 7080 | 9385 | 31 |
| **30** | 0027 | 0580 | 9420 | 9447 | 1191 | 1775 | 8225 | 9416 | 2323 | 2939 | 7061 | 9384 | **30** |
| 31 | 0047 | 0601 | 9399 | 9446 | 1210 | 1795 | 8205 | 9415 | 2342 | 2958 | 7042 | 9384 | 29 |
| 32 | 0067 | 0621 | 9379 | 9446 | 1229 | 1814 | 8186 | 9415 | 2361 | 2977 | 7023 | 9383 | 28 |
| 33 | 0086 | 0641 | 9359 | 9445 | 1248 | 1834 | 8166 | 9414 | 2379 | 2996 | 7004 | 9383 | 27 |
| 34 | 0106 | 0661 | 9339 | 9445 | 1267 | 1853 | 8147 | 9414 | 2398 | 3016 | 6984 | 9382 | 26 |
| 35 | 0125 | 0681 | 9319 | 9444 | 1286 | 1873 | 8127 | 9413 | 2416 | 3035 | 6965 | 9382 | 25 |
| 36 | 0145 | 0701 | 9299 | 9444 | 1306 | 1893 | 8107 | 9413 | 2435 | 3054 | 6946 | 9381 | 24 |
| 37 | 0165 | 0721 | 9279 | 9443 | 1325 | 1912 | 8088 | 9412 | 2454 | 3073 | 6927 | 9381 | 23 |
| 38 | 0184 | 0741 | 9259 | 9443 | 1344 | 1932 | 8068 | 9412 | 2472 | 3092 | 6908 | 9380 | 22 |
| 39 | 0204 | 0762 | 9238 | 9442 | 1363 | 1951 | 8049 | 9411 | 2491 | 3111 | 6889 | 9379 | 21 |
| **40** | 0223 | 0782 | 9218 | 9442 | 1382 | 1971 | 8029 | 9411 | 2509 | 3130 | 6870 | 9379 | **20** |
| 41 | 0243 | 0802 | 9198 | 9441 | 1401 | 1991 | 8009 | 9410 | 2528 | 3149 | 6851 | 9378 | 19 |
| 42 | 0263 | 0822 | 9178 | 9441 | 1420 | 2010 | 7990 | 9410 | 2546 | 3168 | 6832 | 9378 | 18 |
| 43 | 0282 | 0842 | 9158 | 9440 | 1439 | 2030 | 7970 | 9409 | 2565 | 3187 | 6813 | 9377 | 17 |
| 44 | 0302 | 0862 | 9138 | 9440 | 1458 | 2049 | 7951 | 9409 | 2583 | 3206 | 6794 | 9377 | 16 |
| 45 | 0321 | 0882 | 9118 | 9439 | 1477 | 2069 | 7931 | 9408 | 2602 | 3226 | 6774 | 9376 | 15 |
| 46 | 0341 | 0902 | 9098 | 9439 | 1496 | 2088 | 7912 | 9408 | 2620 | 3245 | 6755 | 9376 | 14 |
| 47 | 0360 | 0922 | 9078 | 9438 | 1515 | 2108 | 7892 | 9407 | 2639 | 3264 | 6736 | 9375 | 13 |
| 48 | 0380 | 0942 | 9058 | 9438 | 1534 | 2127 | 7873 | 9407 | 2657 | 3283 | 6717 | 9375 | 12 |
| 49 | 0399 | 0962 | 9038 | 9437 | 1553 | 2147 | 7853 | 9406 | 2676 | 3302 | 6698 | 9374 | 11 |
| **50** | 0419 | 0982 | 9018 | 9437 | 1572 | 2166 | 7834 | 9406 | 2694 | 3321 | 6679 | 9374 | **10** |
| 51 | 0438 | 1002 | 8998 | 9436 | 1591 | 2186 | 7814 | 9405 | 2713 | 3340 | 6660 | 9373 | 9 |
| 52 | 0458 | 1022 | 8978 | 9436 | 1610 | 2205 | 7795 | 9404 | 2731 | 3359 | 6641 | 9372 | 8 |
| 53 | 0477 | 1042 | 8958 | 9435 | 1629 | 2225 | 7775 | 9404 | 2750 | 3378 | 6622 | 9372 | 7 |
| 54 | 0497 | 1062 | 8938 | 9435 | 1648 | 2244 | 7756 | 9403 | 2768 | 3397 | 6603 | 9371 | 6 |
| 55 | 0516 | 1082 | 8918 | 9434 | 1666 | 2264 | 7736 | 9403 | 2786 | 3416 | 6584 | 9371 | 5 |
| 56 | 0535 | 1102 | 8898 | 9434 | 1685 | 2283 | 7717 | 9402 | 2805 | 3435 | 6565 | 9370 | 4 |
| 57 | 0555 | 1122 | 8878 | 9433 | 1704 | 2302 | 7698 | 9402 | 2823 | 3453 | 6547 | 9370 | 3 |
| 58 | 0574 | 1142 | 8858 | 9433 | 1723 | 2322 | 7678 | 9401 | 2842 | 3472 | 6528 | 9369 | 2 |
| 59 | 0594 | 1162 | 8838 | 9432 | 1742 | 2341 | 7659 | 9401 | 2860 | 3491 | 6509 | 9369 | 1 |
| **60** | 0613 | 1182 | 8818 | 9432 | 1761 | 2361 | 7639 | 9400 | 2878 | 3510 | 6490 | 9368 | **0** |
| | 9.2 | 9.2 | 0.7 | 9.9 | 9.2 | 9.2 | 0.7 | 9.9 | 9.2 | 9.2 | 0.7 | 9.9 | |
| | cos | cotg | tang | sin | cos | cotg | tang | sin | cos | cotg | tang | sin | |
| | 5h 23m | | | | 5h 22m | | | | 5h 21m | | | | |

| | 21 |
|---|---|
| 1 | 2.1 |
| 2 | 4.2 |
| 3 | 6.3 |
| 4 | 8.4 |
| 5 | 10.5 |
| 6 | 12.6 |
| 7 | 14.7 |
| 8 | 16.8 |
| 9 | 18.9 |

| | 20 |
|---|---|
| 1 | 2.0 |
| 2 | 4.0 |
| 3 | 6.0 |
| 4 | 8.0 |
| 5 | 10.0 |
| 6 | 12.0 |
| 7 | 14.0 |
| 8 | 16.0 |
| 9 | 18.0 |

| | 19 |
|---|---|
| 1 | 1.9 |
| 2 | 3.8 |
| 3 | 5.7 |
| 4 | 7.6 |
| 5 | 9.5 |
| 6 | 11.4 |
| 7 | 13.3 |
| 8 | 15.2 |
| 9 | 17.1 |

| | 18 |
|---|---|
| 1 | 1.8 |
| 2 | 3.6 |
| 3 | 5.4 |
| 4 | 7.2 |
| 5 | 9.0 |
| 6 | 10.8 |
| 7 | 12.6 |
| 8 | 14.4 |
| 9 | 16.2 |

| | $0^h\ 39^m$ | | | | $0^h\ 40^m$ | | | | $0^h\ 41^m$ | | | | |
|---|---|---|---|---|---|---|---|---|---|---|---|---|---|
| | sin | tang | cotg | cos | sin | tang | cotg | cos | sin | tang | cotg | cos | |
| | **9.2** | **9.2** | **0.7** | **9.9** | **9.2** | **9.2** | **0.7** | **9.9** | **9.2** | **9.2** | **0.7** | **9.9** | |
| **0ˢ** | 2878 | 3510 | 6490 | 9368 | 3967 | 4632 | 5368 | 9335 | 5028 | 5727 | 4273 | 9301 | **60ˢ** |
| 1 | 2897 | 3529 | 6471 | 9368 | 3985 | 4650 | 5350 | 9335 | 5046 | 5745 | 4255 | 9301 | 59 |
| 2 | 2915 | 3548 | 6452 | 9367 | 4003 | 4669 | 5331 | 9334 | 5063 | 5763 | 4237 | 9300 | 58 |
| 3 | 2933 | 3567 | 6433 | 9367 | 4021 | 4687 | 5313 | 9333 | 5081 | 5781 | 4219 | 9300 | 57 |
| 4 | 2952 | 3586 | 6414 | 9366 | 4039 | 4706 | 5294 | 9333 | 5098 | 5799 | 4201 | 9299 | 56 |
| 5 | 2970 | 3605 | 6395 | 9365 | 4056 | 4724 | 5276 | 9332 | 5115 | 5817 | 4183 | 9298 | 55 |
| 6 | 2989 | 3624 | 6376 | 9365 | 4074 | 4743 | 5257 | 9332 | 5133 | 5835 | 4165 | 9298 | 54 |
| 7 | 3007 | 3643 | 6357 | 9364 | 4092 | 4761 | 5239 | 9331 | 5150 | 5853 | 4147 | 9297 | 53 |
| 8 | 3025 | 3661 | 6339 | 9364 | 4110 | 4779 | 5221 | 9331 | 5168 | 5871 | 4129 | 9297 | 52 |
| 9 | 3043 | 3680 | 6320 | 9363 | 4128 | 4798 | 5202 | 9330 | 5185 | 5889 | 4111 | 9296 | 51 |
| **10** | 3062 | 3699 | 6301 | 9363 | 4146 | 4816 | 5184 | 9330 | 5203 | 5907 | 4093 | 9296 | **50** |
| 11 | 3080 | 3718 | 6282 | 9362 | 4164 | 4835 | 5165 | 9329 | 5220 | 5925 | 4075 | 9295 | 49 |
| 12 | 3098 | 3737 | 6263 | 9362 | 4181 | 4853 | 5147 | 9328 | 5237 | 5943 | 4057 | 9294 | 48 |
| 13 | 3117 | 3756 | 6244 | 9361 | 4199 | 4871 | 5129 | 9328 | 5255 | 5961 | 4039 | 9294 | 47 |
| 14 | 3135 | 3774 | 6226 | 9361 | 4217 | 4890 | 5110 | 9327 | 5272 | 5979 | 4021 | 9293 | 46 |
| 15 | 3153 | 3793 | 6207 | 9360 | 4235 | 4908 | 5092 | 9327 | 5289 | 5997 | 4003 | 9293 | 45 |
| 16 | 3171 | 3812 | 6188 | 9359 | 4253 | 4926 | 5074 | 9326 | 5307 | 6015 | 3985 | 9292 | 44 |
| 17 | 3190 | 3831 | 6169 | 9359 | 4270 | 4945 | 5055 | 9326 | 5324 | 6033 | 3967 | 9292 | 43 |
| 18 | 3208 | 3850 | 6150 | 9358 | 4288 | 4963 | 5037 | 9325 | 5341 | 6050 | 3950 | 9291 | 42 |
| 19 | 3226 | 3868 | 6132 | 9358 | 4306 | 4981 | 5019 | 9325 | 5359 | 6068 | 3932 | 9290 | 41 |
| **20** | 3244 | 3887 | 6113 | 9357 | 4324 | 5000 | 5000 | 9324 | 5376 | 6086 | 3914 | 9290 | **40** |
| 21 | 3263 | 3906 | 6094 | 9357 | 4341 | 5018 | 4982 | 9323 | 5393 | 6104 | 3896 | 9289 | 39 |
| 22 | 3281 | 3925 | 6075 | 9356 | 4359 | 5036 | 4964 | 9323 | 5411 | 6122 | 3878 | 9289 | 38 |
| 23 | 3299 | 3943 | 6057 | 9356 | 4377 | 5055 | 4945 | 9322 | 5428 | 6140 | 3860 | 9288 | 37 |
| 24 | 3317 | 3962 | 6038 | 9355 | 4395 | 5073 | 4927 | 9322 | 5445 | 6158 | 3842 | 9288 | 36 |
| 25 | 3335 | 3981 | 6019 | 9354 | 4412 | 5091 | 4909 | 9321 | 5463 | 6176 | 3824 | 9287 | 35 |
| 26 | 3354 | 4000 | 6000 | 9354 | 4430 | 5110 | 4890 | 9321 | 5480 | 6194 | 3806 | 9286 | 34 |
| 27 | 3372 | 4018 | 5982 | 9353 | 4448 | 5128 | 4872 | 9320 | 5497 | 6211 | 3789 | 9286 | 33 |
| 28 | 3390 | 4037 | 5963 | 9353 | 4466 | 5146 | 4854 | 9319 | 5514 | 6229 | 3771 | 9285 | 32 |
| 29 | 3408 | 4056 | 5944 | 9352 | 4483 | 5164 | 4836 | 9319 | 5532 | 6247 | 3753 | 9285 | 31 |
| **30** | 3426 | 4074 | 5926 | 9352 | 4501 | 5183 | 4817 | 9318 | 5549 | 6265 | 3735 | 9284 | **30** |
| 31 | 3444 | 4093 | 5907 | 9351 | 4519 | 5201 | 4799 | 9318 | 5566 | 6283 | 3717 | 9283 | 29 |
| 32 | 3462 | 4112 | 5888 | 9351 | 4536 | 5219 | 4781 | 9317 | 5583 | 6301 | 3699 | 9283 | 28 |
| 33 | 3481 | 4131 | 5869 | 9350 | 4554 | 5237 | 4763 | 9317 | 5601 | 6318 | 3682 | 9282 | 27 |
| 34 | 3499 | 4149 | 5851 | 9350 | 4572 | 5256 | 4744 | 9316 | 5618 | 6336 | 3664 | 9282 | 26 |
| 35 | 3517 | 4168 | 5832 | 9349 | 4589 | 5274 | 4726 | 9316 | 5635 | 6354 | 3646 | 9281 | 25 |
| 36 | 3535 | 4186 | 5814 | 9348 | 4607 | 5292 | 4708 | 9315 | 5652 | 6372 | 3628 | 9281 | 24 |
| 37 | 3553 | 4205 | 5795 | 9348 | 4625 | 5310 | 4690 | 9314 | 5670 | 6390 | 3610 | 9280 | 23 |
| 38 | 3571 | 4224 | 5776 | 9347 | 4642 | 5328 | 4672 | 9314 | 5687 | 6407 | 3593 | 9279 | 22 |
| 39 | 3589 | 4242 | 5758 | 9347 | 4660 | 5347 | 4653 | 9313 | 5704 | 6425 | 3575 | 9279 | 21 |
| **40** | 3607 | 4261 | 5739 | 9346 | 4677 | 5365 | 4635 | 9313 | 5721 | 6443 | 3557 | 9278 | **20** |
| 41 | 3625 | 4280 | 5720 | 9346 | 4695 | 5383 | 4617 | 9312 | 5738 | 6461 | 3539 | 9278 | 19 |
| 42 | 3643 | 4298 | 5702 | 9345 | 4713 | 5401 | 4599 | 9312 | 5755 | 6478 | 3522 | 9277 | 18 |
| 43 | 3661 | 4317 | 5683 | 9345 | 4730 | 5419 | 4581 | 9311 | 5773 | 6496 | 3504 | 9277 | 17 |
| 44 | 3679 | 4335 | 5665 | 9344 | 4748 | 5437 | 4563 | 9310 | 5790 | 6514 | 3486 | 9276 | 16 |
| 45 | 3697 | 4354 | 5646 | 9343 | 4765 | 5456 | 4544 | 9310 | 5807 | 6532 | 3468 | 9275 | 15 |
| 46 | 3716 | 4373 | 5627 | 9343 | 4783 | 5474 | 4526 | 9309 | 5824 | 6549 | 3451 | 9275 | 14 |
| 47 | 3734 | 4391 | 5609 | 9342 | 4801 | 5492 | 4508 | 9309 | 5841 | 6567 | 3433 | 9274 | 13 |
| 48 | 3752 | 4410 | 5590 | 9342 | 4818 | 5510 | 4490 | 9308 | 5858 | 6585 | 3415 | 9274 | 12 |
| 49 | 3770 | 4428 | 5572 | 9341 | 4836 | 5528 | 4472 | 9308 | 5875 | 6602 | 3398 | 9273 | 11 |
| **50** | 3788 | 4447 | 5553 | 9341 | 4853 | 5546 | 4454 | 9307 | 5893 | 6620 | 3380 | 9272 | **10** |
| 51 | 3806 | 4465 | 5535 | 9340 | 4871 | 5564 | 4436 | 9306 | 5910 | 6638 | 3362 | 9272 | 9 |
| 52 | 3823 | 4484 | 5516 | 9340 | 4888 | 5582 | 4418 | 9306 | 5927 | 6655 | 3345 | 9271 | 8 |
| 53 | 3841 | 4502 | 5498 | 9339 | 4906 | 5600 | 4400 | 9305 | 5944 | 6673 | 3327 | 9271 | 7 |
| 54 | 3859 | 4521 | 5479 | 9338 | 4923 | 5619 | 4381 | 9305 | 5961 | 6691 | 3309 | 9270 | 6 |
| 55 | 3877 | 4539 | 5461 | 9338 | 4941 | 5637 | 4363 | 9304 | 5978 | 6708 | 3292 | 9270 | 5 |
| 56 | 3895 | 4558 | 5442 | 9337 | 4958 | 5655 | 4345 | 9304 | 5995 | 6726 | 3274 | 9269 | 4 |
| 57 | 3913 | 4576 | 5424 | 9337 | 4976 | 5673 | 4327 | 9303 | 6012 | 6744 | 3256 | 9268 | 3 |
| 58 | 3931 | 4595 | 5405 | 9336 | 4993 | 5691 | 4309 | 9302 | 6029 | 6761 | 3239 | 9268 | 2 |
| 59 | 3949 | 4613 | 5387 | 9336 | 5011 | 5709 | 4291 | 9302 | 6046 | 6779 | 3221 | 9267 | 1 |
| **60** | 3967 | 4632 | 5368 | 9335 | 5028 | 5727 | 4273 | 9301 | 6063 | 6797 | 3203 | 9267 | **0** |
| | **9.2** | **9.2** | **0.7** | **9.9** | **9.2** | **9.2** | **0.7** | **9.9** | **9.2** | **9.2** | **0.7** | **9.9** | |
| | cos | cotg | tang | sin | cos | cotg | tang | sin | cos | cotg | tang | sin | |
| | $5^h\ 20^m$ | | | | $5^h\ 19^m$ | | | | $5^h\ 18^m$ | | | | |

| | **19** |
|---|---|
| 1 | 1.9 |
| 2 | 3.8 |
| 3 | 5.7 |
| 4 | 7.6 |
| 5 | 9.5 |
| 6 | 11.4 |
| 7 | 13.3 |
| 8 | 15.2 |
| 9 | 17.1 |

| | **18** |
|---|---|
| 1 | 1.8 |
| 2 | 3.6 |
| 3 | 5.4 |
| 4 | 7.2 |
| 5 | 9.0 |
| 6 | 10.8 |
| 7 | 12.6 |
| 8 | 14.4 |
| 9 | 16.2 |

| | **17** |
|---|---|
| 1 | 1.7 |
| 2 | 3.4 |
| 3 | 5.1 |
| 4 | 6.8 |
| 5 | 8.5 |
| 6 | 10.2 |
| 7 | 11.9 |
| 8 | 13.6 |
| 9 | 15.3 |

| | $0^h\ 42^m$ | | | | $0^h\ 43^m$ | | | | $0^h\ 44^m$ | | | | |
|---|---|---|---|---|---|---|---|---|---|---|---|---|---|
| | sin | tang | cotg | cos | sin | tang | cotg | cos | sin | tang | cotg | cos | |
| | **9.26** | **9.26** | **0.73** | **9.99** | **9.27** | **9.27** | **0.72** | **9.99** | **9.28** | **9.28** | **0.71** | **9.99** | |
| $0^s$ | 063 | 797 | 203 | 267 | 073 | 842 | 158 | 231 | 060 | 865 | 135 | 195 | $60^s$ |
| 1 | 080 | 814 | 186 | 266 | 090 | 860 | 140 | 230 | 076 | 882 | 118 | 194 | 59 |
| 2 | 097 | 832 | 168 | 265 | 107 | 877 | 123 | 230 | 092 | 899 | 101 | 193 | 58 |
| 3 | 114 | 850 | 150 | 265 | 123 | 894 | 106 | 229 | 109 | 916 | 084 | 193 | 57 |
| 4 | 131 | 867 | 133 | 264 | 140 | 911 | 089 | 229 | 125 | 933 | 067 | 192 | 56 |
| 5 | 148 | 885 | 115 | 264 | 157 | 929 | 071 | 228 | 141 | 949 | 051 | 192 | 55 |
| 6 | 165 | 902 | 098 | 263 | 173 | 946 | 054 | 227 | 157 | 966 | 034 | 191 | 54 |
| 7 | 182 | 920 | 080 | 263 | 190 | 963 | 037 | 227 | 173 | 983 | 017 | 190 | 53 |
| 8 | 199 | 937 | 063 | 262 | 206 | 980 | 020 | 226 | 190 | *000 | 000 | 190 | 52 |
| 9 | 216 | 955 | 045 | 261 | 223 | 997 | 003 | 226 | 206 | 017 | *983 | 189 | 51 |
| **10** | 233 | 973 | 027 | 261 | 240 | *014 | *986 | 225 | 222 | 034 | 966 | 189 | **50** |
| 11 | 250 | 990 | 010 | 260 | 256 | 032 | 968 | 224 | 238 | 050 | 950 | 188 | 49 |
| 12 | 267 | *008 | *992 | 260 | 273 | 049 | 951 | 224 | 254 | 067 | 933 | 187 | 48 |
| 13 | 284 | 025 | 975 | 259 | 289 | 066 | 934 | 223 | 271 | 084 | 916 | 187 | 47 |
| 14 | 301 | 043 | 957 | 258 | 306 | 083 | 917 | 223 | 287 | 101 | 899 | 186 | 46 |
| 15 | 318 | 060 | 940 | 258 | 322 | 100 | 900 | 222 | 303 | 117 | 883 | 185 | 45 |
| 16 | 335 | 078 | 922 | 257 | 339 | 117 | 883 | 221 | 319 | 134 | 866 | 185 | 44 |
| 17 | 352 | 095 | 905 | 257 | 355 | 134 | 866 | 221 | 335 | 151 | 849 | 184 | 43 |
| 18 | 369 | 113 | 887 | 256 | 372 | 152 | 848 | 220 | 351 | 168 | 832 | 184 | 42 |
| 19 | 386 | 130 | 870 | 255 | 388 | 169 | 831 | 220 | 367 | 185 | 815 | 183 | 41 |
| **20** | 403 | 148 | 852 | 255 | 405 | 186 | 814 | 219 | 384 | 201 | 799 | 182 | **40** |
| 21 | 420 | 165 | 835 | 254 | 421 | 203 | 797 | 218 | 400 | 218 | 782 | 182 | 39 |
| 22 | 437 | 183 | 817 | 254 | 438 | 220 | 780 | 218 | 416 | 235 | 765 | 181 | 38 |
| 23 | 453 | 200 | 800 | 253 | 454 | 237 | 763 | 217 | 432 | 251 | 749 | 180 | 37 |
| 24 | 470 | 218 | 782 | 252 | 471 | 254 | 746 | 217 | 448 | 268 | 732 | 180 | 36 |
| 25 | 487 | 235 | 765 | 252 | 487 | 271 | 729 | 216 | 464 | 285 | 715 | 179 | 35 |
| 26 | 504 | 253 | 747 | 251 | 504 | 288 | 712 | 215 | 480 | 302 | 698 | 179 | 34 |
| 27 | 521 | 270 | 730 | 251 | 520 | 305 | 695 | 215 | 496 | 318 | 682 | 178 | 33 |
| 28 | 538 | 288 | 712 | 250 | 537 | 323 | 677 | 214 | 512 | 335 | 665 | 177 | 32 |
| 29 | 555 | 305 | 695 | 250 | 553 | 340 | 660 | 214 | 528 | 352 | 648 | 177 | 31 |
| **30** | 571 | 322 | 678 | 249 | 570 | 357 | 643 | 213 | 545 | 368 | 632 | 176 | **30** |
| 31 | 588 | 340 | 660 | 248 | 586 | 374 | 626 | 212 | 561 | 385 | 615 | 176 | 29 |
| 32 | 605 | 357 | 643 | 248 | 602 | 391 | 609 | 212 | 577 | 402 | 598 | 175 | 28 |
| 33 | 622 | 375 | 625 | 247 | 619 | 408 | 592 | 211 | 593 | 418 | 582 | 174 | 27 |
| 34 | 639 | 392 | 608 | 247 | 635 | 425 | 575 | 211 | 609 | 435 | 565 | 174 | 26 |
| 35 | 656 | 410 | 590 | 246 | 652 | 442 | 558 | 210 | 625 | 452 | 548 | 173 | 25 |
| 36 | 672 | 427 | 573 | 245 | 668 | 459 | 541 | 209 | 641 | 468 | 532 | 172 | 24 |
| 37 | 689 | 444 | 556 | 245 | 685 | 476 | 524 | 209 | 657 | 485 | 515 | 172 | 23 |
| 38 | 706 | 462 | 538 | 244 | 701 | 493 | 507 | 208 | 673 | 502 | 498 | 171 | 22 |
| 39 | 723 | 479 | 521 | 244 | 717 | 510 | 490 | 207 | 689 | 518 | 482 | 171 | 21 |
| **40** | 739 | 496 | 504 | 243 | 734 | 527 | 473 | 207 | 705 | 535 | 465 | 170 | **20** |
| 41 | 756 | 514 | 486 | 242 | 750 | 544 | 456 | 206 | 721 | 552 | 448 | 169 | 19 |
| 42 | 773 | 531 | 469 | 242 | 766 | 561 | 439 | 206 | 737 | 568 | 432 | 169 | 18 |
| 43 | 790 | 549 | 451 | 241 | 783 | 578 | 422 | 205 | 753 | 585 | 415 | 168 | 17 |
| 44 | 806 | 566 | 434 | 241 | 799 | 595 | 405 | 204 | 769 | 601 | 399 | 167 | 16 |
| 45 | 823 | 583 | 417 | 240 | 815 | 612 | 388 | 204 | 785 | 618 | 382 | 167 | 15 |
| 46 | 840 | 601 | 399 | 239 | 832 | 629 | 371 | 203 | 801 | 635 | 365 | 166 | 14 |
| 47 | 857 | 618 | 382 | 239 | 848 | 646 | 354 | 203 | 817 | 651 | 349 | 166 | 13 |
| 48 | 873 | 635 | 365 | 238 | 864 | 662 | 338 | 202 | 833 | 668 | 332 | 165 | 12 |
| 49 | 890 | 652 | 348 | 238 | 881 | 679 | 321 | 201 | 849 | 684 | 316 | 164 | 11 |
| **50** | 907 | 670 | 330 | 237 | 897 | 696 | 304 | 201 | 864 | 701 | 299 | 164 | **10** |
| 51 | 923 | 687 | 313 | 236 | 913 | 713 | 287 | 200 | 880 | 717 | 283 | 163 | 9 |
| 52 | 940 | 704 | 296 | 236 | 930 | 730 | 270 | 200 | 896 | 734 | 266 | 162 | 8 |
| 53 | 957 | 722 | 278 | 235 | 946 | 747 | 253 | 199 | 912 | 750 | 250 | 162 | 7 |
| 54 | 974 | 739 | 261 | 235 | 962 | 764 | 236 | 198 | 928 | 767 | 233 | 161 | 6 |
| 55 | 990 | 756 | 244 | 234 | 979 | 781 | 219 | 198 | 944 | 784 | 216 | 161 | 5 |
| 56 | *007 | 773 | 227 | 233 | 995 | 798 | 202 | 197 | 960 | 800 | 200 | 160 | 4 |
| 57 | 024 | 791 | 209 | 233 | *011 | 815 | 185 | 196 | 976 | 817 | 183 | 159 | 3 |
| 58 | 040 | 808 | 192 | 232 | 027 | 831 | 169 | 196 | 992 | 833 | 167 | 159 | 2 |
| 59 | 057 | 825 | 175 | 232 | 044 | 848 | 152 | 195 | *008 | 850 | 150 | 158 | 1 |
| **60** | 073 | 842 | 158 | 231 | 060 | 865 | 135 | 195 | 024 | 866 | 134 | 157 | **0** |
| | **9.27** | **9.27** | **0.72** | **9.99** | **9.28** | **9.28** | **0.71** | **9.99** | **9.29** | **9.29** | **0.70** | **9.99** | |
| | cos | cotg | tang | sin | cos | cotg | tang | sin | cos | cotg | tang | sin | |
| | $5^h\ 17^m$ | | | | $5^h\ 16^m$ | | | | $5^h\ 15^m$ | | | | |

| | 18 |
|---|---|
| 1 | 1.8 |
| 2 | 3.6 |
| 3 | 5.4 |
| 4 | 7.2 |
| 5 | 9.0 |
| 6 | 10.8 |
| 7 | 12.6 |
| 8 | 14.4 |
| 9 | 16.2 |

| | 17 |
|---|---|
| 1 | 1.7 |
| 2 | 3.4 |
| 3 | 5.1 |
| 4 | 6.8 |
| 5 | 8.5 |
| 6 | 10.2 |
| 7 | 11.9 |
| 8 | 13.6 |
| 9 | 15.3 |

| | 16 |
|---|---|
| 1 | 1.6 |
| 2 | 3.2 |
| 3 | 4.8 |
| 4 | 6.4 |
| 5 | 8.0 |
| 6 | 9.6 |
| 7 | 11.2 |
| 8 | 12.8 |
| 9 | 14.4 |

| | 15 |
|---|---|
| 1 | 1.5 |
| 2 | 3.0 |
| 3 | 4.5 |
| 4 | 6.0 |
| 5 | 7.5 |
| 6 | 9.0 |
| 7 | 10.5 |
| 8 | 12.0 |
| 9 | 13.5 |

| | $0^h\ 45^m$ | | | | $0^h\ 46^m$ | | | | $0^h\ 47^m$ | | | | |
|---|---|---|---|---|---|---|---|---|---|---|---|---|---|
| | sin | tang | cotg | cos | sin | tang | cotg | cos | sin | tang | cotg | cos | |
| | 9.29 | 9.29 | 0.70 | 9.99 | 9.29 | 9.30 | 0.69 | 9.99 | 9.30 | 9.31 | 0.68 | 9.99 | |
| $0^s$ | 024 | 866 | 134 | 157 | 966 | 846 | 154 | 119 | 887 | 806 | 194 | 080 | $60^s$ |
| 1 | 039 | 883 | 117 | 157 | 981 | 862 | 138 | 119 | 902 | 822 | 178 | 080 | 59 |
| 2 | 055 | 899 | 101 | 156 | 997 | 879 | 121 | 118 | 917 | 838 | 162 | 079 | 58 |
| 3 | 071 | 916 | 084 | 156 | *012 | 895 | 105 | 117 | 932 | 854 | 146 | 078 | 57 |
| 4 | 087 | 932 | 068 | 155 | 028 | 911 | 089 | 117 | 947 | 870 | 130 | 078 | 56 |
| 5 | 103 | 949 | 051 | 154 | 043 | 927 | 073 | 116 | 963 | 886 | 114 | 077 | 55 |
| 6 | 119 | 965 | 035 | 154 | 059 | 943 | 057 | 115 | 978 | 901 | 099 | 076 | 54 |
| 7 | 135 | 982 | 018 | 153 | 074 | 959 | 041 | 115 | 993 | 917 | 083 | 076 | 53 |
| 8 | 150 | 998 | 002 | 152 | 090 | 975 | 025 | 114 | *008 | 933 | 067 | 075 | 52 |
| 9 | 166 | *014 | *986 | 152 | 105 | *992 | *008 | 113 | 023 | 949 | 051 | 074 | 51 |
| **10** | 182 | 031 | 969 | 151 | 120 | 008 | 992 | 113 | 038 | 965 | 035 | 074 | **50** |
| 11 | 198 | 047 | 953 | 150 | 136 | 024 | 976 | 112 | 053 | 980 | 020 | 073 | 49 |
| 12 | 214 | 064 | 936 | 150 | 151 | 040 | 960 | 112 | 068 | 996 | 004 | 072 | 48 |
| 13 | 229 | 080 | 920 | 149 | 167 | 056 | 944 | 111 | 084 | *012 | *988 | 072 | 47 |
| 14 | 245 | 097 | 903 | 149 | 182 | 072 | 928 | 110 | 099 | 028 | 972 | 071 | 46 |
| 15 | 261 | 113 | 887 | 148 | 198 | 088 | 912 | 110 | 114 | 043 | 957 | 070 | 45 |
| 16 | 277 | 130 | 870 | 147 | 213 | 104 | 896 | 109 | 129 | 059 | 941 | 070 | 44 |
| 17 | 293 | 146 | 854 | 147 | 229 | 120 | 880 | 108 | 144 | 075 | 925 | 069 | 43 |
| 18 | 308 | 162 | 838 | 146 | 244 | 136 | 864 | 108 | 159 | 091 | 909 | 068 | 42 |
| 19 | 324 | 179 | 821 | 145 | 259 | 152 | 848 | 107 | 174 | 106 | 894 | 068 | 41 |
| **20** | 340 | 195 | 805 | 145 | 275 | 168 | 832 | 106 | 189 | 122 | 878 | 067 | **40** |
| 21 | 356 | 212 | 788 | 144 | 290 | 185 | 815 | 106 | 204 | 138 | 862 | 066 | 39 |
| 22 | 371 | 228 | 772 | 144 | 306 | 201 | 799 | 105 | 219 | 154 | 846 | 066 | 38 |
| 23 | 387 | 244 | 756 | 143 | 321 | 217 | 783 | 104 | 234 | 169 | 831 | 065 | 37 |
| 24 | 403 | 261 | 739 | 142 | 336 | 233 | 767 | 104 | 250 | 185 | 815 | 064 | 36 |
| 25 | 419 | 277 | 723 | 142 | 352 | 249 | 751 | 103 | 265 | 201 | 799 | 064 | 35 |
| 26 | 434 | 293 | 707 | 141 | 367 | 265 | 735 | 102 | 280 | 216 | 784 | 063 | 34 |
| 27 | 450 | 310 | 690 | 140 | 383 | 281 | 719 | 102 | 295 | 232 | 768 | 062 | 33 |
| 28 | 466 | 326 | 674 | 140 | 398 | 297 | 703 | 101 | 310 | 248 | 752 | 062 | 32 |
| 29 | 482 | 342 | 658 | 139 | 413 | 313 | 687 | 101 | 325 | 264 | 736 | 061 | 31 |
| **30** | 497 | 359 | 641 | 138 | 429 | 329 | 671 | 100 | 340 | 279 | 721 | 060 | **30** |
| 31 | 513 | 375 | 625 | 138 | 444 | 345 | 655 | 099 | 355 | 295 | 705 | 060 | 29 |
| 32 | 529 | 391 | 609 | 137 | 459 | 361 | 639 | 099 | 370 | 311 | 689 | 059 | 28 |
| 33 | 544 | 408 | 592 | 137 | 475 | 377 | 623 | 098 | 385 | 326 | 674 | 058 | 27 |
| 34 | 560 | 424 | 576 | 136 | 490 | 393 | 607 | 097 | 400 | 342 | 658 | 058 | 26 |
| 35 | 576 | 440 | 560 | 135 | 505 | 409 | 591 | 097 | 415 | 358 | 642 | 057 | 25 |
| 36 | 591 | 457 | 543 | 135 | 521 | 425 | 575 | 096 | 430 | 373 | 627 | 056 | 24 |
| 37 | 607 | 473 | 527 | 134 | 536 | 441 | 559 | 095 | 445 | 389 | 611 | 056 | 23 |
| 38 | 623 | 489 | 511 | 133 | 551 | 457 | 543 | 095 | 460 | 405 | 595 | 055 | 22 |
| 39 | 638 | 506 | 494 | 133 | 567 | 473 | 527 | 094 | 475 | 420 | 580 | 054 | 21 |
| **40** | 654 | 522 | 478 | 132 | 582 | 489 | 511 | 093 | 490 | 436 | 564 | 054 | **20** |
| 41 | 670 | 538 | 462 | 131 | 597 | 504 | 496 | 093 | 505 | 451 | 549 | 053 | 19 |
| 42 | 685 | 554 | 446 | 131 | 612 | 520 | 480 | 092 | 520 | 467 | 533 | 052 | 18 |
| 43 | 701 | 571 | 429 | 130 | 628 | 536 | 464 | 091 | 535 | 483 | 517 | 052 | 17 |
| 44 | 716 | 587 | 413 | 130 | 643 | 552 | 448 | 091 | 549 | 498 | 502 | 051 | 16 |
| 45 | 732 | 603 | 397 | 129 | 658 | 568 | 432 | 090 | 564 | 514 | 486 | 050 | 15 |
| 46 | 748 | 619 | 381 | 128 | 674 | 584 | 416 | 089 | 579 | 530 | 470 | 050 | 14 |
| 47 | 763 | 636 | 364 | 128 | 689 | 600 | 400 | 089 | 594 | 545 | 455 | 049 | 13 |
| 48 | 779 | 652 | 348 | 127 | 704 | 616 | 384 | 088 | 609 | 561 | 439 | 048 | 12 |
| 49 | 794 | 668 | 332 | 126 | 719 | 632 | 368 | 087 | 624 | 576 | 424 | 048 | 11 |
| **50** | 810 | 684 | 316 | 126 | 735 | 648 | 352 | 087 | 639 | 592 | 408 | 047 | **10** |
| 51 | 826 | 701 | 299 | 125 | 750 | 664 | 336 | 086 | 654 | 607 | 393 | 046 | 9 |
| 52 | 841 | 717 | 283 | 124 | 765 | 679 | 321 | 086 | 669 | 623 | 377 | 046 | 8 |
| 53 | 857 | 733 | 267 | 124 | 780 | 695 | 305 | 085 | 684 | 639 | 361 | 045 | 7 |
| 54 | 872 | 749 | 251 | 123 | 795 | 711 | 289 | 084 | 699 | 654 | 346 | 044 | 6 |
| 55 | 888 | 765 | 235 | 122 | 811 | 727 | 273 | 084 | 714 | 670 | 330 | 044 | 5 |
| 56 | 903 | 782 | 218 | 122 | 826 | 743 | 257 | 083 | 728 | 685 | 315 | 043 | 4 |
| 57 | 919 | 798 | 202 | 121 | 841 | 759 | 241 | 082 | 743 | 701 | 299 | 042 | 3 |
| 58 | 934 | 814 | 186 | 121 | 856 | 775 | 225 | 082 | 758 | 716 | 284 | 042 | 2 |
| 59 | 950 | 830 | 170 | 120 | 871 | 791 | 209 | 081 | 773 | 732 | 268 | 041 | 1 |
| **60** | 966 | 846 | 154 | 119 | 887 | 806 | 194 | 080 | 788 | 747 | 253 | 040 | **0** |
| | 9.29 | 9.30 | 0.69 | 9.99 | 9.30 | 9.31 | 0.68 | 9.99 | 9.31 | 9.32 | 0.67 | 9.99 | |
| | cos | cotg | tang | sin | cos | cotg | tang | sin | cos | cotg | tang | sin | |
| | $5^h\ 14^m$ | | | | $5^h\ 13^m$ | | | | $5^h\ 12^m$ | | | | |

| | 17 |
|---|---|
| 1 | 1.7 |
| 2 | 3.4 |
| 3 | 5.1 |
| 4 | 6.8 |
| 5 | 8.5 |
| 6 | 10.2 |
| 7 | 11.9 |
| 8 | 13.6 |
| 9 | 15.3 |

| | 16 |
|---|---|
| 1 | 1.6 |
| 2 | 3.2 |
| 3 | 4.8 |
| 4 | 6.4 |
| 5 | 8.0 |
| 6 | 9.6 |
| 7 | 11.2 |
| 8 | 12.8 |
| 9 | 14.4 |

| | 15 |
|---|---|
| 1 | 1.5 |
| 2 | 3.0 |
| 3 | 4.5 |
| 4 | 6.0 |
| 5 | 7.5 |
| 6 | 9.0 |
| 7 | 10.5 |
| 8 | 12.0 |
| 9 | 13.5 |

| | 14 |
|---|---|
| 1 | 1.4 |
| 2 | 2.8 |
| 3 | 4.2 |
| 4 | 5.6 |
| 5 | 7.0 |
| 6 | 8.4 |
| 7 | 9.8 |
| 8 | 11.2 |
| 9 | 12.6 |

| | 0h 48m | | | | 0h 49m | | | | 0h 50m | | | | |
|---|---|---|---|---|---|---|---|---|---|---|---|---|---|
| | sin | tang | cotg | cos | sin | tang | cotg | cos | sin | tang | cotg | cos | |
| | **9.31** | **9.32** | **0.67** | **9.99** | **9.32** | **9.33** | **0.66** | **9.99** | **9.33** | **9.34** | **0.65** | **9.98** | |
| **0s** | 788 | 747 | 253 | 040 | 670 | 670 | 330 | 000 | 534 | 576 | 424 | 958 | **60s** |
| 1 | 803 | 763 | 237 | 040 | 685 | 685 | 315 | *999 | 548 | 590 | 410 | 957 | 59 |
| 2 | 818 | 779 | 221 | 039 | 699 | 701 | 299 | 998 | 562 | 605 | 395 | 957 | 58 |
| 3 | 832 | 794 | 206 | 038 | 714 | 716 | 284 | 998 | 576 | 620 | 380 | 956 | 57 |
| 4 | 847 | 810 | 190 | 038 | 728 | 731 | 269 | 997 | 591 | 635 | 365 | 955 | 56 |
| 5 | 862 | 825 | 175 | 037 | 743 | 746 | 254 | 996 | 605 | 650 | 350 | 955 | 55 |
| 6 | 877 | 841 | 159 | 036 | 757 | 762 | 238 | 996 | 619 | 665 | 335 | 954 | 54 |
| 7 | 892 | 856 | 144 | 036 | 772 | 777 | 223 | 995 | 633 | 680 | 320 | 953 | 53 |
| 8 | 907 | 872 | 128 | 035 | 786 | 792 | 208 | 994 | 647 | 695 | 305 | 953 | 52 |
| 9 | 921 | 887 | 113 | 034 | 801 | 807 | 193 | 994 | 662 | 710 | 290 | 952 | 51 |
| **10** | 936 | 902 | 098 | 034 | 815 | 822 | 178 | 993 | 676 | 725 | 275 | 951 | **50** |
| 11 | 951 | 918 | 082 | 033 | 830 | 837 | 163 | 992 | 690 | 740 | 260 | 950 | 49 |
| 12 | 966 | 933 | 067 | 032 | 844 | 853 | 147 | 991 | 704 | 755 | 245 | 950 | 48 |
| 13 | 981 | 949 | 051 | 032 | 859 | 868 | 132 | 991 | 718 | 769 | 231 | 949 | 47 |
| 14 | *995 | 964 | 036 | 031 | 873 | 883 | 117 | 990 | 733 | 784 | 216 | 948 | 46 |
| 15 | 010 | 980 | 020 | 030 | 888 | 898 | 102 | 989 | 747 | 799 | 201 | 948 | 45 |
| 16 | 025 | 995 | 005 | 030 | 902 | 913 | 087 | 989 | 761 | 814 | 186 | 947 | 44 |
| 17 | 040 | *011 | *989 | 029 | 917 | 928 | 072 | 988 | 775 | 829 | 171 | 946 | 43 |
| 18 | 054 | 026 | 974 | 028 | 931 | 944 | 056 | 987 | 789 | 844 | 156 | 946 | 42 |
| 19 | 069 | 042 | 958 | 028 | 945 | 959 | 041 | 987 | 803 | 859 | 141 | 945 | 41 |
| **20** | 084 | 057 | 943 | 027 | 960 | 974 | 026 | 986 | 818 | 874 | 126 | 944 | **40** |
| 21 | 099 | 072 | 928 | 026 | 974 | 989 | 011 | 985 | 832 | 888 | 112 | 943 | 39 |
| 22 | 113 | 088 | 912 | 026 | 989 | *004 | *996 | 985 | 846 | 903 | 097 | 943 | 38 |
| 23 | 128 | 103 | 897 | 025 | *003 | 019 | 981 | 984 | 860 | 918 | 082 | 942 | 37 |
| 24 | 143 | 119 | 881 | 024 | 018 | 034 | 966 | 983 | 874 | 933 | 067 | 941 | 36 |
| 25 | 158 | 134 | 866 | 024 | 032 | 050 | 950 | 983 | 888 | 948 | 052 | 941 | 35 |
| 26 | 172 | 150 | 850 | 023 | 046 | 065 | 935 | 982 | 902 | 963 | 037 | 940 | 34 |
| 27 | 187 | 165 | 835 | 022 | 061 | 080 | 920 | 981 | 917 | 977 | 023 | 939 | 33 |
| 28 | 202 | 180 | 820 | 022 | 075 | 095 | 905 | 980 | 931 | 992 | 008 | 938 | 32 |
| 29 | 217 | 196 | 804 | 021 | 090 | 110 | 890 | 980 | 945 | *007 | *993 | 938 | 31 |
| **30** | 231 | 211 | 789 | 020 | 104 | 125 | 875 | 979 | 959 | 022 | 978 | 937 | **30** |
| 31 | 246 | 226 | 774 | 020 | 118 | 140 | 860 | 978 | 973 | 037 | 963 | 936 | 29 |
| 32 | 261 | 242 | 758 | 019 | 133 | 155 | 845 | 978 | 987 | 051 | 949 | 936 | 28 |
| 33 | 275 | 257 | 743 | 018 | 147 | 170 | 830 | 977 | *001 | 066 | 934 | 935 | 27 |
| 34 | 290 | 273 | 727 | 017 | 162 | 185 | 815 | 976 | 015 | 081 | 919 | 934 | 26 |
| 35 | 305 | 288 | 712 | 017 | 176 | 200 | 800 | 976 | 029 | 096 | 904 | 933 | 25 |
| 36 | 319 | 303 | 697 | 016 | 190 | 215 | 785 | 975 | 043 | 111 | 889 | 933 | 24 |
| 37 | 334 | 319 | 681 | 015 | 205 | 231 | 769 | 974 | 057 | 125 | 875 | 932 | 23 |
| 38 | 349 | 334 | 666 | 015 | 219 | 246 | 754 | 973 | 072 | 140 | 860 | 931 | 22 |
| 39 | 363 | 349 | 651 | 014 | 233 | 261 | 739 | 973 | 086 | 155 | 845 | 931 | 21 |
| **40** | 378 | 365 | 635 | 013 | 248 | 276 | 724 | 972 | 100 | 170 | 830 | 930 | **20** |
| 41 | 393 | 380 | 620 | 013 | 262 | 291 | 709 | 971 | 114 | 184 | 816 | 929 | 19 |
| 42 | 407 | 395 | 605 | 012 | 276 | 306 | 694 | 971 | 128 | 199 | 801 | 929 | 18 |
| 43 | 422 | 411 | 589 | 011 | 291 | 321 | 679 | 970 | 142 | 214 | 786 | 928 | 17 |
| 44 | 437 | 426 | 574 | 011 | 305 | 336 | 664 | 969 | 156 | 229 | 771 | 927 | 16 |
| 45 | 451 | 441 | 559 | 010 | 319 | 351 | 649 | 969 | 170 | 243 | 757 | 926 | 15 |
| 46 | 466 | 457 | 543 | 009 | 334 | 366 | 634 | 968 | 184 | 258 | 742 | 926 | 14 |
| 47 | 480 | 472 | 528 | 009 | 348 | 381 | 619 | 967 | 198 | 273 | 727 | 925 | 13 |
| 48 | 495 | 487 | 513 | 008 | 362 | 396 | 604 | 967 | 212 | 288 | 712 | 924 | 12 |
| 49 | 510 | 502 | 498 | 007 | 377 | 411 | 589 | 966 | 226 | 302 | 698 | 924 | 11 |
| **50** | 524 | 518 | 482 | 007 | 391 | 426 | 574 | 965 | 240 | 317 | 683 | 923 | **10** |
| 51 | 539 | 533 | 467 | 006 | 405 | 441 | 559 | 964 | 254 | 332 | 668 | 922 | 9 |
| 52 | 553 | 548 | 452 | 005 | 420 | 456 | 544 | 964 | 268 | 347 | 653 | 921 | 8 |
| 53 | 568 | 563 | 437 | 005 | 434 | 471 | 529 | 963 | 282 | 361 | 639 | 921 | 7 |
| 54 | 583 | 579 | 421 | 004 | 448 | 486 | 514 | 962 | 296 | 376 | 624 | 920 | 6 |
| 55 | 597 | 594 | 406 | 003 | 462 | 501 | 499 | 962 | 310 | 391 | 609 | 919 | 5 |
| 56 | 612 | 609 | 391 | 002 | 477 | 516 | 484 | 961 | 324 | 405 | 595 | 919 | 4 |
| 57 | 626 | 625 | 375 | 002 | 491 | 531 | 469 | 960 | 338 | 420 | 580 | 918 | 3 |
| 58 | 641 | 640 | 360 | 001 | 505 | 546 | 454 | 960 | 352 | 435 | 565 | 917 | 2 |
| 59 | 655 | 655 | 345 | 000 | 519 | 561 | 439 | 959 | 366 | 449 | 551 | 916 | 1 |
| **60** | 670 | 670 | 330 | 000 | 534 | 576 | 424 | 958 | 380 | 464 | 536 | 916 | **0** |
| | **9.32** | **9.33** | **0.66** | **9.99** | **9.33** | **9.34** | **0.65** | **9.98** | **9.34** | **9.35** | **0.64** | **9.98** | |
| | cos | cotg | tang | sin | cos | cotg | tang | sin | cos | cotg | tang | sin | |
| | 5h 11m | | | | 5h 10m | | | | 5h 9m | | | | |

| | 16 |
|---|---|
| 1 | 1.6 |
| 2 | 3.2 |
| 3 | 4.8 |
| 4 | 6.4 |
| 5 | 8.0 |
| 6 | 9.6 |
| 7 | 11.2 |
| 8 | 12.8 |
| 9 | 14.4 |

| | 15 |
|---|---|
| 1 | 1.5 |
| 2 | 3.0 |
| 3 | 4.5 |
| 4 | 6.0 |
| 5 | 7.5 |
| 6 | 9.0 |
| 7 | 10.5 |
| 8 | 12.0 |
| 9 | 13.5 |

| | 14 |
|---|---|
| 1 | 1.4 |
| 2 | 2.8 |
| 3 | 4.2 |
| 4 | 5.6 |
| 5 | 7.0 |
| 6 | 8.4 |
| 7 | 9.8 |
| 8 | 11.2 |
| 9 | 12.6 |

| | 0h 51m | | | | 0h 52m | | | | 0h 53m | | | | |
|---|---|---|---|---|---|---|---|---|---|---|---|---|---|
| | sin | tang | cotg | cos | sin | tang | cotg | cos | sin | tang | cotg | cos | |
| | 9.34 | 9.35 | 0.64 | 9.98 | 9.35 | 9.36 | 0.63 | 9.98 | 9.36 | 9.37 | 0.62 | 9.98 | |
| 0s | 380 | 464 | 536 | 916 | 209 | 336 | 664 | 872 | 022 | 193 | 807 | 828 | 60s |
| 1 | 394 | 479 | 521 | 915 | 222 | 351 | 649 | 872 | 035 | 207 | 793 | 827 | 59 |
| 2 | 408 | 493 | 507 | 914 | 236 | 365 | 635 | 871 | 048 | 222 | 778 | 827 | 58 |
| 3 | 422 | 508 | 492 | 914 | 250 | 380 | 620 | 870 | 062 | 236 | 764 | 826 | 57 |
| 4 | 436 | 523 | 477 | 913 | 263 | 394 | 606 | 869 | 075 | 250 | 750 | 825 | 56 |
| 5 | 449 | 537 | 463 | 912 | 277 | 408 | 592 | 869 | 089 | 264 | 736 | 824 | 55 |
| 6 | 463 | 552 | 448 | 911 | 291 | 423 | 577 | 868 | 102 | 278 | 722 | 824 | 54 |
| 7 | 477 | 567 | 433 | 911 | 304 | 437 | 563 | 867 | 115 | 292 | 708 | 823 | 53 |
| 8 | 491 | 581 | 419 | 910 | 318 | 452 | 548 | 867 | 129 | 306 | 694 | 822 | 52 |
| 9 | 505 | 596 | 404 | 909 | 332 | 466 | 534 | 866 | 142 | 321 | 679 | 822 | 51 |
| 10 | 519 | 611 | 389 | 909 | 345 | 480 | 520 | 865 | 155 | 335 | 665 | 821 | 50 |
| 11 | 533 | 625 | 375 | 908 | 359 | 495 | 505 | 864 | 169 | 349 | 651 | 820 | 49 |
| 12 | 547 | 640 | 360 | 907 | 373 | 509 | 491 | 864 | 182 | 363 | 637 | 819 | 48 |
| 13 | 561 | 654 | 346 | 906 | 386 | 523 | 477 | 863 | 196 | 377 | 623 | 819 | 47 |
| 14 | 575 | 669 | 331 | 906 | 400 | 538 | 462 | 862 | 209 | 391 | 609 | 818 | 46 |
| 15 | 589 | 684 | 316 | 905 | 413 | 552 | 448 | 861 | 222 | 405 | 595 | 817 | 45 |
| 16 | 602 | 698 | 302 | 904 | 427 | 566 | 434 | 861 | 236 | 419 | 581 | 816 | 44 |
| 17 | 616 | 713 | 287 | 904 | 441 | 581 | 419 | 860 | 249 | 433 | 567 | 816 | 43 |
| 18 | 630 | 727 | 273 | 903 | 454 | 595 | 405 | 859 | 262 | 447 | 553 | 815 | 42 |
| 19 | 644 | 742 | 258 | 902 | 468 | 609 | 391 | 858 | 276 | 462 | 538 | 814 | 41 |
| 20 | 658 | 757 | 243 | 901 | 481 | 624 | 376 | 858 | 289 | 476 | 524 | 813 | 40 |
| 21 | 672 | 771 | 229 | 901 | 495 | 638 | 362 | 857 | 302 | 490 | 510 | 813 | 39 |
| 22 | 686 | 786 | 214 | 900 | 509 | 652 | 348 | 856 | 316 | 504 | 496 | 812 | 38 |
| 23 | 700 | 800 | 200 | 899 | 522 | 667 | 333 | 856 | 329 | 518 | 482 | 811 | 37 |
| 24 | 713 | 815 | 185 | 898 | 536 | 681 | 319 | 855 | 342 | 532 | 468 | 810 | 36 |
| 25 | 727 | 829 | 171 | 898 | 549 | 695 | 305 | 854 | 355 | 546 | 454 | 810 | 35 |
| 26 | 741 | 844 | 156 | 897 | 563 | 710 | 290 | 853 | 369 | 560 | 440 | 809 | 34 |
| 27 | 755 | 859 | 141 | 896 | 577 | 724 | 276 | 853 | 382 | 574 | 426 | 808 | 33 |
| 28 | 769 | 873 | 127 | 896 | 590 | 738 | 262 | 852 | 395 | 588 | 412 | 807 | 32 |
| 29 | 783 | 888 | 112 | 895 | 604 | 752 | 248 | 851 | 409 | 602 | 398 | 807 | 31 |
| 30 | 796 | 902 | 098 | 894 | 617 | 767 | 233 | 850 | 422 | 616 | 384 | 806 | 30 |
| 31 | 810 | 917 | 083 | 893 | 631 | 781 | 219 | 850 | 435 | 630 | 370 | 805 | 29 |
| 32 | 824 | 931 | 069 | 893 | 644 | 795 | 205 | 849 | 449 | 644 | 356 | 804 | 28 |
| 33 | 838 | 946 | 054 | 892 | 658 | 810 | 190 | 848 | 462 | 658 | 342 | 804 | 27 |
| 34 | 852 | 960 | 040 | 891 | 671 | 824 | 176 | 847 | 475 | 672 | 328 | 803 | 26 |
| 35 | 865 | 975 | 025 | 891 | 685 | 838 | 162 | 847 | 488 | 686 | 314 | 802 | 25 |
| 36 | 879 | 989 | 011 | 890 | 698 | 852 | 148 | 846 | 502 | 700 | 300 | 801 | 24 |
| 37 | 893 | *004 | *996 | 889 | 712 | 867 | 133 | 845 | 515 | 714 | 286 | 801 | 23 |
| 38 | 907 | 018 | 982 | 888 | 725 | 881 | 119 | 845 | 528 | 728 | 272 | 800 | 22 |
| 39 | 921 | 033 | 967 | 888 | 739 | 895 | 105 | 844 | 541 | 742 | 258 | 799 | 21 |
| 40 | 934 | 047 | 953 | 887 | 752 | 909 | 091 | 843 | 555 | 756 | 244 | 798 | 20 |
| 41 | 948 | 062 | 938 | 886 | 766 | 924 | 076 | 842 | 568 | 770 | 230 | 798 | 19 |
| 42 | 962 | 076 | 924 | 885 | 779 | 938 | 062 | 842 | 581 | 784 | 216 | 797 | 18 |
| 43 | 976 | 091 | 909 | 885 | 793 | 952 | 048 | 841 | 594 | 798 | 202 | 796 | 17 |
| 44 | 989 | 105 | 895 | 884 | 806 | 966 | 034 | 840 | 608 | 812 | 188 | 795 | 16 |
| 45 | *003 | 120 | 880 | 883 | 820 | 981 | 019 | 839 | 621 | 826 | 174 | 794 | 15 |
| 46 | 017 | 134 | 866 | 883 | 833 | 995 | 005 | 839 | 634 | 840 | 160 | 794 | 14 |
| 47 | 031 | 149 | 851 | 882 | 847 | *009 | *991 | 838 | 647 | 854 | 146 | 793 | 13 |
| 48 | 044 | 163 | 837 | 881 | 860 | 023 | 977 | 837 | 660 | 868 | 132 | 792 | 12 |
| 49 | 058 | 178 | 822 | 880 | 874 | 037 | 963 | 836 | 674 | 882 | 118 | 791 | 11 |
| 50 | 072 | 192 | 808 | 880 | 887 | 052 | 948 | 836 | 687 | 896 | 104 | 791 | 10 |
| 51 | 085 | 207 | 793 | 879 | 901 | 066 | 934 | 835 | 700 | 910 | 090 | 790 | 9 |
| 52 | 099 | 221 | 779 | 878 | 914 | 080 | 920 | 834 | 713 | 924 | 076 | 789 | 8 |
| 53 | 113 | 235 | 765 | 877 | 928 | 094 | 906 | 833 | 726 | 938 | 062 | 788 | 7 |
| 54 | 127 | 250 | 750 | 877 | 941 | 108 | 892 | 833 | 740 | 952 | 048 | 788 | 6 |
| 55 | 140 | 264 | 736 | 876 | 954 | 122 | 878 | 832 | 753 | 966 | 034 | 787 | 5 |
| 56 | 154 | 279 | 721 | 875 | 968 | 137 | 863 | 831 | 766 | 980 | 020 | 786 | 4 |
| 57 | 168 | 293 | 707 | 875 | 981 | 151 | 849 | 830 | 779 | 994 | 006 | 785 | 3 |
| 58 | 181 | 308 | 692 | 874 | 995 | 165 | 835 | 830 | 792 | *008 | *992 | 785 | 2 |
| 59 | 195 | 322 | 678 | 873 | *008 | 179 | 821 | 829 | 805 | 021 | 979 | 784 | 1 |
| 60 | 209 | 336 | 664 | 872 | 022 | 193 | 807 | 828 | 819 | 035 | 965 | 783 | 0 |
| | 9.35 | 9.36 | 0.63 | 9.98 | 9.36 | 9.37 | 0.62 | 9.98 | 9.36 | 9.38 | 0.61 | 9.98 | |
| | cos | cotg | tang | sin | cos | cotg | tang | sin | cos | cotg | tang | sin | |
| | 5h 8m | | | | 5h 7m | | | | 5h 6m | | | | |

| | 15 |
|---|---|
| 1 | 1.5 |
| 2 | 3.0 |
| 3 | 4.5 |
| 4 | 6.0 |
| 5 | 7.5 |
| 6 | 9.0 |
| 7 | 10.5 |
| 8 | 12.0 |
| 9 | 13.5 |

| | 14 |
|---|---|
| 1 | 1.4 |
| 2 | 2.8 |
| 3 | 4.2 |
| 4 | 5.6 |
| 5 | 7.0 |
| 6 | 8.4 |
| 7 | 9.8 |
| 8 | 11.2 |
| 9 | 12.6 |

| | 13 |
|---|---|
| 1 | 1.3 |
| 2 | 2.6 |
| 3 | 3.9 |
| 4 | 5.2 |
| 5 | 6.5 |
| 6 | 7.8 |
| 7 | 9.1 |
| 8 | 10.4 |
| 9 | 11.7 |

| | $0^h\ 54^m$ | | | | $0^h\ 55^m$ | | | | $0^h\ 56^m$ | | | | |
|---|---|---|---|---|---|---|---|---|---|---|---|---|---|
| | sin | tang | cotg | cos | sin | tang | cotg | cos | sin | tang | cotg | cos | |
| | **9.36** | **9.38** | **0.61** | **9.98** | **9.37** | **9.38** | **0.61** | **9.98** | **9.38** | **9.39** | **0.60** | **9.98** | |
| $0^s$ | 819 | 035 | 965 | 783 | 600 | 863 | 137 | 737 | 368 | 677 | 323 | 690 | $60^s$ |
| 1 | 832 | 049 | 951 | 782 | 613 | 877 | 123 | 736 | 380 | 691 | 309 | 690 | 59 |
| 2 | 845 | 063 | 937 | 782 | 626 | 890 | 110 | 736 | 393 | 704 | 296 | 689 | 58 |
| 3 | 858 | 077 | 923 | 781 | 639 | 904 | 096 | 735 | 406 | 717 | 283 | 688 | 57 |
| 4 | 871 | 091 | 909 | 780 | 652 | 918 | 082 | 734 | 418 | 731 | 269 | 687 | 56 |
| 5 | 884 | 105 | 895 | 779 | 665 | 931 | 069 | 733 | 431 | 744 | 256 | 686 | 55 |
| 6 | 897 | 119 | 881 | 779 | 678 | 945 | 055 | 733 | 443 | 758 | 242 | 686 | 54 |
| 7 | 911 | 133 | 867 | 778 | 691 | 959 | 041 | 732 | 456 | 771 | 229 | 685 | 53 |
| 8 | 924 | 147 | 853 | 777 | 703 | 972 | 028 | 731 | 469 | 785 | 215 | 684 | 52 |
| 9 | 937 | 160 | 840 | 776 | 716 | 986 | 014 | 730 | 481 | 798 | 202 | 683 | 51 |
| 10 | 950 | 174 | 826 | 776 | 729 | *000 | 000 | 729 | 494 | 811 | 189 | 683 | 50 |
| 11 | 963 | 188 | 812 | 775 | 742 | 013 | *987 | 729 | 507 | 825 | 175 | 682 | 49 |
| 12 | 976 | 202 | 798 | 774 | 755 | 027 | 973 | 728 | 519 | 838 | 162 | 681 | 48 |
| 13 | 989 | 216 | 784 | 773 | 768 | 041 | 959 | 727 | 532 | 852 | 148 | 680 | 47 |
| 14 | *002 | 230 | 770 | 773 | 781 | 054 | 946 | 726 | 544 | 865 | 135 | 679 | 46 |
| 15 | 015 | 244 | 756 | 772 | 793 | 068 | 932 | 726 | 557 | 879 | 121 | 679 | 45 |
| 16 | 028 | 257 | 743 | 771 | 806 | 082 | 918 | 725 | 570 | 892 | 108 | 678 | 44 |
| 17 | 042 | 271 | 729 | 770 | 819 | 095 | 905 | 724 | 582 | 905 | 095 | 677 | 43 |
| 18 | 055 | 285 | 715 | 769 | 832 | 109 | 891 | 723 | 595 | 919 | 081 | 676 | 42 |
| 19 | 068 | 299 | 701 | 769 | 845 | 122 | 878 | 722 | 607 | 932 | 068 | 675 | 41 |
| 20 | 081 | 313 | 687 | 768 | 858 | 136 | 864 | 722 | 620 | 945 | 055 | 675 | 40 |
| 21 | 094 | 327 | 673 | 767 | 870 | 150 | 850 | 721 | 633 | 959 | 041 | 674 | 39 |
| 22 | 107 | 341 | 659 | 766 | 883 | 163 | 837 | 720 | 645 | 972 | 028 | 673 | 38 |
| 23 | 120 | 354 | 646 | 766 | 896 | 177 | 823 | 719 | 658 | 986 | 014 | 672 | 37 |
| 24 | 133 | 368 | 632 | 765 | 909 | 190 | 810 | 719 | 670 | 999 | 001 | 671 | 36 |
| 25 | 146 | 382 | 618 | 764 | 922 | 204 | 796 | 718 | 683 | *012 | *988 | 671 | 35 |
| 26 | 159 | 396 | 604 | 763 | 935 | 218 | 782 | 717 | 696 | 026 | 974 | 670 | 34 |
| 27 | 172 | 410 | 590 | 763 | 947 | 231 | 769 | 716 | 708 | 039 | 961 | 669 | 33 |
| 28 | 185 | 423 | 577 | 762 | 960 | 245 | 755 | 715 | 721 | 052 | 948 | 668 | 32 |
| 29 | 198 | 437 | 563 | 761 | 973 | 258 | 742 | 715 | 733 | 066 | 934 | 667 | 31 |
| 30 | 211 | 451 | 549 | 760 | 986 | 272 | 728 | 714 | 746 | 079 | 921 | 667 | 30 |
| 31 | 224 | 465 | 535 | 760 | 999 | 285 | 715 | 713 | 758 | 092 | 908 | 666 | 29 |
| 32 | 237 | 479 | 521 | 759 | *011 | 299 | 701 | 712 | 771 | 106 | 894 | 665 | 28 |
| 33 | 250 | 492 | 508 | 758 | 024 | 312 | 688 | 712 | 783 | 119 | 881 | 664 | 27 |
| 34 | 263 | 506 | 494 | 757 | 037 | 326 | 674 | 711 | 796 | 132 | 868 | 663 | 26 |
| 35 | 276 | 520 | 480 | 756 | 050 | 340 | 660 | 710 | 808 | 146 | 854 | 663 | 25 |
| 36 | 289 | 534 | 466 | 756 | 062 | 353 | 647 | 709 | 821 | 159 | 841 | 662 | 24 |
| 37 | 302 | 547 | 453 | 755 | 075 | 367 | 633 | 708 | 834 | 172 | 828 | 661 | 23 |
| 38 | 315 | 561 | 439 | 754 | 088 | 380 | 620 | 708 | 846 | 186 | 814 | 660 | 22 |
| 39 | 328 | 575 | 425 | 753 | 101 | 394 | 606 | 707 | 859 | 199 | 801 | 660 | 21 |
| 40 | 341 | 589 | 411 | 753 | 113 | 407 | 593 | 706 | 871 | 212 | 788 | 659 | 20 |
| 41 | 354 | 603 | 397 | 752 | 126 | 421 | 579 | 705 | 884 | 226 | 774 | 658 | 19 |
| 42 | 367 | 616 | 384 | 751 | 139 | 434 | 566 | 705 | 896 | 239 | 761 | 657 | 18 |
| 43 | 380 | 630 | 370 | 750 | 152 | 448 | 552 | 704 | 909 | 252 | 748 | 656 | 17 |
| 44 | 393 | 644 | 356 | 750 | 164 | 461 | 539 | 703 | 921 | 266 | 734 | 656 | 16 |
| 45 | 406 | 657 | 343 | 749 | 177 | 475 | 525 | 702 | 934 | 279 | 721 | 655 | 15 |
| 46 | 419 | 671 | 329 | 748 | 190 | 488 | 512 | 701 | 946 | 292 | 708 | 654 | 14 |
| 47 | 432 | 685 | 315 | 747 | 203 | 502 | 498 | 701 | 959 | 305 | 695 | 653 | 13 |
| 48 | 445 | 699 | 301 | 746 | 215 | 515 | 485 | 700 | 971 | 319 | 681 | 652 | 12 |
| 49 | 458 | 712 | 288 | 746 | 228 | 529 | 471 | 699 | 984 | 332 | 668 | 652 | 11 |
| 50 | 471 | 726 | 274 | 745 | 241 | 542 | 458 | 698 | 996 | 345 | 655 | 651 | 10 |
| 51 | 484 | 740 | 260 | 744 | 253 | 556 | 444 | 697 | *008 | 359 | 641 | 650 | 9 |
| 52 | 497 | 754 | 246 | 743 | 266 | 569 | 431 | 697 | 021 | 372 | 628 | 649 | 8 |
| 53 | 510 | 767 | 233 | 743 | 279 | 583 | 417 | 696 | 033 | 385 | 615 | 648 | 7 |
| 54 | 523 | 781 | 219 | 742 | 291 | 596 | 404 | 695 | 046 | 398 | 602 | 648 | 6 |
| 55 | 536 | 795 | 205 | 741 | 304 | 610 | 390 | 694 | 058 | 412 | 588 | 647 | 5 |
| 56 | 549 | 808 | 192 | 740 | 317 | 623 | 377 | 694 | 071 | 425 | 575 | 646 | 4 |
| 57 | 562 | 822 | 178 | 740 | 329 | 637 | 363 | 693 | 083 | 438 | 562 | 645 | 3 |
| 58 | 575 | 836 | 164 | 739 | 342 | 650 | 350 | 692 | 096 | 451 | 549 | 644 | 2 |
| 59 | 587 | 849 | 151 | 738 | 355 | 664 | 336 | 691 | 108 | 465 | 535 | 644 | 1 |
| 60 | 600 | 863 | 137 | 737 | 368 | 677 | 323 | 690 | 121 | 478 | 522 | 643 | 0 |
| | **9.37** | **9.38** | **0.61** | **9.98** | **9.38** | **9.39** | **0.60** | **9.98** | **9.39** | **9.40** | **0.59** | **9.98** | |
| | cos | cotg | tang | sin | cos | cotg | tang | sin | cos | cotg | tang | sin | |
| | $5^h\ 5^m$ | | | | $5^h\ 4^m$ | | | | $5^h\ 3^m$ | | | | |

| | **14** |
|---|---|
| 1 | 1.4 |
| 2 | 2.8 |
| 3 | 4.2 |
| 4 | 5.6 |
| 5 | 7.0 |
| 6 | 8.4 |
| 7 | 9.8 |
| 8 | 11.2 |
| 9 | 12.6 |

| | **13** |
|---|---|
| 1 | 1.3 |
| 2 | 2.6 |
| 3 | 3.9 |
| 4 | 5.2 |
| 5 | 6.5 |
| 6 | 7.8 |
| 7 | 9.1 |
| 8 | 10.4 |
| 9 | 11.7 |

| | **12** |
|---|---|
| 1 | 1.2 |
| 2 | 2.4 |
| 3 | 3.6 |
| 4 | 4.8 |
| 5 | 6.0 |
| 6 | 7.2 |
| 7 | 8.4 |
| 8 | 9.6 |
| 9 | 10.8 |

| | 0h 57m | | | | 0h 58m | | | | 0h 59m | | | | |
|---|---|---|---|---|---|---|---|---|---|---|---|---|---|
| | sin | tang | cotg | cos | sin | tang | cotg | cos | sin | tang | cotg | cos | |
| | **9.39** | **9.40** | **0.59** | **9.98** | **9.39** | **9.41** | **0.58** | **9.98** | **9.40** | **9.42** | **0.57** | **9.98** | |
| **0s** | 121 | 478 | 522 | 643 | 860 | 266 | 734 | 594 | 586 | 041 | 959 | 545 | **60s** |
| 1 | 133 | 491 | 509 | 642 | 872 | 279 | 721 | 593 | 598 | 054 | 946 | 544 | 59 |
| 2 | 145 | 504 | 496 | 641 | 884 | 292 | 708 | 593 | 610 | 067 | 933 | 543 | 58 |
| 3 | 158 | 518 | 482 | 640 | 897 | 305 | 695 | 592 | 622 | 080 | 920 | 542 | 57 |
| 4 | 170 | 531 | 469 | 640 | 909 | 318 | 682 | 591 | 634 | 093 | 907 | 541 | 56 |
| 5 | 183 | 544 | 456 | 639 | 921 | 331 | 669 | 590 | 646 | 106 | 894 | 541 | 55 |
| 6 | 195 | 557 | 443 | 638 | 933 | 344 | 656 | 589 | 658 | 118 | 882 | 540 | 54 |
| 7 | 208 | 570 | 430 | 637 | 945 | 357 | 643 | 588 | 670 | 131 | 869 | 539 | 53 |
| 8 | 220 | 584 | 416 | 636 | 958 | 370 | 630 | 588 | 682 | 144 | 856 | 538 | 52 |
| 9 | 232 | 597 | 403 | 635 | 970 | 383 | 617 | 587 | 694 | 157 | 843 | 537 | 51 |
| **10** | 245 | 610 | 390 | 635 | 982 | 396 | 604 | 586 | 706 | 170 | 830 | 536 | **50** |
| 11 | 257 | 623 | 377 | 634 | 994 | 409 | 591 | 585 | 718 | 182 | 818 | 536 | 49 |
| 12 | 270 | 636 | 364 | 633 | *006 | 422 | 578 | 584 | 730 | 195 | 805 | 535 | 48 |
| 13 | 282 | 650 | 350 | 632 | 018 | 435 | 565 | 584 | 742 | 208 | 792 | 534 | 47 |
| 14 | 294 | 663 | 337 | 631 | 031 | 448 | 552 | 583 | 754 | 221 | 779 | 533 | 46 |
| 15 | 307 | 676 | 324 | 631 | 043 | 461 | 539 | 582 | 766 | 234 | 766 | 532 | 45 |
| 16 | 319 | 689 | 311 | 630 | 055 | 474 | 526 | 581 | 778 | 246 | 754 | 531 | 44 |
| 17 | 331 | 702 | 298 | 629 | 067 | 487 | 513 | 580 | 790 | 259 | 741 | 531 | 43 |
| 18 | 344 | 716 | 284 | 628 | 079 | 500 | 500 | 579 | 802 | 272 | 728 | 530 | 42 |
| 19 | 356 | 729 | 271 | 627 | 091 | 513 | 487 | 579 | 813 | 285 | 715 | 529 | 41 |
| **20** | 369 | 742 | 258 | 627 | 103 | 526 | 474 | 578 | 825 | 297 | 703 | 528 | **40** |
| 21 | 381 | 755 | 245 | 626 | 116 | 539 | 461 | 577 | 837 | 310 | 690 | 527 | 39 |
| 22 | 393 | 768 | 232 | 625 | 128 | 552 | 448 | 576 | 849 | 323 | 677 | 526 | 38 |
| 23 | 406 | 781 | 219 | 624 | 140 | 565 | 435 | 575 | 861 | 336 | 664 | 526 | 37 |
| 24 | 418 | 795 | 205 | 623 | 152 | 578 | 422 | 574 | 873 | 348 | 652 | 525 | 36 |
| 25 | 430 | 808 | 192 | 623 | 164 | 590 | 410 | 574 | 885 | 361 | 639 | 524 | 35 |
| 26 | 443 | 821 | 179 | 622 | 176 | 603 | 397 | 573 | 897 | 374 | 626 | 523 | 34 |
| 27 | 455 | 834 | 166 | 621 | 188 | 616 | 384 | 572 | 909 | 387 | 613 | 522 | 33 |
| 28 | 467 | 847 | 153 | 620 | 200 | 629 | 371 | 571 | 921 | 399 | 601 | 521 | 32 |
| 29 | 480 | 860 | 140 | 619 | 213 | 642 | 358 | 570 | 933 | 412 | 588 | 520 | 31 |
| **30** | 492 | 873 | 127 | 619 | 225 | 655 | 345 | 570 | 944 | 425 | 575 | 520 | **30** |
| 31 | 504 | 887 | 113 | 618 | 237 | 668 | 332 | 569 | 956 | 438 | 562 | 519 | 29 |
| 32 | 517 | 900 | 100 | 617 | 249 | 681 | 319 | 568 | 968 | 450 | 550 | 518 | 28 |
| 33 | 529 | 913 | 087 | 616 | 261 | 694 | 306 | 567 | 980 | 463 | 537 | 517 | 27 |
| 34 | 541 | 926 | 074 | 615 | 273 | 707 | 293 | 566 | 992 | 476 | 524 | 516 | 26 |
| 35 | 554 | 939 | 061 | 615 | 285 | 720 | 280 | 565 | *004 | 488 | 512 | 515 | 25 |
| 36 | 566 | 952 | 048 | 614 | 297 | 733 | 267 | 565 | 016 | 501 | 499 | 515 | 24 |
| 37 | 578 | 965 | 035 | 613 | 309 | 746 | 254 | 564 | 028 | 514 | 486 | 514 | 23 |
| 38 | 590 | 978 | 022 | 612 | 321 | 758 | 242 | 563 | 039 | 527 | 473 | 513 | 22 |
| 39 | 603 | 991 | 009 | 611 | 333 | 771 | 229 | 562 | 051 | 539 | 461 | 512 | 21 |
| **40** | 615 | *005 | *995 | 610 | 346 | 784 | 216 | 561 | 063 | 552 | 448 | 511 | **20** |
| 41 | 627 | 018 | 982 | 610 | 358 | 797 | 203 | 560 | 075 | 565 | 435 | 510 | 19 |
| 42 | 640 | 031 | 969 | 609 | 370 | 810 | 190 | 560 | 087 | 577 | 423 | 510 | 18 |
| 43 | 652 | 044 | 956 | 608 | 382 | 823 | 177 | 559 | 099 | 590 | 410 | 509 | 17 |
| 44 | 664 | 057 | 943 | 607 | 394 | 836 | 164 | 558 | 111 | 603 | 397 | 508 | 16 |
| 45 | 676 | 070 | 930 | 606 | 406 | 849 | 151 | 557 | 122 | 615 | 385 | 507 | 15 |
| 46 | 689 | 083 | 917 | 606 | 418 | 862 | 138 | 556 | 134 | 628 | 372 | 506 | 14 |
| 47 | 701 | 096 | 904 | 605 | 430 | 874 | 126 | 555 | 146 | 641 | 359 | 505 | 13 |
| 48 | 713 | 109 | 891 | 604 | 442 | 887 | 113 | 555 | 158 | 653 | 347 | 505 | 12 |
| 49 | 725 | 122 | 878 | 603 | 454 | 900 | 100 | 554 | 170 | 666 | 334 | 504 | 11 |
| **50** | 738 | 135 | 865 | 602 | 466 | 913 | 087 | 553 | 182 | 679 | 321 | 503 | **10** |
| 51 | 750 | 148 | 852 | 602 | 478 | 926 | 074 | 552 | 193 | 691 | 309 | 502 | 9 |
| 52 | 762 | 161 | 839 | 601 | 490 | 939 | 061 | 551 | 205 | 704 | 296 | 501 | 8 |
| 53 | 774 | 175 | 825 | 600 | 502 | 952 | 048 | 551 | 217 | 717 | 283 | 500 | 7 |
| 54 | 787 | 188 | 812 | 599 | 514 | 964 | 036 | 550 | 229 | 729 | 271 | 499 | 6 |
| 55 | 799 | 201 | 799 | 598 | 526 | 977 | 023 | 549 | 241 | 742 | 258 | 499 | 5 |
| 56 | 811 | 214 | 786 | 597 | 538 | 990 | 010 | 548 | 252 | 755 | 245 | 498 | 4 |
| 57 | 823 | 227 | 773 | 597 | 550 | *003 | *997 | 547 | 264 | 767 | 233 | 497 | 3 |
| 58 | 836 | 240 | 760 | 596 | 562 | 016 | 984 | 546 | 276 | 780 | 220 | 496 | 2 |
| 59 | 848 | 253 | 747 | 595 | 574 | 029 | 971 | 546 | 288 | 793 | 207 | 495 | 1 |
| **60** | 860 | 266 | 734 | 594 | 586 | 041 | 959 | 545 | 300 | 805 | 195 | 494 | **0** |
| | **9.39** | **9.41** | **0.58** | **9.98** | **9.40** | **9.42** | **0.57** | **9.98** | **9.41** | **9.42** | **0.57** | **9.98** | |
| | cos | cotg | tang | sin | cos | cotg | tang | sin | cos | cotg | tang | sin | |
| | 5h 2m | | | | 5h 1m | | | | 5h 0m | | | | |

| | **14** |
|---|---|
| 1 | 1.4 |
| 2 | 2.8 |
| 3 | 4.2 |
| 4 | 5.6 |
| 5 | 7.0 |
| 6 | 8.4 |
| 7 | 9.8 |
| 8 | 11.2 |
| 9 | 12.6 |

| | **13** |
|---|---|
| 1 | 1.3 |
| 2 | 2.6 |
| 3 | 3.9 |
| 4 | 5.2 |
| 5 | 6.5 |
| 6 | 7.8 |
| 7 | 9.1 |
| 8 | 10.4 |
| 9 | 11.7 |

| | **12** |
|---|---|
| 1 | 1.2 |
| 2 | 2.4 |
| 3 | 3.6 |
| 4 | 4.8 |
| 5 | 6.0 |
| 6 | 7.2 |
| 7 | 8.4 |
| 8 | 9.6 |
| 9 | 10.8 |

| | **11** |
|---|---|
| 1 | 1.1 |
| 2 | 2.2 |
| 3 | 3.3 |
| 4 | 4.4 |
| 5 | 5.5 |
| 6 | 6.6 |
| 7 | 7.7 |
| 8 | 8.8 |
| 9 | 9.9 |

| | 1ʰ 0ᵐ | | | | 1ʰ 1ᵐ | | | | 1ʰ 2ᵐ | | | | |
|---|---|---|---|---|---|---|---|---|---|---|---|---|---|
| | sin | tang | cotg | cos | sin | tang | cotg | cos | sin | tang | cotg | cos | |
| | **9.41** | **9.42** | **0.57** | **9.98** | **9.42** | **9.43** | **0.56** | **9.98** | **9.42** | **9.44** | **0.55** | **9.98** | |
| $0^s$ | 300 | 805 | 195 | 494 | 001 | 558 | 442 | 443 | 690 | 299 | 701 | 391 | $60^s$ |
| 1 | 311 | 818 | 182 | 494 | 012 | 570 | 430 | 442 | 701 | 311 | 689 | 390 | 59 |
| 2 | 323 | 831 | 169 | 493 | 024 | 582 | 418 | 441 | 713 | 323 | 677 | 389 | 58 |
| 3 | 335 | 843 | 157 | 492 | 035 | 595 | 405 | 441 | 724 | 336 | 664 | 388 | 57 |
| 4 | 347 | 856 | 144 | 491 | 047 | 607 | 393 | 440 | 735 | 348 | 652 | 388 | 56 |
| 5 | 359 | 868 | 132 | 490 | 059 | 620 | 380 | 439 | 747 | 360 | 640 | 387 | 55 |
| 6 | 370 | 881 | 119 | 489 | 070 | 632 | 368 | 438 | 758 | 372 | 628 | 386 | 54 |
| 7 | 382 | 894 | 106 | 488 | 082 | 645 | 355 | 437 | 770 | 385 | 615 | 385 | 53 |
| 8 | 394 | 906 | 094 | 488 | 093 | 657 | 343 | 436 | 781 | 397 | 603 | 384 | 52 |
| 9 | 406 | 919 | 081 | 487 | 105 | 669 | 331 | 435 | 792 | 409 | 591 | 383 | 51 |
| **10** | 417 | 931 | 069 | 486 | 116 | 682 | 318 | 435 | 804 | 421 | 579 | 382 | **50** |
| 11 | 429 | 944 | 056 | 485 | 128 | 694 | 306 | 434 | 815 | 434 | 566 | 381 | 49 |
| 12 | 441 | 957 | 043 | 484 | 140 | 707 | 293 | 433 | 826 | 446 | 554 | 381 | 48 |
| 13 | 453 | 969 | 031 | 483 | 151 | 719 | 281 | 432 | 838 | 458 | 542 | 380 | 47 |
| 14 | 464 | 982 | 018 | 483 | 163 | 732 | 268 | 431 | 849 | 470 | 530 | 379 | 46 |
| 15 | 476 | 994 | 006 | 482 | 174 | 744 | 256 | 430 | 860 | 482 | 518 | 378 | 45 |
| 16 | 488 | *007 | *993 | 481 | 186 | 756 | 244 | 429 | 872 | 495 | 505 | 377 | 44 |
| 17 | 500 | 020 | 980 | 480 | 197 | 769 | 231 | 428 | 883 | 507 | 493 | 376 | 43 |
| 18 | 511 | 032 | 968 | 479 | 209 | 781 | 219 | 428 | 894 | 519 | 481 | 375 | 42 |
| 19 | 523 | 045 | 955 | 478 | 220 | 793 | 207 | 427 | 906 | 531 | 469 | 374 | 41 |
| **20** | 535 | 057 | 943 | 477 | 232 | 806 | 194 | 426 | 917 | 544 | 456 | 373 | **40** |
| 21 | 546 | 070 | 930 | 477 | 243 | 818 | 182 | 425 | 928 | 556 | 444 | 373 | 39 |
| 22 | 558 | 082 | 918 | 476 | 255 | 831 | 169 | 424 | 940 | 568 | 432 | 372 | 38 |
| 23 | 570 | 095 | 905 | 475 | 266 | 843 | 157 | 423 | 951 | 580 | 420 | 371 | 37 |
| 24 | 582 | 108 | 892 | 474 | 278 | 855 | 145 | 422 | 962 | 592 | 408 | 370 | 36 |
| 25 | 593 | 120 | 880 | 473 | 289 | 868 | 132 | 422 | 974 | 605 | 395 | 369 | 35 |
| 26 | 605 | 133 | 867 | 472 | 301 | 880 | 120 | 421 | 985 | 617 | 383 | 368 | 34 |
| 27 | 617 | 145 | 855 | 471 | 312 | 892 | 108 | 420 | 996 | 629 | 371 | 367 | 33 |
| 28 | 628 | 158 | 842 | 471 | 324 | 905 | 095 | 419 | *008 | 641 | 359 | 366 | 32 |
| 29 | 640 | 170 | 830 | 470 | 335 | 917 | 083 | 418 | 019 | 653 | 347 | 366 | 31 |
| **30** | 652 | 183 | 817 | 469 | 347 | 930 | 070 | 417 | 030 | 665 | 335 | 365 | **30** |
| 31 | 663 | 195 | 805 | 468 | 358 | 942 | 058 | 416 | 041 | 678 | 322 | 364 | 29 |
| 32 | 675 | 208 | 792 | 467 | 370 | 954 | 046 | 415 | 053 | 690 | 310 | 363 | 28 |
| 33 | 687 | 220 | 780 | 466 | 381 | 967 | 033 | 415 | 064 | 702 | 298 | 362 | 27 |
| 34 | 698 | 233 | 767 | 465 | 393 | 979 | 021 | 414 | 075 | 714 | 286 | 361 | 26 |
| 35 | 710 | 245 | 755 | 465 | 404 | 991 | 009 | 413 | 087 | 726 | 274 | 360 | 25 |
| 36 | 722 | 258 | 742 | 464 | 416 | *004 | *996 | 412 | 098 | 738 | 262 | 359 | 24 |
| 37 | 733 | 271 | 729 | 463 | 427 | 016 | 984 | 411 | 109 | 751 | 249 | 358 | 23 |
| 38 | 745 | 283 | 717 | 462 | 439 | 028 | 972 | 410 | 120 | 763 | 237 | 358 | 22 |
| 39 | 757 | 296 | 704 | 461 | 450 | 041 | 959 | 409 | 132 | 775 | 225 | 357 | 21 |
| **40** | 768 | 308 | 692 | 460 | 461 | 053 | 947 | 409 | 143 | 787 | 213 | 356 | **20** |
| 41 | 780 | 321 | 679 | 459 | 473 | 065 | 935 | 408 | 154 | 799 | 201 | 355 | 19 |
| 42 | 792 | 333 | 667 | 459 | 484 | 078 | 922 | 407 | 165 | 811 | 189 | 354 | 18 |
| 43 | 803 | 346 | 654 | 458 | 496 | 090 | 910 | 406 | 177 | 823 | 177 | 353 | 17 |
| 44 | 815 | 358 | 642 | 457 | 507 | 102 | 898 | 405 | 188 | 836 | 164 | 352 | 16 |
| 45 | 827 | 371 | 629 | 456 | 519 | 115 | 885 | 404 | 199 | 848 | 152 | 351 | 15 |
| 46 | 838 | 383 | 617 | 455 | 530 | 127 | 873 | 403 | 210 | 860 | 140 | 350 | 14 |
| 47 | 850 | 396 | 604 | 454 | 542 | 139 | 861 | 402 | 222 | 872 | 128 | 350 | 13 |
| 48 | 861 | 408 | 592 | 453 | 553 | 151 | 849 | 402 | 233 | 884 | 116 | 349 | 12 |
| 49 | 873 | 420 | 580 | 453 | 564 | 164 | 836 | 401 | 244 | 896 | 104 | 348 | 11 |
| **50** | 885 | 433 | 567 | 452 | 576 | 176 | 824 | 400 | 255 | 908 | 092 | 347 | **10** |
| 51 | 896 | 445 | 555 | 451 | 587 | 188 | 812 | 399 | 267 | 920 | 080 | 346 | 9 |
| 52 | 908 | 458 | 542 | 450 | 599 | 201 | 799 | 398 | 278 | 933 | 067 | 345 | 8 |
| 53 | 920 | 470 | 530 | 449 | 610 | 213 | 787 | 397 | 289 | 945 | 055 | 344 | 7 |
| 54 | 931 | 483 | 517 | 448 | 621 | 225 | 775 | 396 | 300 | 957 | 043 | 343 | 6 |
| 55 | 943 | 495 | 505 | 447 | 633 | 237 | 763 | 395 | 311 | 969 | 031 | 343 | 5 |
| 56 | 954 | 508 | 492 | 447 | 644 | 250 | 750 | 395 | 323 | 981 | 019 | 342 | 4 |
| 57 | 966 | 520 | 480 | 446 | 656 | 262 | 738 | 394 | 334 | 993 | 007 | 341 | 3 |
| 58 | 978 | 533 | 467 | 445 | 667 | 274 | 726 | 393 | 345 | *005 | *995 | 340 | 2 |
| 59 | 989 | 545 | 455 | 444 | 678 | 287 | 713 | 392 | 356 | 017 | 983 | 339 | 1 |
| **60** | *001 | 558 | 442 | 443 | 690 | 299 | 701 | 391 | 367 | 029 | 971 | 338 | **0** |
| | **9.42** | **9.43** | **0.56** | **9.98** | **9.42** | **9.44** | **0.55** | **9.98** | **9.43** | **9.45** | **0.54** | **9.98** | |
| | cos | cotg | tang | sin | cos | cotg | tang | sin | cos | cotg | tang | sin | |
| | 4ʰ 59ᵐ | | | | 4ʰ 58ᵐ | | | | 4ʰ 57ᵐ | | | | |

| | 13 |
|---|---|
| 1 | 1.3 |
| 2 | 2.6 |
| 3 | 3.9 |
| 4 | 5.2 |
| 5 | 6.5 |
| 6 | 7.8 |
| 7 | 9.1 |
| 8 | 10.4 |
| 9 | 11.7 |

| | 12 |
|---|---|
| 1 | 1.2 |
| 2 | 2.4 |
| 3 | 3.6 |
| 4 | 4.8 |
| 5 | 6.0 |
| 6 | 7.2 |
| 7 | 8.4 |
| 8 | 9.6 |
| 9 | 10.8 |

| | 11 |
|---|---|
| 1 | 1.1 |
| 2 | 2.2 |
| 3 | 3.3 |
| 4 | 4.4 |
| 5 | 5.5 |
| 6 | 6.6 |
| 7 | 7.7 |
| 8 | 8.8 |
| 9 | 9.9 |

| s | $1^h\,3^m$ sin | tang | cotg | cos | $1^h\,4^m$ sin | tang | cotg | cos | $1^h\,5^m$ sin | tang | cotg | cos | s |
|---|---|---|---|---|---|---|---|---|---|---|---|---|---|
| | **9.43** | **9.45** | **0.54** | **9.98** | **9.44** | **9.45** | **0.54** | **9.98** | **9.44** | **9.46** | **0.53** | **9.98** | |
| **0**s | 367 | 029 | 971 | 338 | 034 | 750 | 250 | 284 | 689 | 460 | 540 | 229 | **60**s |
| 1 | 379 | 041 | 959 | 337 | 045 | 762 | 238 | 283 | 700 | 472 | 528 | 228 | 59 |
| 2 | 390 | 054 | 946 | 336 | 056 | 773 | 227 | 282 | 711 | 483 | 517 | 228 | 58 |
| 3 | 401 | 066 | 934 | 335 | 067 | 785 | 215 | 281 | 722 | 495 | 505 | 227 | 57 |
| 4 | 412 | 078 | 922 | 334 | 078 | 797 | 203 | 281 | 733 | 507 | 493 | 226 | 56 |
| 5 | 423 | 090 | 910 | 334 | 089 | 809 | 191 | 280 | 743 | 519 | 481 | 225 | 55 |
| 6 | 435 | 102 | 898 | 333 | 100 | 821 | 179 | 279 | 754 | 530 | 470 | 224 | 54 |
| 7 | 446 | 114 | 886 | 332 | 111 | 833 | 167 | 278 | 765 | 542 | 458 | 223 | 53 |
| 8 | 457 | 126 | 874 | 331 | 122 | 845 | 155 | 277 | 776 | 554 | 446 | 222 | 52 |
| 9 | 468 | 138 | 862 | 330 | 133 | 857 | 143 | 276 | 787 | 566 | 434 | 221 | 51 |
| **10** | 479 | 150 | 850 | 329 | 144 | 869 | 131 | 275 | 797 | 577 | 423 | 220 | **50** |
| 11 | 490 | 162 | 838 | 328 | 155 | 881 | 119 | 274 | 808 | 589 | 411 | 219 | 49 |
| 12 | 502 | 174 | 826 | 327 | 166 | 892 | 108 | 273 | 819 | 601 | 399 | 218 | 48 |
| 13 | 513 | 186 | 814 | 326 | 177 | 904 | 096 | 272 | 830 | 612 | 388 | 217 | 47 |
| 14 | 524 | 198 | 802 | 326 | 188 | 916 | 084 | 271 | 841 | 624 | 376 | 216 | 46 |
| 15 | 535 | 210 | 790 | 325 | 199 | 928 | 072 | 271 | 851 | 636 | 364 | 216 | 45 |
| 16 | 546 | 222 | 778 | 324 | 210 | 940 | 060 | 270 | 862 | 648 | 352 | 215 | 44 |
| 17 | 557 | 235 | 765 | 323 | 221 | 952 | 048 | 269 | 873 | 659 | 341 | 214 | 43 |
| 18 | 569 | 247 | 753 | 322 | 232 | 964 | 036 | 268 | 884 | 671 | 329 | 213 | 42 |
| 19 | 580 | 259 | 741 | 321 | 243 | 976 | 024 | 267 | 895 | 683 | 317 | 212 | 41 |
| **20** | 591 | 271 | 729 | 320 | 253 | 987 | 013 | 266 | 905 | 694 | 306 | 211 | **40** |
| 21 | 602 | 283 | 717 | 319 | 264 | 999 | 001 | 265 | 916 | 706 | 294 | 210 | 39 |
| 22 | 613 | 295 | 705 | 318 | 275 | *011 | *989 | 264 | 927 | 718 | 282 | 209 | 38 |
| 23 | 624 | 307 | 693 | 318 | 286 | 023 | 977 | 263 | 938 | 730 | 270 | 208 | 37 |
| 24 | 635 | 319 | 681 | 317 | 297 | 035 | 965 | 262 | 948 | 741 | 259 | 207 | 36 |
| 25 | 646 | 331 | 669 | 316 | 308 | 047 | 953 | 261 | 959 | 753 | 247 | 206 | 35 |
| 26 | 658 | 343 | 657 | 315 | 319 | 059 | 941 | 261 | 970 | 765 | 235 | 205 | 34 |
| 27 | 669 | 355 | 645 | 314 | 330 | 070 | 930 | 260 | 981 | 776 | 224 | 204 | 33 |
| 28 | 680 | 367 | 633 | 313 | 341 | 082 | 918 | 259 | 992 | 788 | 212 | 204 | 32 |
| 29 | 691 | 379 | 621 | 312 | 352 | 094 | 906 | 258 | *002 | 800 | 200 | 203 | 31 |
| **30** | 702 | 391 | 609 | 311 | 363 | 106 | 894 | 257 | 013 | 811 | 189 | 202 | **30** |
| 31 | 713 | 403 | 597 | 310 | 374 | 118 | 882 | 256 | 024 | 823 | 177 | 201 | 29 |
| 32 | 724 | 415 | 585 | 309 | 385 | 130 | 870 | 255 | 035 | 835 | 165 | 200 | 28 |
| 33 | 735 | 427 | 573 | 309 | 396 | 141 | 859 | 254 | 045 | 846 | 154 | 199 | 27 |
| 34 | 746 | 439 | 561 | 308 | 407 | 153 | 847 | 253 | 056 | 858 | 142 | 198 | 26 |
| 35 | 758 | 451 | 549 | 307 | 417 | 165 | 835 | 252 | 067 | 870 | 130 | 197 | 25 |
| 36 | 769 | 463 | 537 | 306 | 428 | 177 | 823 | 251 | 077 | 881 | 119 | 196 | 24 |
| 37 | 780 | 475 | 525 | 305 | 439 | 189 | 811 | 250 | 088 | 893 | 107 | 195 | 23 |
| 38 | 791 | 487 | 513 | 304 | 450 | 201 | 799 | 250 | 099 | 905 | 095 | 194 | 22 |
| 39 | 802 | 499 | 501 | 303 | 461 | 212 | 788 | 249 | 110 | 916 | 084 | 193 | 21 |
| **40** | 813 | 511 | 489 | 302 | 472 | 224 | 776 | 248 | 120 | 928 | 072 | 192 | **20** |
| 41 | 824 | 523 | 477 | 301 | 483 | 236 | 764 | 247 | 131 | 940 | 060 | 191 | 19 |
| 42 | 835 | 535 | 465 | 300 | 494 | 248 | 752 | 246 | 142 | 951 | 049 | 190 | 18 |
| 43 | 846 | 547 | 453 | 300 | 505 | 260 | 740 | 245 | 153 | 963 | 037 | 190 | 17 |
| 44 | 857 | 559 | 441 | 299 | 516 | 271 | 729 | 244 | 163 | 975 | 025 | 189 | 16 |
| 45 | 868 | 571 | 429 | 298 | 526 | 283 | 717 | 243 | 174 | 986 | 014 | 188 | 15 |
| 46 | 879 | 582 | 418 | 297 | 537 | 295 | 705 | 242 | 185 | 998 | 002 | 187 | 14 |
| 47 | 890 | 594 | 406 | 296 | 548 | 307 | 693 | 241 | 195 | *009 | *991 | 186 | 13 |
| 48 | 901 | 606 | 394 | 295 | 559 | 319 | 681 | 240 | 206 | 021 | 979 | 185 | 12 |
| 49 | 912 | 618 | 382 | 294 | 570 | 330 | 670 | 239 | 217 | 033 | 967 | 184 | 11 |
| **50** | 924 | 630 | 370 | 293 | 581 | 342 | 658 | 239 | 227 | 044 | 956 | 183 | **10** |
| 51 | 935 | 642 | 358 | 292 | 592 | 354 | 646 | 238 | 238 | 056 | 944 | 182 | 9 |
| 52 | 946 | 654 | 346 | 291 | 602 | 366 | 634 | 237 | 249 | 068 | 932 | 181 | 8 |
| 53 | 957 | 666 | 334 | 290 | 613 | 378 | 622 | 236 | 259 | 079 | 921 | 180 | 7 |
| 54 | 968 | 678 | 322 | 290 | 624 | 389 | 611 | 235 | 270 | 091 | 909 | 179 | 6 |
| 55 | 979 | 690 | 310 | 289 | 635 | 401 | 599 | 234 | 281 | 102 | 898 | 178 | 5 |
| 56 | 990 | 702 | 298 | 288 | 646 | 413 | 587 | 233 | 292 | 114 | 886 | 177 | 4 |
| 57 | *001 | 714 | 286 | 287 | 657 | 425 | 575 | 232 | 302 | 126 | 874 | 177 | 3 |
| 58 | 012 | 726 | 274 | 286 | 668 | 436 | 564 | 231 | 313 | 137 | 863 | 176 | 2 |
| 59 | 023 | 738 | 262 | 285 | 678 | 448 | 552 | 230 | 324 | 149 | 851 | 175 | 1 |
| **60** | 034 | 750 | 250 | 284 | 689 | 460 | 540 | 229 | 334 | 160 | 840 | 174 | **0** |
| | **9.44** | **9.45** | **0.54** | **9.98** | **9.44** | **9.46** | **0.53** | **9.98** | **9.45** | **9.47** | **0.52** | **9.98** | |
| | cos | cotg | tang | sin | cos | cotg | tang | sin | cos | cotg | tang | sin | |
| | $4^h\,56^m$ | | | | $4^h\,55^m$ | | | | $4^h\,54^m$ | | | | |

| | **13** |
|---|---|
| 1 | 1.3 |
| 2 | 2.6 |
| 3 | 3.9 |
| 4 | 5.2 |
| 5 | 6.5 |
| 6 | 7.8 |
| 7 | 9.1 |
| 8 | 10.4 |
| 9 | 11.7 |

| | **12** |
|---|---|
| 1 | 1.2 |
| 2 | 2.4 |
| 3 | 3.6 |
| 4 | 4.8 |
| 5 | 6.0 |
| 6 | 7.2 |
| 7 | 8.4 |
| 8 | 9.6 |
| 9 | 10.8 |

| | **11** |
|---|---|
| 1 | 1.1 |
| 2 | 2.2 |
| 3 | 3.3 |
| 4 | 4.4 |
| 5 | 5.5 |
| 6 | 6.6 |
| 7 | 7.7 |
| 8 | 8.8 |
| 9 | 9.9 |

| | **10** |
|---|---|
| 1 | 1.0 |
| 2 | 2,0 |
| 3 | 3.0 |
| 4 | 4.0 |
| 5 | 5.0 |
| 6 | 6.0 |
| 7 | 7.0 |
| 8 | 8.0 |
| 9 | 9.0 |

| | $1^h 6^m$ | | | | $1^h 7^m$ | | | | $1^h 8^m$ | | | | |
|---|---|---|---|---|---|---|---|---|---|---|---|---|---|
| | sin | tang | cotg | cos | sin | tang | cotg | cos | sin | tang | cotg | cos | |
| | **9.45** | **9.47** | **0.52** | **9.98** | **9.45** | **9.47** | **0.52** | **9.98** | **9.46** | **9.48** | **0.51** | **9.98** | |
| **0ˢ** | 334 | 160 | 840 | 174 | 969 | 852 | 148 | 117 | 594 | 534 | 466 | 060 | **60ˢ** |
| 1 | 345 | 172 | 828 | 173 | 979 | 863 | 137 | 116 | 604 | 545 | 455 | 059 | 59 |
| 2 | 355 | 184 | 816 | 172 | 990 | 875 | 125 | 115 | 614 | 556 | 444 | 058 | 58 |
| 3 | 366 | 195 | 805 | 171 | *000 | 886 | 114 | 114 | 625 | 568 | 432 | 057 | 57 |
| 4 | 377 | 207 | 793 | 170 | 011 | 897 | 103 | 113 | 635 | 579 | 421 | 056 | 56 |
| 5 | 387 | 218 | 782 | 169 | 021 | 909 | 091 | 112 | 645 | 590 | 410 | 055 | 55 |
| 6 | 398 | 230 | 770 | 168 | 032 | 920 | 080 | 111 | 655 | 602 | 398 | 054 | 54 |
| 7 | 409 | 242 | 758 | 167 | 042 | 932 | 068 | 110 | 666 | 613 | 387 | 053 | 53 |
| 8 | 419 | 253 | 747 | 166 | 053 | 943 | 057 | 110 | 676 | 624 | 376 | 052 | 52 |
| 9 | 430 | 265 | 735 | 165 | 063 | 955 | 045 | 109 | 686 | 635 | 365 | 051 | 51 |
| **10** | 441 | 276 | 724 | 164 | 074 | 966 | 034 | 108 | 697 | 647 | 353 | 050 | **50** |
| 11 | 451 | 288 | 712 | 163 | 084 | 977 | 023 | 107 | 707 | 658 | 342 | 049 | 49 |
| 12 | 462 | 299 | 701 | 162 | 095 | 989 | 011 | 106 | 717 | 669 | 331 | 048 | 48 |
| 13 | 473 | 311 | 689 | 162 | 105 | *000 | 000 | 105 | 728 | 681 | 319 | 047 | 47 |
| 14 | 483 | 323 | 677 | 161 | 115 | 012 | *988 | 104 | 738 | 692 | 308 | 046 | 46 |
| 15 | 494 | 334 | 666 | 160 | 126 | 023 | 977 | 103 | 748 | 703 | 297 | 045 | 45 |
| 16 | 504 | 346 | 654 | 159 | 136 | 035 | 965 | 102 | 758 | 714 | 286 | 044 | 44 |
| 17 | 515 | 357 | 643 | 158 | 147 | 046 | 954 | 101 | 769 | 726 | 274 | 043 | 43 |
| 18 | 526 | 369 | 631 | 157 | 157 | 057 | 943 | 100 | 779 | 737 | 263 | 042 | 42 |
| 19 | 536 | 380 | 620 | 156 | 168 | 069 | 931 | 099 | 789 | 748 | 252 | 041 | 41 |
| **20** | 547 | 392 | 608 | 155 | 178 | 080 | 920 | 098 | 800 | 759 | 241 | 040 | **40** |
| 21 | 557 | 403 | 597 | 154 | 189 | 091 | 909 | 097 | 810 | 771 | 229 | 039 | 39 |
| 22 | 568 | 415 | 585 | 153 | 199 | 103 | 897 | 096 | 820 | 782 | 218 | 038 | 38 |
| 23 | 579 | 427 | 573 | 152 | 209 | 114 | 886 | 095 | 830 | 793 | 207 | 037 | 37 |
| 24 | 589 | 438 | 562 | 151 | 220 | 126 | 874 | 094 | 841 | 804 | 196 | 036 | 36 |
| 25 | 600 | 450 | 550 | 150 | 230 | 137 | 863 | 093 | 851 | 816 | 184 | 035 | 35 |
| 26 | 610 | 461 | 539 | 149 | 241 | 148 | 852 | 092 | 861 | 827 | 173 | 034 | 34 |
| 27 | 621 | 473 | 527 | 148 | 251 | 160 | 840 | 091 | 871 | 838 | 162 | 033 | 33 |
| 28 | 632 | 484 | 516 | 147 | 262 | 171 | 829 | 090 | 882 | 849 | 151 | 032 | 32 |
| 29 | 642 | 496 | 504 | 146 | 272 | 183 | 817 | 089 | 892 | 860 | 140 | 032 | 31 |
| **30** | 653 | 507 | 493 | 146 | 282 | 194 | 806 | 088 | 902 | 872 | 128 | 031 | **30** |
| 31 | 663 | 519 | 481 | 145 | 293 | 205 | 795 | 088 | 912 | 883 | 117 | 030 | 29 |
| 32 | 674 | 530 | 470 | 144 | 303 | 217 | 783 | 087 | 923 | 894 | 106 | 029 | 28 |
| 33 | 684 | 542 | 458 | 143 | 314 | 228 | 772 | 086 | 933 | 905 | 095 | 028 | 27 |
| 34 | 695 | 553 | 447 | 142 | 324 | 239 | 761 | 085 | 943 | 917 | 083 | 027 | 26 |
| 35 | 706 | 565 | 435 | 141 | 334 | 251 | 749 | 084 | 953 | 928 | 072 | 026 | 25 |
| 36 | 716 | 576 | 424 | 140 | 345 | 262 | 738 | 083 | 964 | 939 | 061 | 025 | 24 |
| 37 | 727 | 588 | 412 | 139 | 355 | 273 | 727 | 082 | 974 | 950 | 050 | 024 | 23 |
| 38 | 737 | 599 | 401 | 138 | 366 | 285 | 715 | 081 | 984 | 961 | 039 | 023 | 22 |
| 39 | 748 | 611 | 389 | 137 | 376 | 296 | 704 | 080 | 994 | 973 | 027 | 022 | 21 |
| **40** | 758 | 622 | 378 | 136 | 386 | 307 | 693 | 079 | *005 | 984 | 016 | 021 | **20** |
| 41 | 769 | 634 | 366 | 135 | 397 | 319 | 681 | 078 | 015 | 995 | 005 | 020 | 19 |
| 42 | 779 | 645 | 355 | 134 | 407 | 330 | 670 | 077 | 025 | *006 | *994 | 019 | 18 |
| 43 | 790 | 657 | 343 | 133 | 418 | 342 | 658 | 076 | 035 | 017 | 983 | 018 | 17 |
| 44 | 801 | 668 | 332 | 132 | 428 | 353 | 647 | 075 | 045 | 029 | 971 | 017 | 16 |
| 45 | 811 | 680 | 320 | 131 | 438 | 364 | 636 | 074 | 056 | 040 | 960 | 016 | 15 |
| 46 | 822 | 691 | 309 | 130 | 449 | 376 | 624 | 073 | 066 | 051 | 949 | 015 | 14 |
| 47 | 832 | 703 | 297 | 129 | 459 | 387 | 613 | 072 | 076 | 062 | 938 | 014 | 13 |
| 48 | 843 | 714 | 286 | 129 | 469 | 398 | 602 | 071 | 086 | 073 | 927 | 013 | 12 |
| 49 | 853 | 726 | 274 | 128 | 480 | 410 | 590 | 070 | 097 | 084 | 916 | 012 | 11 |
| **50** | 864 | 737 | 263 | 127 | 490 | 421 | 579 | 069 | 107 | 096 | 904 | 011 | **10** |
| 51 | 874 | 749 | 251 | 126 | 500 | 432 | 568 | 068 | 117 | 107 | 893 | 010 | 9 |
| 52 | 885 | 760 | 240 | 125 | 511 | 443 | 557 | 067 | 127 | 118 | 882 | 009 | 8 |
| 53 | 895 | 772 | 228 | 124 | 521 | 455 | 545 | 066 | 137 | 129 | 871 | 008 | 7 |
| 54 | 906 | 783 | 217 | 123 | 532 | 466 | 534 | 065 | 147 | 140 | 860 | 007 | 6 |
| 55 | 916 | 794 | 206 | 122 | 542 | 477 | 523 | 064 | 158 | 152 | 848 | 006 | 5 |
| 56 | 927 | 806 | 194 | 121 | 552 | 489 | 511 | 063 | 168 | 163 | 837 | 005 | 4 |
| 57 | 937 | 817 | 183 | 120 | 563 | 500 | 500 | 063 | 178 | 174 | 826 | 004 | 3 |
| 58 | 948 | 829 | 171 | 119 | 573 | 511 | 489 | 062 | 188 | 185 | 815 | 003 | 2 |
| 59 | 958 | 840 | 160 | 118 | 583 | 523 | 477 | 061 | 198 | 196 | 804 | 002 | 1 |
| **60** | 969 | 852 | 148 | 117 | 594 | 534 | 466 | 060 | 209 | 207 | 793 | 001 | **0** |
| | **9.45** | **9.47** | **0.52** | **9.98** | **9.46** | **9.48** | **0.51** | **9.98** | **9.47** | **9.49** | **0.50** | **9.98** | |
| | cos | cotg | tang | sin | cos | cotg | tang | sin | cos | cotg | tang | sin | |
| | $4^h 53^m$ | | | | $4^h 52^m$ | | | | $4^h 51^m$ | | | | |

| | **12** |
|---|---|
| 1 | 1.2 |
| 2 | 2.4 |
| 3 | 3.6 |
| 4 | 4.8 |
| 5 | 6.0 |
| 6 | 7.2 |
| 7 | 8.4 |
| 8 | 9.6 |
| 9 | 10.8 |

| | **11** |
|---|---|
| 1 | 1.1 |
| 2 | 2.2 |
| 3 | 3.3 |
| 4 | 4.4 |
| 5 | 5.5 |
| 6 | 6.6 |
| 7 | 7.7 |
| 8 | 8.8 |
| 9 | 9.9 |

| | **10** |
|---|---|
| 1 | 1.0 |
| 2 | 2.0 |
| 3 | 3.0 |
| 4 | 4.0 |
| 5 | 5.0 |
| 6 | 6.0 |
| 7 | 7.0 |
| 8 | 8.0 |
| 9 | 9.0 |

| | 1h 9m | | | | 1h 10m | | | | 1h 11m | | | | |
|---|---|---|---|---|---|---|---|---|---|---|---|---|---|
| | sin | tang | cotg | cos | sin | tang | cotg | cos | sin | tang | cotg | cos | |
| | 9.47 | 9.49 | 0.50 | 9.98 | 9.47 | 9.49 | 0.50 | 9.97 | 9.48 | 9.50 | 0.49 | 9.97 | |
| 0s | 209 | 207 | 793 | 001 | 814 | 872 | 128 | 942 | 411 | 529 | 471 | 882 | 60s |
| 1 | 219 | 218 | 782 | 000 | 824 | 883 | 117 | 941 | 421 | 540 | 460 | 881 | 59 |
| 2 | 229 | 230 | 770 | *999 | 834 | 894 | 106 | 940 | 430 | 551 | 449 | 880 | 58 |
| 3 | 239 | 241 | 759 | 998 | 844 | 905 | 095 | 939 | 440 | 562 | 438 | 879 | 57 |
| 4 | 249 | 252 | 748 | 997 | 854 | 916 | 084 | 938 | 450 | 572 | 428 | 878 | 56 |
| 5 | 259 | 263 | 737 | 996 | 864 | 927 | 073 | 937 | 460 | 583 | 417 | 877 | 55 |
| 6 | 270 | 274 | 726 | 995 | 874 | 938 | 062 | 936 | 470 | 594 | 406 | 876 | 54 |
| 7 | 280 | 285 | 715 | 994 | 884 | 949 | 051 | 935 | 480 | 605 | 395 | 875 | 53 |
| 8 | 290 | 296 | 704 | 993 | 894 | 960 | 040 | 934 | 490 | 616 | 384 | 874 | 52 |
| 9 | 300 | 308 | 692 | 992 | 904 | 971 | 029 | 933 | 499 | 627 | 373 | 873 | 51 |
| 10 | 310 | 319 | 681 | 991 | 914 | 982 | 018 | 932 | 509 | 638 | 362 | 872 | 50 |
| 11 | 320 | 330 | 670 | 990 | 924 | 993 | 007 | 931 | 519 | 648 | 352 | 871 | 49 |
| 12 | 330 | 341 | 659 | 989 | 934 | *004 | *996 | 930 | 529 | 659 | 341 | 870 | 48 |
| 13 | 341 | 352 | 648 | 988 | 944 | 015 | 985 | 929 | 539 | 670 | 330 | 869 | 47 |
| 14 | 351 | 363 | 637 | 987 | 954 | 026 | 974 | 928 | 549 | 681 | 319 | 868 | 46 |
| 15 | 361 | 374 | 626 | 987 | 964 | 037 | 963 | 927 | 558 | 692 | 308 | 867 | 45 |
| 16 | 371 | 385 | 615 | 986 | 974 | 048 | 952 | 926 | 568 | 703 | 297 | 866 | 44 |
| 17 | 381 | 397 | 603 | 985 | 984 | 059 | 941 | 925 | 578 | 714 | 286 | 865 | 43 |
| 18 | 391 | 408 | 592 | 984 | 994 | 070 | 930 | 924 | 588 | 724 | 276 | 864 | 42 |
| 19 | 401 | 419 | 581 | 983 | *004 | 081 | 919 | 923 | 598 | 735 | 265 | 862 | 41 |
| 20 | 411 | 430 | 570 | 982 | 014 | 092 | 908 | 922 | 607 | 746 | 254 | 861 | 40 |
| 21 | 422 | 441 | 559 | 981 | 024 | 103 | 897 | 921 | 617 | 757 | 243 | 860 | 39 |
| 22 | 432 | 452 | 548 | 980 | 034 | 114 | 886 | 920 | 627 | 768 | 232 | 859 | 38 |
| 23 | 442 | 463 | 537 | 979 | 044 | 125 | 875 | 919 | 637 | 779 | 221 | 858 | 37 |
| 24 | 452 | 474 | 526 | 978 | 054 | 136 | 864 | 918 | 647 | 789 | 211 | 857 | 36 |
| 25 | 462 | 485 | 515 | 977 | 064 | 147 | 853 | 917 | 657 | 800 | 200 | 856 | 35 |
| 26 | 472 | 496 | 504 | 976 | 074 | 158 | 842 | 916 | 666 | 811 | 189 | 855 | 34 |
| 27 | 482 | 508 | 492 | 975 | 084 | 169 | 831 | 915 | 676 | 822 | 178 | 854 | 33 |
| 28 | 492 | 519 | 481 | 974 | 094 | 180 | 820 | 914 | 686 | 833 | 167 | 853 | 32 |
| 29 | 502 | 530 | 470 | 973 | 104 | 191 | 809 | 913 | 696 | 843 | 157 | 852 | 31 |
| 30 | 513 | 541 | 459 | 972 | 114 | 202 | 798 | 912 | 706 | 854 | 146 | 851 | 30 |
| 31 | 523 | 552 | 448 | 971 | 123 | 213 | 787 | 911 | 715 | 865 | 135 | 850 | 29 |
| 32 | 533 | 563 | 437 | 970 | 133 | 223 | 777 | 910 | 725 | 876 | 124 | 849 | 28 |
| 33 | 543 | 574 | 426 | 969 | 143 | 234 | 766 | 909 | 735 | 887 | 113 | 848 | 27 |
| 34 | 553 | 585 | 415 | 968 | 153 | 245 | 755 | 908 | 745 | 897 | 103 | 847 | 26 |
| 35 | 563 | 596 | 404 | 967 | 163 | 256 | 744 | 907 | 754 | 908 | 092 | 846 | 25 |
| 36 | 573 | 607 | 393 | 966 | 173 | 267 | 733 | 906 | 764 | 919 | 081 | 845 | 24 |
| 37 | 583 | 618 | 382 | 965 | 183 | 278 | 722 | 905 | 774 | 930 | 070 | 844 | 23 |
| 38 | 593 | 629 | 371 | 964 | 193 | 289 | 711 | 904 | 784 | 941 | 059 | 843 | 22 |
| 39 | 603 | 640 | 360 | 963 | 203 | 300 | 700 | 903 | 794 | 951 | 049 | 842 | 21 |
| 40 | 613 | 652 | 348 | 962 | 213 | 311 | 689 | 902 | 803 | 962 | 038 | 841 | 20 |
| 41 | 623 | 663 | 337 | 961 | 223 | 322 | 678 | 901 | 813 | 973 | 027 | 840 | 19 |
| 42 | 633 | 674 | 326 | 960 | 233 | 333 | 667 | 900 | 823 | 984 | 016 | 839 | 18 |
| 43 | 644 | 685 | 315 | 959 | 243 | 344 | 656 | 899 | 833 | 995 | 005 | 838 | 17 |
| 44 | 654 | 696 | 304 | 958 | 252 | 355 | 645 | 898 | 842 | *005 | *995 | 837 | 16 |
| 45 | 664 | 707 | 293 | 957 | 262 | 365 | 635 | 897 | 852 | 016 | 984 | 836 | 15 |
| 46 | 674 | 718 | 282 | 956 | 272 | 376 | 624 | 896 | 862 | 027 | 973 | 835 | 14 |
| 47 | 684 | 729 | 271 | 955 | 282 | 387 | 613 | 895 | 872 | 038 | 962 | 834 | 13 |
| 48 | 694 | 740 | 260 | 954 | 292 | 398 | 602 | 894 | 881 | 048 | 952 | 833 | 12 |
| 49 | 704 | 751 | 249 | 953 | 302 | 409 | 591 | 893 | 891 | 059 | 941 | 832 | 11 |
| 50 | 714 | 762 | 238 | 952 | 312 | 420 | 580 | 892 | 901 | 070 | 930 | 831 | 10 |
| 51 | 724 | 773 | 227 | 951 | 322 | 431 | 569 | 891 | 911 | 081 | 919 | 830 | 9 |
| 52 | 734 | 784 | 216 | 950 | 332 | 442 | 558 | 890 | 920 | 092 | 908 | 829 | 8 |
| 53 | 744 | 795 | 205 | 949 | 342 | 453 | 547 | 889 | 930 | 102 | 898 | 828 | 7 |
| 54 | 754 | 806 | 194 | 948 | 351 | 464 | 536 | 888 | 940 | 113 | 887 | 827 | 6 |
| 55 | 764 | 817 | 183 | 947 | 361 | 474 | 526 | 887 | 950 | 124 | 876 | 826 | 5 |
| 56 | 774 | 828 | 172 | 946 | 371 | 485 | 515 | 886 | 959 | 135 | 865 | 825 | 4 |
| 57 | 784 | 839 | 161 | 945 | 381 | 496 | 504 | 885 | 969 | 145 | 855 | 824 | 3 |
| 58 | 794 | 850 | 150 | 944 | 391 | 507 | 493 | 884 | 979 | 156 | 844 | 823 | 2 |
| 59 | 804 | 861 | 139 | 943 | 401 | 518 | 482 | 883 | 989 | 167 | 833 | 822 | 1 |
| 60 | 814 | 872 | 128 | 942 | 411 | 529 | 471 | 882 | 998 | 178 | 822 | 821 | 0 |
| | 9.47 | 9.49 | 0.50 | 9.97 | 9.48 | 9.50 | 0.49 | 9.97 | 9.48 | 9.51 | 0.48 | 9.97 | |
| | cos | cotg | tang | sin | cos | cotg | tang | sin | cos | cotg | tang | sin | |
| | 4h 50m | | | | 4h 49m | | | | 4h 48m | | | | |

| | 12 |
|---|---|
| 1 | 1.2 |
| 2 | 2.4 |
| 3 | 3.6 |
| 4 | 4.8 |
| 5 | 6.0 |
| 6 | 7.2 |
| 7 | 8.4 |
| 8 | 9.6 |
| 9 | 10.8 |

| | 11 |
|---|---|
| 1 | 1.1 |
| 2 | 2.2 |
| 3 | 3.3 |
| 4 | 4.4 |
| 5 | 5.5 |
| 6 | 6.6 |
| 7 | 7.7 |
| 8 | 8.8 |
| 9 | 9.9 |

| | 10 |
|---|---|
| 1 | 1.0 |
| 2 | 2.0 |
| 3 | 3.0 |
| 4 | 4.0 |
| 5 | 5.0 |
| 6 | 6.0 |
| 7 | 7.0 |
| 8 | 8.0 |
| 9 | 9.0 |

| | 9 |
|---|---|
| 1 | 0.9 |
| 2 | 1.8 |
| 3 | 2.7 |
| 4 | 3.6 |
| 5 | 4.5 |
| 6 | 5.4 |
| 7 | 6.3 |
| 8 | 7.2 |
| 9 | 8.1 |

| | $1^h\,12^m$ | | | | $1^h\,13^m$ | | | | $1^h\,14^m$ | | | | |
|---|---|---|---|---|---|---|---|---|---|---|---|---|---|
| | sin | tang | cotg | cos | sin | tang | cotg | cos | sin | tang | cotg | cos | |
| | **9.48** | **9.51** | **0.48** | **9.97** | **9.49** | **9.51** | **0.48** | **9.97** | **9.50** | **9.52** | **0.47** | **9.97** | |
| **0s** | 998 | 178 | 822 | 821 | 577 | 819 | 181 | 759 | 148 | 452 | 548 | 696 | **60s** |
| 1 | *008 | 188 | 812 | 820 | 587 | 829 | 171 | 758 | 157 | 462 | 538 | 695 | 59 |
| 2 | 018 | 199 | 801 | 819 | 596 | 840 | 160 | 757 | 167 | 473 | 527 | 694 | 58 |
| 3 | 027 | 210 | 790 | 818 | 606 | 850 | 150 | 755 | 176 | 483 | 517 | 692 | 57 |
| 4 | 037 | 221 | 779 | 817 | 615 | 861 | 139 | 754 | 185 | 494 | 506 | 691 | 56 |
| 5 | 047 | 231 | 769 | 815 | 625 | 872 | 128 | 753 | 195 | 504 | 496 | 690 | 55 |
| 6 | 057 | 242 | 758 | 814 | 635 | 882 | 118 | 752 | 204 | 515 | 485 | 689 | 54 |
| 7 | 066 | 253 | 747 | 813 | 644 | 893 | 107 | 751 | 214 | 525 | 475 | 688 | 53 |
| 8 | 076 | 264 | 736 | 812 | 654 | 903 | 097 | 750 | 223 | 536 | 464 | 687 | 52 |
| 9 | 086 | 274 | 726 | 811 | 663 | 914 | 086 | 749 | 233 | 546 | 454 | 686 | 51 |
| **10** | 095 | 285 | 715 | 810 | 673 | 925 | 075 | 748 | 242 | 557 | 443 | 685 | **50** |
| 11 | 105 | 296 | 704 | 809 | 682 | 935 | 065 | 747 | 251 | 567 | 433 | 684 | 49 |
| 12 | 115 | 306 | 694 | 808 | 692 | 946 | 054 | 746 | 261 | 578 | 422 | 683 | 48 |
| 13 | 124 | 317 | 683 | 807 | 701 | 956 | 044 | 745 | 270 | 588 | 412 | 682 | 47 |
| 14 | 134 | 328 | 672 | 806 | 711 | 967 | 033 | 744 | 280 | 599 | 401 | 681 | 46 |
| 15 | 144 | 339 | 661 | 805 | 721 | 978 | 022 | 743 | 289 | 609 | 391 | 680 | 45 |
| 16 | 153 | 349 | 651 | 804 | 730 | 988 | 012 | 742 | 298 | 620 | 380 | 679 | 44 |
| 17 | 163 | 360 | 640 | 803 | 740 | 999 | 001 | 741 | 308 | 630 | 370 | 678 | 43 |
| 18 | 173 | 371 | 629 | 802 | 749 | *009 | *991 | 740 | 317 | 641 | 359 | 677 | 42 |
| 19 | 182 | 381 | 619 | 801 | 759 | 020 | 980 | 739 | 327 | 651 | 349 | 676 | 41 |
| **20** | 192 | 392 | 608 | 800 | 768 | 031 | 969 | 738 | 336 | 661 | 339 | 674 | **40** |
| 21 | 202 | 403 | 597 | 799 | 778 | 041 | 959 | 737 | 345 | 672 | 328 | 673 | 39 |
| 22 | 212 | 414 | 586 | 798 | 787 | 052 | 948 | 736 | 355 | 682 | 318 | 672 | 38 |
| 23 | 221 | 424 | 576 | 797 | 797 | 062 | 938 | 735 | 364 | 693 | 307 | 671 | 37 |
| 24 | 231 | 435 | 565 | 796 | 806 | 073 | 927 | 734 | 374 | 703 | 297 | 670 | 36 |
| 25 | 240 | 446 | 554 | 795 | 816 | 083 | 917 | 732 | 383 | 714 | 286 | 669 | 35 |
| 26 | 250 | 456 | 544 | 794 | 825 | 094 | 906 | 731 | 392 | 724 | 276 | 668 | 34 |
| 27 | 260 | 467 | 533 | 793 | 835 | 105 | 895 | 730 | 402 | 735 | 265 | 667 | 33 |
| 28 | 269 | 478 | 522 | 792 | 844 | 115 | 885 | 729 | 411 | 745 | 255 | 666 | 32 |
| 29 | 279 | 488 | 512 | 791 | 854 | 126 | 874 | 728 | 420 | 756 | 244 | 665 | 31 |
| **30** | 289 | 499 | 501 | 790 | 863 | 136 | 864 | 727 | 430 | 766 | 234 | 664 | **30** |
| 31 | 298 | 510 | 490 | 789 | 873 | 147 | 853 | 726 | 439 | 776 | 224 | 663 | 29 |
| 32 | 308 | 520 | 480 | 788 | 882 | 157 | 843 | 725 | 449 | 787 | 213 | 662 | 28 |
| 33 | 318 | 531 | 469 | 787 | 892 | 168 | 832 | 724 | 458 | 797 | 203 | 661 | 27 |
| 34 | 327 | 542 | 458 | 786 | 901 | 178 | 822 | 723 | 467 | 808 | 192 | 660 | 26 |
| 35 | 337 | 552 | 448 | 785 | 911 | 189 | 811 | 722 | 477 | 818 | 182 | 659 | 25 |
| 36 | 347 | 563 | 437 | 784 | 920 | 200 | 800 | 721 | 486 | 829 | 171 | 657 | 24 |
| 37 | 356 | 574 | 426 | 782 | 930 | 210 | 790 | 720 | 495 | 839 | 161 | 656 | 23 |
| 38 | 366 | 584 | 416 | 781 | 939 | 221 | 779 | 719 | 505 | 849 | 151 | 655 | 22 |
| 39 | 376 | 595 | 405 | 780 | 949 | 231 | 769 | 718 | 514 | 860 | 140 | 654 | 21 |
| **40** | 385 | 606 | 394 | 779 | 958 | 242 | 758 | 717 | 523 | 870 | 130 | 653 | **20** |
| 41 | 395 | 616 | 384 | 778 | 968 | 252 | 748 | 716 | 533 | 881 | 119 | 652 | 19 |
| 42 | 404 | 627 | 373 | 777 | 977 | 263 | 737 | 715 | 542 | 891 | 109 | 651 | 18 |
| 43 | 414 | 638 | 362 | 776 | 987 | 273 | 727 | 714 | 551 | 901 | 099 | 650 | 17 |
| 44 | 424 | 648 | 352 | 775 | 996 | 284 | 716 | 713 | 561 | 912 | 088 | 649 | 16 |
| 45 | 433 | 659 | 341 | 774 | *006 | 294 | 706 | 711 | 570 | 922 | 078 | 648 | 15 |
| 46 | 443 | 670 | 330 | 773 | 015 | 305 | 695 | 710 | 579 | 933 | 067 | 647 | 14 |
| 47 | 452 | 680 | 320 | 772 | 025 | 315 | 685 | 709 | 589 | 943 | 057 | 646 | 13 |
| 48 | 462 | 691 | 309 | 771 | 034 | 326 | 674 | 708 | 598 | 953 | 047 | 645 | 12 |
| 49 | 472 | 702 | 298 | 770 | 044 | 336 | 664 | 707 | 607 | 964 | 036 | 644 | 11 |
| **50** | 481 | 712 | 288 | 769 | 053 | 347 | 653 | 706 | 617 | 974 | 026 | 643 | **10** |
| 51 | 491 | 723 | 277 | 768 | 063 | 357 | 643 | 705 | 626 | 985 | 015 | 641 | 9 |
| 52 | 500 | 734 | 266 | 767 | 072 | 368 | 632 | 704 | 635 | 995 | 005 | 640 | 8 |
| 53 | 510 | 744 | 256 | 766 | 082 | 378 | 622 | 703 | 645 | *005 | *995 | 639 | 7 |
| 54 | 520 | 755 | 245 | 765 | 091 | 389 | 611 | 702 | 654 | 016 | 984 | 638 | 6 |
| 55 | 529 | 765 | 235 | 764 | 100 | 399 | 601 | 701 | 663 | 026 | 974 | 637 | 5 |
| 56 | 539 | 776 | 224 | 763 | 110 | 410 | 590 | 700 | 673 | 037 | 963 | 636 | 4 |
| 57 | 548 | 787 | 213 | 762 | 119 | 420 | 580 | 699 | 682 | 047 | 953 | 635 | 3 |
| 58 | 558 | 797 | 203 | 761 | 129 | 431 | 569 | 698 | 691 | 057 | 943 | 634 | 2 |
| 59 | 568 | 808 | 192 | 760 | 138 | 441 | 559 | 697 | 701 | 068 | 932 | 633 | 1 |
| **60** | 577 | 819 | 181 | 759 | 148 | 452 | 548 | 696 | 710 | 078 | 922 | 632 | **0** |
| | **9.49** | **9.51** | **0.48** | **9.97** | **9.50** | **9.52** | **0.47** | **9.97** | **9.50** | **9.53** | **0.46** | **9.97** | |
| | cos | cotg | tang | sin | cos | cotg | tang | sin | cos | cotg | tang | sin | |
| | $4^h\,47^m$ | | | | $4^h\,46^m$ | | | | $4^h\,45^m$ | | | | |

| | 11 |
|---|---|
| 1 | 1.1 |
| 2 | 2.2 |
| 3 | 3.3 |
| 4 | 4.4 |
| 5 | 5.5 |
| 6 | 6.6 |
| 7 | 7.7 |
| 8 | 8.8 |
| 9 | 9.9 |

| | 10 |
|---|---|
| 1 | 1.0 |
| 2 | 2.0 |
| 3 | 3.0 |
| 4 | 4.0 |
| 5 | 5.0 |
| 6 | 6.0 |
| 7 | 7.0 |
| 8 | 8.0 |
| 9 | 9.0 |

| | 9 |
|---|---|
| 1 | 0.9 |
| 2 | 1.8 |
| 3 | 2.7 |
| 4 | 3.6 |
| 5 | 4.5 |
| 6 | 5.4 |
| 7 | 6.3 |
| 8 | 7.2 |
| 9 | 8.1 |

| | 1h 15m | | | | 1h 16m | | | | 1h 17m | | | | |
|---|---|---|---|---|---|---|---|---|---|---|---|---|---|
| | sin | tang | cotg | cos | sin | tang | cotg | cos | sin | tang | cotg | cos | |
| | **9.50** | **9.53** | **0.46** | **9.97** | **9.51** | **9.53** | **0.46** | **9.97** | **9.51** | **9.54** | **0.45** | **9.97** | |
| **0s** | 710 | 078 | 922 | 632 | 264 | 697 | 303 | 567 | 811 | 309 | 691 | 501 | **60s** |
| 1 | 719 | 089 | 911 | 631 | 273 | 707 | 293 | 566 | 820 | 320 | 680 | 500 | 59 |
| 2 | 729 | 099 | 901 | 630 | 283 | 718 | 282 | 565 | 829 | 330 | 670 | 499 | 58 |
| 3 | 738 | 109 | 891 | 629 | 292 | 728 | 272 | 564 | 838 | 340 | 660 | 498 | 57 |
| 4 | 747 | 120 | 880 | 628 | 301 | 738 | 262 | 563 | 847 | 350 | 650 | 497 | 56 |
| 5 | 756 | 130 | 870 | 626 | 310 | 748 | 252 | 562 | 856 | 360 | 640 | 496 | 55 |
| 6 | 766 | 140 | 860 | 625 | 319 | 759 | 241 | 560 | 865 | 370 | 630 | 495 | 54 |
| 7 | 775 | 151 | 849 | 624 | 328 | 769 | 231 | 559 | 874 | 380 | 620 | 494 | 53 |
| 8 | 784 | 161 | 839 | 623 | 338 | 779 | 221 | 558 | 883 | 390 | 610 | 492 | 52 |
| 9 | 794 | 171 | 829 | 622 | 347 | 789 | 211 | 557 | 892 | 401 | 599 | 491 | 51 |
| **10** | 803 | 182 | 818 | 621 | 356 | 800 | 200 | 556 | 901 | 411 | 589 | 490 | **50** |
| 11 | 812 | 192 | 808 | 620 | 365 | 810 | 190 | 555 | 910 | 421 | 579 | 489 | 49 |
| 12 | 821 | 202 | 798 | 619 | 374 | 820 | 180 | 554 | 919 | 431 | 569 | 488 | 48 |
| 13 | 831 | 213 | 787 | 618 | 383 | 830 | 170 | 553 | 928 | 441 | 559 | 487 | 47 |
| 14 | 840 | 223 | 777 | 617 | 392 | 841 | 159 | 552 | 937 | 451 | 549 | 486 | 46 |
| 15 | 849 | 234 | 766 | 616 | 402 | 851 | 149 | 551 | 946 | 461 | 539 | 485 | 45 |
| 16 | 858 | 244 | 756 | 615 | 411 | 861 | 139 | 550 | 955 | 471 | 529 | 484 | 44 |
| 17 | 868 | 254 | 746 | 614 | 420 | 871 | 129 | 548 | 964 | 482 | 518 | 483 | 43 |
| 18 | 877 | 265 | 735 | 612 | 429 | 882 | 118 | 547 | 973 | 492 | 508 | 481 | 42 |
| 19 | 886 | 275 | 725 | 611 | 438 | 892 | 108 | 546 | 982 | 502 | 498 | 480 | 41 |
| **20** | 896 | 285 | 715 | 610 | 447 | 902 | 098 | 545 | 991 | 512 | 488 | 479 | **40** |
| 21 | 905 | 296 | 704 | 609 | 456 | 912 | 088 | 544 | *000 | 522 | 478 | 478 | 39 |
| 22 | 914 | 306 | 694 | 608 | 465 | 922 | 078 | 543 | 009 | 532 | 468 | 477 | 38 |
| 23 | 923 | 316 | 684 | 607 | 475 | 933 | 067 | 542 | 018 | 542 | 458 | 476 | 37 |
| 24 | 933 | 327 | 673 | 606 | 484 | 943 | 057 | 541 | 027 | 552 | 448 | 475 | 36 |
| 25 | 942 | 337 | 663 | 605 | 493 | 953 | 047 | 540 | 036 | 562 | 438 | 474 | 35 |
| 26 | 951 | 347 | 653 | 604 | 502 | 963 | 037 | 539 | 045 | 573 | 427 | 473 | 34 |
| 27 | 960 | 358 | 642 | 603 | 511 | 974 | 026 | 538 | 054 | 583 | 417 | 471 | 33 |
| 28 | 970 | 368 | 632 | 602 | 520 | 984 | 016 | 536 | 063 | 593 | 407 | 470 | 32 |
| 29 | 979 | 378 | 622 | 601 | 529 | 994 | 006 | 535 | 072 | 603 | 397 | 469 | 31 |
| **30** | 988 | 389 | 611 | 600 | 538 | *004 | *996 | 534 | 081 | 613 | 387 | 468 | **30** |
| 31 | 997 | 399 | 601 | 598 | 547 | 014 | 986 | 533 | 090 | 623 | 377 | 467 | 29 |
| 32 | *007 | 409 | 591 | 597 | 557 | 025 | 975 | 532 | 099 | 633 | 367 | 466 | 28 |
| 33 | 016 | 419 | 581 | 596 | 566 | 035 | 965 | 531 | 108 | 643 | 357 | 465 | 27 |
| 34 | 025 | 430 | 570 | 595 | 575 | 045 | 955 | 530 | 117 | 653 | 347 | 464 | 26 |
| 35 | 034 | 440 | 560 | 594 | 584 | 055 | 945 | 529 | 126 | 663 | 337 | 463 | 25 |
| 36 | 043 | 450 | 550 | 593 | 593 | 065 | 935 | 528 | 135 | 673 | 327 | 461 | 24 |
| 37 | 053 | 461 | 539 | 592 | 602 | 075 | 925 | 527 | 144 | 684 | 316 | 460 | 23 |
| 38 | 062 | 471 | 529 | 591 | 611 | 086 | 914 | 525 | 153 | 694 | 306 | 459 | 22 |
| 39 | 071 | 481 | 519 | 590 | 620 | 096 | 904 | 524 | 162 | 704 | 296 | 458 | 21 |
| **40** | 080 | 492 | 508 | 589 | 629 | 106 | 894 | 523 | 171 | 714 | 286 | 457 | **20** |
| 41 | 090 | 502 | 498 | 588 | 638 | 116 | 884 | 522 | 180 | 724 | 276 | 456 | 19 |
| 42 | 099 | 512 | 488 | 587 | 648 | 126 | 874 | 521 | 189 | 734 | 266 | 455 | 18 |
| 43 | 108 | 522 | 478 | 585 | 657 | 137 | 863 | 520 | 198 | 744 | 256 | 454 | 17 |
| 44 | 117 | 533 | 467 | 584 | 666 | 147 | 853 | 519 | 207 | 754 | 246 | 453 | 16 |
| 45 | 126 | 543 | 457 | 583 | 675 | 157 | 843 | 518 | 216 | 764 | 236 | 451 | 15 |
| 46 | 136 | 553 | 447 | 582 | 684 | 167 | 833 | 517 | 224 | 774 | 226 | 450 | 14 |
| 47 | 145 | 564 | 436 | 581 | 693 | 177 | 823 | 516 | 233 | 784 | 216 | 449 | 13 |
| 48 | 154 | 574 | 426 | 580 | 702 | 187 | 813 | 515 | 242 | 794 | 206 | 448 | 12 |
| 49 | 163 | 584 | 416 | 579 | 711 | 198 | 802 | 513 | 251 | 804 | 196 | 447 | 11 |
| **50** | 172 | 594 | 406 | 578 | 720 | 208 | 792 | 512 | 260 | 814 | 186 | 446 | **10** |
| 51 | 182 | 605 | 395 | 577 | 729 | 218 | 782 | 511 | 269 | 824 | 176 | 445 | 9 |
| 52 | 191 | 615 | 385 | 576 | 738 | 228 | 772 | 510 | 278 | 835 | 165 | 444 | 8 |
| 53 | 200 | 625 | 375 | 575 | 747 | 238 | 762 | 509 | 287 | 845 | 155 | 442 | 7 |
| 54 | 209 | 636 | 364 | 574 | 756 | 248 | 752 | 508 | 296 | 855 | 145 | 441 | 6 |
| 55 | 218 | 646 | 354 | 572 | 765 | 259 | 741 | 507 | 305 | 865 | 135 | 440 | 5 |
| 56 | 227 | 656 | 344 | 571 | 774 | 269 | 731 | 506 | 314 | 875 | 125 | 439 | 4 |
| 57 | 237 | 666 | 334 | 570 | 784 | 279 | 721 | 505 | 323 | 885 | 115 | 438 | 3 |
| 58 | 246 | 677 | 323 | 569 | 793 | 289 | 711 | 504 | 332 | 895 | 105 | 437 | 2 |
| 59 | 255 | 687 | 313 | 568 | 802 | 299 | 701 | 502 | 341 | 905 | 095 | 436 | 1 |
| **60** | 264 | 697 | 303 | 567 | 811 | 309 | 691 | 501 | 350 | 915 | 085 | 435 | **0** |
| | **9.51** | **9.53** | **0.46** | **9.97** | **9.51** | **9.54** | **0.45** | **9.97** | **9.52** | **9.54** | **0.45** | **9.97** | |
| | cos | cotg | tang | sin | cos | cotg | tang | sin | cos | cotg | tang | sin | |
| | 4h 44m | | | | 4h 43m | | | | 4h 42m | | | | |

| | 11 |
|---|---|
| 1 | 1.1 |
| 2 | 2.2 |
| 3 | 3.3 |
| 4 | 4.4 |
| 5 | 5.5 |
| 6 | 6.6 |
| 7 | 7.7 |
| 8 | 8.8 |
| 9 | 9.9 |

| | 10 |
|---|---|
| 1 | 1.0 |
| 2 | 2.0 |
| 3 | 3.0 |
| 4 | 4.0 |
| 5 | 5.0 |
| 6 | 6.0 |
| 7 | 7.0 |
| 8 | 8.0 |
| 9 | 9.0 |

| | 9 |
|---|---|
| 1 | 0.9 |
| 2 | 1.8 |
| 3 | 2.7 |
| 4 | 3.6 |
| 5 | 4.5 |
| 6 | 5.4 |
| 7 | 6.3 |
| 8 | 7.2 |
| 9 | 8.1 |

| | 8 |
|---|---|
| 1 | 0.8 |
| 2 | 1.6 |
| 3 | 2.4 |
| 4 | 3.2 |
| 5 | 4.0 |
| 6 | 4.8 |
| 7 | 5.6 |
| 8 | 6.4 |
| 9 | 7.2 |

| | 1h 18m | | | | 1h 19m | | | | 1h 20m | | | | |
|---|---|---|---|---|---|---|---|---|---|---|---|---|---|
| | sin | tang | cotg | cos | sin | tang | cotg | cos | sin | tang | cotg | cos | |
| | **9.52** | **9.54** | **0.45** | **9.97** | **9.52** | **9.55** | **0.44** | **9.97** | **9.53** | **9.56** | **0.43** | **9.97** | |
| 0s | 350 | 915 | 085 | 435 | 881 | 514 | 486 | 367 | 405 | 107 | 893 | 299 | 60s |
| 1 | 358 | 925 | 075 | 434 | 890 | 524 | 476 | 366 | 414 | 116 | 884 | 297 | 59 |
| 2 | 367 | 935 | 065 | 432 | 899 | 534 | 466 | 365 | 423 | 126 | 874 | 296 | 58 |
| 3 | 376 | 945 | 055 | 431 | 907 | 544 | 456 | 364 | 431 | 136 | 864 | 295 | 57 |
| 4 | 385 | 955 | 045 | 430 | 916 | 554 | 446 | 363 | 440 | 146 | 854 | 294 | 56 |
| 5 | 394 | 965 | 035 | 429 | 925 | 564 | 436 | 361 | 449 | 156 | 844 | 293 | 55 |
| 6 | 403 | 975 | 025 | 428 | 934 | 573 | 427 | 360 | 457 | 166 | 834 | 292 | 54 |
| 7 | 412 | 985 | 015 | 427 | 942 | 583 | 417 | 359 | 466 | 175 | 825 | 291 | 53 |
| 8 | 421 | 995 | 005 | 426 | 951 | 593 | 407 | 358 | 475 | 185 | 815 | 289 | 52 |
| 9 | 430 | *005 | *995 | 425 | 960 | 603 | 397 | 357 | 483 | 195 | 805 | 288 | 51 |
| **10** | 439 | 015 | 985 | 423 | 969 | 613 | 387 | 356 | 492 | 205 | 795 | 287 | **50** |
| 11 | 448 | 025 | 975 | 422 | 978 | 623 | 377 | 355 | 501 | 215 | 785 | 286 | 49 |
| 12 | 456 | 035 | 965 | 421 | 986 | 633 | 367 | 353 | 509 | 224 | 776 | 285 | 48 |
| 13 | 465 | 045 | 955 | 420 | 995 | 643 | 357 | 352 | 518 | 234 | 766 | 284 | 47 |
| 14 | 474 | 055 | 945 | 419 | *004 | 653 | 347 | 351 | 526 | 244 | 756 | 282 | 46 |
| 15 | 483 | 065 | 935 | 418 | 013 | 663 | 337 | 350 | 535 | 254 | 746 | 281 | 45 |
| 16 | 492 | 075 | 925 | 417 | 021 | 673 | 327 | 349 | 544 | 264 | 736 | 280 | 44 |
| 17 | 501 | 085 | 915 | 416 | 030 | 682 | 318 | 348 | 552 | 273 | 727 | 279 | 43 |
| 18 | 510 | 095 | 905 | 414 | 039 | 692 | 308 | 347 | 561 | 283 | 717 | 278 | 42 |
| 19 | 519 | 105 | 895 | 413 | 048 | 702 | 298 | 345 | 570 | 293 | 707 | 277 | 41 |
| **20** | 527 | 115 | 885 | 412 | 056 | 712 | 288 | 344 | 578 | 303 | 697 | 276 | **40** |
| 21 | 536 | 125 | 875 | 411 | 065 | 722 | 278 | 343 | 587 | 313 | 687 | 274 | 39 |
| 22 | 545 | 135 | 865 | 410 | 074 | 732 | 268 | 342 | 596 | 322 | 678 | 273 | 38 |
| 23 | 554 | 145 | 855 | 409 | 083 | 742 | 258 | 341 | 604 | 332 | 668 | 272 | 37 |
| 24 | 563 | 155 | 845 | 408 | 092 | 752 | 248 | 340 | 613 | 342 | 658 | 271 | 36 |
| 25 | 572 | 165 | 835 | 407 | 100 | 762 | 238 | 339 | 621 | 352 | 648 | 270 | 35 |
| 26 | 581 | 175 | 825 | 405 | 109 | 771 | 229 | 338 | 630 | 362 | 638 | 269 | 34 |
| 27 | 590 | 185 | 815 | 404 | 118 | 781 | 219 | 336 | 639 | 371 | 629 | 267 | 33 |
| 28 | 598 | 195 | 805 | 403 | 126 | 791 | 209 | 335 | 647 | 381 | 619 | 266 | 32 |
| 29 | 607 | 205 | 795 | 402 | 135 | 801 | 199 | 334 | 656 | 391 | 609 | 265 | 31 |
| **30** | 616 | 215 | 785 | 401 | 144 | 811 | 189 | 333 | 665 | 401 | 599 | 264 | **30** |
| 31 | 625 | 225 | 775 | 400 | 153 | 821 | 179 | 332 | 673 | 410 | 590 | 263 | 29 |
| 32 | 634 | 235 | 765 | 399 | 161 | 831 | 169 | 331 | 682 | 420 | 580 | 262 | 28 |
| 33 | 643 | 245 | 755 | 398 | 170 | 841 | 159 | 330 | 690 | 430 | 570 | 261 | 27 |
| 34 | 652 | 255 | 745 | 396 | 179 | 851 | 149 | 328 | 699 | 440 | 560 | 259 | 26 |
| 35 | 660 | 265 | 735 | 395 | 188 | 860 | 140 | 327 | 708 | 449 | 551 | 258 | 25 |
| 36 | 669 | 275 | 725 | 394 | 196 | 870 | 130 | 326 | 716 | 459 | 541 | 257 | 24 |
| 37 | 678 | 285 | 715 | 393 | 205 | 880 | 120 | 325 | 725 | 469 | 531 | 256 | 23 |
| 38 | 687 | 295 | 705 | 392 | 214 | 890 | 110 | 324 | 733 | 479 | 521 | 255 | 22 |
| 39 | 696 | 305 | 695 | 391 | 223 | 900 | 100 | 323 | 742 | 489 | 511 | 254 | 21 |
| **40** | 705 | 315 | 685 | 390 | 231 | 910 | 090 | 322 | 751 | 498 | 502 | 252 | **20** |
| 41 | 713 | 325 | 675 | 389 | 240 | 920 | 080 | 320 | 759 | 508 | 492 | 251 | 19 |
| 42 | 722 | 335 | 665 | 387 | 249 | 929 | 071 | 319 | 768 | 518 | 482 | 250 | 18 |
| 43 | 731 | 345 | 655 | 386 | 257 | 939 | 061 | 318 | 776 | 528 | 472 | 249 | 17 |
| 44 | 740 | 355 | 645 | 385 | 266 | 949 | 051 | 317 | 785 | 537 | 463 | 248 | 16 |
| 45 | 749 | 365 | 635 | 384 | 275 | 959 | 041 | 316 | 794 | 547 | 453 | 247 | 15 |
| 46 | 758 | 375 | 625 | 383 | 283 | 969 | 031 | 315 | 802 | 557 | 443 | 245 | 14 |
| 47 | 766 | 385 | 615 | 382 | 292 | 979 | 021 | 314 | 811 | 567 | 433 | 244 | 13 |
| 48 | 775 | 395 | 605 | 381 | 301 | 989 | 011 | 312 | 819 | 576 | 424 | 243 | 12 |
| 49 | 784 | 405 | 595 | 380 | 310 | 998 | 002 | 311 | 828 | 586 | 414 | 242 | 11 |
| **50** | 793 | 414 | 586 | 378 | 318 | *008 | *992 | 310 | 837 | 596 | 404 | 241 | **10** |
| 51 | 802 | 424 | 576 | 377 | 327 | 018 | 982 | 309 | 845 | 606 | 394 | 240 | 9 |
| 52 | 811 | 434 | 566 | 376 | 336 | 028 | 972 | 308 | 854 | 615 | 385 | 238 | 8 |
| 53 | 819 | 444 | 556 | 375 | 344 | 038 | 962 | 307 | 862 | 625 | 375 | 237 | 7 |
| 54 | 828 | 454 | 546 | 374 | 353 | 048 | 952 | 305 | 871 | 635 | 365 | 236 | 6 |
| 55 | 837 | 464 | 536 | 373 | 362 | 057 | 943 | 304 | 879 | 645 | 355 | 235 | 5 |
| 56 | 846 | 474 | 526 | 372 | 370 | 067 | 933 | 303 | 888 | 654 | 346 | 234 | 4 |
| 57 | 855 | 484 | 516 | 370 | 379 | 077 | 923 | 302 | 897 | 664 | 336 | 233 | 3 |
| 58 | 863 | 494 | 506 | 369 | 388 | 087 | 913 | 301 | 905 | 674 | 326 | 231 | 2 |
| 59 | 872 | 504 | 496 | 368 | 396 | 097 | 903 | 300 | 914 | 683 | 317 | 230 | 1 |
| **60** | 881 | 514 | 486 | 367 | 405 | 107 | 893 | 299 | 922 | 693 | 307 | 229 | **0** |
| | **9.52** | **9.55** | **0.44** | **9.97** | **9.53** | **9.56** | **0.43** | **9.97** | **9.53** | **9.56** | **0.43** | **9.97** | |
| | cos | cotg | tang | sin | cos | cotg | tang | sin | cos | cotg | tang | sin | |
| | 4h 41m | | | | 4h 40m | | | | 4h 39m | | | | |

| | 1h 21m | | | | 1h 22m | | | | 1h 23m | | | | |
|---|---|---|---|---|---|---|---|---|---|---|---|---|---|
| | sin | tang | cotg | cos | sin | tang | cotg | cos | sin | tang | cotg | cos | |
| | **9.53** | **9.56** | **0.43** | **9.97** | **9.54** | **9.57** | **0.42** | **9.97** | **9.54** | **9.57** | **0.42** | **9.97** | |
| 0s | 922 | 693 | 307 | 229 | 433 | 274 | 726 | 159 | 936 | 849 | 151 | 087 | 60s |
| 1 | 931 | 703 | 297 | 228 | 441 | 283 | 717 | 158 | 944 | 858 | 142 | 086 | 59 |
| 2 | 939 | 713 | 287 | 227 | 449 | 293 | 707 | 156 | 953 | 868 | 132 | 085 | 58 |
| 3 | 948 | 722 | 278 | 226 | 458 | 303 | 697 | 155 | 961 | 877 | 123 | 084 | 57 |
| 4 | 957 | 732 | 268 | 224 | 466 | 312 | 688 | 154 | 969 | 887 | 113 | 083 | 56 |
| 5 | 965 | 742 | 258 | 223 | 475 | 322 | 678 | 153 | 978 | 896 | 104 | 081 | 55 |
| 6 | 974 | 751 | 249 | 222 | 483 | 332 | 668 | 152 | 986 | 906 | 094 | 080 | 54 |
| 7 | 982 | 761 | 239 | 221 | 492 | 341 | 659 | 150 | 994 | 915 | 085 | 079 | 53 |
| 8 | 991 | 771 | 229 | 220 | 500 | 351 | 649 | 149 | *003 | 925 | 075 | 078 | 52 |
| 9 | 999 | 781 | 219 | 219 | 508 | 360 | 640 | 148 | 011 | 934 | 066 | 077 | 51 |
| **10** | *008 | 790 | 210 | 217 | 517 | 370 | 630 | 147 | 019 | 944 | 056 | 075 | **50** |
| 11 | 016 | 800 | 200 | 216 | 525 | 380 | 620 | 146 | 028 | 953 | 047 | 074 | 49 |
| 12 | 025 | 810 | 190 | 215 | 534 | 389 | 611 | 145 | 036 | 963 | 037 | 073 | 48 |
| 13 | 033 | 819 | 181 | 214 | 542 | 399 | 601 | 143 | 044 | 972 | 028 | 072 | 47 |
| 14 | 042 | 829 | 171 | 213 | 551 | 408 | 592 | 142 | 053 | 982 | 018 | 071 | 46 |
| 15 | 050 | 839 | 161 | 212 | 559 | 418 | 582 | 141 | 061 | 991 | 009 | 069 | 45 |
| 16 | 059 | 849 | 151 | 210 | 567 | 428 | 572 | 140 | 069 | *001 | *999 | 068 | 44 |
| 17 | 068 | 858 | 142 | 209 | 576 | 437 | 563 | 139 | 077 | 010 | 990 | 067 | 43 |
| 18 | 076 | 868 | 132 | 208 | 584 | 447 | 553 | 137 | 086 | 020 | 980 | 066 | 42 |
| 19 | 085 | 878 | 122 | 207 | 593 | 456 | 544 | 136 | 094 | 029 | 971 | 065 | 41 |
| **20** | 093 | 887 | 113 | 206 | 601 | 466 | 534 | 135 | 102 | 039 | 961 | 063 | **40** |
| 21 | 102 | 897 | 103 | 205 | 610 | 476 | 524 | 134 | 111 | 048 | 952 | 062 | 39 |
| 22 | 110 | 907 | 093 | 203 | 618 | 485 | 515 | 133 | 119 | 058 | 942 | 061 | 38 |
| 23 | 119 | 916 | 084 | 202 | 626 | 495 | 505 | 132 | 127 | 067 | 933 | 060 | 37 |
| 24 | 127 | 926 | 074 | 201 | 635 | 504 | 496 | 130 | 136 | 077 | 923 | 059 | 36 |
| 25 | 136 | 936 | 064 | 200 | 643 | 514 | 486 | 129 | 144 | 086 | 914 | 057 | 35 |
| 26 | 144 | 945 | 055 | 199 | 652 | 524 | 476 | 128 | 152 | 096 | 904 | 056 | 34 |
| 27 | 153 | 955 | 045 | 198 | 660 | 533 | 467 | 127 | 160 | 105 | 895 | 055 | 33 |
| 28 | 161 | 965 | 035 | 196 | 668 | 543 | 457 | 126 | 169 | 115 | 885 | 054 | 32 |
| 29 | 170 | 975 | 025 | 195 | 677 | 552 | 448 | 124 | 177 | 124 | 876 | 053 | 31 |
| **30** | 178 | 984 | 016 | 194 | 685 | 562 | 438 | 123 | 185 | 134 | 866 | 051 | **30** |
| 31 | 187 | 994 | 006 | 193 | 693 | 571 | 429 | 122 | 194 | 143 | 857 | 050 | 29 |
| 32 | 195 | *004 | *996 | 192 | 702 | 581 | 419 | 121 | 202 | 153 | 847 | 049 | 28 |
| 33 | 204 | 013 | 987 | 191 | 710 | 591 | 409 | 120 | 210 | 162 | 838 | 048 | 27 |
| 34 | 212 | 023 | 977 | 189 | 719 | 600 | 400 | 118 | 218 | 172 | 828 | 047 | 26 |
| 35 | 221 | 033 | 967 | 188 | 727 | 610 | 390 | 117 | 227 | 181 | 819 | 045 | 25 |
| 36 | 229 | 042 | 958 | 187 | 735 | 619 | 381 | 116 | 235 | 191 | 809 | 044 | 24 |
| 37 | 238 | 052 | 948 | 186 | 744 | 629 | 371 | 115 | 243 | 200 | 800 | 043 | 23 |
| 38 | 246 | 062 | 938 | 185 | 752 | 638 | 362 | 114 | 251 | 210 | 790 | 042 | 22 |
| 39 | 255 | 071 | 929 | 184 | 761 | 648 | 352 | 113 | 260 | 219 | 781 | 041 | 21 |
| **40** | 263 | 081 | 919 | 182 | 769 | 658 | 342 | 111 | 268 | 229 | 771 | 039 | **20** |
| 41 | 272 | 091 | 909 | 181 | 777 | 667 | 333 | 110 | 276 | 238 | 762 | 038 | 19 |
| 42 | 280 | 100 | 900 | 180 | 786 | 677 | 323 | 109 | 285 | 248 | 752 | 037 | 18 |
| 43 | 289 | 110 | 890 | 179 | 794 | 686 | 314 | 108 | 293 | 257 | 743 | 036 | 17 |
| 44 | 297 | 120 | 880 | 178 | 802 | 696 | 304 | 107 | 301 | 267 | 733 | 035 | 16 |
| 45 | 306 | 129 | 871 | 176 | 811 | 705 | 295 | 105 | 309 | 276 | 724 | 033 | 15 |
| 46 | 314 | 139 | 861 | 175 | 819 | 715 | 285 | 104 | 318 | 285 | 715 | 032 | 14 |
| 47 | 323 | 148 | 852 | 174 | 827 | 725 | 275 | 103 | 326 | 295 | 705 | 031 | 13 |
| 48 | 331 | 158 | 842 | 173 | 836 | 734 | 266 | 102 | 334 | 304 | 696 | 030 | 12 |
| 49 | 339 | 168 | 832 | 172 | 844 | 744 | 256 | 101 | 342 | 314 | 686 | 028 | 11 |
| **50** | 348 | 177 | 823 | 171 | 853 | 753 | 247 | 099 | 351 | 323 | 677 | 027 | **10** |
| 51 | 356 | 187 | 813 | 169 | 861 | 763 | 237 | 098 | 359 | 333 | 667 | 026 | 9 |
| 52 | 365 | 197 | 803 | 168 | 869 | 772 | 228 | 097 | 367 | 342 | 658 | 025 | 8 |
| 53 | 373 | 206 | 794 | 167 | 878 | 782 | 218 | 096 | 375 | 352 | 648 | 024 | 7 |
| 54 | 382 | 216 | 784 | 166 | 886 | 791 | 209 | 095 | 384 | 361 | 639 | 022 | 6 |
| 55 | 390 | 226 | 774 | 165 | 894 | 801 | 199 | 093 | 392 | 371 | 629 | 021 | 5 |
| 56 | 399 | 235 | 765 | 163 | 903 | 810 | 190 | 092 | 400 | 380 | 620 | 020 | 4 |
| 57 | 407 | 245 | 755 | 162 | 911 | 820 | 180 | 091 | 408 | 389 | 611 | 019 | 3 |
| 58 | 416 | 255 | 745 | 161 | 919 | 830 | 170 | 090 | 416 | 399 | 601 | 018 | 2 |
| 59 | 424 | 264 | 736 | 160 | 928 | 839 | 161 | 089 | 425 | 408 | 592 | 016 | 1 |
| **60** | 433 | 274 | 726 | 159 | 936 | 849 | 151 | 087 | 433 | 418 | 582 | 015 | **0** |
| | **9.54** | **9.57** | **0.42** | **9.97** | **9.54** | **9.57** | **0.42** | **9.97** | **9.55** | **9.58** | **0.41** | **9.97** | |
| | cos | cotg | tang | sin | cos | cotg | tang | sin | cos | cotg | tang | sin | |
| | 4h 38m | | | | 4h 37m | | | | 4h 36m | | | | |

| s | 1h 24m sin | tang | cotg | cos | 1h 25m sin | tang | cotg | cos | 1h 26m sin | tang | cotg | cos | s |
|---|---|---|---|---|---|---|---|---|---|---|---|---|---|
| | 9.55 | 9.58 | 0.41 | 9.97 | 9.55 | 9.58 | 0.41 | 9.96 | 9.56 | 9.59 | 0.40 | 9.96 | |
| 0s | 433 | 418 | 582 | 015 | 923 | 981 | 019 | 942 | 408 | 540 | 460 | 868 | 60s |
| 1 | 441 | 427 | 573 | 014 | 931 | 991 | 009 | 941 | 416 | 549 | 451 | 867 | 59 |
| 2 | 449 | 437 | 563 | 013 | 940 | *000 | 000 | 940 | 424 | 558 | 442 | 865 | 58 |
| 3 | 458 | 446 | 554 | 012 | 948 | 009 | *991 | 938 | 432 | 568 | 432 | 864 | 57 |
| 4 | 466 | 455 | 545 | 010 | 956 | 019 | 981 | 937 | 440 | 577 | 423 | 863 | 56 |
| 5 | 474 | 465 | 535 | 009 | 964 | 028 | 972 | 936 | 448 | 586 | 414 | 862 | 55 |
| 6 | 482 | 474 | 526 | 008 | 972 | 037 | 963 | 935 | 456 | 595 | 405 | 860 | 54 |
| 7 | 490 | 484 | 516 | 007 | 980 | 047 | 953 | 933 | 464 | 605 | 395 | 859 | 53 |
| 8 | 499 | 493 | 507 | 005 | 988 | 056 | 944 | 932 | 472 | 614 | 386 | 858 | 52 |
| 9 | 507 | 503 | 497 | 004 | 996 | 066 | 934 | 931 | 480 | 623 | 377 | 857 | 51 |
| **10** | 515 | 512 | 488 | 003 | *005 | 075 | 925 | 930 | 488 | 632 | 368 | 855 | **50** |
| 11 | 523 | 521 | 479 | 002 | 013 | 084 | 916 | 928 | 496 | 642 | 358 | 854 | 49 |
| 12 | 532 | 531 | 469 | 001 | 021 | 094 | 906 | 927 | 504 | 651 | 349 | 853 | 48 |
| 13 | 540 | 540 | 460 | *999 | 029 | 103 | 897 | 926 | 512 | 660 | 340 | 852 | 47 |
| 14 | 548 | 550 | 450 | 998 | 037 | 112 | 888 | 925 | 520 | 669 | 331 | 850 | 46 |
| 15 | 556 | 559 | 441 | 997 | 045 | 121 | 879 | 924 | 528 | 679 | 321 | 849 | 45 |
| 16 | 564 | 569 | 431 | 996 | 053 | 131 | 869 | 922 | 536 | 688 | 312 | 848 | 44 |
| 17 | 573 | 578 | 422 | 995 | 061 | 140 | 860 | 921 | 544 | 697 | 303 | 847 | 43 |
| 18 | 581 | 587 | 413 | 993 | 069 | 149 | 851 | 920 | 552 | 706 | 294 | 845 | 42 |
| 19 | 589 | 597 | 403 | 992 | 077 | 159 | 841 | 919 | 560 | 715 | 285 | 844 | 41 |
| **20** | 597 | 606 | 394 | 991 | 085 | 168 | 832 | 917 | 568 | 725 | 275 | 843 | **40** |
| 21 | 605 | 616 | 384 | 990 | 094 | 177 | 823 | 916 | 576 | 734 | 266 | 842 | 39 |
| 22 | 613 | 625 | 375 | 988 | 102 | 187 | 813 | 915 | 584 | 743 | 257 | 840 | 38 |
| 23 | 622 | 634 | 366 | 987 | 110 | 196 | 804 | 914 | 592 | 752 | 248 | 839 | 37 |
| 24 | 630 | 644 | 356 | 986 | 118 | 205 | 795 | 912 | 599 | 762 | 238 | 838 | 36 |
| 25 | 638 | 653 | 347 | 985 | 126 | 215 | 785 | 911 | 607 | 771 | 229 | 837 | 35 |
| 26 | 646 | 663 | 337 | 984 | 134 | 224 | 776 | 910 | 615 | 780 | 220 | 835 | 34 |
| 27 | 654 | 672 | 328 | 982 | 142 | 233 | 767 | 909 | 623 | 789 | 211 | 834 | 33 |
| 28 | 663 | 681 | 319 | 981 | 150 | 243 | 757 | 907 | 631 | 799 | 201 | 833 | 32 |
| 29 | 671 | 691 | 309 | 980 | 158 | 252 | 748 | 906 | 639 | 808 | 192 | 832 | 31 |
| **30** | 679 | 700 | 300 | 979 | 166 | 261 | 739 | 905 | 647 | 817 | 183 | 830 | **30** |
| 31 | 687 | 710 | 290 | 977 | 174 | 271 | 729 | 904 | 655 | 826 | 174 | 829 | 29 |
| 32 | 695 | 719 | 281 | 976 | 182 | 280 | 720 | 903 | 663 | 835 | 165 | 828 | 28 |
| 33 | 703 | 728 | 272 | 975 | 190 | 289 | 711 | 901 | 671 | 845 | 155 | 827 | 27 |
| 34 | 712 | 738 | 262 | 974 | 199 | 298 | 702 | 900 | 679 | 854 | 146 | 825 | 26 |
| 35 | 720 | 747 | 253 | 973 | 207 | 308 | 692 | 899 | 687 | 863 | 137 | 824 | 25 |
| 36 | 728 | 757 | 243 | 971 | 215 | 317 | 683 | 898 | 695 | 872 | 128 | 823 | 24 |
| 37 | 736 | 766 | 234 | 970 | 223 | 326 | 674 | 896 | 703 | 881 | 119 | 822 | 23 |
| 38 | 744 | 775 | 225 | 969 | 231 | 336 | 664 | 895 | 711 | 891 | 109 | 820 | 22 |
| 39 | 752 | 785 | 215 | 968 | 239 | 345 | 655 | 894 | 719 | 900 | 100 | 819 | 21 |
| **40** | 761 | 794 | 206 | 966 | 247 | 354 | 646 | 893 | 727 | 909 | 091 | 818 | **20** |
| 41 | 769 | 804 | 196 | 965 | 255 | 364 | 636 | 891 | 735 | 918 | 082 | 817 | 19 |
| 42 | 777 | 813 | 187 | 964 | 263 | 373 | 627 | 890 | 743 | 927 | 073 | 815 | 18 |
| 43 | 785 | 822 | 178 | 963 | 271 | 382 | 618 | 889 | 751 | 937 | 063 | 814 | 17 |
| 44 | 793 | 832 | 168 | 962 | 279 | 391 | 609 | 888 | 759 | 946 | 054 | 813 | 16 |
| 45 | 801 | 841 | 159 | 960 | 287 | 401 | 599 | 886 | 767 | 955 | 045 | 812 | 15 |
| 46 | 810 | 850 | 150 | 959 | 295 | 410 | 590 | 885 | 775 | 964 | 036 | 810 | 14 |
| 47 | 818 | 860 | 140 | 958 | 303 | 419 | 581 | 884 | 783 | 973 | 027 | 809 | 13 |
| 48 | 826 | 869 | 131 | 957 | 311 | 429 | 571 | 883 | 790 | 983 | 017 | 808 | 12 |
| 49 | 834 | 878 | 122 | 955 | 319 | 438 | 562 | 881 | 798 | 992 | 008 | 807 | 11 |
| **50** | 842 | 888 | 112 | 954 | 327 | 447 | 553 | 880 | 806 | *001 | *999 | 805 | **10** |
| 51 | 850 | 897 | 103 | 953 | 335 | 456 | 544 | 879 | 814 | 010 | 990 | 804 | 9 |
| 52 | 858 | 907 | 093 | 952 | 343 | 466 | 534 | 878 | 822 | 019 | 981 | 803 | 8 |
| 53 | 866 | 916 | 084 | 951 | 351 | 475 | 525 | 876 | 830 | 029 | 971 | 801 | 7 |
| 54 | 875 | 925 | 075 | 949 | 359 | 484 | 516 | 875 | 838 | 038 | 962 | 800 | 6 |
| 55 | 883 | 935 | 065 | 948 | 367 | 493 | 507 | 874 | 846 | 047 | 953 | 799 | 5 |
| 56 | 891 | 944 | 056 | 947 | 375 | 503 | 497 | 873 | 854 | 056 | 944 | 798 | 4 |
| 57 | 899 | 953 | 047 | 946 | 383 | 512 | 488 | 872 | 862 | 065 | 935 | 796 | 3 |
| 58 | 907 | 963 | 037 | 944 | 392 | 521 | 479 | 870 | 870 | 075 | 925 | 795 | 2 |
| 59 | 915 | 972 | 028 | 943 | 400 | 530 | 470 | 869 | 878 | 084 | 916 | 794 | 1 |
| **60** | 923 | 981 | 019 | 942 | 408 | 540 | 460 | 868 | 886 | 093 | 907 | 793 | **0** |
| | 9.55 | 9.58 | 0.41 | 9.96 | 9.56 | 9.59 | 0.40 | 9.96 | 9.56 | 9.60 | 0.39 | 9.96 | |
| | cos | cotg | tang | sin | cos | cotg | tang | sin | cos | cotg | tang | sin | |
| | 4h 35m | | | | 4h 34m | | | | 4h 33m | | | | |

| | 1h 27m | | | | 1h 28m | | | | 1h 29m | | | | |
|---|---|---|---|---|---|---|---|---|---|---|---|---|---|
| | sin | tang | cotg | cos | sin | tang | cotg | cos | sin | tang | cotg | cos | |
| | **9.56** | **9.60** | **0.39** | **9.96** | **9.57** | **9.60** | **0.39** | **9.96** | **9.57** | **9.61** | **0.38** | **9.96** | |
| **0s** | 886 | 093 | 907 | 793 | 358 | 641 | 359 | 717 | 824 | 184 | 816 | 640 | **60s** |
| 1 | 893 | 102 | 898 | 791 | 365 | 650 | 350 | 715 | 831 | 193 | 807 | 638 | 59 |
| 2 | 901 | 111 | 889 | 790 | 373 | 659 | 341 | 714 | 839 | 202 | 798 | 637 | 58 |
| 3 | 909 | 120 | 880 | 789 | 381 | 668 | 332 | 713 | 847 | 211 | 789 | 636 | 57 |
| 4 | 917 | 130 | 870 | 788 | 389 | 677 | 323 | 711 | 855 | 220 | 780 | 634 | 56 |
| 5 | 925 | 139 | 861 | 786 | 397 | 686 | 314 | 710 | 862 | 229 | 771 | 633 | 55 |
| 6 | 933 | 148 | 852 | 785 | 404 | 695 | 305 | 709 | 870 | 238 | 762 | 632 | 54 |
| 7 | 941 | 157 | 843 | 784 | 412 | 705 | 295 | 708 | 878 | 247 | 753 | 630 | 53 |
| 8 | 949 | 166 | 834 | 783 | 420 | 714 | 286 | 706 | 885 | 256 | 744 | 629 | 52 |
| 9 | 957 | 175 | 825 | 781 | 428 | 723 | 277 | 705 | 893 | 265 | 735 | 628 | 51 |
| **10** | 965 | 185 | 815 | 780 | 436 | 732 | 268 | 704 | 901 | 274 | 726 | 627 | **50** |
| 11 | 973 | 194 | 806 | 779 | 443 | 741 | 259 | 703 | 908 | 283 | 717 | 625 | 49 |
| 12 | 980 | 203 | 797 | 778 | 451 | 750 | 250 | 701 | 916 | 292 | 708 | 624 | 48 |
| 13 | 988 | 212 | 788 | 776 | 459 | 759 | 241 | 700 | 924 | 301 | 699 | 623 | 47 |
| 14 | 996 | 221 | 779 | 775 | 467 | 768 | 232 | 699 | 932 | 310 | 690 | 621 | 46 |
| 15 | *004 | 230 | 770 | 774 | 475 | 777 | 223 | 697 | 939 | 319 | 681 | 620 | 45 |
| 16 | 012 | 240 | 760 | 772 | 482 | 786 | 214 | 696 | 947 | 328 | 672 | 619 | 44 |
| 17 | 020 | 249 | 751 | 771 | 490 | 795 | 205 | 695 | 955 | 337 | 663 | 618 | 43 |
| 18 | 028 | 258 | 742 | 770 | 498 | 804 | 196 | 694 | 962 | 346 | 654 | 616 | 42 |
| 19 | 036 | 267 | 733 | 769 | 506 | 813 | 187 | 692 | 970 | 355 | 645 | 615 | 41 |
| **20** | 044 | 276 | 724 | 767 | 514 | 823 | 177 | 691 | 978 | 364 | 636 | 614 | **40** |
| 21 | 051 | 285 | 715 | 766 | 521 | 832 | 168 | 690 | 985 | 373 | 627 | 612 | 39 |
| 22 | 059 | 294 | 706 | 765 | 529 | 841 | 159 | 688 | 993 | 382 | 618 | 611 | 38 |
| 23 | 067 | 304 | 696 | 764 | 537 | 850 | 150 | 687 | *001 | 391 | 609 | 610 | 37 |
| 24 | 075 | 313 | 687 | 762 | 545 | 859 | 141 | 686 | 008 | 400 | 600 | 608 | 36 |
| 25 | 083 | 322 | 678 | 761 | 552 | 868 | 132 | 685 | 016 | 409 | 591 | 607 | 35 |
| 26 | 091 | 331 | 669 | 760 | 560 | 877 | 123 | 683 | 024 | 418 | 582 | 606 | 34 |
| 27 | 099 | 340 | 660 | 759 | 568 | 886 | 114 | 682 | 031 | 427 | 573 | 605 | 33 |
| 28 | 107 | 349 | 651 | 757 | 576 | 895 | 105 | 681 | 039 | 436 | 564 | 603 | 32 |
| 29 | 114 | 358 | 642 | 756 | 584 | 904 | 096 | 679 | 047 | 445 | 555 | 602 | 31 |
| **30** | 122 | 368 | 632 | 755 | 591 | 913 | 087 | 678 | 055 | 454 | 546 | 601 | **30** |
| 31 | 130 | 377 | 623 | 753 | 599 | 922 | 078 | 677 | 062 | 463 | 537 | 599 | 29 |
| 32 | 138 | 386 | 614 | 752 | 607 | 931 | 069 | 676 | 070 | 472 | 528 | 598 | 28 |
| 33 | 146 | 395 | 605 | 751 | 615 | 940 | 060 | 674 | 078 | 481 | 519 | 597 | 27 |
| 34 | 154 | 404 | 596 | 750 | 622 | 949 | 051 | 673 | 085 | 490 | 510 | 595 | 26 |
| 35 | 162 | 413 | 587 | 748 | 630 | 958 | 042 | 672 | 093 | 499 | 501 | 594 | 25 |
| 36 | 169 | 422 | 578 | 747 | 638 | 967 | 033 | 670 | 101 | 508 | 492 | 593 | 24 |
| 37 | 177 | 431 | 569 | 746 | 646 | 976 | 024 | 669 | 108 | 517 | 483 | 592 | 23 |
| 38 | 185 | 441 | 559 | 745 | 653 | 986 | 014 | 668 | 116 | 526 | 474 | 590 | 22 |
| 39 | 193 | 450 | 550 | 743 | 661 | 995 | 005 | 667 | 123 | 535 | 465 | 589 | 21 |
| **40** | 201 | 459 | 541 | 742 | 669 | *004 | *996 | 665 | 131 | 544 | 456 | 588 | **20** |
| 41 | 209 | 468 | 532 | 741 | 677 | 013 | 987 | 664 | 139 | 552 | 448 | 586 | 19 |
| 42 | 217 | 477 | 523 | 740 | 684 | 022 | 978 | 663 | 146 | 561 | 439 | 585 | 18 |
| 43 | 224 | 486 | 514 | 738 | 692 | 031 | 969 | 661 | 154 | 570 | 430 | 584 | 17 |
| 44 | 232 | 495 | 505 | 737 | 700 | 040 | 960 | 660 | 162 | 579 | 421 | 582 | 16 |
| 45 | 240 | 504 | 496 | 736 | 708 | 049 | 951 | 659 | 169 | 588 | 412 | 581 | 15 |
| 46 | 248 | 514 | 486 | 734 | 715 | 058 | 942 | 658 | 177 | 597 | 403 | 580 | 14 |
| 47 | 256 | 523 | 477 | 733 | 723 | 067 | 933 | 656 | 185 | 606 | 394 | 579 | 13 |
| 48 | 264 | 532 | 468 | 732 | 731 | 076 | 924 | 655 | 192 | 615 | 385 | 577 | 12 |
| 49 | 271 | 541 | 459 | 731 | 739 | 085 | 915 | 654 | 200 | 624 | 376 | 576 | 11 |
| **50** | 279 | 550 | 450 | 729 | 746 | 094 | 906 | 652 | 208 | 633 | 367 | 575 | **10** |
| 51 | 287 | 559 | 441 | 728 | 754 | 103 | 897 | 651 | 215 | 642 | 358 | 573 | 9 |
| 52 | 295 | 568 | 432 | 727 | 762 | 112 | 888 | 650 | 223 | 651 | 349 | 572 | 8 |
| 53 | 303 | 577 | 423 | 726 | 770 | 121 | 879 | 649 | 231 | 660 | 340 | 571 | 7 |
| 54 | 311 | 586 | 414 | 724 | 777 | 130 | 870 | 647 | 238 | 669 | 331 | 569 | 6 |
| 55 | 318 | 595 | 405 | 723 | 785 | 139 | 861 | 646 | 246 | 678 | 322 | 568 | 5 |
| 56 | 326 | 605 | 395 | 722 | 793 | 148 | 852 | 645 | 253 | 687 | 313 | 567 | 4 |
| 57 | 334 | 614 | 386 | 720 | 800 | 157 | 843 | 643 | 261 | 696 | 304 | 565 | 3 |
| 58 | 342 | 623 | 377 | 719 | 808 | 166 | 834 | 642 | 269 | 705 | 295 | 564 | 2 |
| 59 | 350 | 632 | 368 | 718 | 816 | 175 | 825 | 641 | 276 | 713 | 287 | 563 | 1 |
| **60** | 358 | 641 | 359 | 717 | 824 | 184 | 816 | 640 | 284 | 722 | 278 | 562 | **0** |
| | **9.57** | **9.60** | **0.39** | **9.96** | **9.57** | **9.61** | **0.38** | **9.96** | **9.58** | **9.61** | **0.38** | **9.96** | |
| | cos | cotg | tang | sin | cos | cotg | tang | sin | cos | cotg | tang | sin | |
| | 4h 32m | | | | 4h 31m | | | | 4h 30m | | | | |

| | 1h 30m | | | | 1h 31m | | | | 1h 32m | | | | |
|---|---|---|---|---|---|---|---|---|---|---|---|---|---|
| | sin | tang | cotg | cos | sin | tang | cotg | cos | sin | tang | cotg | cos | |
| | 9.58 | 9.61 | 0.38 | 9.96 | 9.58 | 9.62 | 0.37 | 9.96 | 9.59 | 9.62 | 0.37 | 9.96 | |
| 0s | 284 | 722 | 278 | 562 | 739 | 256 | 744 | 483 | 188 | 785 | 215 | 403 | 60s |
| 1 | 292 | 731 | 269 | 560 | 746 | 265 | 735 | 481 | 195 | 794 | 206 | 401 | 59 |
| 2 | 299 | 740 | 260 | 559 | 754 | 274 | 726 | 480 | 203 | 803 | 197 | 400 | 58 |
| 3 | 307 | 749 | 251 | 558 | 761 | 283 | 717 | 479 | 210 | 812 | 188 | 399 | 57 |
| 4 | 314 | 758 | 242 | 556 | 769 | 292 | 708 | 477 | 218 | 820 | 180 | 397 | 56 |
| 5 | 322 | 767 | 233 | 555 | 776 | 300 | 700 | 476 | 225 | 829 | 171 | 396 | 55 |
| 6 | 330 | 776 | 224 | 554 | 784 | 309 | 691 | 475 | 232 | 838 | 162 | 395 | 54 |
| 7 | 337 | 785 | 215 | 552 | 791 | 318 | 682 | 473 | 240 | 847 | 153 | 393 | 53 |
| 8 | 345 | 794 | 206 | 551 | 799 | 327 | 673 | 472 | 247 | 855 | 145 | 392 | 52 |
| 9 | 353 | 803 | 197 | 550 | 806 | 336 | 664 | 471 | 255 | 864 | 136 | 391 | 51 |
| **10** | 360 | 812 | 188 | 548 | 814 | 345 | 655 | 469 | 262 | 873 | 127 | 389 | **50** |
| 11 | 368 | 821 | 179 | 547 | 821 | 353 | 647 | 468 | 270 | 882 | 118 | 388 | 49 |
| 12 | 375 | 830 | 170 | 546 | 829 | 362 | 638 | 467 | 277 | 890 | 110 | 387 | 48 |
| 13 | 383 | 838 | 162 | 545 | 836 | 371 | 629 | 465 | 284 | 899 | 101 | 385 | 47 |
| 14 | 391 | 847 | 153 | 543 | 844 | 380 | 620 | 464 | 292 | 908 | 092 | 384 | 46 |
| 15 | 398 | 856 | 144 | 542 | 851 | 389 | 611 | 463 | 299 | 917 | 083 | 382 | 45 |
| 16 | 406 | 865 | 135 | 541 | 859 | 398 | 602 | 461 | 307 | 926 | 074 | 381 | 44 |
| 17 | 413 | 874 | 126 | 539 | 866 | 406 | 594 | 460 | 314 | 934 | 066 | 380 | 43 |
| 18 | 421 | 883 | 117 | 538 | 874 | 415 | 585 | 459 | 321 | 943 | 057 | 378 | 42 |
| 19 | 429 | 892 | 108 | 537 | 881 | 424 | 576 | 457 | 329 | 952 | 048 | 377 | 41 |
| **20** | 436 | 901 | 099 | 535 | 889 | 433 | 567 | 456 | 336 | 961 | 039 | 376 | **40** |
| 21 | 444 | 910 | 090 | 534 | 896 | 442 | 558 | 455 | 344 | 969 | 031 | 374 | 39 |
| 22 | 451 | 919 | 081 | 533 | 904 | 451 | 549 | 453 | 351 | 978 | 022 | 373 | 38 |
| 23 | 459 | 928 | 072 | 531 | 911 | 459 | 541 | 452 | 359 | 987 | 013 | 372 | 37 |
| 24 | 467 | 936 | 064 | 530 | 919 | 468 | 532 | 451 | 366 | 996 | 004 | 370 | 36 |
| 25 | 474 | 945 | 055 | 529 | 926 | 477 | 523 | 449 | 373 | *004 | *996 | 369 | 35 |
| 26 | 482 | 954 | 046 | 527 | 934 | 486 | 514 | 448 | 381 | 013 | 987 | 368 | 34 |
| 27 | 489 | 963 | 037 | 526 | 941 | 495 | 505 | 447 | 388 | 022 | 978 | 366 | 33 |
| 28 | 497 | 972 | 028 | 525 | 949 | 504 | 496 | 445 | 396 | 031 | 969 | 365 | 32 |
| 29 | 504 | 981 | 019 | 523 | 956 | 512 | 488 | 444 | 403 | 039 | 961 | 364 | 31 |
| **30** | 512 | 990 | 010 | 522 | 964 | 521 | 479 | 443 | 410 | 048 | 952 | 362 | **30** |
| 31 | 520 | 999 | 001 | 521 | 971 | 530 | 470 | 441 | 418 | 057 | 943 | 361 | 29 |
| 32 | 527 | *008 | *992 | 520 | 979 | 539 | 461 | 440 | 425 | 066 | 934 | 360 | 28 |
| 33 | 535 | 017 | 983 | 518 | 986 | 548 | 452 | 439 | 433 | 074 | 926 | 358 | 27 |
| 34 | 542 | 025 | 975 | 517 | 994 | 556 | 444 | 437 | 440 | 083 | 917 | 357 | 26 |
| 35 | 550 | 034 | 966 | 516 | *001 | 565 | 435 | 436 | 447 | 092 | 908 | 356 | 25 |
| 36 | 557 | 043 | 957 | 514 | 009 | 574 | 426 | 435 | 455 | 101 | 899 | 354 | 24 |
| 37 | 565 | 052 | 948 | 513 | 016 | 583 | 417 | 433 | 462 | 109 | 891 | 353 | 23 |
| 38 | 573 | 061 | 939 | 512 | 024 | 592 | 408 | 432 | 469 | 118 | 882 | 351 | 22 |
| 39 | 580 | 070 | 930 | 510 | 031 | 601 | 399 | 431 | 477 | 127 | 873 | 350 | 21 |
| **40** | 588 | 079 | 921 | 509 | 039 | 609 | 391 | 429 | 484 | 135 | 865 | 349 | **20** |
| 41 | 595 | 088 | 912 | 508 | 046 | 618 | 382 | 428 | 492 | 144 | 856 | 347 | 19 |
| 42 | 603 | 096 | 904 | 506 | 054 | 627 | 373 | 427 | 499 | 153 | 847 | 346 | 18 |
| 43 | 610 | 105 | 895 | 505 | 061 | 636 | 364 | 425 | 506 | 162 | 838 | 345 | 17 |
| 44 | 618 | 114 | 886 | 504 | 069 | 645 | 355 | 424 | 514 | 170 | 830 | 343 | 16 |
| 45 | 626 | 123 | 877 | 502 | 076 | 653 | 347 | 423 | 521 | 179 | 821 | 342 | 15 |
| 46 | 633 | 132 | 868 | 501 | 083 | 662 | 338 | 421 | 528 | 188 | 812 | 341 | 14 |
| 47 | 641 | 141 | 859 | 500 | 091 | 671 | 329 | 420 | 536 | 197 | 803 | 339 | 13 |
| 48 | 648 | 150 | 850 | 498 | 098 | 680 | 320 | 419 | 543 | 205 | 795 | 338 | 12 |
| 49 | 656 | 159 | 841 | 497 | 106 | 689 | 311 | 417 | 551 | 214 | 786 | 337 | 11 |
| **50** | 663 | 167 | 833 | 496 | 113 | 697 | 303 | 416 | 558 | 223 | 777 | 335 | **10** |
| 51 | 671 | 176 | 824 | 494 | 121 | 706 | 294 | 415 | 565 | 231 | 769 | 334 | 9 |
| 52 | 678 | 185 | 815 | 493 | 128 | 715 | 285 | 413 | 573 | 240 | 760 | 333 | 8 |
| 53 | 686 | 194 | 806 | 492 | 136 | 724 | 276 | 412 | 580 | 249 | 751 | 331 | 7 |
| 54 | 693 | 203 | 797 | 490 | 143 | 732 | 268 | 411 | 587 | 258 | 742 | 330 | 6 |
| 55 | 701 | 212 | 788 | 489 | 151 | 741 | 259 | 409 | 595 | 266 | 734 | 328 | 5 |
| 56 | 709 | 221 | 779 | 488 | 158 | 750 | 250 | 408 | 602 | 275 | 725 | 327 | 4 |
| 57 | 716 | 230 | 770 | 487 | 165 | 759 | 241 | 407 | 609 | 284 | 716 | 326 | 3 |
| 58 | 724 | 238 | 762 | 485 | 173 | 768 | 232 | 405 | 617 | 292 | 708 | 324 | 2 |
| 59 | 731 | 247 | 753 | 484 | 180 | 776 | 224 | 404 | 624 | 301 | 699 | 323 | 1 |
| **60** | 739 | 256 | 744 | 483 | 188 | 785 | 215 | 403 | 632 | 310 | 690 | 322 | **0** |
| | 9.58 | 9.62 | 0.37 | 9.96 | 9.59 | 9.62 | 0.37 | 9.96 | 9.59 | 9.63 | 0.36 | 9.96 | |
| | cos | cotg | tang | sin | cos | cotg | tang | sin | cos | cotg | tang | sin | |
| | 4h 29m | | | | 4h 28m | | | | 4h 27m | | | | |

| | 1h 33m | | | | 1h 34m | | | | 1h 35m | | | | |
|---|---|---|---|---|---|---|---|---|---|---|---|---|---|
| | sin | tang | cotg | cos | sin | tang | cotg | cos | sin | tang | cotg | cos | |
| | **9.59** | **9.63** | **0.36** | **9.96** | **9.60** | **9.63** | **0.36** | **9.96** | **9.60** | **9.64** | **0.35** | **9.96** | |
| **0s** | 632 | 310 | 690 | 322 | 070 | 830 | 170 | 240 | 503 | 346 | 654 | 157 | **60s** |
| 1 | 639 | 319 | 681 | 320 | 077 | 839 | 161 | 238 | 510 | 355 | 645 | 156 | 59 |
| 2 | 646 | 327 | 673 | 319 | 084 | 847 | 153 | 237 | 518 | 363 | 637 | 154 | 58 |
| 3 | 654 | 336 | 664 | 318 | 092 | 856 | 144 | 236 | 525 | 372 | 628 | 153 | 57 |
| 4 | 661 | 345 | 655 | 316 | 099 | 865 | 135 | 234 | 532 | 381 | 619 | 151 | 56 |
| 5 | 668 | 353 | 647 | 315 | 106 | 873 | 127 | 233 | 539 | 389 | 611 | 150 | 55 |
| 6 | 676 | 362 | 638 | 314 | 114 | 882 | 118 | 232 | 546 | 398 | 602 | 149 | 54 |
| 7 | 683 | 371 | 629 | 312 | 121 | 891 | 109 | 230 | 553 | 406 | 594 | 147 | 53 |
| 8 | 690 | 379 | 621 | 311 | 128 | 899 | 101 | 229 | 561 | 415 | 585 | 146 | 52 |
| 9 | 698 | 388 | 612 | 309 | 135 | 908 | 092 | 227 | 568 | 423 | 577 | 144 | 51 |
| **10** | 705 | 397 | 603 | 308 | 143 | 916 | 084 | 226 | 575 | 432 | 568 | 143 | **50** |
| 11 | 712 | 406 | 594 | 307 | 150 | 925 | 075 | 225 | 582 | 440 | 560 | 142 | 49 |
| 12 | 720 | 414 | 586 | 305 | 157 | 934 | 066 | 223 | 589 | 449 | 551 | 140 | 48 |
| 13 | 727 | 423 | 577 | 304 | 164 | 942 | 058 | 222 | 596 | 458 | 542 | 139 | 47 |
| 14 | 734 | 432 | 568 | 303 | 172 | 951 | 049 | 221 | 604 | 466 | 534 | 137 | 46 |
| 15 | 742 | 440 | 560 | 301 | 179 | 960 | 040 | 219 | 611 | 475 | 525 | 136 | 45 |
| 16 | 749 | 449 | 551 | 300 | 186 | 968 | 032 | 218 | 618 | 483 | 517 | 135 | 44 |
| 17 | 756 | 458 | 542 | 299 | 193 | 977 | 023 | 216 | 625 | 492 | 508 | 133 | 43 |
| 18 | 764 | 466 | 534 | 297 | 200 | 985 | 015 | 215 | 632 | 500 | 500 | 132 | 42 |
| 19 | 771 | 475 | 525 | 296 | 208 | 994 | 006 | 214 | 639 | 509 | 491 | 130 | 41 |
| **20** | 778 | 484 | 516 | 294 | 215 | *003 | *997 | 212 | 646 | 517 | 483 | 129 | **40** |
| 21 | 786 | 492 | 508 | 293 | 222 | 011 | 989 | 211 | 654 | 526 | 474 | 128 | 39 |
| 22 | 793 | 501 | 499 | 292 | 229 | 020 | 980 | 210 | 661 | 535 | 465 | 126 | 38 |
| 23 | 800 | 510 | 490 | 290 | 237 | 029 | 971 | 208 | 668 | 543 | 457 | 125 | 37 |
| 24 | 808 | 519 | 481 | 289 | 244 | 037 | 963 | 207 | 675 | 552 | 448 | 123 | 36 |
| 25 | 815 | 527 | 473 | 288 | 251 | 046 | 954 | 205 | 682 | 560 | 440 | 122 | 35 |
| 26 | 822 | 536 | 464 | 286 | 258 | 054 | 946 | 204 | 689 | 569 | 431 | 121 | 34 |
| 27 | 829 | 545 | 455 | 285 | 266 | 063 | 937 | 203 | 696 | 577 | 423 | 119 | 33 |
| 28 | 837 | 553 | 447 | 284 | 273 | 072 | 928 | 201 | 704 | 586 | 414 | 118 | 32 |
| 29 | 844 | 562 | 438 | 282 | 280 | 080 | 920 | 200 | 711 | 594 | 406 | 116 | 31 |
| **30** | 851 | 571 | 429 | 281 | 287 | 089 | 911 | 198 | 718 | 603 | 397 | 115 | **30** |
| 31 | 859 | 579 | 421 | 279 | 294 | 097 | 903 | 197 | 725 | 611 | 389 | 114 | 29 |
| 32 | 866 | 588 | 412 | 278 | 302 | 106 | 894 | 196 | 732 | 620 | 380 | 112 | 28 |
| 33 | 873 | 597 | 403 | 277 | 309 | 115 | 885 | 194 | 739 | 628 | 372 | 111 | 27 |
| 34 | 881 | 605 | 395 | 275 | 316 | 123 | 877 | 193 | 746 | 637 | 363 | 109 | 26 |
| 35 | 888 | 614 | 386 | 274 | 323 | 132 | 868 | 192 | 754 | 645 | 355 | 108 | 25 |
| 36 | 895 | 623 | 377 | 273 | 331 | 140 | 860 | 190 | 761 | 654 | 346 | 107 | 24 |
| 37 | 903 | 631 | 369 | 271 | 338 | 149 | 851 | 189 | 768 | 663 | 337 | 105 | 23 |
| 38 | 910 | 640 | 360 | 270 | 345 | 158 | 842 | 187 | 775 | 671 | 329 | 104 | 22 |
| 39 | 917 | 649 | 351 | 269 | 352 | 166 | 834 | 186 | 782 | 680 | 320 | 102 | 21 |
| **40** | 924 | 657 | 343 | 267 | 359 | 175 | 825 | 185 | 789 | 688 | 312 | 101 | **20** |
| 41 | 932 | 666 | 334 | 266 | 367 | 183 | 817 | 183 | 796 | 697 | 303 | 100 | 19 |
| 42 | 939 | 675 | 325 | 264 | 374 | 192 | 808 | 182 | 803 | 705 | 295 | 098 | 18 |
| 43 | 946 | 683 | 317 | 263 | 381 | 200 | 800 | 180 | 811 | 714 | 286 | 097 | 17 |
| 44 | 954 | 692 | 308 | 262 | 388 | 209 | 791 | 179 | 818 | 722 | 278 | 095 | 16 |
| 45 | 961 | 701 | 299 | 260 | 395 | 218 | 782 | 178 | 825 | 731 | 269 | 094 | 15 |
| 46 | 968 | 709 | 291 | 259 | 403 | 226 | 774 | 176 | 832 | 739 | 261 | 093 | 14 |
| 47 | 975 | 718 | 282 | 258 | 410 | 235 | 765 | 175 | 839 | 748 | 252 | 091 | 13 |
| 48 | 983 | 726 | 274 | 256 | 417 | 243 | 757 | 174 | 846 | 756 | 244 | 090 | 12 |
| 49 | 990 | 735 | 265 | 255 | 424 | 252 | 748 | 172 | 853 | 765 | 235 | 088 | 11 |
| **50** | 997 | 744 | 256 | 253 | 431 | 261 | 739 | 171 | 860 | 773 | 227 | 087 | **10** |
| 51 | *005 | 752 | 248 | 252 | 439 | 269 | 731 | 169 | 867 | 782 | 218 | 086 | 9 |
| 52 | 012 | 761 | 239 | 251 | 446 | 278 | 722 | 168 | 875 | 790 | 210 | 084 | 8 |
| 53 | 019 | 770 | 230 | 249 | 453 | 286 | 714 | 167 | 882 | 799 | 201 | 083 | 7 |
| 54 | 026 | 778 | 222 | 248 | 460 | 295 | 705 | 165 | 889 | 807 | 193 | 081 | 6 |
| 55 | 034 | 787 | 213 | 247 | 467 | 303 | 697 | 164 | 896 | 816 | 184 | 080 | 5 |
| 56 | 041 | 796 | 204 | 245 | 474 | 312 | 688 | 162 | 903 | 824 | 176 | 079 | 4 |
| 57 | 048 | 804 | 196 | 244 | 482 | 321 | 679 | 161 | 910 | 833 | 167 | 077 | 3 |
| 58 | 055 | 813 | 187 | 243 | 489 | 329 | 671 | 160 | 917 | 841 | 159 | 076 | 2 |
| 59 | 063 | 822 | 178 | 241 | 496 | 338 | 662 | 158 | 924 | 850 | 150 | 074 | 1 |
| **60** | 070 | 830 | 170 | 240 | 503 | 346 | 654 | 157 | 931 | 858 | 142 | 073 | **0** |
| | **9.60** | **9.63** | **0.36** | **9.96** | **9.60** | **9.64** | **0.35** | **9.96** | **9.60** | **9.64** | **0.35** | **9.96** | |
| | cos | cotg | tang | sin | cos | cotg | tang | sin | cos | cotg | tang | sin | |
| | 4h 26m | | | | 4h 25m | | | | 4h 24m | | | | |

| | $1^h\ 36^m$ | | | | $1^h\ 37^m$ | | | | $1^h\ 38^m$ | | | | |
|---|---|---|---|---|---|---|---|---|---|---|---|---|---|
| | sin | tang | cotg | cos | sin | tang | cotg | cos | sin | tang | cotg | cos | |
| | **9.60** | **9.64** | **0.35** | **9.96** | **9.61** | **9.65** | **0.34** | **9.95** | **9.61** | **9.65** | **0.34** | **9.95** | |
| **0$^s$** | 931 | 858 | 142 | 073 | 354 | 366 | 634 | 988 | 773 | 870 | 130 | 902 | **60$^s$** |
| 1 | 938 | 867 | 133 | 072 | 361 | 375 | 625 | 987 | 780 | 879 | 121 | 901 | 59 |
| 2 | 946 | 875 | 125 | 070 | 368 | 383 | 617 | 985 | 787 | 887 | 113 | 899 | 58 |
| 3 | 953 | 884 | 116 | 069 | 375 | 392 | 608 | 984 | 793 | 896 | 104 | 898 | 57 |
| 4 | 960 | 892 | 108 | 067 | 382 | 400 | 600 | 982 | 800 | 904 | 096 | 897 | 56 |
| 5 | 967 | 901 | 099 | 066 | 390 | 408 | 592 | 981 | 807 | 912 | 088 | 895 | 55 |
| 6 | 974 | 909 | 091 | 065 | 397 | 417 | 583 | 980 | 814 | 921 | 079 | 894 | 54 |
| 7 | 981 | 918 | 082 | 063 | 404 | 425 | 575 | 978 | 821 | 929 | 071 | 892 | 53 |
| 8 | 988 | 926 | 074 | 062 | 411 | 434 | 566 | 977 | 828 | 937 | 063 | 891 | 52 |
| 9 | 995 | 935 | 065 | 060 | 418 | 442 | 558 | 975 | 835 | 946 | 054 | 889 | 51 |
| **10** | *002 | 943 | 057 | 059 | 425 | 451 | 549 | 974 | 842 | 954 | 046 | 888 | **50** |
| 11 | 009 | 952 | 048 | 058 | 432 | 459 | 541 | 972 | 849 | 962 | 038 | 886 | 49 |
| 12 | 016 | 960 | 040 | 056 | 438 | 467 | 533 | 971 | 856 | 971 | 029 | 885 | 48 |
| 13 | 023 | 969 | 031 | 055 | 445 | 476 | 524 | 970 | 863 | 979 | 021 | 884 | 47 |
| 14 | 031 | 977 | 023 | 053 | 452 | 484 | 516 | 968 | 870 | 987 | 013 | 882 | 46 |
| 15 | 038 | 986 | 014 | 052 | 459 | 493 | 507 | 967 | 876 | 996 | 004 | 881 | 45 |
| 16 | 045 | 994 | 006 | 050 | 466 | 501 | 499 | 965 | 883 | *004 | *996 | 879 | 44 |
| 17 | 052 | *003 | *997 | 049 | 473 | 510 | 490 | 964 | 890 | 013 | 987 | 878 | 43 |
| 18 | 059 | 011 | 989 | 048 | 480 | 518 | 482 | 962 | 897 | 021 | 979 | 876 | 42 |
| 19 | 066 | 020 | 980 | 046 | 487 | 526 | 474 | 961 | 904 | 029 | 971 | 875 | 41 |
| **20** | 073 | 028 | 972 | 045 | 494 | 535 | 465 | 960 | 911 | 038 | 962 | 873 | **40** |
| 21 | 080 | 037 | 963 | 043 | 501 | 543 | 457 | 958 | 918 | 046 | 954 | 872 | 39 |
| 22 | 087 | 045 | 955 | 042 | 508 | 552 | 448 | 957 | 925 | 054 | 946 | 871 | 38 |
| 23 | 094 | 054 | 946 | 041 | 515 | 560 | 440 | 955 | 932 | 063 | 937 | 869 | 37 |
| 24 | 101 | 062 | 938 | 039 | 522 | 568 | 432 | 954 | 939 | 071 | 929 | 868 | 36 |
| 25 | 108 | 070 | 930 | 038 | 529 | 577 | 423 | 952 | 946 | 079 | 921 | 866 | 35 |
| 26 | 115 | 079 | 921 | 036 | 536 | 585 | 415 | 951 | 952 | 088 | 912 | 865 | 34 |
| 27 | 122 | 087 | 913 | 035 | 543 | 594 | 406 | 950 | 959 | 096 | 904 | 863 | 33 |
| 28 | 129 | 096 | 904 | 034 | 550 | 602 | 398 | 948 | 966 | 104 | 896 | 862 | 32 |
| 29 | 136 | 104 | 896 | 032 | 557 | 610 | 390 | 947 | 973 | 113 | 887 | 860 | 31 |
| **30** | 144 | 113 | 887 | 031 | 564 | 619 | 381 | 945 | 980 | 121 | 879 | 859 | **30** |
| 31 | 151 | 121 | 879 | 029 | 571 | 627 | 373 | 944 | 987 | 129 | 871 | 858 | 29 |
| 32 | 158 | 130 | 870 | 028 | 578 | 636 | 364 | 942 | 994 | 138 | 862 | 856 | 28 |
| 33 | 165 | 138 | 862 | 026 | 585 | 644 | 356 | 941 | *001 | 146 | 854 | 855 | 27 |
| 34 | 172 | 147 | 853 | 025 | 592 | 652 | 348 | 940 | 008 | 154 | 846 | 853 | 26 |
| 35 | 179 | 155 | 845 | 024 | 599 | 661 | 339 | 938 | 014 | 163 | 837 | 852 | 25 |
| 36 | 186 | 164 | 836 | 022 | 606 | 669 | 331 | 937 | 021 | 171 | 829 | 850 | 24 |
| 37 | 193 | 172 | 828 | 021 | 613 | 678 | 322 | 935 | 028 | 179 | 821 | 849 | 23 |
| 38 | 200 | 181 | 819 | 019 | 620 | 686 | 314 | 934 | 035 | 188 | 812 | 847 | 22 |
| 39 | 207 | 189 | 811 | 018 | 627 | 694 | 306 | 932 | 042 | 196 | 804 | 846 | 21 |
| **40** | 214 | 197 | 803 | 017 | 634 | 703 | 297 | 931 | 049 | 204 | 796 | 844 | **20** |
| 41 | 221 | 206 | 794 | 015 | 641 | 711 | 289 | 930 | 056 | 213 | 787 | 843 | 19 |
| 42 | 228 | 214 | 786 | 014 | 648 | 720 | 280 | 928 | 063 | 221 | 779 | 842 | 18 |
| 43 | 235 | 223 | 777 | 012 | 655 | 728 | 272 | 927 | 069 | 229 | 771 | 840 | 17 |
| 44 | 242 | 231 | 769 | 011 | 662 | 736 | 264 | 925 | 076 | 238 | 762 | 839 | 16 |
| 45 | 249 | 240 | 760 | 009 | 669 | 745 | 255 | 924 | 083 | 246 | 754 | 837 | 15 |
| 46 | 256 | 248 | 752 | 008 | 676 | 753 | 247 | 922 | 090 | 254 | 746 | 836 | 14 |
| 47 | 263 | 257 | 743 | 007 | 682 | 762 | 238 | 921 | 097 | 263 | 737 | 834 | 13 |
| 48 | 270 | 265 | 735 | 005 | 689 | 770 | 230 | 920 | 104 | 271 | 729 | 833 | 12 |
| 49 | 277 | 273 | 727 | 004 | 696 | 778 | 222 | 918 | 111 | 279 | 721 | 831 | 11 |
| **50** | 284 | 282 | 718 | 002 | 703 | 787 | 213 | 917 | 118 | 288 | 712 | 830 | **10** |
| 51 | 291 | 290 | 710 | 001 | 710 | 795 | 205 | 915 | 124 | 296 | 704 | 829 | 9 |
| 52 | 298 | 299 | 701 | 000 | 717 | 803 | 197 | 914 | 131 | 304 | 696 | 827 | 8 |
| 53 | 305 | 307 | 693 | *998 | 724 | 812 | 188 | 912 | 138 | 313 | 687 | 826 | 7 |
| 54 | 312 | 316 | 684 | 997 | 731 | 820 | 180 | 911 | 145 | 321 | 679 | 824 | 6 |
| 55 | 319 | 324 | 676 | 995 | 738 | 829 | 171 | 909 | 152 | 329 | 671 | 823 | 5 |
| 56 | 326 | 333 | 667 | 994 | 745 | 837 | 163 | 908 | 159 | 337 | 663 | 821 | 4 |
| 57 | 333 | 341 | 659 | 992 | 752 | 845 | 155 | 907 | 166 | 346 | 654 | 820 | 3 |
| 58 | 340 | 349 | 651 | 991 | 759 | 854 | 146 | 905 | 172 | 354 | 646 | 818 | 2 |
| 59 | 347 | 358 | 642 | 990 | 766 | 862 | 138 | 904 | 179 | 362 | 638 | 817 | 1 |
| **60** | 354 | 366 | 634 | 988 | 773 | 870 | 130 | 902 | 186 | 371 | 629 | 815 | **0** |
| | **9.61** | **9.65** | **0.34** | **9.95** | **9.61** | **9.65** | **0.34** | **9.95** | **9.62** | **9.66** | **0.33** | **9.95** | |
| | cos | cotg | tang | sin | cos | cotg | tang | sin | cos | cotg | tang | sin | |
| | $4^h\ 23^m$ | | | | $4^h\ 22^m$ | | | | $4^h\ 21^m$ | | | | |

| | $1^h\ 39^m$ | | | | $1^h\ 40^m$ | | | | $1^h\ 41^m$ | | | | |
|---|---|---|---|---|---|---|---|---|---|---|---|---|---|
| | sin | tang | cotg | cos | sin | tang | cotg | cos | sin | tang | cotg | cos | |
| | **9.62** | **9.66** | **0.33** | **9.95** | **9.62** | **9.66** | **0.33** | **9.95** | **9.62** | **9.67** | **0.32** | **9.95** | |
| **0ˢ** | 186 | 371 | 629 | 815 | 595 | 867 | 133 | 728 | 999 | 360 | 640 | 639 | **60ˢ** |
| 1 | 193 | 379 | 621 | 814 | 602 | 875 | 125 | 726 | *006 | 368 | 632 | 637 | 59 |
| 2 | 200 | 387 | 613 | 813 | 608 | 884 | 116 | 725 | 012 | 377 | 623 | 636 | 58 |
| 3 | 207 | 396 | 604 | 811 | 615 | 892 | 108 | 723 | 019 | 385 | 615 | 634 | 57 |
| 4 | 214 | 404 | 596 | 810 | 622 | 900 | 100 | 722 | 026 | 393 | 607 | 633 | 56 |
| 5 | 220 | 412 | 588 | 808 | 629 | 908 | 092 | 720 | 032 | 401 | 599 | 631 | 55 |
| 6 | 227 | 421 | 579 | 807 | 635 | 917 | 083 | 719 | 039 | 409 | 591 | 630 | 54 |
| 7 | 234 | 429 | 571 | 805 | 642 | 925 | 075 | 717 | 046 | 417 | 583 | 628 | 53 |
| 8 | 241 | 437 | 563 | 804 | 649 | 933 | 067 | 716 | 052 | 426 | 574 | 627 | 52 |
| 9 | 248 | 445 | 555 | 802 | 656 | 941 | 059 | 714 | 059 | 434 | 566 | 625 | 51 |
| **10** | 255 | 454 | 546 | 801 | 662 | 950 | 050 | 713 | 066 | 442 | 558 | 624 | **50** |
| 11 | 261 | 462 | 538 | 799 | 669 | 958 | 042 | 711 | 072 | 450 | 550 | 622 | 49 |
| 12 | 268 | 470 | 530 | 798 | 676 | 966 | 034 | 710 | 079 | 458 | 542 | 621 | 48 |
| 13 | 275 | 479 | 521 | 796 | 683 | 974 | 026 | 708 | 086 | 467 | 533 | 619 | 47 |
| 14 | 282 | 487 | 513 | 795 | 690 | 983 | 017 | 707 | 093 | 475 | 525 | 618 | 46 |
| 15 | 289 | 495 | 505 | 794 | 696 | 991 | 009 | 705 | 099 | 483 | 517 | 616 | 45 |
| 16 | 296 | 503 | 497 | 792 | 703 | 999 | 001 | 704 | 106 | 491 | 509 | 615 | 44 |
| 17 | 302 | 512 | 488 | 791 | 710 | *007 | *993 | 702 | 113 | 499 | 501 | 613 | 43 |
| 18 | 309 | 520 | 480 | 789 | 717 | 016 | 984 | 701 | 119 | 507 | 493 | 612 | 42 |
| 19 | 316 | 528 | 472 | 788 | 723 | 024 | 976 | 700 | 126 | 516 | 484 | 610 | 41 |
| **20** | 323 | 537 | 463 | 786 | 730 | 032 | 968 | 698 | 133 | 524 | 476 | 609 | **40** |
| 21 | 330 | 545 | 455 | 785 | 737 | 040 | 960 | 697 | 139 | 532 | 468 | 607 | 39 |
| 22 | 337 | 553 | 447 | 783 | 744 | 048 | 952 | 695 | 146 | 540 | 460 | 606 | 38 |
| 23 | 343 | 561 | 439 | 782 | 750 | 057 | 943 | 694 | 153 | 548 | 452 | 604 | 37 |
| 24 | 350 | 570 | 430 | 780 | 757 | 065 | 935 | 692 | 159 | 556 | 444 | 603 | 36 |
| 25 | 357 | 578 | 422 | 779 | 764 | 073 | 927 | 691 | 166 | 565 | 435 | 601 | 35 |
| 26 | 364 | 586 | 414 | 777 | 770 | 081 | 919 | 689 | 173 | 573 | 427 | 600 | 34 |
| 27 | 371 | 595 | 405 | 776 | 777 | 090 | 910 | 688 | 179 | 581 | 419 | 598 | 33 |
| 28 | 377 | 603 | 397 | 775 | 784 | 098 | 902 | 686 | 186 | 589 | 411 | 597 | 32 |
| 29 | 384 | 611 | 389 | 773 | 791 | 106 | 894 | 685 | 193 | 597 | 403 | 595 | 31 |
| **30** | 391 | 619 | 381 | 772 | 797 | 114 | 886 | 683 | 199 | 605 | 395 | 594 | **30** |
| 31 | 398 | 628 | 372 | 770 | 804 | 122 | 878 | 682 | 206 | 613 | 387 | 592 | 29 |
| 32 | 405 | 636 | 364 | 769 | 811 | 131 | 869 | 680 | 213 | 622 | 378 | 591 | 28 |
| 33 | 411 | 644 | 356 | 767 | 818 | 139 | 861 | 679 | 219 | 630 | 370 | 589 | 27 |
| 34 | 418 | 653 | 347 | 766 | 824 | 147 | 853 | 677 | 226 | 638 | 362 | 588 | 26 |
| 35 | 425 | 661 | 339 | 764 | 831 | 155 | 845 | 676 | 233 | 646 | 354 | 586 | 25 |
| 36 | 432 | 669 | 331 | 763 | 838 | 163 | 837 | 674 | 239 | 654 | 346 | 585 | 24 |
| 37 | 439 | 677 | 323 | 761 | 845 | 172 | 828 | 673 | 246 | 662 | 338 | 583 | 23 |
| 38 | 446 | 686 | 314 | 760 | 851 | 180 | 820 | 671 | 252 | 671 | 329 | 582 | 22 |
| 39 | 452 | 694 | 306 | 758 | 858 | 188 | 812 | 670 | 259 | 679 | 321 | 580 | 21 |
| **40** | 459 | 702 | 298 | 757 | 865 | 196 | 804 | 668 | 266 | 687 | 313 | 579 | **20** |
| 41 | 466 | 710 | 290 | 756 | 871 | 204 | 796 | 667 | 272 | 695 | 305 | 577 | 19 |
| 42 | 473 | 719 | 281 | 754 | 878 | 213 | 787 | 665 | 279 | 703 | 297 | 576 | 18 |
| 43 | 479 | 727 | 273 | 753 | 885 | 221 | 779 | 664 | 286 | 711 | 289 | 574 | 17 |
| 44 | 486 | 735 | 265 | 751 | 892 | 229 | 771 | 663 | 292 | 719 | 281 | 573 | 16 |
| 45 | 493 | 743 | 257 | 750 | 898 | 237 | 763 | 661 | 299 | 728 | 272 | 571 | 15 |
| 46 | 500 | 752 | 248 | 748 | 905 | 245 | 755 | 660 | 306 | 736 | 264 | 570 | 14 |
| 47 | 507 | 760 | 240 | 747 | 912 | 254 | 746 | 658 | 312 | 744 | 256 | 568 | 13 |
| 48 | 513 | 768 | 232 | 745 | 918 | 262 | 738 | 657 | 319 | 752 | 248 | 567 | 12 |
| 49 | 520 | 776 | 224 | 744 | 925 | 270 | 730 | 655 | 326 | 760 | 240 | 565 | 11 |
| **50** | 527 | 785 | 215 | 742 | 932 | 278 | 722 | 654 | 332 | 768 | 232 | 564 | **10** |
| 51 | 534 | 793 | 207 | 741 | 939 | 286 | 714 | 652 | 339 | 776 | 224 | 562 | 9 |
| 52 | 541 | 801 | 199 | 739 | 945 | 295 | 705 | 651 | 345 | 785 | 215 | 561 | 8 |
| 53 | 547 | 810 | 190 | 738 | 952 | 303 | 697 | 649 | 352 | 793 | 207 | 559 | 7 |
| 54 | 554 | 818 | 182 | 736 | 959 | 311 | 689 | 648 | 359 | 801 | 199 | 558 | 6 |
| 55 | 561 | 826 | 174 | 735 | 965 | 319 | 681 | 646 | 365 | 809 | 191 | 556 | 5 |
| 56 | 568 | 834 | 166 | 733 | 972 | 327 | 673 | 645 | 372 | 817 | 183 | 555 | 4 |
| 57 | 575 | 843 | 157 | 732 | 979 | 336 | 664 | 643 | 379 | 825 | 175 | 553 | 3 |
| 58 | 581 | 851 | 149 | 731 | 986 | 344 | 656 | 642 | 385 | 833 | 167 | 552 | 2 |
| 59 | 588 | 859 | 141 | 729 | 992 | 352 | 648 | 640 | 392 | 841 | 159 | 550 | 1 |
| **60** | 595 | 867 | 133 | 728 | 999 | 360 | 640 | 639 | 398 | 850 | 150 | 549 | **0** |
| | **9.62** | **9.66** | **0.33** | **9.95** | **9.62** | **9.67** | **0.32** | **9.95** | **9.63** | **9.67** | **0.32** | **9.95** | |
| | cos | cotg | tang | sin | cos | cotg | tang | sin | cos | cotg | tang | sin | |
| | $4^h\ 20^m$ | | | | $4^h\ 19^m$ | | | | $4^h\ 18^m$ | | | | |

| | $1^h\ 42^m$ | | | | $1^h\ 43^m$ | | | | $1^h\ 44^m$ | | | | |
|---|---|---|---|---|---|---|---|---|---|---|---|---|---|
| | sin | tang | cotg | cos | sin | tang | cotg | cos | sin | tang | cotg | cos | |
| | **9.63** | **9.67** | **0.32** | **9.95** | **9.63** | **9.68** | **0.31** | **9.95** | **9.64** | **9.68** | **0.31** | **9.95** | |
| $0^s$ | 398 | 850 | 150 | 549 | 794 | 336 | 664 | 458 | 184 | 818 | 182 | 366 | $60^s$ |
| 1 | 405 | 858 | 142 | 547 | 800 | 344 | 656 | 456 | 191 | 826 | 174 | 364 | 59 |
| 2 | 412 | 866 | 134 | 546 | 807 | 352 | 648 | 455 | 197 | 834 | 166 | 363 | 58 |
| 3 | 418 | 874 | 126 | 544 | 813 | 360 | 640 | 453 | 204 | 842 | 158 | 361 | 57 |
| 4 | 425 | 882 | 118 | 543 | 820 | 368 | 632 | 452 | 210 | 850 | 150 | 360 | 56 |
| 5 | 432 | 890 | 110 | 541 | 826 | 376 | 624 | 450 | 217 | 858 | 142 | 358 | 55 |
| 6 | 438 | 898 | 102 | 540 | 833 | 384 | 616 | 449 | 223 | 866 | 134 | 357 | 54 |
| 7 | 445 | 906 | 094 | 538 | 839 | 392 | 608 | 447 | 229 | 874 | 126 | 355 | 53 |
| 8 | 451 | 915 | 085 | 537 | 846 | 400 | 600 | 446 | 236 | 882 | 118 | 354 | 52 |
| 9 | 458 | 923 | 077 | 535 | 852 | 408 | 592 | 444 | 242 | 890 | 110 | 352 | 51 |
| **10** | 465 | 931 | 069 | 534 | 859 | 416 | 584 | 443 | 249 | 898 | 102 | 351 | **50** |
| 11 | 471 | 939 | 061 | 532 | 865 | 424 | 576 | 441 | 255 | 906 | 094 | 349 | 49 |
| 12 | 478 | 947 | 053 | 531 | 872 | 432 | 568 | 440 | 262 | 914 | 086 | 348 | 48 |
| 13 | 484 | 955 | 045 | 529 | 879 | 440 | 560 | 438 | 268 | 922 | 078 | 346 | 47 |
| 14 | 491 | 963 | 037 | 528 | 885 | 448 | 552 | 437 | 275 | 930 | 070 | 344 | 46 |
| 15 | 498 | 971 | 029 | 526 | 892 | 457 | 543 | 435 | 281 | 938 | 062 | 343 | 45 |
| 16 | 504 | 980 | 020 | 525 | 898 | 465 | 535 | 434 | 288 | 946 | 054 | 341 | 44 |
| 17 | 511 | 988 | 012 | 523 | 905 | 473 | 527 | 432 | 294 | 954 | 046 | 340 | 43 |
| 18 | 517 | 996 | 004 | 522 | 911 | 481 | 519 | 430 | 301 | 962 | 038 | 338 | 42 |
| 19 | 524 | *004 | *996 | 520 | 918 | 489 | 511 | 429 | 307 | 970 | 030 | 337 | 41 |
| **20** | 531 | 012 | 988 | 519 | 924 | 497 | 503 | 427 | 313 | 978 | 022 | 335 | **40** |
| 21 | 537 | 020 | 980 | 517 | 931 | 505 | 495 | 426 | 320 | 986 | 014 | 334 | 39 |
| 22 | 544 | 028 | 972 | 516 | 937 | 513 | 487 | 424 | 326 | 994 | 006 | 332 | 38 |
| 23 | 550 | 036 | 964 | 514 | 944 | 521 | 479 | 423 | 333 | *002 | *998 | 331 | 37 |
| 24 | 557 | 044 | 956 | 513 | 950 | 529 | 471 | 421 | 339 | 010 | 990 | 329 | 36 |
| 25 | 564 | 053 | 947 | 511 | 957 | 537 | 463 | 420 | 346 | 018 | 982 | 327 | 35 |
| 26 | 570 | 061 | 939 | 510 | 963 | 545 | 455 | 418 | 352 | 026 | 974 | 326 | 34 |
| 27 | 577 | 069 | 931 | 508 | 970 | 553 | 447 | 417 | 359 | 034 | 966 | 324 | 33 |
| 28 | 583 | 077 | 923 | 507 | 976 | 561 | 439 | 415 | 365 | 042 | 958 | 323 | 32 |
| 29 | 590 | 085 | 915 | 505 | 983 | 569 | 431 | 414 | 371 | 050 | 950 | 321 | 31 |
| **30** | 597 | 093 | 907 | 504 | 989 | 577 | 423 | 412 | 378 | 058 | 942 | 320 | **30** |
| 31 | 603 | 101 | 899 | 502 | 996 | 585 | 415 | 411 | 384 | 066 | 934 | 318 | 29 |
| 32 | 610 | 109 | 891 | 500 | *002 | 593 | 407 | 409 | 391 | 074 | 926 | 317 | 28 |
| 33 | 616 | 117 | 883 | 499 | 009 | 601 | 399 | 408 | 397 | 082 | 918 | 315 | 27 |
| 34 | 623 | 125 | 875 | 497 | 015 | 609 | 391 | 406 | 404 | 090 | 910 | 313 | 26 |
| 35 | 629 | 134 | 866 | 496 | 022 | 617 | 383 | 404 | 410 | 098 | 902 | 312 | 25 |
| 36 | 636 | 142 | 858 | 494 | 028 | 626 | 374 | 403 | 417 | 106 | 894 | 310 | 24 |
| 37 | 643 | 150 | 850 | 493 | 035 | 634 | 366 | 401 | 423 | 114 | 886 | 309 | 23 |
| 38 | 649 | 158 | 842 | 491 | 041 | 642 | 358 | 400 | 429 | 122 | 878 | 307 | 22 |
| 39 | 656 | 166 | 834 | 490 | 048 | 650 | 350 | 398 | 436 | 130 | 870 | 306 | 21 |
| **40** | 662 | 174 | 826 | 488 | 054 | 658 | 342 | 397 | 442 | 138 | 862 | 304 | **20** |
| 41 | 669 | 182 | 818 | 487 | 061 | 666 | 334 | 395 | 449 | 146 | 854 | 303 | 19 |
| 42 | 675 | 190 | 810 | 485 | 067 | 674 | 326 | 394 | 455 | 154 | 846 | 301 | 18 |
| 43 | 682 | 198 | 802 | 484 | 074 | 682 | 318 | 392 | 462 | 162 | 838 | 300 | 17 |
| 44 | 689 | 206 | 794 | 482 | 080 | 690 | 310 | 391 | 468 | 170 | 830 | 298 | 16 |
| 45 | 695 | 214 | 786 | 481 | 087 | 698 | 302 | 389 | 474 | 178 | 822 | 296 | 15 |
| 46 | 702 | 222 | 778 | 479 | 093 | 706 | 294 | 388 | 481 | 186 | 814 | 295 | 14 |
| 47 | 708 | 231 | 769 | 478 | 100 | 714 | 286 | 386 | 487 | 194 | 806 | 293 | 13 |
| 48 | 715 | 239 | 761 | 476 | 106 | 722 | 278 | 384 | 494 | 202 | 798 | 292 | 12 |
| 49 | 721 | 247 | 753 | 475 | 113 | 730 | 270 | 383 | 500 | 210 | 790 | 290 | 11 |
| **50** | 728 | 255 | 745 | 473 | 119 | 738 | 262 | 381 | 506 | 218 | 782 | 289 | **10** |
| 51 | 735 | 263 | 737 | 472 | 126 | 746 | 254 | 380 | 513 | 226 | 774 | 287 | 9 |
| 52 | 741 | 271 | 729 | 470 | 132 | 754 | 246 | 378 | 519 | 234 | 766 | 286 | 8 |
| 53 | 748 | 279 | 721 | 469 | 139 | 762 | 238 | 377 | 526 | 242 | 758 | 284 | 7 |
| 54 | 754 | 287 | 713 | 467 | 145 | 770 | 230 | 375 | 532 | 250 | 750 | 282 | 6 |
| 55 | 761 | 295 | 705 | 466 | 152 | 778 | 222 | 374 | 539 | 258 | 742 | 281 | 5 |
| 56 | 767 | 303 | 697 | 464 | 158 | 786 | 214 | 372 | 545 | 266 | 734 | 279 | 4 |
| 57 | 774 | 311 | 689 | 463 | 165 | 794 | 206 | 371 | 551 | 274 | 726 | 278 | 3 |
| 58 | 780 | 319 | 681 | 461 | 171 | 802 | 198 | 369 | 558 | 282 | 718 | 276 | 2 |
| 59 | 787 | 328 | 672 | 459 | 178 | 810 | 190 | 368 | 564 | 290 | 710 | 275 | 1 |
| **60** | 794 | 336 | 664 | 458 | 184 | 818 | 182 | 366 | 571 | 298 | 702 | 273 | **0** |
| | **9.63** | **9.68** | **0.31** | **9.95** | **9.64** | **9.68** | **0.31** | **9.95** | **9.64** | **9.69** | **0.30** | **9.95** | |
| | cos | cotg | tang | sin | cos | cotg | tang | sin | cos | cotg | tang | sin | |
| | $4^h\ 17^m$ | | | | $4^h\ 16^m$ | | | | $4^h\ 15^m$ | | | | |

| | $1^h\ 45^m$ | | | | $1^h\ 46^m$ | | | | $1^h\ 47^m$ | | | | |
|---|---|---|---|---|---|---|---|---|---|---|---|---|---|
| | sin | tang | cotg | cos | sin | tang | cotg | cos | sin | tang | cotg | cos | |
| | **9.64** | **9.69** | **0.30** | **9.95** | **9.64** | **9.69** | **0.30** | **9.95** | **9.65** | **9.70** | **0.29** | **9.95** | |
| **0s** | 571 | 298 | 702 | 273 | 953 | 774 | 226 | 179 | 331 | 247 | 753 | 084 | **60s** |
| 1 | 577 | 305 | 695 | 272 | 959 | 782 | 218 | 178 | 337 | 254 | 746 | 083 | 59 |
| 2 | 583 | 313 | 687 | 270 | 965 | 789 | 211 | 176 | 343 | 262 | 738 | 081 | 58 |
| 3 | 590 | 321 | 679 | 268 | 972 | 797 | 203 | 174 | 350 | 270 | 730 | 079 | 57 |
| 4 | 596 | 329 | 671 | 267 | 978 | 805 | 195 | 173 | 356 | 278 | 722 | 078 | 56 |
| 5 | 603 | 337 | 663 | 265 | 984 | 813 | 187 | 171 | 362 | 286 | 714 | 076 | 55 |
| 6 | 609 | 345 | 655 | 264 | 991 | 821 | 179 | 170 | 368 | 294 | 706 | 075 | 54 |
| 7 | 615 | 353 | 647 | 262 | 997 | 829 | 171 | 168 | 375 | 302 | 698 | 073 | 53 |
| 8 | 622 | 361 | 639 | 261 | *003 | 837 | 163 | 167 | 381 | 309 | 691 | 071 | 52 |
| 9 | 628 | 369 | 631 | 259 | 010 | 845 | 155 | 165 | 387 | 317 | 683 | 070 | 51 |
| **10** | 635 | 377 | 623 | 257 | 016 | 853 | 147 | 163 | 393 | 325 | 675 | 068 | **50** |
| 11 | 641 | 385 | 615 | 256 | 022 | 861 | 139 | 162 | 400 | 333 | 667 | 067 | 49 |
| 12 | 647 | 393 | 607 | 254 | 029 | 868 | 132 | 160 | 406 | 341 | 659 | 065 | 48 |
| 13 | 654 | 401 | 599 | 253 | 035 | 876 | 124 | 159 | 412 | 349 | 651 | 063 | 47 |
| 14 | 660 | 409 | 591 | 251 | 041 | 884 | 116 | 157 | 418 | 357 | 643 | 062 | 46 |
| 15 | 667 | 417 | 583 | 250 | 048 | 892 | 108 | 155 | 425 | 364 | 636 | 060 | 45 |
| 16 | 673 | 425 | 575 | 248 | 054 | 900 | 100 | 154 | 431 | 372 | 628 | 059 | 44 |
| 17 | 679 | 433 | 567 | 247 | 060 | 908 | 092 | 152 | 437 | 380 | 620 | 057 | 43 |
| 18 | 686 | 441 | 559 | 245 | 067 | 916 | 084 | 151 | 443 | 388 | 612 | 055 | 42 |
| 19 | 692 | 449 | 551 | 243 | 073 | 924 | 076 | 149 | 450 | 396 | 604 | 054 | 41 |
| **20** | 698 | 457 | 543 | 242 | 079 | 932 | 068 | 148 | 456 | 404 | 596 | 052 | **40** |
| 21 | 705 | 465 | 535 | 240 | 086 | 940 | 060 | 146 | 462 | 411 | 589 | 051 | 39 |
| 22 | 711 | 472 | 528 | 239 | 092 | 947 | 053 | 144 | 468 | 419 | 581 | 049 | 38 |
| 23 | 718 | 480 | 520 | 237 | 098 | 955 | 045 | 143 | 475 | 427 | 573 | 047 | 37 |
| 24 | 724 | 488 | 512 | 236 | 104 | 963 | 037 | 141 | 481 | 435 | 565 | 046 | 36 |
| 25 | 730 | 496 | 504 | 234 | 111 | 971 | 029 | 140 | 487 | 443 | 557 | 044 | 35 |
| 26 | 737 | 504 | 496 | 232 | 117 | 979 | 021 | 138 | 493 | 451 | 549 | 043 | 34 |
| 27 | 743 | 512 | 488 | 231 | 123 | 987 | 013 | 136 | 500 | 458 | 542 | 041 | 33 |
| 28 | 749 | 520 | 480 | 229 | 130 | 995 | 005 | 135 | 506 | 466 | 534 | 039 | 32 |
| 29 | 756 | 528 | 472 | 228 | 136 | *003 | *997 | 133 | 512 | 474 | 526 | 038 | 31 |
| **30** | 762 | 536 | 464 | 226 | 142 | 011 | 989 | 132 | 518 | 482 | 518 | 036 | **30** |
| 31 | 769 | 544 | 456 | 225 | 149 | 018 | 982 | 130 | 524 | 490 | 510 | 035 | 29 |
| 32 | 775 | 552 | 448 | 223 | 155 | 026 | 974 | 129 | 531 | 498 | 502 | 033 | 28 |
| 33 | 781 | 560 | 440 | 222 | 161 | 034 | 966 | 127 | 537 | 505 | 495 | 031 | 27 |
| 34 | 788 | 568 | 432 | 220 | 167 | 042 | 958 | 125 | 543 | 513 | 487 | 030 | 26 |
| 35 | 794 | 576 | 424 | 218 | 174 | 050 | 950 | 124 | 549 | 521 | 479 | 028 | 25 |
| 36 | 800 | 584 | 416 | 217 | 180 | 058 | 942 | 122 | 556 | 529 | 471 | 027 | 24 |
| 37 | 807 | 591 | 409 | 215 | 186 | 066 | 934 | 121 | 562 | 537 | 463 | 025 | 23 |
| 38 | 813 | 599 | 401 | 214 | 193 | 074 | 926 | 119 | 568 | 545 | 455 | 023 | 22 |
| 39 | 819 | 607 | 393 | 212 | 199 | 081 | 919 | 117 | 574 | 552 | 448 | 022 | 21 |
| **40** | 826 | 615 | 385 | 211 | 205 | 089 | 911 | 116 | 580 | 560 | 440 | 020 | **20** |
| 41 | 832 | 623 | 377 | 209 | 211 | 097 | 903 | 114 | 587 | 568 | 432 | 019 | 19 |
| 42 | 839 | 631 | 369 | 207 | 218 | 105 | 895 | 113 | 593 | 576 | 424 | 017 | 18 |
| 43 | 845 | 639 | 361 | 206 | 224 | 113 | 887 | 111 | 599 | 584 | 416 | 015 | 17 |
| 44 | 851 | 647 | 353 | 204 | 230 | 121 | 879 | 110 | 605 | 592 | 408 | 014 | 16 |
| 45 | 858 | 655 | 345 | 203 | 237 | 129 | 871 | 108 | 612 | 599 | 401 | 012 | 15 |
| 46 | 864 | 663 | 337 | 201 | 243 | 137 | 863 | 106 | 618 | 607 | 393 | 011 | 14 |
| 47 | 870 | 671 | 329 | 200 | 249 | 144 | 856 | 105 | 624 | 615 | 385 | 009 | 13 |
| 48 | 877 | 679 | 321 | 198 | 255 | 152 | 848 | 103 | 630 | 623 | 377 | 007 | 12 |
| 49 | 883 | 687 | 313 | 196 | 262 | 160 | 840 | 102 | 636 | 631 | 369 | 006 | 11 |
| **50** | 889 | 694 | 306 | 195 | 268 | 168 | 832 | 100 | 643 | 638 | 362 | 004 | **10** |
| 51 | 896 | 702 | 298 | 193 | 274 | 176 | 824 | 098 | 649 | 646 | 354 | 003 | 9 |
| 52 | 902 | 710 | 290 | 192 | 281 | 184 | 816 | 097 | 655 | 654 | 346 | 001 | 8 |
| 53 | 908 | 718 | 282 | 190 | 287 | 192 | 808 | 095 | 661 | 662 | 338 | *999 | 7 |
| 54 | 915 | 726 | 274 | 189 | 293 | 199 | 801 | 094 | 667 | 670 | 330 | 998 | 6 |
| 55 | 921 | 734 | 266 | 187 | 299 | 207 | 793 | 092 | 674 | 678 | 322 | 996 | 5 |
| 56 | 927 | 742 | 258 | 185 | 306 | 215 | 785 | 090 | 680 | 685 | 315 | 995 | 4 |
| 57 | 934 | 750 | 250 | 184 | 312 | 223 | 777 | 089 | 686 | 693 | 307 | 993 | 3 |
| 58 | 940 | 758 | 242 | 182 | 318 | 231 | 769 | 087 | 692 | 701 | 299 | 991 | 2 |
| 59 | 946 | 766 | 234 | 181 | 324 | 239 | 761 | 086 | 698 | 709 | 291 | 990 | 1 |
| **60** | 953 | 774 | 226 | 179 | 331 | 247 | 753 | 084 | 705 | 717 | 283 | 988 | **0** |
| | **9.64** | **9.69** | **0.30** | **9.95** | **9.65** | **9.70** | **0.29** | **9.95** | **9.65** | **9.70** | **0.29** | **9.94** | |
| | cos | cotg | tang | sin | cos | cotg | tang | sin | cos | cotg | tang | sin | |
| | $4^h\ 14^m$ | | | | $4^h\ 13^m$ | | | | $4^h\ 12^m$ | | | | |

| | $1^h\ 48^m$ | | | | $1^h\ 49^m$ | | | | $1^h\ 50^m$ | | | | |
|---|---|---|---|---|---|---|---|---|---|---|---|---|---|
| | sin | tang | cotg | cos | sin | tang | cotg | cos | sin | tang | cotg | cos | |
| | **9.65** | **9.70** | **0.29** | **9.94** | **9.66** | **9.71** | **0.28** | **9.94** | **9.66** | **9.71** | **0.28** | **9.94** | |
| $0^s$ | 705 | 717 | 283 | 988 | 075 | 184 | 816 | 891 | 441 | 648 | 352 | 793 | $60^s$ |
| 1 | 711 | 724 | 276 | 986 | 081 | 191 | 809 | 889 | 447 | 655 | 345 | 791 | 59 |
| 2 | 717 | 732 | 268 | 985 | 087 | 199 | 801 | 888 | 453 | 663 | 337 | 790 | 58 |
| 3 | 723 | 740 | 260 | 983 | 093 | 207 | 793 | 886 | 459 | 671 | 329 | 788 | 57 |
| 4 | 729 | 748 | 252 | 982 | 099 | 215 | 785 | 885 | 465 | 679 | 321 | 786 | 56 |
| 5 | 736 | 756 | 244 | 980 | 105 | 222 | 778 | 883 | 471 | 686 | 314 | 785 | 55 |
| 6 | 742 | 763 | 237 | 978 | 111 | 230 | 770 | 881 | 477 | 694 | 306 | 783 | 54 |
| 7 | 748 | 771 | 229 | 977 | 117 | 238 | 762 | 880 | 483 | 702 | 298 | 781 | 53 |
| 8 | 754 | 779 | 221 | 975 | 124 | 246 | 754 | 878 | 489 | 709 | 291 | 780 | 52 |
| 9 | 760 | 787 | 213 | 974 | 130 | 253 | 747 | 876 | 495 | 717 | 283 | 778 | 51 |
| **10** | 767 | 795 | 205 | 972 | 136 | 261 | 739 | 875 | 501 | 725 | 275 | 776 | **50** |
| 11 | 773 | 802 | 198 | 970 | 142 | 269 | 731 | 873 | 507 | 732 | 268 | 775 | 49 |
| 12 | 779 | 810 | 190 | 969 | 148 | 277 | 723 | 871 | 513 | 740 | 260 | 773 | 48 |
| 13 | 785 | 818 | 182 | 967 | 154 | 284 | 716 | 870 | 519 | 748 | 252 | 771 | 47 |
| 14 | 791 | 826 | 174 | 966 | 160 | 292 | 708 | 868 | 525 | 756 | 244 | 770 | 46 |
| 15 | 798 | 834 | 166 | 964 | 166 | 300 | 700 | 867 | 531 | 763 | 237 | 768 | 45 |
| 16 | 804 | 841 | 159 | 962 | 173 | 308 | 692 | 865 | 537 | 771 | 229 | 767 | 44 |
| 17 | 810 | 849 | 151 | 961 | 179 | 315 | 685 | 863 | 544 | 779 | 221 | 765 | 43 |
| 18 | 816 | 857 | 143 | 959 | 185 | 323 | 677 | 862 | 550 | 786 | 214 | 763 | 42 |
| 19 | 822 | 865 | 135 | 957 | 191 | 331 | 669 | 860 | 556 | 794 | 206 | 762 | 41 |
| **20** | 828 | 873 | 127 | 956 | 197 | 339 | 661 | 858 | 562 | 802 | 198 | 760 | **40** |
| 21 | 835 | 880 | 120 | 954 | 203 | 346 | 654 | 857 | 568 | 809 | 191 | 758 | 39 |
| 22 | 841 | 888 | 112 | 953 | 209 | 354 | 646 | 855 | 574 | 817 | 183 | 757 | 38 |
| 23 | 847 | 896 | 104 | 951 | 215 | 362 | 638 | 854 | 580 | 825 | 175 | 755 | 37 |
| 24 | 853 | 904 | 096 | 949 | 221 | 370 | 630 | 852 | 586 | 833 | 167 | 753 | 36 |
| 25 | 859 | 912 | 088 | 948 | 228 | 377 | 623 | 850 | 592 | 840 | 160 | 752 | 35 |
| 26 | 865 | 919 | 081 | 946 | 234 | 385 | 615 | 849 | 598 | 848 | 152 | 750 | 34 |
| 27 | 872 | 927 | 073 | 945 | 240 | 393 | 607 | 847 | 604 | 856 | 144 | 748 | 33 |
| 28 | 878 | 935 | 065 | 943 | 246 | 401 | 599 | 845 | 610 | 863 | 137 | 747 | 32 |
| 29 | 884 | 943 | 057 | 941 | 252 | 408 | 592 | 844 | 616 | 871 | 129 | 745 | 31 |
| **30** | 890 | 950 | 050 | 940 | 258 | 416 | 584 | 842 | 622 | 879 | 121 | 743 | **30** |
| 31 | 896 | 958 | 042 | 938 | 264 | 424 | 576 | 840 | 628 | 886 | 114 | 742 | 29 |
| 32 | 902 | 966 | 034 | 936 | 270 | 431 | 569 | 839 | 634 | 894 | 106 | 740 | 28 |
| 33 | 909 | 974 | 026 | 935 | 276 | 439 | 561 | 837 | 640 | 902 | 098 | 738 | 27 |
| 34 | 915 | 982 | 018 | 933 | 282 | 447 | 553 | 836 | 646 | 909 | 091 | 737 | 26 |
| 35 | 921 | 989 | 011 | 932 | 289 | 455 | 545 | 834 | 652 | 917 | 083 | 735 | 25 |
| 36 | 927 | 997 | 003 | 930 | 295 | 462 | 538 | 832 | 658 | 925 | 075 | 734 | 24 |
| 37 | 933 | *005 | *995 | 928 | 301 | 470 | 530 | 831 | 664 | 932 | 068 | 732 | 23 |
| 38 | 939 | 013 | 987 | 927 | 307 | 478 | 522 | 829 | 670 | 940 | 060 | 730 | 22 |
| 39 | 946 | 020 | 980 | 925 | 313 | 486 | 514 | 827 | 676 | 948 | 052 | 729 | 21 |
| **40** | 952 | 028 | 972 | 923 | 319 | 493 | 507 | 826 | 682 | 955 | 045 | 727 | **20** |
| 41 | 958 | 036 | 964 | 922 | 325 | 501 | 499 | 824 | 688 | 963 | 037 | 725 | 19 |
| 42 | 964 | 044 | 956 | 920 | 331 | 509 | 491 | 822 | 694 | 971 | 029 | 724 | 18 |
| 43 | 970 | 052 | 948 | 919 | 337 | 516 | 484 | 821 | 700 | 979 | 021 | 722 | 17 |
| 44 | 976 | 059 | 941 | 917 | 343 | 524 | 476 | 819 | 706 | 986 | 014 | 720 | 16 |
| 45 | 982 | 067 | 933 | 915 | 349 | 532 | 468 | 818 | 712 | 994 | 006 | 719 | 15 |
| 46 | 989 | 075 | 925 | 914 | 356 | 540 | 460 | 816 | 719 | *002 | *998 | 717 | 14 |
| 47 | 995 | 083 | 917 | 912 | 362 | 547 | 453 | 814 | 725 | 009 | 991 | 715 | 13 |
| 48 | *001 | 090 | 910 | 911 | 368 | 555 | 445 | 813 | 731 | 017 | 983 | 714 | 12 |
| 49 | 007 | 098 | 902 | 909 | 374 | 563 | 437 | 811 | 737 | 025 | 975 | 712 | 11 |
| **50** | 013 | 106 | 894 | 907 | 380 | 571 | 429 | 809 | 743 | 032 | 968 | 710 | **10** |
| 51 | 019 | 114 | 886 | 906 | 386 | 578 | 422 | 808 | 749 | 040 | 960 | 709 | 9 |
| 52 | 025 | 121 | 879 | 904 | 392 | 586 | 414 | 806 | 755 | 048 | 952 | 707 | 8 |
| 53 | 032 | 129 | 871 | 902 | 398 | 594 | 406 | 804 | 761 | 055 | 945 | 705 | 7 |
| 54 | 038 | 137 | 863 | 901 | 404 | 601 | 399 | 803 | 767 | 063 | 937 | 704 | 6 |
| 55 | 044 | 145 | 855 | 899 | 410 | 609 | 391 | 801 | 773 | 071 | 929 | 702 | 5 |
| 56 | 050 | 153 | 847 | 898 | 416 | 617 | 383 | 799 | 779 | 078 | 922 | 700 | 4 |
| 57 | 056 | 160 | 840 | 896 | 422 | 625 | 375 | 798 | 785 | 086 | 914 | 699 | 3 |
| 58 | 062 | 168 | 832 | 894 | 428 | 632 | 368 | 796 | 791 | 094 | 906 | 697 | 2 |
| 59 | 068 | 176 | 824 | 893 | 434 | 640 | 360 | 795 | 797 | 101 | 899 | 695 | 1 |
| **60** | 075 | 184 | 816 | 891 | 441 | 648 | 352 | 793 | 803 | 109 | 891 | 694 | **0** |
| | **9.66** | **9.71** | **0.28** | **9.94** | **9.66** | **9.71** | **0.28** | **9.94** | **9.66** | **9.72** | **0.27** | **9.94** | |
| | cos | cotg | tang | sin | cos | cotg | tang | sin | cos | cotg | tang | sin | |
| | $4^h\ 11^m$ | | | | $4^h\ 10^m$ | | | | $4^h\ 9^m$ | | | | |

| | $1^h\,51^m$ | | | | $1^h\,52^m$ | | | | $1^h\,53^m$ | | | | |
|---|---|---|---|---|---|---|---|---|---|---|---|---|---|
| | sin | tang | cotg | cos | sin | tang | cotg | cos | sin | tang | cotg | cos | |
| | **9.66** | **9.72** | **0.27** | **9.94** | **9.67** | **9.72** | **0.27** | **9.94** | **9.67** | **9.73** | **0.26** | **9.94** | |
| $0^s$ | 803 | 109 | 891 | 694 | 161 | 567 | 433 | 593 | 515 | 023 | 977 | 492 | $60^s$ |
| 1 | 809 | 117 | 883 | 692 | 167 | 575 | 425 | 592 | 521 | 031 | 969 | 491 | 59 |
| 2 | 815 | 124 | 876 | 690 | 173 | 583 | 417 | 590 | 527 | 038 | 962 | 489 | 58 |
| 3 | 821 | 132 | 868 | 689 | 179 | 590 | 410 | 588 | 533 | 046 | 954 | 487 | 57 |
| 4 | 827 | 140 | 860 | 687 | 185 | 598 | 402 | 587 | 539 | 054 | 946 | 485 | 56 |
| 5 | 833 | 147 | 853 | 685 | 191 | 606 | 394 | 585 | 545 | 061 | 939 | 484 | 55 |
| 6 | 839 | 155 | 845 | 684 | 197 | 613 | 387 | 583 | 551 | 069 | 931 | 482 | 54 |
| 7 | 845 | 163 | 837 | 682 | 202 | 621 | 379 | 582 | 557 | 076 | 924 | 480 | 53 |
| 8 | 851 | 170 | 830 | 680 | 208 | 628 | 372 | 580 | 562 | 084 | 916 | 479 | 52 |
| 9 | 857 | 178 | 822 | 679 | 214 | 636 | 364 | 578 | 568 | 091 | 909 | 477 | 51 |
| **10** | 863 | 186 | 814 | 677 | 220 | 644 | 356 | 577 | 574 | 099 | 901 | 475 | **50** |
| 11 | 869 | 193 | 807 | 675 | 226 | 651 | 349 | 575 | 580 | 107 | 893 | 474 | 49 |
| 12 | 875 | 201 | 799 | 674 | 232 | 659 | 341 | 573 | 586 | 114 | 886 | 472 | 48 |
| 13 | 881 | 209 | 791 | 672 | 238 | 666 | 334 | 572 | 592 | 122 | 878 | 470 | 47 |
| 14 | 887 | 216 | 784 | 670 | 244 | 674 | 326 | 570 | 598 | 129 | 871 | 468 | 46 |
| 15 | 893 | 224 | 776 | 669 | 250 | 682 | 318 | 568 | 604 | 137 | 863 | 467 | 45 |
| 16 | 899 | 231 | 769 | 667 | 256 | 689 | 311 | 567 | 609 | 144 | 856 | 465 | 44 |
| 17 | 905 | 239 | 761 | 665 | 262 | 697 | 303 | 565 | 615 | 152 | 848 | 463 | 43 |
| 18 | 911 | 247 | 753 | 664 | 268 | 704 | 296 | 563 | 621 | 159 | 841 | 462 | 42 |
| 19 | 917 | 254 | 746 | 662 | 274 | 712 | 288 | 562 | 627 | 167 | 833 | 460 | 41 |
| **20** | 922 | 262 | 738 | 660 | 280 | 720 | 280 | 560 | 633 | 175 | 825 | 458 | **40** |
| 21 | 928 | 270 | 730 | 659 | 285 | 727 | 273 | 558 | 639 | 182 | 818 | 457 | 39 |
| 22 | 934 | 277 | 723 | 657 | 291 | 735 | 265 | 556 | 645 | 190 | 810 | 455 | 38 |
| 23 | 940 | 285 | 715 | 655 | 297 | 742 | 258 | 555 | 650 | 197 | 803 | 453 | 37 |
| 24 | 946 | 293 | 707 | 654 | 303 | 750 | 250 | 553 | 656 | 205 | 795 | 451 | 36 |
| 25 | 952 | 300 | 700 | 652 | 309 | 758 | 242 | 551 | 662 | 212 | 788 | 450 | 35 |
| 26 | 958 | 308 | 692 | 650 | 315 | 765 | 235 | 550 | 668 | 220 | 780 | 448 | 34 |
| 27 | 964 | 316 | 684 | 649 | 321 | 773 | 227 | 548 | 674 | 228 | 772 | 446 | 33 |
| 28 | 970 | 323 | 677 | 647 | 327 | 780 | 220 | 546 | 680 | 235 | 765 | 445 | 32 |
| 29 | 976 | 331 | 669 | 645 | 333 | 788 | 212 | 545 | 685 | 243 | 757 | 443 | 31 |
| **30** | 982 | 339 | 661 | 644 | 339 | 796 | 204 | 543 | 691 | 250 | 750 | 441 | **30** |
| 31 | 988 | 346 | 654 | 642 | 345 | 803 | 197 | 541 | 697 | 258 | 742 | 439 | 29 |
| 32 | 994 | 354 | 646 | 640 | 350 | 811 | 189 | 540 | 703 | 265 | 735 | 438 | 28 |
| 33 | *000 | 361 | 639 | 639 | 356 | 818 | 182 | 538 | 709 | 273 | 727 | 436 | 27 |
| 34 | 006 | 369 | 631 | 637 | 362 | 826 | 174 | 536 | 715 | 280 | 720 | 434 | 26 |
| 35 | 012 | 377 | 623 | 635 | 368 | 834 | 166 | 535 | 721 | 288 | 712 | 433 | 25 |
| 36 | 018 | 384 | 616 | 634 | 374 | 841 | 159 | 533 | 726 | 295 | 705 | 431 | 24 |
| 37 | 024 | 392 | 608 | 632 | 380 | 849 | 151 | 531 | 732 | 303 | 697 | 429 | 23 |
| 38 | 030 | 400 | 600 | 630 | 386 | 856 | 144 | 529 | 738 | 311 | 689 | 428 | 22 |
| 39 | 036 | 407 | 593 | 629 | 392 | 864 | 136 | 528 | 744 | 318 | 682 | 426 | 21 |
| **40** | 042 | 415 | 585 | 627 | 398 | 872 | 128 | 526 | 750 | 326 | 674 | 424 | **20** |
| 41 | 048 | 423 | 577 | 625 | 404 | 879 | 121 | 524 | 756 | 333 | 667 | 422 | 19 |
| 42 | 054 | 430 | 570 | 624 | 409 | 887 | 113 | 523 | 761 | 341 | 659 | 421 | 18 |
| 43 | 060 | 438 | 562 | 622 | 415 | 894 | 106 | 521 | 767 | 348 | 652 | 419 | 17 |
| 44 | 066 | 445 | 555 | 620 | 421 | 902 | 098 | 519 | 773 | 356 | 644 | 417 | 16 |
| 45 | 072 | 453 | 547 | 619 | 427 | 910 | 090 | 518 | 779 | 363 | 637 | 416 | 15 |
| 46 | 078 | 461 | 539 | 617 | 433 | 917 | 083 | 516 | 785 | 371 | 629 | 414 | 14 |
| 47 | 084 | 468 | 532 | 615 | 439 | 925 | 075 | 514 | 791 | 378 | 622 | 412 | 13 |
| 48 | 090 | 476 | 524 | 614 | 445 | 932 | 068 | 513 | 796 | 386 | 614 | 410 | 12 |
| 49 | 096 | 484 | 516 | 612 | 451 | 940 | 060 | 511 | 802 | 394 | 606 | 409 | 11 |
| **50** | 101 | 491 | 509 | 610 | 457 | 947 | 053 | 509 | 808 | 401 | 599 | 407 | **10** |
| 51 | 107 | 499 | 501 | 609 | 463 | 955 | 045 | 507 | 814 | 409 | 591 | 405 | 9 |
| 52 | 113 | 506 | 494 | 607 | 468 | 963 | 037 | 506 | 820 | 416 | 584 | 404 | 8 |
| 53 | 119 | 514 | 486 | 605 | 474 | 970 | 030 | 504 | 826 | 424 | 576 | 402 | 7 |
| 54 | 125 | 522 | 478 | 604 | 480 | 978 | 022 | 502 | 831 | 431 | 569 | 400 | 6 |
| 55 | 131 | 529 | 471 | 602 | 486 | 985 | 015 | 501 | 837 | 439 | 561 | 398 | 5 |
| 56 | 137 | 537 | 463 | 600 | 492 | 993 | 007 | 499 | 843 | 446 | 554 | 397 | 4 |
| 57 | 143 | 545 | 455 | 599 | 498 | *001 | *999 | 497 | 849 | 454 | 546 | 395 | 3 |
| 58 | 149 | 552 | 448 | 597 | 504 | 008 | 992 | 496 | 855 | 461 | 539 | 393 | 2 |
| 59 | 155 | 560 | 440 | 595 | 510 | 016 | 984 | 494 | 860 | 469 | 531 | 392 | 1 |
| **60** | 161 | 567 | 433 | 593 | 515 | 023 | 977 | 492 | 866 | 476 | 524 | 390 | **0** |
| | **9.67** | **9.72** | **0.27** | **9.94** | **9.67** | **9.73** | **0.26** | **9.94** | **9.67** | **9.73** | **0.26** | **9.94** | |
| | cos | cotg | tang | sin | cos | cotg | tang | sin | cos | cotg | tang | sin | |
| | $4^h\,8^m$ | | | | $4^h\,7^m$ | | | | $4^h\,6^m$ | | | | |

| | $1^h\ 54^m$ | | | | $1^h\ 55^m$ | | | | $1^h\ 56^m$ | | | | |
|---|---|---|---|---|---|---|---|---|---|---|---|---|---|
| | sin | tang | cotg | cos | sin | tang | cotg | cos | sin | tang | cotg | cos | |
| | **9.67** | **9.73** | **0.26** | **9.94** | **9.68** | **9.73** | **0.26** | **9.94** | **9.68** | **9.74** | **0.25** | **9.94** | |
| $0^s$ | 866 | 476 | 524 | 390 | 213 | 927 | 073 | 286 | 557 | 375 | 625 | 182 | $60^s$ |
| 1 | 872 | 484 | 516 | 388 | 219 | 935 | 065 | 285 | 563 | 383 | 617 | 180 | 59 |
| 2 | 878 | 492 | 508 | 386 | 225 | 942 | 058 | 283 | 569 | 390 | 610 | 178 | 58 |
| 3 | 884 | 499 | 501 | 385 | 231 | 950 | 050 | 281 | 574 | 398 | 602 | 177 | 57 |
| 4 | 890 | 507 | 493 | 383 | 237 | 957 | 043 | 279 | 580 | 405 | 595 | 175 | 56 |
| 5 | 895 | 514 | 486 | 381 | 242 | 965 | 035 | 278 | 586 | 412 | 588 | 173 | 55 |
| 6 | 901 | 522 | 478 | 380 | 248 | 972 | 028 | 276 | 591 | 420 | 580 | 171 | 54 |
| 7 | 907 | 529 | 471 | 378 | 254 | 979 | 021 | 274 | 597 | 427 | 573 | 170 | 53 |
| 8 | 913 | 537 | 463 | 376 | 260 | 987 | 013 | 273 | 603 | 435 | 565 | 168 | 52 |
| 9 | 919 | 544 | 456 | 374 | 265 | *994 | *006 | 271 | 608 | 442 | 558 | 166 | 51 |
| **10** | 924 | 552 | 448 | 373 | 271 | 002 | 998 | 269 | 614 | 450 | 550 | 164 | **50** |
| 11 | 930 | 559 | 441 | 371 | 277 | 009 | 991 | 267 | 620 | 457 | 543 | 163 | 49 |
| 12 | 936 | 567 | 433 | 369 | 283 | 017 | 983 | 266 | 625 | 465 | 535 | 161 | 48 |
| 13 | 942 | 574 | 426 | 368 | 288 | 024 | 976 | 264 | 631 | 472 | 528 | 159 | 47 |
| 14 | 948 | 582 | 418 | 366 | 294 | 032 | 968 | 262 | 637 | 479 | 521 | 157 | 46 |
| 15 | 953 | 589 | 411 | 364 | 300 | 039 | 961 | 260 | 642 | 487 | 513 | 156 | 45 |
| 16 | 959 | 597 | 403 | 362 | 305 | 047 | 953 | 259 | 648 | 494 | 506 | 154 | 44 |
| 17 | 965 | 604 | 396 | 361 | 311 | 054 | 946 | 257 | 654 | 502 | 498 | 152 | 43 |
| 18 | 971 | 612 | 388 | 359 | 317 | 062 | 938 | 255 | 660 | 509 | 491 | 150 | 42 |
| 19 | 977 | 619 | 381 | 357 | 323 | 069 | 931 | 253 | 665 | 517 | 483 | 149 | 41 |
| **20** | 982 | 627 | 373 | 355 | 328 | 077 | 923 | 252 | 671 | 524 | 476 | 147 | **40** |
| 21 | 988 | 634 | 366 | 354 | 334 | 084 | 916 | 250 | 677 | 531 | 469 | 145 | 39 |
| 22 | 994 | 642 | 358 | 352 | 340 | 092 | 908 | 248 | 682 | 539 | 461 | 143 | 38 |
| 23 | *000 | 649 | 351 | 350 | 346 | 099 | 901 | 246 | 688 | 546 | 454 | 142 | 37 |
| 24 | 006 | 657 | 343 | 349 | 351 | 107 | 893 | 245 | 694 | 554 | 446 | 140 | 36 |
| 25 | 011 | 665 | 335 | 347 | 357 | 114 | 886 | 243 | 699 | 561 | 439 | 138 | 35 |
| 26 | 017 | 672 | 328 | 345 | 363 | 122 | 878 | 241 | 705 | 569 | 431 | 136 | 34 |
| 27 | 023 | 680 | 320 | 343 | 369 | 129 | 871 | 240 | 711 | 576 | 424 | 135 | 33 |
| 28 | 029 | 687 | 313 | 342 | 374 | 137 | 863 | 238 | 716 | 583 | 417 | 133 | 32 |
| 29 | 035 | 695 | 305 | 340 | 380 | 144 | 856 | 236 | 722 | 591 | 409 | 131 | 31 |
| **30** | 040 | 702 | 298 | 338 | 386 | 151 | 849 | 234 | 728 | 598 | 402 | 129 | **30** |
| 31 | 046 | 710 | 290 | 337 | 391 | 159 | 841 | 233 | 733 | 606 | 394 | 128 | 29 |
| 32 | 052 | 717 | 283 | 335 | 397 | 166 | 834 | 231 | 739 | 613 | 387 | 126 | 28 |
| 33 | 058 | 725 | 275 | 333 | 403 | 174 | 826 | 229 | 745 | 621 | 379 | 124 | 27 |
| 34 | 063 | 732 | 268 | 331 | 409 | 181 | 819 | 227 | 750 | 628 | 372 | 122 | 26 |
| 35 | 069 | 740 | 260 | 330 | 414 | 189 | 811 | 226 | 756 | 635 | 365 | 120 | 25 |
| 36 | 075 | 747 | 253 | 328 | 420 | 196 | 804 | 224 | 762 | 643 | 357 | 119 | 24 |
| 37 | 081 | 755 | 245 | 326 | 426 | 204 | 796 | 222 | 767 | 650 | 350 | 117 | 23 |
| 38 | 087 | 762 | 238 | 324 | 432 | 211 | 789 | 220 | 773 | 658 | 342 | 115 | 22 |
| 39 | 092 | 770 | 230 | 323 | 437 | 219 | 781 | 219 | 779 | 665 | 335 | 113 | 21 |
| **40** | 098 | 777 | 223 | 321 | 443 | 226 | 774 | 217 | 784 | 673 | 327 | 112 | **20** |
| 41 | 104 | 785 | 215 | 319 | 449 | 234 | 766 | 215 | 790 | 680 | 320 | 110 | 19 |
| 42 | 110 | 792 | 208 | 318 | 454 | 241 | 759 | 213 | 796 | 687 | 313 | 108 | 18 |
| 43 | 115 | 800 | 200 | 316 | 460 | 248 | 752 | 212 | 801 | 695 | 305 | 106 | 17 |
| 44 | 121 | 807 | 193 | 314 | 466 | 256 | 744 | 210 | 807 | 702 | 298 | 105 | 16 |
| 45 | 127 | 815 | 185 | 312 | 472 | 263 | 737 | 208 | 813 | 710 | 290 | 103 | 15 |
| 46 | 133 | 822 | 178 | 311 | 477 | 271 | 729 | 206 | 818 | 717 | 283 | 101 | 14 |
| 47 | 139 | 830 | 170 | 309 | 483 | 278 | 722 | 205 | 824 | 725 | 275 | 099 | 13 |
| 48 | 144 | 837 | 163 | 307 | 489 | 286 | 714 | 203 | 829 | 732 | 268 | 098 | 12 |
| 49 | 150 | 845 | 155 | 305 | 494 | 293 | 707 | 201 | 835 | 739 | 261 | 096 | 11 |
| **50** | 156 | 852 | 148 | 304 | 500 | 301 | 699 | 199 | 841 | 747 | 253 | 094 | **10** |
| 51 | 162 | 860 | 140 | 302 | 506 | 308 | 692 | 198 | 846 | 754 | 246 | 092 | 9 |
| 52 | 167 | 867 | 133 | 300 | 512 | 316 | 684 | 196 | 852 | 762 | 238 | 090 | 8 |
| 53 | 173 | 875 | 125 | 299 | 517 | 323 | 677 | 194 | 858 | 769 | 231 | 089 | 7 |
| 54 | 179 | 882 | 118 | 297 | 523 | 330 | 670 | 192 | 863 | 776 | 224 | 087 | 6 |
| 55 | 185 | 890 | 110 | 295 | 529 | 338 | 662 | 191 | 869 | 784 | 216 | 085 | 5 |
| 56 | 190 | 897 | 103 | 293 | 534 | 345 | 655 | 189 | 875 | 791 | 209 | 083 | 4 |
| 57 | 196 | 905 | 095 | 292 | 540 | 353 | 647 | 187 | 880 | 799 | 201 | 082 | 3 |
| 58 | 202 | 912 | 088 | 290 | 546 | 360 | 640 | 185 | 886 | 806 | 194 | 080 | 2 |
| 59 | 208 | 920 | 080 | 288 | 551 | 368 | 632 | 184 | 892 | 813 | 187 | 078 | 1 |
| **60** | 213 | 927 | 073 | 286 | 557 | 375 | 625 | 182 | 897 | 821 | 179 | 076 | **0** |
| | **9.68** | **9.73** | **0.26** | **9.94** | **9.68** | **9.74** | **0.25** | **9.94** | **9.68** | **9.74** | **0.25** | **9.94** | |
| | cos | cotg | tang | sin | cos | cotg | tang | sin | cos | cotg | tang | sin | |
| | $4^h\ 5^m$ | | | | $4^h\ 4^m$ | | | | $4^h\ 3^m$ | | | | |

| | 1h 57m | | | | 1h 58m | | | | 1h 59m | | | | |
|---|---|---|---|---|---|---|---|---|---|---|---|---|---|
| | sin | tang | cotg | cos | sin | tang | cotg | cos | sin | tang | cotg | cos | |
| | **9.68** | **9.74** | **0.25** | **9.94** | **9.69** | **9.75** | **0.24** | **9.93** | **9.69** | **9.75** | **0.24** | **9.93** | |
| 0s | 897 | 821 | 179 | 076 | 234 | 264 | 736 | 970 | 567 | 705 | 295 | 862 | 60s |
| 1 | 903 | 828 | 172 | 075 | 239 | 272 | 728 | 968 | 573 | 713 | 287 | 860 | 59 |
| 2 | 909 | 836 | 164 | 073 | 245 | 279 | 721 | 966 | 578 | 720 | 280 | 858 | 58 |
| 3 | 914 | 843 | 157 | 071 | 251 | 286 | 714 | 964 | 584 | 727 | 273 | 857 | 57 |
| 4 | 920 | 851 | 149 | 069 | 256 | 294 | 706 | 963 | 589 | 735 | 265 | 855 | 56 |
| 5 | 925 | 858 | 142 | 067 | 262 | 301 | 699 | 961 | 595 | 742 | 258 | 853 | 55 |
| 6 | 931 | 865 | 135 | 066 | 267 | 308 | 692 | 959 | 600 | 749 | 251 | 851 | 54 |
| 7 | 937 | 873 | 127 | 064 | 273 | 316 | 684 | 957 | 606 | 757 | 243 | 849 | 53 |
| 8 | 942 | 880 | 120 | 062 | 279 | 323 | 677 | 955 | 611 | 764 | 236 | 847 | 52 |
| 9 | 948 | 888 | 112 | 060 | 284 | 331 | 669 | 954 | 617 | 771 | 229 | 846 | 51 |
| **10** | 954 | 895 | 105 | 059 | 290 | 338 | 662 | 952 | 622 | 778 | 222 | 844 | **50** |
| 11 | 959 | 902 | 098 | 057 | 295 | 345 | 655 | 950 | 628 | 786 | 214 | 842 | 49 |
| 12 | 965 | 910 | 090 | 055 | 301 | 353 | 647 | 948 | 633 | 793 | 207 | 840 | 48 |
| 13 | 970 | 917 | 083 | 053 | 306 | 360 | 640 | 946 | 639 | 800 | 200 | 838 | 47 |
| 14 | 976 | 925 | 075 | 052 | 312 | 367 | 633 | 945 | 644 | 808 | 192 | 837 | 46 |
| 15 | 982 | 932 | 068 | 050 | 318 | 375 | 625 | 943 | 650 | 815 | 185 | 835 | 45 |
| 16 | 987 | 939 | 061 | 048 | 323 | 382 | 618 | 941 | 655 | 822 | 178 | 833 | 44 |
| 17 | 993 | 947 | 053 | 046 | 329 | 389 | 611 | 939 | 661 | 830 | 170 | 831 | 43 |
| 18 | 999 | 954 | 046 | 044 | 334 | 397 | 603 | 937 | 666 | 837 | 163 | 829 | 42 |
| 19 | *004 | 962 | 038 | 043 | 340 | 404 | 596 | 936 | 672 | 844 | 156 | 828 | 41 |
| **20** | 010 | 969 | 031 | 041 | 345 | 411 | 589 | 934 | 677 | 852 | 148 | 826 | **40** |
| 21 | 015 | 976 | 024 | 039 | 351 | 419 | 581 | 932 | 683 | 859 | 141 | 824 | 39 |
| 22 | 021 | 984 | 016 | 037 | 356 | 426 | 574 | 930 | 688 | 866 | 134 | 822 | 38 |
| 23 | 027 | 991 | 009 | 036 | 362 | 434 | 566 | 928 | 694 | 874 | 126 | 820 | 37 |
| 24 | 032 | 998 | 002 | 034 | 368 | 441 | 559 | 927 | 699 | 881 | 119 | 819 | 36 |
| 25 | 038 | *006 | *994 | 032 | 373 | 448 | 552 | 925 | 705 | 888 | 112 | 817 | 35 |
| 26 | 044 | 013 | 987 | 030 | 379 | 456 | 544 | 923 | 710 | 896 | 104 | 815 | 34 |
| 27 | 049 | 021 | 979 | 028 | 384 | 463 | 537 | 921 | 716 | 903 | 097 | 813 | 33 |
| 28 | 055 | 028 | 972 | 027 | 390 | 470 | 530 | 920 | 721 | 910 | 090 | 811 | 32 |
| 29 | 060 | 035 | 965 | 025 | 395 | 478 | 522 | 918 | 727 | 918 | 082 | 809 | 31 |
| **30** | 066 | 043 | 957 | 023 | 401 | 485 | 515 | 916 | 732 | 925 | 075 | 808 | **30** |
| 31 | 072 | 050 | 950 | 021 | 406 | 492 | 508 | 914 | 738 | 932 | 068 | 806 | 29 |
| 32 | 077 | 058 | 942 | 020 | 412 | 500 | 500 | 912 | 743 | 939 | 061 | 804 | 28 |
| 33 | 083 | 065 | 935 | 018 | 418 | 507 | 493 | 911 | 749 | 947 | 053 | 802 | 27 |
| 34 | 088 | 072 | 928 | 016 | 423 | 514 | 486 | 909 | 754 | 954 | 046 | 800 | 26 |
| 35 | 094 | 080 | 920 | 014 | 429 | 522 | 478 | 907 | 760 | 961 | 039 | 799 | 25 |
| 36 | 100 | 087 | 913 | 012 | 434 | 529 | 471 | 905 | 765 | 969 | 031 | 797 | 24 |
| 37 | 105 | 095 | 905 | 011 | 440 | 536 | 464 | 903 | 771 | 976 | 024 | 795 | 23 |
| 38 | 111 | 102 | 898 | 009 | 445 | 544 | 456 | 902 | 776 | 983 | 017 | 793 | 22 |
| 39 | 116 | 109 | 891 | 007 | 451 | 551 | 449 | 900 | 782 | 991 | 009 | 791 | 21 |
| **40** | 122 | 117 | 883 | 005 | 456 | 558 | 442 | 898 | 787 | 998 | 002 | 789 | **20** |
| 41 | 128 | 124 | 876 | 004 | 462 | 566 | 434 | 896 | 793 | *005 | *995 | 788 | 19 |
| 42 | 133 | 131 | 869 | 002 | 468 | 573 | 427 | 894 | 798 | 013 | 987 | 786 | 18 |
| 43 | 139 | 139 | 861 | 000 | 473 | 580 | 420 | 893 | 804 | 020 | 980 | 784 | 17 |
| 44 | 144 | 146 | 854 | *998 | 479 | 588 | 412 | 891 | 809 | 027 | 973 | 782 | 16 |
| 45 | 150 | 154 | 846 | 996 | 484 | 595 | 405 | 889 | 815 | 034 | 966 | 780 | 15 |
| 46 | 156 | 161 | 839 | 995 | 490 | 603 | 397 | 887 | 820 | 042 | 958 | 779 | 14 |
| 47 | 161 | 168 | 832 | 993 | 495 | 610 | 390 | 885 | 826 | 049 | 951 | 777 | 13 |
| 48 | 167 | 176 | 824 | 991 | 501 | 617 | 383 | 884 | 831 | 056 | 944 | 775 | 12 |
| 49 | 172 | 183 | 817 | 989 | 506 | 625 | 375 | 882 | 837 | 064 | 936 | 773 | 11 |
| **50** | 178 | 190 | 810 | 988 | 512 | 632 | 368 | 880 | 842 | 071 | 929 | 771 | **10** |
| 51 | 184 | 198 | 802 | 986 | 517 | 639 | 361 | 878 | 848 | 078 | 922 | 769 | 9 |
| 52 | 189 | 205 | 795 | 984 | 523 | 647 | 353 | 876 | 853 | 086 | 914 | 768 | 8 |
| 53 | 195 | 213 | 787 | 982 | 528 | 654 | 346 | 875 | 859 | 093 | 907 | 766 | 7 |
| 54 | 200 | 220 | 780 | 980 | 534 | 661 | 339 | 873 | 864 | 100 | 900 | 764 | 6 |
| 55 | 206 | 227 | 773 | 979 | 539 | 669 | 331 | 871 | 870 | 107 | 893 | 762 | 5 |
| 56 | 212 | 235 | 765 | 977 | 545 | 676 | 324 | 869 | 875 | 115 | 885 | 760 | 4 |
| 57 | 217 | 242 | 758 | 975 | 551 | 683 | 317 | 867 | 881 | 122 | 878 | 759 | 3 |
| 58 | 223 | 249 | 751 | 973 | 556 | 691 | 309 | 866 | 886 | 129 | 871 | 757 | 2 |
| 59 | 228 | 257 | 743 | 971 | 562 | 698 | 302 | 864 | 892 | 137 | 863 | 755 | 1 |
| **60** | 234 | 264 | 736 | 970 | 567 | 705 | 295 | 862 | 897 | 144 | 856 | 753 | **0** |
| | **9.69** | **9.75** | **0.24** | **9.93** | **9.69** | **9.75** | **0.24** | **9.93** | **9.69** | **9.76** | **0.23** | **9.93** | |
| | cos | cotg | tang | sin | cos | cotg | tang | sin | cos | cotg | tang | sin | |
| | 4h 2m | | | | 4h 1m | | | | 4h 0m | | | | |

| | 2h 0m | | | | 2h 1m | | | | 2h 2m | | | | |
|---|---|---|---|---|---|---|---|---|---|---|---|---|---|
| | sin | tang | cotg | cos | sin | tang | cotg | cos | sin | tang | cotg | cos | |
| | **9.69** | **9.76** | **0.23** | **9.93** | **9.70** | **9.76** | **0.23** | **9.93** | **9.70** | **9.77** | **0.22** | **9.93** | |
| 0s | 897 | 144 | 856 | 753 | 224 | 580 | 420 | 643 | 547 | 015 | 985 | 532 | 60s |
| 1 | 902 | 151 | 849 | 751 | 229 | 588 | 412 | 641 | 552 | 022 | 978 | 530 | 59 |
| 2 | 908 | 159 | 841 | 749 | 234 | 595 | 405 | 639 | 558 | 029 | 971 | 528 | 58 |
| 3 | 913 | 166 | 834 | 748 | 240 | 602 | 398 | 638 | 563 | 037 | 963 | 526 | 57 |
| 4 | 919 | 173 | 827 | 746 | 245 | 609 | 391 | 636 | 568 | 044 | 956 | 525 | 56 |
| 5 | 924 | 180 | 820 | 744 | 251 | 617 | 383 | 634 | 574 | 051 | 949 | 523 | 55 |
| 6 | 930 | 188 | 812 | 742 | 256 | 624 | 376 | 632 | 579 | 058 | 942 | 521 | 54 |
| 7 | 935 | 195 | 805 | 740 | 261 | 631 | 369 | 630 | 584 | 065 | 935 | 519 | 53 |
| 8 | 941 | 202 | 798 | 738 | 267 | 639 | 361 | 628 | 590 | 073 | 927 | 517 | 52 |
| 9 | 946 | 210 | 790 | 737 | 272 | 646 | 354 | 627 | 595 | 080 | 920 | 515 | 51 |
| **10** | 952 | 217 | 783 | 735 | 278 | 653 | 347 | 625 | 600 | 087 | 913 | 513 | **50** |
| 11 | 957 | 224 | 776 | 733 | 283 | 660 | 340 | 623 | 606 | 094 | 906 | 512 | 49 |
| 12 | 963 | 231 | 769 | 731 | 288 | 668 | 332 | 621 | 611 | 101 | 899 | 510 | 48 |
| 13 | 968 | 239 | 761 | 729 | 294 | 675 | 325 | 619 | 617 | 109 | 891 | 508 | 47 |
| 14 | 973 | 246 | 754 | 728 | 299 | 682 | 318 | 617 | 622 | 116 | 884 | 506 | 46 |
| 15 | 979 | 253 | 747 | 726 | 305 | 689 | 311 | 615 | 627 | 123 | 877 | 504 | 45 |
| 16 | 984 | 261 | 739 | 724 | 310 | 697 | 303 | 614 | 633 | 130 | 870 | 502 | 44 |
| 17 | 990 | 268 | 732 | 722 | 316 | 704 | 296 | 612 | 638 | 138 | 862 | 500 | 43 |
| 18 | 995 | 275 | 725 | 720 | 321 | 711 | 289 | 610 | 643 | 145 | 855 | 499 | 42 |
| 19 | *001 | 282 | 718 | 718 | 326 | 718 | 282 | 608 | 649 | 152 | 848 | 497 | 41 |
| **20** | 006 | 290 | 710 | 717 | 332 | 725 | 275 | 606 | 654 | 159 | 841 | 495 | **40** |
| 21 | 012 | 297 | 703 | 715 | 337 | 733 | 267 | 604 | 659 | 166 | 834 | 493 | 39 |
| 22 | 017 | 304 | 696 | 713 | 342 | 740 | 260 | 603 | 665 | 174 | 826 | 491 | 38 |
| 23 | 023 | 312 | 688 | 711 | 348 | 747 | 253 | 601 | 670 | 181 | 819 | 489 | 37 |
| 24 | 028 | 319 | 681 | 709 | 353 | 754 | 246 | 599 | 675 | 188 | 812 | 487 | 36 |
| 25 | 033 | 326 | 674 | 707 | 359 | 762 | 238 | 597 | 681 | 195 | 805 | 485 | 35 |
| 26 | 039 | 333 | 667 | 706 | 364 | 769 | 231 | 595 | 686 | 202 | 798 | 484 | 34 |
| 27 | 044 | 341 | 659 | 704 | 369 | 776 | 224 | 593 | 691 | 210 | 790 | 482 | 33 |
| 28 | 050 | 348 | 652 | 702 | 375 | 783 | 217 | 591 | 697 | 217 | 783 | 480 | 32 |
| 29 | 055 | 355 | 645 | 700 | 380 | 791 | 209 | 590 | 702 | 224 | 776 | 478 | 31 |
| **30** | 061 | 362 | 638 | 698 | 386 | 798 | 202 | 588 | 707 | 231 | 769 | 476 | **30** |
| 31 | 066 | 370 | 630 | 696 | 391 | 805 | 195 | 586 | 713 | 238 | 762 | 474 | 29 |
| 32 | 072 | 377 | 623 | 695 | 396 | 812 | 188 | 584 | 718 | 246 | 754 | 472 | 28 |
| 33 | 077 | 384 | 616 | 693 | 402 | 820 | 180 | 582 | 723 | 253 | 747 | 470 | 27 |
| 34 | 082 | 392 | 608 | 691 | 407 | 827 | 173 | 580 | 729 | 260 | 740 | 469 | 26 |
| 35 | 088 | 399 | 601 | 689 | 413 | 834 | 166 | 578 | 734 | 267 | 733 | 467 | 25 |
| 36 | 093 | 406 | 594 | 687 | 418 | 841 | 159 | 577 | 739 | 274 | 726 | 465 | 24 |
| 37 | 099 | 413 | 587 | 685 | 423 | 849 | 151 | 575 | 745 | 282 | 718 | 463 | 23 |
| 38 | 104 | 421 | 579 | 684 | 429 | 856 | 144 | 573 | 750 | 289 | 711 | 461 | 22 |
| 39 | 110 | 428 | 572 | 682 | 434 | 863 | 137 | 571 | 755 | 296 | 704 | 459 | 21 |
| **40** | 115 | 435 | 565 | 680 | 439 | 870 | 130 | 569 | 761 | 303 | 697 | 457 | **20** |
| 41 | 121 | 442 | 558 | 678 | 445 | 878 | 122 | 567 | 766 | 310 | 690 | 456 | 19 |
| 42 | 126 | 450 | 550 | 676 | 450 | 885 | 115 | 565 | 771 | 318 | 682 | 454 | 18 |
| 43 | 131 | 457 | 543 | 674 | 456 | 892 | 108 | 564 | 777 | 325 | 675 | 452 | 17 |
| 44 | 137 | 464 | 536 | 673 | 461 | 899 | 101 | 562 | 782 | 332 | 668 | 450 | 16 |
| 45 | 142 | 472 | 528 | 671 | 466 | 906 | 094 | 560 | 787 | 339 | 661 | 448 | 15 |
| 46 | 148 | 479 | 521 | 669 | 472 | 914 | 086 | 558 | 793 | 346 | 654 | 446 | 14 |
| 47 | 153 | 486 | 514 | 667 | 477 | 921 | 079 | 556 | 798 | 354 | 646 | 444 | 13 |
| 48 | 159 | 493 | 507 | 665 | 482 | 928 | 072 | 554 | 803 | 361 | 639 | 442 | 12 |
| 49 | 164 | 501 | 499 | 663 | 488 | 935 | 065 | 552 | 809 | 368 | 632 | 441 | 11 |
| **50** | 169 | 508 | 492 | 662 | 493 | 943 | 057 | 551 | 814 | 375 | 625 | 439 | **10** |
| 51 | 175 | 515 | 485 | 660 | 499 | 950 | 050 | 549 | 819 | 382 | 618 | 437 | 9 |
| 52 | 180 | 522 | 478 | 658 | 504 | 957 | 043 | 547 | 824 | 390 | 610 | 435 | 8 |
| 53 | 186 | 530 | 470 | 656 | 509 | 964 | 036 | 545 | 830 | 397 | 603 | 433 | 7 |
| 54 | 191 | 537 | 463 | 654 | 515 | 972 | 028 | 543 | 835 | 404 | 596 | 431 | 6 |
| 55 | 196 | 544 | 456 | 652 | 520 | 979 | 021 | 541 | 840 | 411 | 589 | 429 | 5 |
| 56 | 202 | 551 | 449 | 650 | 525 | 986 | 014 | 539 | 846 | 418 | 582 | 427 | 4 |
| 57 | 207 | 559 | 441 | 649 | 531 | 993 | 007 | 538 | 851 | 426 | 574 | 425 | 3 |
| 58 | 213 | 566 | 434 | 647 | 536 | *000 | 000 | 536 | 856 | 433 | 567 | 424 | 2 |
| 59 | 218 | 573 | 427 | 645 | 542 | 008 | *992 | 534 | 862 | 440 | 560 | 422 | 1 |
| **60** | 224 | 580 | 420 | 643 | 547 | 015 | 985 | 532 | 867 | 447 | 553 | 420 | **0** |
| | **9.70** | **9.76** | **0.23** | **9.93** | **9.70** | **9.77** | **0.22** | **9.93** | **9.70** | **9.77** | **0.22** | **9.93** | |
| | cos | cotg | tang | sin | cos | cotg | tang | sin | cos | cotg | tang | sin | |
| | 3h 59m | | | | 3h 58m | | | | 3h 57m | | | | |

| | 2h 3m | | | | 2h 4m | | | | 2h 5m | | | | |
|---|---|---|---|---|---|---|---|---|---|---|---|---|---|
| | sin | tang | cotg | cos | sin | tang | cotg | cos | sin | tang | cotg | cos | |
| | **9.70** | **9.77** | **0.22** | **9.93** | **9.71** | **9.77** | **0.22** | **9.93** | **9.71** | **9.78** | **0.21** | **9.93** | |
| **0s** | 867 | 447 | 553 | 420 | 184 | 877 | 123 | 307 | 498 | 306 | 694 | 192 | **60s** |
| 1 | 872 | 454 | 546 | 418 | 189 | 885 | 115 | 305 | 503 | 313 | 687 | 190 | 59 |
| 2 | 878 | 462 | 538 | 416 | 194 | 892 | 108 | 303 | 508 | 320 | 680 | 188 | 58 |
| 3 | 883 | 469 | 531 | 414 | 200 | 899 | 101 | 301 | 513 | 327 | 673 | 186 | 57 |
| 4 | 888 | 476 | 524 | 412 | 205 | 906 | 094 | 299 | 519 | 334 | 666 | 184 | 56 |
| 5 | 894 | 483 | 517 | 410 | 210 | 913 | 087 | 297 | 524 | 341 | 659 | 183 | 55 |
| 6 | 899 | 490 | 510 | 409 | 215 | 920 | 080 | 295 | 529 | 348 | 652 | 181 | 54 |
| 7 | 904 | 497 | 503 | 407 | 221 | 927 | 073 | 293 | 534 | 355 | 645 | 179 | 53 |
| 8 | 909 | 505 | 495 | 405 | 226 | 935 | 065 | 291 | 539 | 363 | 637 | 177 | 52 |
| 9 | 915 | 512 | 488 | 403 | 231 | 942 | 058 | 289 | 545 | 370 | 630 | 175 | 51 |
| **10** | 920 | 519 | 481 | 401 | 236 | 949 | 051 | 288 | 550 | 377 | 623 | 173 | **50** |
| 11 | 925 | 526 | 474 | 399 | 242 | 956 | 044 | 286 | 555 | 384 | 616 | 171 | 49 |
| 12 | 931 | 533 | 467 | 397 | 247 | 963 | 037 | 284 | 560 | 391 | 609 | 169 | 48 |
| 13 | 936 | 541 | 459 | 395 | 252 | 970 | 030 | 282 | 565 | 398 | 602 | 167 | 47 |
| 14 | 941 | 548 | 452 | 394 | 257 | 977 | 023 | 280 | 571 | 405 | 595 | 165 | 46 |
| 15 | 947 | 555 | 445 | 392 | 263 | 985 | 015 | 278 | 576 | 412 | 588 | 163 | 45 |
| 16 | 952 | 562 | 438 | 390 | 268 | 992 | 008 | 276 | 581 | 419 | 581 | 161 | 44 |
| 17 | 957 | 569 | 431 | 388 | 273 | 999 | 001 | 274 | 586 | 427 | 573 | 160 | 43 |
| 18 | 962 | 576 | 424 | 386 | 278 | *006 | *994 | 272 | 591 | 434 | 566 | 158 | 42 |
| 19 | 968 | 584 | 416 | 384 | 284 | 013 | 987 | 270 | 596 | 441 | 559 | 156 | 41 |
| **20** | 973 | 591 | 409 | 382 | 289 | 020 | 980 | 269 | 602 | 448 | 552 | 154 | **40** |
| 21 | 978 | 598 | 402 | 380 | 294 | 027 | 973 | 267 | 607 | 455 | 545 | 152 | 39 |
| 22 | 984 | 605 | 395 | 378 | 299 | 035 | 965 | 265 | 612 | 462 | 538 | 150 | 38 |
| 23 | 989 | 612 | 388 | 377 | 305 | 042 | 958 | 263 | 617 | 469 | 531 | 148 | 37 |
| 24 | 994 | 619 | 381 | 375 | 310 | 049 | 951 | 261 | 622 | 476 | 524 | 146 | 36 |
| 25 | 999 | 627 | 373 | 373 | 315 | 056 | 944 | 259 | 628 | 483 | 517 | 144 | 35 |
| 26 | *005 | 634 | 366 | 371 | 320 | 063 | 937 | 257 | 633 | 491 | 509 | 142 | 34 |
| 27 | 010 | 641 | 359 | 369 | 326 | 070 | 930 | 255 | 638 | 498 | 502 | 140 | 33 |
| 28 | 015 | 648 | 352 | 367 | 331 | 077 | 923 | 253 | 643 | 505 | 495 | 138 | 32 |
| 29 | 021 | 655 | 345 | 365 | 336 | 085 | 915 | 251 | 648 | 512 | 488 | 136 | 31 |
| **30** | 026 | 663 | 337 | 363 | 341 | 092 | 908 | 249 | 654 | 519 | 481 | 134 | **30** |
| 31 | 031 | 670 | 330 | 361 | 346 | 099 | 901 | 248 | 659 | 526 | 474 | 133 | 29 |
| 32 | 036 | 677 | 323 | 360 | 352 | 106 | 894 | 246 | 664 | 533 | 467 | 131 | 28 |
| 33 | 042 | 684 | 316 | 358 | 357 | 113 | 887 | 244 | 669 | 540 | 460 | 129 | 27 |
| 34 | 047 | 691 | 309 | 356 | 362 | 120 | 880 | 242 | 674 | 547 | 453 | 127 | 26 |
| 35 | 052 | 698 | 302 | 354 | 367 | 127 | 873 | 240 | 679 | 555 | 445 | 125 | 25 |
| 36 | 058 | 706 | 294 | 352 | 373 | 135 | 865 | 238 | 685 | 562 | 438 | 123 | 24 |
| 37 | 063 | 713 | 287 | 350 | 378 | 142 | 858 | 236 | 690 | 569 | 431 | 121 | 23 |
| 38 | 068 | 720 | 280 | 348 | 383 | 149 | 851 | 234 | 695 | 576 | 424 | 119 | 22 |
| 39 | 073 | 727 | 273 | 346 | 388 | 156 | 844 | 232 | 700 | 583 | 417 | 117 | 21 |
| **40** | 079 | 734 | 266 | 344 | 393 | 163 | 837 | 230 | 705 | 590 | 410 | 115 | **20** |
| 41 | 084 | 741 | 259 | 343 | 399 | 170 | 830 | 228 | 710 | 597 | 403 | 113 | 19 |
| 42 | 089 | 749 | 251 | 341 | 404 | 177 | 823 | 227 | 716 | 604 | 396 | 111 | 18 |
| 43 | 094 | 756 | 244 | 339 | 409 | 184 | 816 | 225 | 721 | 611 | 389 | 109 | 17 |
| 44 | 100 | 763 | 237 | 337 | 414 | 192 | 808 | 223 | 726 | 618 | 382 | 108 | 16 |
| 45 | 105 | 770 | 230 | 335 | 420 | 199 | 801 | 221 | 731 | 626 | 374 | 106 | 15 |
| 46 | 110 | 777 | 223 | 333 | 425 | 206 | 794 | 219 | 736 | 633 | 367 | 104 | 14 |
| 47 | 116 | 784 | 216 | 331 | 430 | 213 | 787 | 217 | 741 | 640 | 360 | 102 | 13 |
| 48 | 121 | 791 | 209 | 329 | 435 | 220 | 780 | 215 | 747 | 647 | 353 | 100 | 12 |
| 49 | 126 | 799 | 201 | 327 | 440 | 227 | 773 | 213 | 752 | 654 | 346 | 098 | 11 |
| **50** | 131 | 806 | 194 | 326 | 446 | 234 | 766 | 211 | 757 | 661 | 339 | 096 | **10** |
| 51 | 137 | 813 | 187 | 324 | 451 | 242 | 758 | 209 | 762 | 668 | 332 | 094 | 9 |
| 52 | 142 | 820 | 180 | 322 | 456 | 249 | 751 | 207 | 767 | 675 | 325 | 092 | 8 |
| 53 | 147 | 827 | 173 | 320 | 461 | 256 | 744 | 206 | 772 | 682 | 318 | 090 | 7 |
| 54 | 152 | 834 | 166 | 318 | 467 | 263 | 737 | 204 | 778 | 689 | 311 | 088 | 6 |
| 55 | 158 | 842 | 158 | 316 | 472 | 270 | 730 | 202 | 783 | 696 | 304 | 086 | 5 |
| 56 | 163 | 849 | 151 | 314 | 477 | 277 | 723 | 200 | 788 | 704 | 296 | 084 | 4 |
| 57 | 168 | 856 | 144 | 312 | 482 | 284 | 716 | 198 | 793 | 711 | 289 | 082 | 3 |
| 58 | 173 | 863 | 137 | 310 | 487 | 291 | 709 | 196 | 798 | 718 | 282 | 080 | 2 |
| 59 | 179 | 870 | 130 | 308 | 493 | 299 | 701 | 194 | 803 | 725 | 275 | 079 | 1 |
| **60** | 184 | 877 | 123 | 307 | 498 | 306 | 694 | 192 | 809 | 732 | 268 | 077 | **0** |
| | **9.71** | **9.77** | **0.22** | **9.93** | **9.71** | **9.78** | **0.21** | **9.93** | **9.71** | **9.78** | **0.21** | **9.93** | |
| | cos | cotg | tang | sin | cos | cotg | tang | sin | cos | cotg | tang | sin | |
| | 3h 56m | | | | 3h 55m | | | | 3h 54m | | | | |

| | 2h 6m | | | | 2h 7m | | | | 2h 8m | | | | |
|---|---|---|---|---|---|---|---|---|---|---|---|---|---|
| | sin | tang | cotg | cos | sin | tang | cotg | cos | sin | tang | cotg | cos | |
| | 9.71 | 9.78 | 0.21 | 9.93 | 9.72 | 9.79 | 0.20 | 9.92 | 9.72 | 9.79 | 0.20 | 9.92 | |
| 0s | 809 | 732 | 268 | 077 | 116 | 156 | 844 | 960 | 421 | 579 | 421 | 842 | 60s |
| 1 | 814 | 739 | 261 | 075 | 121 | 163 | 837 | 958 | 426 | 586 | 414 | 840 | 59 |
| 2 | 819 | 746 | 254 | 073 | 126 | 170 | 830 | 956 | 431 | 593 | 407 | 838 | 58 |
| 3 | 824 | 753 | 247 | 071 | 132 | 178 | 822 | 954 | 436 | 600 | 400 | 836 | 57 |
| 4 | 829 | 760 | 240 | 069 | 137 | 185 | 815 | 952 | 441 | 607 | 393 | 834 | 56 |
| 5 | 834 | 767 | 233 | 067 | 142 | 192 | 808 | 950 | 446 | 614 | 386 | 832 | 55 |
| 6 | 839 | 774 | 226 | 065 | 147 | 199 | 801 | 948 | 451 | 621 | 379 | 830 | 54 |
| 7 | 845 | 782 | 218 | 063 | 152 | 206 | 794 | 946 | 456 | 628 | 372 | 828 | 53 |
| 8 | 850 | 789 | 211 | 061 | 157 | 213 | 787 | 944 | 461 | 635 | 365 | 826 | 52 |
| 9 | 855 | 796 | 204 | 059 | 162 | 220 | 780 | 942 | 466 | 642 | 358 | 824 | 51 |
| **10** | 860 | 803 | 197 | 057 | 167 | 227 | 773 | 940 | 471 | 649 | 351 | 822 | **50** |
| 11 | 865 | 810 | 190 | 055 | 172 | 234 | 766 | 938 | 477 | 656 | 344 | 820 | 49 |
| 12 | 870 | 817 | 183 | 053 | 177 | 241 | 759 | 936 | 482 | 663 | 337 | 818 | 48 |
| 13 | 875 | 824 | 176 | 051 | 183 | 248 | 752 | 934 | 487 | 670 | 330 | 816 | 47 |
| 14 | 881 | 831 | 169 | 049 | 188 | 255 | 745 | 932 | 492 | 677 | 323 | 814 | 46 |
| 15 | 886 | 838 | 162 | 048 | 193 | 262 | 738 | 931 | 497 | 684 | 316 | 812 | 45 |
| 16 | 891 | 845 | 155 | 046 | 198 | 269 | 731 | 929 | 502 | 691 | 309 | 810 | 44 |
| 17 | 896 | 852 | 148 | 044 | 203 | 276 | 724 | 927 | 507 | 698 | 302 | 808 | 43 |
| 18 | 901 | 859 | 141 | 042 | 208 | 283 | 717 | 925 | 512 | 705 | 295 | 806 | 42 |
| 19 | 906 | 867 | 133 | 040 | 213 | 290 | 710 | 923 | 517 | 712 | 288 | 804 | 41 |
| **20** | 911 | 874 | 126 | 038 | 218 | 297 | 703 | 921 | 522 | 719 | 281 | 803 | **40** |
| 21 | 917 | 881 | 119 | 036 | 223 | 304 | 696 | 919 | 527 | 726 | 274 | 801 | 39 |
| 22 | 922 | 888 | 112 | 034 | 228 | 312 | 688 | 917 | 532 | 733 | 267 | 799 | 38 |
| 23 | 927 | 895 | 105 | 032 | 233 | 319 | 681 | 915 | 537 | 740 | 260 | 797 | 37 |
| 24 | 932 | 902 | 098 | 030 | 238 | 326 | 674 | 913 | 542 | 747 | 253 | 795 | 36 |
| 25 | 937 | 909 | 091 | 028 | 244 | 333 | 667 | 911 | 547 | 754 | 246 | 793 | 35 |
| 26 | 942 | 916 | 084 | 026 | 249 | 340 | 660 | 909 | 552 | 761 | 239 | 791 | 34 |
| 27 | 947 | 923 | 077 | 024 | 254 | 347 | 653 | 907 | 557 | 768 | 232 | 789 | 33 |
| 28 | 952 | 930 | 070 | 022 | 259 | 354 | 646 | 905 | 562 | 776 | 224 | 787 | 32 |
| 29 | 958 | 937 | 063 | 020 | 264 | 361 | 639 | 903 | 567 | 783 | 217 | 785 | 31 |
| **30** | 963 | 944 | 056 | 018 | 269 | 368 | 632 | 901 | 572 | 790 | 210 | 783 | **30** |
| 31 | 968 | 951 | 049 | 016 | 274 | 375 | 625 | 899 | 577 | 797 | 203 | 781 | 29 |
| 32 | 973 | 959 | 041 | 014 | 279 | 382 | 618 | 897 | 582 | 804 | 196 | 779 | 28 |
| 33 | 978 | 966 | 034 | 013 | 284 | 389 | 611 | 895 | 587 | 811 | 189 | 777 | 27 |
| 34 | 983 | 973 | 027 | 011 | 289 | 396 | 604 | 893 | 592 | 818 | 182 | 775 | 26 |
| 35 | 988 | 980 | 020 | 009 | 294 | 403 | 597 | 891 | 597 | 825 | 175 | 773 | 25 |
| 36 | 994 | 987 | 013 | 007 | 299 | 410 | 590 | 889 | 602 | 832 | 168 | 771 | 24 |
| 37 | 999 | 994 | 006 | 005 | 305 | 417 | 583 | 887 | 607 | 839 | 161 | 769 | 23 |
| 38 | *004 | *001 | *999 | 003 | 310 | 424 | 576 | 885 | 612 | 846 | 154 | 767 | 22 |
| 39 | 009 | 008 | 992 | 001 | 315 | 431 | 569 | 883 | 617 | 853 | 147 | 765 | 21 |
| **40** | 014 | 015 | 985 | *999 | 320 | 438 | 562 | 881 | 622 | 860 | 140 | 763 | **20** |
| 41 | 019 | 022 | 978 | 997 | 325 | 445 | 555 | 879 | 628 | 867 | 133 | 761 | 19 |
| 42 | 024 | 029 | 971 | 995 | 330 | 452 | 548 | 878 | 633 | 874 | 126 | 759 | 18 |
| 43 | 029 | 036 | 964 | 993 | 335 | 459 | 541 | 876 | 638 | 881 | 119 | 757 | 17 |
| 44 | 034 | 043 | 957 | 991 | 340 | 466 | 534 | 874 | 643 | 888 | 112 | 755 | 16 |
| 45 | 040 | 050 | 950 | 989 | 345 | 473 | 527 | 872 | 648 | 895 | 105 | 753 | 15 |
| 46 | 045 | 057 | 943 | 987 | 350 | 480 | 520 | 870 | 653 | 902 | 098 | 751 | 14 |
| 47 | 050 | 065 | 935 | 985 | 355 | 488 | 512 | 868 | 658 | 909 | 091 | 749 | 13 |
| 48 | 055 | 072 | 928 | 983 | 360 | 495 | 505 | 866 | 663 | 916 | 084 | 747 | 12 |
| 49 | 060 | 079 | 921 | 981 | 365 | 502 | 498 | 864 | 668 | 923 | 077 | 745 | 11 |
| **50** | 065 | 086 | 914 | 979 | 370 | 509 | 491 | 862 | 673 | 930 | 070 | 743 | **10** |
| 51 | 070 | 093 | 907 | 977 | 375 | 516 | 484 | 860 | 678 | 937 | 063 | 741 | 9 |
| 52 | 075 | 100 | 900 | 976 | 381 | 523 | 477 | 858 | 683 | 944 | 056 | 739 | 8 |
| 53 | 080 | 107 | 893 | 974 | 386 | 530 | 470 | 856 | 688 | 951 | 049 | 737 | 7 |
| 54 | 086 | 114 | 886 | 972 | 391 | 537 | 463 | 854 | 693 | 958 | 042 | 735 | 6 |
| 55 | 091 | 121 | 879 | 970 | 396 | 544 | 456 | 852 | 698 | 965 | 035 | 733 | 5 |
| 56 | 096 | 128 | 872 | 968 | 401 | 551 | 449 | 850 | 703 | 972 | 028 | 731 | 4 |
| 57 | 101 | 135 | 865 | 966 | 406 | 558 | 442 | 848 | 708 | 979 | 021 | 729 | 3 |
| 58 | 106 | 142 | 858 | 964 | 411 | 565 | 435 | 846 | 713 | 986 | 014 | 727 | 2 |
| 59 | 111 | 149 | 851 | 962 | 416 | 572 | 428 | 844 | 718 | 993 | 007 | 725 | 1 |
| **60** | 116 | 156 | 844 | 960 | 421 | 579 | 421 | 842 | 723 | *000 | 000 | 723 | **0** |
| | 9.72 | 9.79 | 0.20 | 9.92 | 9.72 | 9.79 | 0.20 | 9.92 | 9.72 | 9.80 | 0.20 | 9.92 | |
| | cos | cotg | tang | sin | cos | cotg | tang | sin | cos | cotg | tang | sin | |
| | 3h 53m | | | | 3h 52m | | | | 3h 51m | | | | |

| | 2ʰ 9ᵐ | | | | 2ʰ 10ᵐ | | | | 2ʰ 11ᵐ | | | | |
|---|---|---|---|---|---|---|---|---|---|---|---|---|---|
| | sin | tang | cotg | cos | sin | tang | cotg | cos | sin | tang | cotg | cos | |
| | **9.72** | **9.80** | **0.20** | **9.92** | **9.73** | **9.80** | **0.19** | **9.92** | **9.73** | **9.80** | **0.19** | **9.92** | |
| 0ˢ | 723 | 000 | 000 | 723 | 022 | 419 | 581 | 603 | 318 | 836 | 164 | 482 | 60ˢ |
| 1 | 728 | 007 | *993 | 721 | 027 | 426 | 574 | 601 | 323 | 843 | 157 | 480 | 59 |
| 2 | 733 | 014 | 986 | 719 | 032 | 433 | 567 | 599 | 327 | 850 | 150 | 478 | 58 |
| 3 | 738 | 021 | 979 | 717 | 037 | 440 | 560 | 597 | 332 | 857 | 143 | 476 | 57 |
| 4 | 743 | 028 | 972 | 715 | 041 | 447 | 553 | 595 | 337 | 864 | 136 | 473 | 56 |
| 5 | 748 | 035 | 965 | 713 | 046 | 454 | 546 | 593 | 342 | 871 | 129 | 471 | 55 |
| 6 | 753 | 042 | 958 | 711 | 051 | 461 | 539 | 591 | 347 | 878 | 122 | 469 | 54 |
| 7 | 758 | 049 | 951 | 709 | 056 | 468 | 532 | 589 | 352 | 885 | 115 | 467 | 53 |
| 8 | 763 | 056 | 944 | 707 | 061 | 474 | 526 | 587 | 357 | 892 | 108 | 465 | 52 |
| 9 | 768 | 063 | 937 | 705 | 066 | 481 | 519 | 585 | 362 | 899 | 101 | 463 | 51 |
| **10** | 773 | 070 | 930 | 703 | 071 | 488 | 512 | 583 | 367 | 905 | 095 | 461 | **50** |
| 11 | 778 | 077 | 923 | 701 | 076 | 495 | 505 | 581 | 372 | 912 | 088 | 459 | 49 |
| 12 | 783 | 084 | 916 | 699 | 081 | 502 | 498 | 579 | 377 | 919 | 081 | 457 | 48 |
| 13 | 788 | 091 | 909 | 697 | 086 | 509 | 491 | 577 | 381 | 926 | 074 | 455 | 47 |
| 14 | 793 | 098 | 902 | 695 | 091 | 516 | 484 | 575 | 386 | 933 | 067 | 453 | 46 |
| 15 | 798 | 105 | 895 | 693 | 096 | 523 | 477 | 573 | 391 | 940 | 060 | 451 | 45 |
| 16 | 803 | 112 | 888 | 691 | 101 | 530 | 470 | 571 | 396 | 947 | 053 | 449 | 44 |
| 17 | 808 | 119 | 881 | 689 | 106 | 537 | 463 | 569 | 401 | 954 | 046 | 447 | 43 |
| 18 | 813 | 126 | 874 | 687 | 111 | 544 | 456 | 567 | 406 | 961 | 039 | 445 | 42 |
| 19 | 818 | 133 | 867 | 685 | 116 | 551 | 449 | 565 | 411 | 968 | 032 | 443 | 41 |
| **20** | 823 | 140 | 860 | 683 | 121 | 558 | 442 | 563 | 416 | 975 | 025 | 441 | **40** |
| 21 | 828 | 147 | 853 | 681 | 126 | 565 | 435 | 561 | 421 | 982 | 018 | 439 | 39 |
| 22 | 833 | 154 | 846 | 679 | 131 | 572 | 428 | 559 | 426 | 989 | 011 | 437 | 38 |
| 23 | 838 | 161 | 839 | 677 | 135 | 579 | 421 | 557 | 430 | 996 | 004 | 435 | 37 |
| 24 | 843 | 168 | 832 | 675 | 140 | 586 | 414 | 555 | 435 | *003 | *997 | 433 | 36 |
| 25 | 848 | 175 | 825 | 673 | 145 | 593 | 407 | 553 | 440 | 009 | 991 | 431 | 35 |
| 26 | 853 | 181 | 819 | 671 | 150 | 600 | 400 | 550 | 445 | 016 | 984 | 429 | 34 |
| 27 | 858 | 188 | 812 | 669 | 155 | 607 | 393 | 548 | 450 | 023 | 977 | 427 | 33 |
| 28 | 863 | 195 | 805 | 667 | 160 | 614 | 386 | 546 | 455 | 030 | 970 | 425 | 32 |
| 29 | 868 | 202 | 798 | 665 | 165 | 621 | 379 | 544 | 460 | 037 | 963 | 423 | 31 |
| **30** | 873 | 209 | 791 | 663 | 170 | 628 | 372 | 542 | 465 | 044 | 956 | 421 | **30** |
| 31 | 878 | 216 | 784 | 661 | 175 | 635 | 365 | 540 | 470 | 051 | 949 | 418 | 29 |
| 32 | 883 | 223 | 777 | 659 | 180 | 642 | 358 | 538 | 474 | 058 | 942 | 416 | 28 |
| 33 | 888 | 230 | 770 | 657 | 185 | 648 | 352 | 536 | 479 | 065 | 935 | 414 | 27 |
| 34 | 892 | 237 | 763 | 655 | 190 | 655 | 345 | 534 | 484 | 072 | 928 | 412 | 26 |
| 35 | 897 | 244 | 756 | 653 | 195 | 662 | 338 | 532 | 489 | 079 | 921 | 410 | 25 |
| 36 | 902 | 251 | 749 | 651 | 200 | 669 | 331 | 530 | 494 | 086 | 914 | 408 | 24 |
| 37 | 907 | 258 | 742 | 649 | 205 | 676 | 324 | 528 | 499 | 093 | 907 | 406 | 23 |
| 38 | 912 | 265 | 735 | 647 | 209 | 683 | 317 | 526 | 504 | 100 | 900 | 404 | 22 |
| 39 | 917 | 272 | 728 | 645 | 214 | 690 | 310 | 524 | 509 | 106 | 894 | 402 | 21 |
| **40** | 922 | 279 | 721 | 643 | 219 | 697 | 303 | 522 | 513 | 113 | 887 | 400 | **20** |
| 41 | 927 | 286 | 714 | 641 | 224 | 704 | 296 | 520 | 518 | 120 | 880 | 398 | 19 |
| 42 | 932 | 293 | 707 | 639 | 229 | 711 | 289 | 518 | 523 | 127 | 873 | 396 | 18 |
| 43 | 937 | 300 | 700 | 637 | 234 | 718 | 282 | 516 | 528 | 134 | 866 | 394 | 17 |
| 44 | 942 | 307 | 693 | 635 | 239 | 725 | 275 | 514 | 533 | 141 | 859 | 392 | 16 |
| 45 | 947 | 314 | 686 | 633 | 244 | 732 | 268 | 512 | 538 | 148 | 852 | 390 | 15 |
| 46 | 952 | 321 | 679 | 631 | 249 | 739 | 261 | 510 | 543 | 155 | 845 | 388 | 14 |
| 47 | 957 | 328 | 672 | 629 | 254 | 746 | 254 | 508 | 548 | 162 | 838 | 386 | 13 |
| 48 | 962 | 335 | 665 | 627 | 259 | 753 | 247 | 506 | 552 | 169 | 831 | 384 | 12 |
| 49 | 967 | 342 | 658 | 625 | 264 | 760 | 240 | 504 | 557 | 176 | 824 | 382 | 11 |
| **50** | 972 | 349 | 651 | 623 | 269 | 767 | 233 | 502 | 562 | 183 | 817 | 380 | **10** |
| 51 | 977 | 356 | 644 | 621 | 273 | 774 | 226 | 500 | 567 | 189 | 811 | 378 | 9 |
| 52 | 982 | 363 | 637 | 619 | 278 | 781 | 219 | 498 | 572 | 196 | 804 | 376 | 8 |
| 53 | 987 | 370 | 630 | 617 | 283 | 787 | 213 | 496 | 577 | 203 | 797 | 373 | 7 |
| 54 | 992 | 377 | 623 | 615 | 288 | 794 | 206 | 494 | 582 | 210 | 790 | 371 | 6 |
| 55 | 997 | 384 | 616 | 613 | 293 | 801 | 199 | 492 | 587 | 217 | 783 | 369 | 5 |
| 56 | *002 | 391 | 609 | 611 | 298 | 808 | 192 | 490 | 591 | 224 | 776 | 367 | 4 |
| 57 | 007 | 398 | 602 | 609 | 303 | 815 | 185 | 488 | 596 | 231 | 769 | 365 | 3 |
| 58 | 012 | 405 | 595 | 607 | 308 | 822 | 178 | 486 | 601 | 238 | 762 | 363 | 2 |
| 59 | 017 | 412 | 588 | 605 | 313 | 829 | 171 | 484 | 606 | 245 | 755 | 361 | 1 |
| **60** | 022 | 419 | 581 | 603 | 318 | 836 | 164 | 482 | 611 | 252 | 748 | 359 | **0** |
| | **9.73** | **9.80** | **0.19** | **9.92** | **9.73** | **9.80** | **0.19** | **9.92** | **9.73** | **9.81** | **0.18** | **9.92** | |
| | cos | cotg | tang | sin | cos | cotg | tang | sin | cos | cotg | tang | sin | |
| | 3ʰ 50ᵐ | | | | 3ʰ 49ᵐ | | | | 3ʰ 48ᵐ | | | | |

| | $2^h\ 12^m$ | | | | $2^h\ 13^m$ | | | | $2^h\ 14^m$ | | | | |
|---|---|---|---|---|---|---|---|---|---|---|---|---|---|
| | sin | tang | cotg | cos | sin | tang | cotg | cos | sin | tang | cotg | cos | |
| | **9.73** | **9.81** | **0.18** | **9.92** | **9.73** | **9.81** | **0.18** | **9.92** | **9.74** | **9.82** | **0.17** | **9.92** | |
| $0^s$ | 611 | 252 | 748 | 359 | 901 | 666 | 334 | 235 | 189 | 078 | 922 | 111 | $60^s$ |
| 1 | 616 | 259 | 741 | 357 | 906 | 673 | 327 | 233 | 194 | 085 | 915 | 109 | 59 |
| 2 | 621 | 266 | 734 | 355 | 911 | 680 | 320 | 231 | 198 | 092 | 908 | 106 | 58 |
| 3 | 625 | 272 | 728 | 353 | 916 | 686 | 314 | 229 | 203 | 099 | 901 | 104 | 57 |
| 4 | 630 | 279 | 721 | 351 | 921 | 693 | 307 | 227 | 208 | 106 | 894 | 102 | 56 |
| 5 | 635 | 286 | 714 | 349 | 925 | 700 | 300 | 225 | 213 | 113 | 887 | 100 | 55 |
| 6 | 640 | 293 | 707 | 347 | 930 | 707 | 293 | 223 | 218 | 119 | 881 | 098 | 54 |
| 7 | 645 | 300 | 700 | 345 | 935 | 714 | 286 | 221 | 222 | 126 | 874 | 096 | 53 |
| 8 | 650 | 307 | 693 | 343 | 940 | 721 | 279 | 219 | 227 | 133 | 867 | 094 | 52 |
| 9 | 655 | 314 | 686 | 341 | 945 | 728 | 272 | 217 | 232 | 140 | 860 | 092 | 51 |
| **10** | 659 | 321 | 679 | 339 | 949 | 735 | 265 | 215 | 237 | 147 | 853 | 090 | **50** |
| 11 | 664 | 328 | 672 | 337 | 954 | 742 | 258 | 213 | 241 | 154 | 846 | 088 | 49 |
| 12 | 669 | 335 | 665 | 335 | 959 | 748 | 252 | 211 | 246 | 161 | 839 | 086 | 48 |
| 13 | 674 | 342 | 658 | 332 | 964 | 755 | 245 | 209 | 251 | 167 | 833 | 083 | 47 |
| 14 | 679 | 348 | 652 | 330 | 969 | 762 | 238 | 206 | 256 | 174 | 826 | 081 | 46 |
| 15 | 684 | 355 | 645 | 328 | 973 | 769 | 231 | 204 | 260 | 181 | 819 | 079 | 45 |
| 16 | 689 | 362 | 638 | 326 | 978 | 776 | 224 | 202 | 265 | 188 | 812 | 077 | 44 |
| 17 | 693 | 369 | 631 | 324 | 983 | 783 | 217 | 200 | 270 | 195 | 805 | 075 | 43 |
| 18 | 698 | 376 | 624 | 322 | 988 | 790 | 210 | 198 | 275 | 202 | 798 | 073 | 42 |
| 19 | 703 | 383 | 617 | 320 | 993 | 797 | 203 | 196 | 279 | 209 | 791 | 071 | 41 |
| **20** | 708 | 390 | 610 | 318 | 997 | 803 | 197 | 194 | 284 | 215 | 785 | 069 | **40** |
| 21 | 713 | 397 | 603 | 316 | *002 | 810 | 190 | 192 | 289 | 222 | 778 | 067 | 39 |
| 22 | 718 | 404 | 596 | 314 | 007 | 817 | 183 | 190 | 294 | 229 | 771 | 065 | 38 |
| 23 | 723 | 411 | 589 | 312 | 012 | 824 | 176 | 188 | 298 | 236 | 764 | 062 | 37 |
| 24 | 727 | 418 | 582 | 310 | 017 | 831 | 169 | 186 | 303 | 243 | 757 | 060 | 36 |
| 25 | 732 | 424 | 576 | 308 | 021 | 838 | 162 | 184 | 308 | 250 | 750 | 058 | 35 |
| 26 | 737 | 431 | 569 | 306 | 026 | 845 | 155 | 182 | 313 | 257 | 743 | 056 | 34 |
| 27 | 742 | 438 | 562 | 304 | 031 | 852 | 148 | 179 | 318 | 263 | 737 | 054 | 33 |
| 28 | 747 | 445 | 555 | 302 | 036 | 858 | 142 | 177 | 322 | 270 | 730 | 052 | 32 |
| 29 | 752 | 452 | 548 | 300 | 041 | 865 | 135 | 175 | 327 | 277 | 723 | 050 | 31 |
| **30** | 756 | 459 | 541 | 297 | 045 | 872 | 128 | 173 | 332 | 284 | 716 | 048 | **30** |
| 31 | 761 | 466 | 534 | 295 | 050 | 879 | 121 | 171 | 337 | 291 | 709 | 046 | 29 |
| 32 | 766 | 473 | 527 | 293 | 055 | 886 | 114 | 169 | 341 | 298 | 702 | 044 | 28 |
| 33 | 771 | 480 | 520 | 291 | 060 | 893 | 107 | 167 | 346 | 305 | 695 | 041 | 27 |
| 34 | 776 | 487 | 513 | 289 | 065 | 900 | 100 | 165 | 351 | 311 | 689 | 039 | 26 |
| 35 | 781 | 493 | 507 | 287 | 069 | 907 | 093 | 163 | 355 | 318 | 682 | 037 | 25 |
| 36 | 785 | 500 | 500 | 285 | 074 | 913 | 087 | 161 | 360 | 325 | 675 | 035 | 24 |
| 37 | 790 | 507 | 493 | 283 | 079 | 920 | 080 | 159 | 365 | 332 | 668 | 033 | 23 |
| 38 | 795 | 514 | 486 | 281 | 084 | 927 | 073 | 157 | 370 | 339 | 661 | 031 | 22 |
| 39 | 800 | 521 | 479 | 279 | 089 | 934 | 066 | 154 | 374 | 346 | 654 | 029 | 21 |
| **40** | 805 | 528 | 472 | 277 | 093 | 941 | 059 | 152 | 379 | 352 | 648 | 027 | **20** |
| 41 | 810 | 535 | 465 | 275 | 098 | 948 | 052 | 150 | 384 | 359 | 641 | 025 | 19 |
| 42 | 814 | 542 | 458 | 273 | 103 | 955 | 045 | 148 | 389 | 366 | 634 | 023 | 18 |
| 43 | 819 | 549 | 451 | 271 | 108 | 962 | 038 | 146 | 393 | 373 | 627 | 020 | 17 |
| 44 | 824 | 556 | 444 | 269 | 113 | 968 | 032 | 144 | 398 | 380 | 620 | 018 | 16 |
| 45 | 829 | 562 | 438 | 267 | 117 | 975 | 025 | 142 | 403 | 387 | 613 | 016 | 15 |
| 46 | 834 | 569 | 431 | 264 | 122 | 982 | 018 | 140 | 408 | 394 | 606 | 014 | 14 |
| 47 | 839 | 576 | 424 | 262 | 127 | 989 | 011 | 138 | 412 | 400 | 600 | 012 | 13 |
| 48 | 843 | 583 | 417 | 260 | 132 | 996 | 004 | 136 | 417 | 407 | 593 | 010 | 12 |
| 49 | 848 | 590 | 410 | 258 | 136 | *003 | *997 | 134 | 422 | 414 | 586 | 008 | 11 |
| **50** | 853 | 597 | 403 | 256 | 141 | 010 | 990 | 132 | 427 | 421 | 579 | 006 | **10** |
| 51 | 858 | 604 | 396 | 254 | 146 | 017 | 983 | 129 | 431 | 428 | 572 | 004 | 9 |
| 52 | 863 | 611 | 389 | 252 | 151 | 023 | 977 | 127 | 436 | 435 | 565 | 002 | 8 |
| 53 | 868 | 618 | 382 | 250 | 156 | 030 | 970 | 125 | 441 | 441 | 559 | *999 | 7 |
| 54 | 872 | 624 | 376 | 248 | 160 | 037 | 963 | 123 | 446 | 448 | 552 | 997 | 6 |
| 55 | 877 | 631 | 369 | 246 | 165 | 044 | 956 | 121 | 450 | 455 | 545 | 995 | 5 |
| 56 | 882 | 638 | 362 | 244 | 170 | 051 | 949 | 119 | 455 | 462 | 538 | 993 | 4 |
| 57 | 887 | 645 | 355 | 242 | 175 | 058 | 942 | 117 | 460 | 469 | 531 | 991 | 3 |
| 58 | 892 | 652 | 348 | 240 | 179 | 065 | 935 | 115 | 464 | 476 | 524 | 989 | 2 |
| 59 | 896 | 659 | 341 | 238 | 184 | 071 | 929 | 113 | 469 | 482 | 518 | 987 | 1 |
| **60** | 901 | 666 | 334 | 235 | 189 | 078 | 922 | 111 | 474 | 489 | 511 | 985 | **0** |
| | **9.73** | **9.81** | **0.18** | **9.92** | **9.74** | **9.82** | **0.17** | **9.92** | **9.74** | **9.82** | **0.17** | **9.91** | |
| | cos | cotg | tang | sin | cos | cotg | tang | sin | cos | cotg | tang | sin | |
| | $3^h\ 47^m$ | | | | $3^h\ 46^m$ | | | | $3^h\ 45^m$ | | | | |

| | $2^h\ 15^m$ | | | | $2^h\ 16^m$ | | | | $2^h\ 17^m$ | | | | |
|---|---|---|---|---|---|---|---|---|---|---|---|---|---|
| | sin | tang | cotg | cos | sin | tang | cotg | cos | sin | tang | cotg | cos | |
| | **9.74** | **9.82** | **0.17** | **9.91** | **9.74** | **9.82** | **0.17** | **9.91** | **9.75** | **9.83** | **0.16** | **9.91** | |
| $0^s$ | 474 | 489 | 511 | 985 | 756 | 899 | 101 | 857 | 036 | 307 | 693 | 729 | $60^s$ |
| 1 | 479 | 496 | 504 | 983 | 761 | 906 | 094 | 855 | 040 | 314 | 686 | 727 | 59 |
| 2 | 483 | 503 | 497 | 980 | 766 | 912 | 088 | 853 | 045 | 320 | 680 | 725 | 58 |
| 3 | 488 | 510 | 490 | 978 | 770 | 919 | 081 | 851 | 050 | 327 | 673 | 723 | 57 |
| 4 | 493 | 517 | 483 | 976 | 775 | 926 | 074 | 849 | 054 | 334 | 666 | 720 | 56 |
| 5 | 498 | 523 | 477 | 974 | 780 | 933 | 067 | 847 | 059 | 341 | 659 | 718 | 55 |
| 6 | 502 | 530 | 470 | 972 | 784 | 940 | 060 | 845 | 064 | 348 | 652 | 716 | 54 |
| 7 | 507 | 537 | 463 | 970 | 789 | 946 | 054 | 843 | 068 | 354 | 646 | 714 | 53 |
| 8 | 512 | 544 | 456 | 968 | 794 | 953 | 047 | 840 | 073 | 361 | 639 | 712 | 52 |
| 9 | 516 | 551 | 449 | 966 | 798 | 960 | 040 | 838 | 078 | 368 | 632 | 710 | 51 |
| **10** | 521 | 558 | 442 | 964 | 803 | 967 | 033 | 836 | 082 | 375 | 625 | 707 | **50** |
| 11 | 526 | 564 | 436 | 961 | 808 | 974 | 026 | 834 | 087 | 381 | 619 | 705 | 49 |
| 12 | 531 | 571 | 429 | 959 | 812 | 980 | 020 | 832 | 091 | 388 | 612 | 703 | 48 |
| 13 | 535 | 578 | 422 | 957 | 817 | 987 | 013 | 830 | 096 | 395 | 605 | 701 | 47 |
| 14 | 540 | 585 | 415 | 955 | 822 | 994 | 006 | 828 | 101 | 402 | 598 | 699 | 46 |
| 15 | 545 | 592 | 408 | 953 | 826 | *001 | *999 | 825 | 105 | 409 | 591 | 697 | 45 |
| 16 | 549 | 599 | 401 | 951 | 831 | 008 | 992 | 823 | 110 | 415 | 585 | 695 | 44 |
| 17 | 554 | 605 | 395 | 949 | 836 | 015 | 985 | 821 | 115 | 422 | 578 | 692 | 43 |
| 18 | 559 | 612 | 388 | 947 | 840 | 021 | 979 | 819 | 119 | 429 | 571 | 690 | 42 |
| 19 | 564 | 619 | 381 | 944 | 845 | 028 | 972 | 817 | 124 | 436 | 564 | 688 | 41 |
| **20** | 568 | 626 | 374 | 942 | 850 | 035 | 965 | 815 | 128 | 442 | 558 | 686 | **40** |
| 21 | 573 | 633 | 367 | 940 | 854 | 042 | 958 | 813 | 133 | 449 | 551 | 684 | 39 |
| 22 | 578 | 640 | 360 | 938 | 859 | 049 | 951 | 810 | 138 | 456 | 544 | 682 | 38 |
| 23 | 582 | 646 | 354 | 936 | 864 | 055 | 945 | 808 | 142 | 463 | 537 | 679 | 37 |
| 24 | 587 | 653 | 347 | 934 | 868 | 062 | 938 | 806 | 147 | 470 | 530 | 677 | 36 |
| 25 | 592 | 660 | 340 | 932 | 873 | 069 | 931 | 804 | 152 | 476 | 524 | 675 | 35 |
| 26 | 597 | 667 | 333 | 930 | 878 | 076 | 924 | 802 | 156 | 483 | 517 | 673 | 34 |
| 27 | 601 | 674 | 326 | 928 | 882 | 083 | 917 | 800 | 161 | 490 | 510 | 671 | 33 |
| 28 | 606 | 681 | 319 | 925 | 887 | 089 | 911 | 798 | 165 | 497 | 503 | 669 | 32 |
| 29 | 611 | 687 | 313 | 923 | 892 | 096 | 904 | 796 | 170 | 504 | 496 | 666 | 31 |
| **30** | 615 | 694 | 306 | 921 | 896 | 103 | 897 | 793 | 175 | 510 | 490 | 664 | **30** |
| 31 | 620 | 701 | 299 | 919 | 901 | 110 | 890 | 791 | 179 | 517 | 483 | 662 | 29 |
| 32 | 625 | 708 | 292 | 917 | 906 | 117 | 883 | 789 | 184 | 524 | 476 | 660 | 28 |
| 33 | 629 | 715 | 285 | 915 | 910 | 123 | 877 | 787 | 188 | 531 | 469 | 658 | 27 |
| 34 | 634 | 721 | 279 | 913 | 915 | 130 | 870 | 785 | 193 | 537 | 463 | 656 | 26 |
| 35 | 639 | 728 | 272 | 911 | 920 | 137 | 863 | 783 | 198 | 544 | 456 | 654 | 25 |
| 36 | 644 | 735 | 265 | 908 | 924 | 144 | 856 | 781 | 202 | 551 | 449 | 651 | 24 |
| 37 | 648 | 742 | 258 | 906 | 929 | 151 | 849 | 778 | 207 | 558 | 442 | 649 | 23 |
| 38 | 653 | 749 | 251 | 904 | 934 | 157 | 843 | 776 | 212 | 564 | 436 | 647 | 22 |
| 39 | 658 | 756 | 244 | 902 | 938 | 164 | 836 | 774 | 216 | 571 | 429 | 645 | 21 |
| **40** | 662 | 762 | 238 | 900 | 943 | 171 | 829 | 772 | 221 | 578 | 422 | 643 | **20** |
| 41 | 667 | 769 | 231 | 898 | 948 | 178 | 822 | 770 | 225 | 585 | 415 | 641 | 19 |
| 42 | 672 | 776 | 224 | 896 | 952 | 185 | 815 | 768 | 230 | 592 | 408 | 638 | 18 |
| 43 | 676 | 783 | 217 | 894 | 957 | 191 | 809 | 766 | 235 | 598 | 402 | 636 | 17 |
| 44 | 681 | 790 | 210 | 891 | 961 | 198 | 802 | 763 | 239 | 605 | 395 | 634 | 16 |
| 45 | 686 | 797 | 203 | 889 | 966 | 205 | 795 | 761 | 244 | 612 | 388 | 632 | 15 |
| 46 | 691 | 803 | 197 | 887 | 971 | 212 | 788 | 759 | 248 | 619 | 381 | 630 | 14 |
| 47 | 695 | 810 | 190 | 885 | 975 | 218 | 782 | 757 | 253 | 625 | 375 | 628 | 13 |
| 48 | 700 | 817 | 183 | 883 | 980 | 225 | 775 | 755 | 258 | 632 | 368 | 625 | 12 |
| 49 | 705 | 824 | 176 | 881 | 985 | 232 | 768 | 753 | 262 | 639 | 361 | 623 | 11 |
| **50** | 709 | 831 | 169 | 879 | 989 | 239 | 761 | 750 | 267 | 646 | 354 | 621 | **10** |
| 51 | 714 | 837 | 163 | 877 | 994 | 246 | 754 | 748 | 271 | 653 | 347 | 619 | 9 |
| 52 | 719 | 844 | 156 | 874 | 999 | 252 | 748 | 746 | 276 | 659 | 341 | 617 | 8 |
| 53 | 723 | 851 | 149 | 872 | *003 | 259 | 741 | 744 | 281 | 666 | 334 | 615 | 7 |
| 54 | 728 | 858 | 142 | 870 | 008 | 266 | 734 | 742 | 285 | 673 | 327 | 612 | 6 |
| 55 | 733 | 865 | 135 | 868 | 013 | 273 | 727 | 740 | 290 | 680 | 320 | 610 | 5 |
| 56 | 737 | 871 | 129 | 866 | 017 | 280 | 720 | 738 | 294 | 686 | 314 | 608 | 4 |
| 57 | 742 | 878 | 122 | 864 | 022 | 286 | 714 | 735 | 299 | 693 | 307 | 606 | 3 |
| 58 | 747 | 885 | 115 | 862 | 027 | 293 | 707 | 733 | 304 | 700 | 300 | 604 | 2 |
| 59 | 751 | 892 | 108 | 860 | 031 | 300 | 700 | 731 | 308 | 707 | 293 | 602 | 1 |
| **60** | 756 | 899 | 101 | 857 | 036 | 307 | 693 | 729 | 313 | 713 | 287 | 599 | **0** |
| | **9.74** | **9.82** | **0.17** | **9.91** | **9.75** | **9.83** | **0.16** | **9.91** | **9.75** | **9.83** | **0.16** | **9.91** | |
| | cos | cotg | tang | sin | cos | cotg | tang | sin | cos | cotg | tang | sin | |
| | $3^h\ 44^m$ | | | | $3^h\ 43^m$ | | | | $3^h\ 42^m$ | | | | |

| | $2^h\,18^m$ | | | | $2^h\,19^m$ | | | | $2^h\,20^m$ | | | | |
|---|---|---|---|---|---|---|---|---|---|---|---|---|---|
| | sin | tang | cotg | cos | sin | tang | cotg | cos | sin | tang | cotg | cos | |
| | **9.75** | **9.83** | **0.16** | **9.91** | **9.75** | **9.84** | **0.15** | **9.91** | **9.75** | **9.84** | **0.15** | **9.91** | |
| $0^s$ | 313 | 713 | 287 | 599 | 587 | 119 | 881 | 469 | 859 | 523 | 477 | 336 | $60^s$ |
| 1 | 317 | 720 | 280 | 597 | 592 | 125 | 875 | 466 | 864 | 529 | 471 | 334 | 59 |
| 2 | 322 | 727 | 273 | 595 | 596 | 132 | 868 | 464 | 868 | 536 | 464 | 332 | 58 |
| 3 | 327 | 734 | 266 | 593 | 601 | 139 | 861 | 462 | 873 | 543 | 457 | 330 | 57 |
| 4 | 331 | 740 | 260 | 591 | 605 | 146 | 854 | 460 | 877 | 550 | 450 | 328 | 56 |
| 5 | 336 | 747 | 253 | 589 | 610 | 152 | 848 | 458 | 882 | 556 | 444 | 325 | 55 |
| 6 | 340 | 754 | 246 | 586 | 615 | 159 | 841 | 455 | 886 | 563 | 437 | 323 | 54 |
| 7 | 345 | 761 | 239 | 584 | 619 | 166 | 834 | 453 | 891 | 570 | 430 | 321 | 53 |
| 8 | 350 | 768 | 232 | 582 | 624 | 173 | 827 | 451 | 895 | 576 | 424 | 319 | 52 |
| 9 | 354 | 774 | 226 | 580 | 628 | 179 | 821 | 449 | 900 | 583 | 417 | 317 | 51 |
| **10** | 359 | 781 | 219 | 578 | 633 | 186 | 814 | 447 | 904 | 590 | 410 | 314 | **50** |
| 11 | 363 | 788 | 212 | 575 | 637 | 193 | 807 | 444 | 909 | 597 | 403 | 312 | 49 |
| 12 | 368 | 795 | 205 | 573 | 642 | 200 | 800 | 442 | 913 | 603 | 397 | 310 | 48 |
| 13 | 372 | 801 | 199 | 571 | 646 | 206 | 794 | 440 | 918 | 610 | 390 | 308 | 47 |
| 14 | 377 | 808 | 192 | 569 | 651 | 213 | 787 | 438 | 922 | 617 | 383 | 305 | 46 |
| 15 | 382 | 815 | 185 | 567 | 655 | 220 | 780 | 436 | 927 | 623 | 377 | 303 | 45 |
| 16 | 386 | 822 | 178 | 565 | 660 | 227 | 773 | 433 | 931 | 630 | 370 | 301 | 44 |
| 17 | 391 | 828 | 172 | 562 | 665 | 233 | 767 | 431 | 936 | 637 | 363 | 299 | 43 |
| 18 | 395 | 835 | 165 | 560 | 669 | 240 | 760 | 429 | 940 | 644 | 356 | 297 | 42 |
| 19 | 400 | 842 | 158 | 558 | 674 | 247 | 753 | 427 | 945 | 650 | 350 | 294 | 41 |
| **20** | 405 | 849 | 151 | 556 | 678 | 254 | 746 | 425 | 949 | 657 | 343 | 292 | **40** |
| 21 | 409 | 855 | 145 | 554 | 683 | 260 | 740 | 422 | 954 | 664 | 336 | 290 | 39 |
| 22 | 414 | 862 | 138 | 552 | 687 | 267 | 733 | 420 | 958 | 670 | 330 | 288 | 38 |
| 23 | 418 | 869 | 131 | 549 | 692 | 274 | 726 | 418 | 963 | 677 | 323 | 285 | 37 |
| 24 | 423 | 876 | 124 | 547 | 696 | 280 | 720 | 416 | 967 | 684 | 316 | 283 | 36 |
| 25 | 427 | 882 | 118 | 545 | 701 | 287 | 713 | 414 | 972 | 691 | 309 | 281 | 35 |
| 26 | 432 | 889 | 111 | 543 | 705 | 294 | 706 | 411 | 976 | 697 | 303 | 279 | 34 |
| 27 | 437 | 896 | 104 | 541 | 710 | 301 | 699 | 409 | 981 | 704 | 296 | 277 | 33 |
| 28 | 441 | 903 | 097 | 538 | 714 | 307 | 693 | 407 | 985 | 711 | 289 | 274 | 32 |
| 29 | 446 | 909 | 091 | 536 | 719 | 314 | 686 | 405 | 990 | 717 | 283 | 272 | 31 |
| **30** | 450 | 916 | 084 | 534 | 724 | 321 | 679 | 403 | 994 | 724 | 276 | 270 | **30** |
| 31 | 455 | 923 | 077 | 532 | 728 | 328 | 672 | 400 | 999 | 731 | 269 | 268 | 29 |
| 32 | 459 | 930 | 070 | 530 | 733 | 334 | 666 | 398 | *003 | 738 | 262 | 266 | 28 |
| 33 | 464 | 937 | 063 | 528 | 737 | 341 | 659 | 396 | 008 | 744 | 256 | 263 | 27 |
| 34 | 469 | 943 | 057 | 525 | 742 | 348 | 652 | 394 | 012 | 751 | 249 | 261 | 26 |
| 35 | 473 | 950 | 050 | 523 | 746 | 355 | 645 | 392 | 017 | 758 | 242 | 259 | 25 |
| 36 | 478 | 957 | 043 | 521 | 751 | 361 | 639 | 389 | 021 | 764 | 236 | 257 | 24 |
| 37 | 482 | 964 | 036 | 519 | 755 | 368 | 632 | 387 | 026 | 771 | 229 | 254 | 23 |
| 38 | 487 | 970 | 030 | 517 | 760 | 375 | 625 | 385 | 030 | 778 | 222 | 252 | 22 |
| 39 | 491 | 977 | 023 | 514 | 764 | 381 | 619 | 383 | 035 | 785 | 215 | 250 | 21 |
| **40** | 496 | 984 | 016 | 512 | 769 | 388 | 612 | 381 | 039 | 791 | 209 | 248 | **20** |
| 41 | 501 | 991 | 009 | 510 | 773 | 395 | 605 | 378 | 043 | 798 | 202 | 245 | 19 |
| 42 | 505 | 997 | 003 | 508 | 778 | 402 | 598 | 376 | 048 | 805 | 195 | 243 | 18 |
| 43 | 510 | *004 | *996 | 506 | 782 | 408 | 592 | 374 | 052 | 811 | 189 | 241 | 17 |
| 44 | 514 | 011 | 989 | 504 | 787 | 415 | 585 | 372 | 057 | 818 | 182 | 239 | 16 |
| 45 | 519 | 018 | 982 | 501 | 791 | 422 | 578 | 370 | 061 | 825 | 175 | 237 | 15 |
| 46 | 523 | 024 | 976 | 499 | 796 | 429 | 571 | 367 | 066 | 832 | 168 | 234 | 14 |
| 47 | 528 | 031 | 969 | 497 | 800 | 435 | 565 | 365 | 070 | 838 | 162 | 232 | 13 |
| 48 | 533 | 038 | 962 | 495 | 805 | 442 | 558 | 363 | 075 | 845 | 155 | 230 | 12 |
| 49 | 537 | 045 | 955 | 493 | 809 | 449 | 551 | 361 | 079 | 852 | 148 | 228 | 11 |
| **50** | 542 | 051 | 949 | 490 | 814 | 455 | 545 | 359 | 084 | 858 | 142 | 225 | **10** |
| 51 | 546 | 058 | 942 | 488 | 819 | 462 | 538 | 356 | 088 | 865 | 135 | 223 | 9 |
| 52 | 551 | 065 | 935 | 486 | 823 | 469 | 531 | 354 | 093 | 872 | 128 | 221 | 8 |
| 53 | 555 | 072 | 928 | 484 | 828 | 476 | 524 | 352 | 097 | 878 | 122 | 219 | 7 |
| 54 | 560 | 078 | 922 | 482 | 832 | 482 | 518 | 350 | 102 | 885 | 115 | 217 | 6 |
| 55 | 564 | 085 | 915 | 479 | 837 | 489 | 511 | 348 | 106 | 892 | 108 | 214 | 5 |
| 56 | 569 | 092 | 908 | 477 | 841 | 496 | 504 | 345 | 111 | 899 | 101 | 212 | 4 |
| 57 | 574 | 098 | 902 | 475 | 846 | 503 | 497 | 343 | 115 | 905 | 095 | 210 | 3 |
| 58 | 578 | 105 | 895 | 473 | 850 | 509 | 491 | 341 | 120 | 912 | 088 | 208 | 2 |
| 59 | 583 | 112 | 888 | 471 | 855 | 516 | 484 | 339 | 124 | 919 | 081 | 205 | 1 |
| **60** | 587 | 119 | 881 | 469 | 859 | 523 | 477 | 336 | 129 | 925 | 075 | 203 | **0** |
| | **9.75** | **9.84** | **0.15** | **9.91** | **9.75** | **9.84** | **0.15** | **9.91** | **9.76** | **9.84** | **0.15** | **9.91** | |
| | cos | cotg | tang | sin | cos | cotg | tang | sin | cos | cotg | tang | sin | |
| | $3^h\,41^m$ | | | | $3^h\,40^m$ | | | | $3^h\,39^m$ | | | | |

| | 2h 21m | | | | 2h 22m | | | | 2h 23m | | | | |
|---|---|---|---|---|---|---|---|---|---|---|---|---|---|
| | sin | tang | cotg | cos | sin | tang | cotg | cos | sin | tang | cotg | cos | |
| | **9.76** | **9.84** | **0.15** | **9.91** | **9.76** | **9.85** | **0.14** | **9.91** | **9.76** | **9.85** | **0.14** | **9.90** | |
| **0s** | 129 | 925 | 075 | 203 | 395 | 327 | 673 | 069 | 660 | 727 | 273 | 933 | **60s** |
| 1 | 133 | 932 | 068 | 201 | 400 | 333 | 667 | 066 | 664 | 734 | 266 | 931 | 59 |
| 2 | 137 | 939 | 061 | 199 | 404 | 340 | 660 | 064 | 669 | 740 | 260 | 928 | 58 |
| 3 | 142 | 945 | 055 | 196 | 409 | 347 | 653 | 062 | 673 | 747 | 253 | 926 | 57 |
| 4 | 146 | 952 | 048 | 194 | 413 | 354 | 646 | 060 | 677 | 754 | 246 | 924 | 56 |
| 5 | 151 | 959 | 041 | 192 | 418 | 360 | 640 | 057 | 682 | 760 | 240 | 921 | 55 |
| 6 | 155 | 966 | 034 | 190 | 422 | 367 | 633 | 055 | 686 | 767 | 233 | 919 | 54 |
| 7 | 160 | 972 | 028 | 188 | 426 | 374 | 626 | 053 | 691 | 774 | 226 | 917 | 53 |
| 8 | 164 | 979 | 021 | 185 | 431 | 380 | 620 | 051 | 695 | 780 | 220 | 915 | 52 |
| 9 | 169 | 986 | 014 | 183 | 435 | 387 | 613 | 048 | 699 | 787 | 213 | 912 | 51 |
| **10** | 173 | 992 | 008 | 181 | 440 | 394 | 606 | 046 | 704 | 794 | 206 | 910 | **50** |
| 11 | 178 | 999 | 001 | 179 | 444 | 400 | 600 | 044 | 708 | 800 | 200 | 908 | 49 |
| 12 | 182 | *006 | *994 | 176 | 448 | 407 | 593 | 042 | 712 | 807 | 193 | 906 | 48 |
| 13 | 187 | 012 | 988 | 174 | 453 | 414 | 586 | 039 | 717 | 814 | 186 | 903 | 47 |
| 14 | 191 | 019 | 981 | 172 | 457 | 420 | 580 | 037 | 721 | 820 | 180 | 901 | 46 |
| 15 | 195 | 026 | 974 | 170 | 462 | 427 | 573 | 035 | 726 | 827 | 173 | 899 | 45 |
| 16 | 200 | 033 | 967 | 167 | 466 | 434 | 566 | 033 | 730 | 834 | 166 | 896 | 44 |
| 17 | 204 | 039 | 961 | 165 | 471 | 440 | 560 | 030 | 734 | 840 | 160 | 894 | 43 |
| 18 | 209 | 046 | 954 | 163 | 475 | 447 | 553 | 028 | 739 | 847 | 153 | 892 | 42 |
| 19 | 213 | 053 | 947 | 161 | 479 | 454 | 546 | 026 | 743 | 854 | 146 | 890 | 41 |
| **20** | 218 | 059 | 941 | 158 | 484 | 460 | 540 | 023 | 747 | 860 | 140 | 887 | **40** |
| 21 | 222 | 066 | 934 | 156 | 488 | 467 | 533 | 021 | 752 | 867 | 133 | 885 | 39 |
| 22 | 227 | 073 | 927 | 154 | 493 | 474 | 526 | 019 | 756 | 873 | 127 | 883 | 38 |
| 23 | 231 | 079 | 921 | 152 | 497 | 480 | 520 | 017 | 761 | 880 | 120 | 880 | 37 |
| 24 | 236 | 086 | 914 | 149 | 501 | 487 | 513 | 014 | 765 | 887 | 113 | 878 | 36 |
| 25 | 240 | 093 | 907 | 147 | 506 | 494 | 506 | 012 | 769 | 893 | 107 | 876 | 35 |
| 26 | 244 | 099 | 901 | 145 | 510 | 500 | 500 | 010 | 774 | 900 | 100 | 874 | 34 |
| 27 | 249 | 106 | 894 | 143 | 515 | 507 | 493 | 008 | 778 | 907 | 093 | 871 | 33 |
| 28 | 253 | 113 | 887 | 141 | 519 | 514 | 486 | 005 | 782 | 913 | 087 | 869 | 32 |
| 29 | 258 | 120 | 880 | 138 | 524 | 520 | 480 | 003 | 787 | 920 | 080 | 867 | 31 |
| **30** | 262 | 126 | 874 | 136 | 528 | 527 | 473 | 001 | 791 | 927 | 073 | 864 | **30** |
| 31 | 267 | 133 | 867 | 134 | 532 | 534 | 466 | *999 | 796 | 933 | 067 | 862 | 29 |
| 32 | 271 | 140 | 860 | 132 | 537 | 540 | 460 | 996 | 800 | 940 | 060 | 860 | 28 |
| 33 | 276 | 146 | 854 | 129 | 541 | 547 | 453 | 994 | 804 | 947 | 053 | 858 | 27 |
| 34 | 280 | 153 | 847 | 127 | 546 | 554 | 446 | 992 | 809 | 953 | 047 | 855 | 26 |
| 35 | 284 | 160 | 840 | 125 | 550 | 560 | 440 | 990 | 813 | 960 | 040 | 853 | 25 |
| 36 | 289 | 166 | 834 | 123 | 554 | 567 | 433 | 987 | 817 | 967 | 033 | 851 | 24 |
| 37 | 293 | 173 | 827 | 120 | 559 | 574 | 426 | 985 | 822 | 973 | 027 | 848 | 23 |
| 38 | 298 | 180 | 820 | 118 | 563 | 580 | 420 | 983 | 826 | 980 | 020 | 846 | 22 |
| 39 | 302 | 186 | 814 | 116 | 568 | 587 | 413 | 980 | 830 | 987 | 013 | 844 | 21 |
| **40** | 307 | 193 | 807 | 114 | 572 | 594 | 406 | 978 | 835 | 993 | 007 | 842 | **20** |
| 41 | 311 | 200 | 800 | 111 | 576 | 600 | 400 | 976 | 839 | *000 | 000 | 839 | 19 |
| 42 | 316 | 206 | 794 | 109 | 581 | 607 | 393 | 974 | 844 | 007 | *993 | 837 | 18 |
| 43 | 320 | 213 | 787 | 107 | 585 | 614 | 386 | 971 | 848 | 013 | 987 | 835 | 17 |
| 44 | 324 | 220 | 780 | 105 | 590 | 620 | 380 | 969 | 852 | 020 | 980 | 832 | 16 |
| 45 | 329 | 227 | 773 | 102 | 594 | 627 | 373 | 967 | 857 | 026 | 974 | 830 | 15 |
| 46 | 333 | 233 | 767 | 100 | 598 | 634 | 366 | 965 | 861 | 033 | 967 | 828 | 14 |
| 47 | 338 | 240 | 760 | 098 | 603 | 640 | 360 | 962 | 865 | 040 | 960 | 826 | 13 |
| 48 | 342 | 247 | 753 | 096 | 607 | 647 | 353 | 960 | 870 | 046 | 954 | 823 | 12 |
| 49 | 347 | 253 | 747 | 093 | 612 | 654 | 346 | 958 | 874 | 053 | 947 | 821 | 11 |
| **50** | 351 | 260 | 740 | 091 | 616 | 660 | 340 | 956 | 878 | 060 | 940 | 819 | **10** |
| 51 | 356 | 267 | 733 | 089 | 620 | 667 | 333 | 953 | 883 | 066 | 934 | 816 | 9 |
| 52 | 360 | 273 | 727 | 087 | 625 | 674 | 326 | 951 | 887 | 073 | 927 | 814 | 8 |
| 53 | 364 | 280 | 720 | 084 | 629 | 680 | 320 | 949 | 891 | 080 | 920 | 812 | 7 |
| 54 | 369 | 287 | 713 | 082 | 634 | 687 | 313 | 946 | 896 | 086 | 914 | 810 | 6 |
| 55 | 373 | 293 | 707 | 080 | 638 | 694 | 306 | 944 | 900 | 093 | 907 | 807 | 5 |
| 56 | 378 | 300 | 700 | 078 | 642 | 700 | 300 | 942 | 904 | 100 | 900 | 805 | 4 |
| 57 | 382 | 307 | 693 | 075 | 647 | 707 | 293 | 940 | 909 | 106 | 894 | 803 | 3 |
| 58 | 387 | 313 | 687 | 073 | 651 | 714 | 286 | 937 | 913 | 113 | 887 | 800 | 2 |
| 59 | 391 | 320 | 680 | 071 | 655 | 720 | 280 | 935 | 918 | 119 | 881 | 798 | 1 |
| **60** | 395 | 327 | 673 | 069 | 660 | 727 | 273 | 933 | 922 | 126 | 874 | 796 | **0** |
| | **9.76** | **9.85** | **0.14** | **9.91** | **9.76** | **9.85** | **0.14** | **9.90** | **9.76** | **9.86** | **0.13** | **9.90** | |
| | cos | cotg | tang | sin | cos | cotg | tang | sin | cos | cotg | tang | sin | |
| | 3h 38m | | | | 3h 37m | | | | 3h 36m | | | | |

| | 2h 24m | | | | 2h 25m | | | | 2h 26m | | | | |
|---|---|---|---|---|---|---|---|---|---|---|---|---|---|
| | sin | tang | cotg | cos | sin | tang | cotg | cos | sin | tang | cotg | cos | |
| | 9.76 | 9.86 | 0.13 | 9.90 | 9.77 | 9.86 | 0.13 | 9.90 | 9.77 | 9.86 | 0.13 | 9.90 | |
| 0s | 922 | 126 | 874 | 796 | 181 | 524 | 476 | 657 | 439 | 921 | 079 | 518 | 60s |
| 1 | 926 | 133 | 867 | 793 | 186 | 531 | 469 | 655 | 443 | 927 | 073 | 516 | 59 |
| 2 | 931 | 139 | 861 | 791 | 190 | 537 | 463 | 653 | 447 | 934 | 066 | 513 | 58 |
| 3 | 935 | 146 | 854 | 789 | 194 | 544 | 456 | 651 | 452 | 941 | 059 | 511 | 57 |
| 4 | 939 | 153 | 847 | 787 | 199 | 551 | 449 | 648 | 456 | 947 | 053 | 509 | 56 |
| 5 | 944 | 159 | 841 | 784 | 203 | 557 | 443 | 646 | 460 | 954 | 046 | 506 | 55 |
| 6 | 948 | 166 | 834 | 782 | 207 | 564 | 436 | 644 | 464 | 961 | 039 | 504 | 54 |
| 7 | 952 | 173 | 827 | 780 | 212 | 570 | 430 | 641 | 469 | 967 | 033 | 502 | 53 |
| 8 | 957 | 179 | 821 | 777 | 216 | 577 | 423 | 639 | 473 | 974 | 026 | 499 | 52 |
| 9 | 961 | 186 | 814 | 775 | 220 | 584 | 416 | 637 | 477 | 980 | 020 | 497 | 51 |
| 10 | 965 | 193 | 807 | 773 | 225 | 590 | 410 | 634 | 481 | 987 | 013 | 494 | 50 |
| 11 | 970 | 199 | 801 | 771 | 229 | 597 | 403 | 632 | 486 | 994 | 006 | 492 | 49 |
| 12 | 974 | 206 | 794 | 768 | 233 | 603 | 397 | 630 | 490 | *000 | 000 | 490 | 48 |
| 13 | 978 | 212 | 788 | 766 | 237 | 610 | 390 | 627 | 494 | 007 | *993 | 487 | 47 |
| 14 | 983 | 219 | 781 | 764 | 242 | 617 | 383 | 625 | 498 | 013 | 987 | 485 | 46 |
| 15 | 987 | 226 | 774 | 761 | 246 | 623 | 377 | 623 | 503 | 020 | 980 | 483 | 45 |
| 16 | 991 | 232 | 768 | 759 | 250 | 630 | 370 | 620 | 507 | 027 | 973 | 480 | 44 |
| 17 | 996 | 239 | 761 | 757 | 255 | 637 | 363 | 618 | 511 | 033 | 967 | 478 | 43 |
| 18 | *000 | 246 | 754 | 754 | 259 | 643 | 357 | 616 | 515 | 040 | 960 | 476 | 42 |
| 19 | 004 | 252 | 748 | 752 | 263 | 650 | 350 | 613 | 520 | 046 | 954 | 473 | 41 |
| 20 | 009 | 259 | 741 | 750 | 268 | 656 | 344 | 611 | 524 | 053 | 947 | 471 | 40 |
| 21 | 013 | 266 | 734 | 747 | 272 | 663 | 337 | 609 | 528 | 060 | 940 | 469 | 39 |
| 22 | 017 | 272 | 728 | 745 | 276 | 670 | 330 | 606 | 533 | 066 | 934 | 466 | 38 |
| 23 | 022 | 279 | 721 | 743 | 280 | 676 | 324 | 604 | 537 | 073 | 927 | 464 | 37 |
| 24 | 026 | 285 | 715 | 741 | 285 | 683 | 317 | 602 | 541 | 079 | 921 | 462 | 36 |
| 25 | 030 | 292 | 708 | 738 | 289 | 690 | 310 | 599 | 545 | 086 | 914 | 459 | 35 |
| 26 | 035 | 299 | 701 | 736 | 293 | 696 | 304 | 597 | 550 | 093 | 907 | 457 | 34 |
| 27 | 039 | 305 | 695 | 734 | 298 | 703 | 297 | 595 | 554 | 099 | 901 | 455 | 33 |
| 28 | 043 | 312 | 688 | 731 | 302 | 709 | 291 | 592 | 558 | 106 | 894 | 452 | 32 |
| 29 | 048 | 319 | 681 | 729 | 306 | 716 | 284 | 590 | 562 | 112 | 888 | 450 | 31 |
| 30 | 052 | 325 | 675 | 727 | 310 | 723 | 277 | 588 | 567 | 119 | 881 | 448 | 30 |
| 31 | 056 | 332 | 668 | 724 | 315 | 729 | 271 | 585 | 571 | 126 | 874 | 445 | 29 |
| 32 | 061 | 338 | 662 | 722 | 319 | 736 | 264 | 583 | 575 | 132 | 868 | 443 | 28 |
| 33 | 065 | 345 | 655 | 720 | 323 | 742 | 258 | 581 | 579 | 139 | 861 | 441 | 27 |
| 34 | 069 | 352 | 648 | 718 | 328 | 749 | 251 | 579 | 584 | 145 | 855 | 438 | 26 |
| 35 | 074 | 358 | 642 | 715 | 332 | 756 | 244 | 576 | 588 | 152 | 848 | 436 | 25 |
| 36 | 078 | 365 | 635 | 713 | 336 | 762 | 238 | 574 | 592 | 158 | 842 | 434 | 24 |
| 37 | 082 | 372 | 628 | 711 | 340 | 769 | 231 | 572 | 596 | 165 | 835 | 431 | 23 |
| 38 | 087 | 378 | 622 | 708 | 345 | 776 | 224 | 569 | 600 | 172 | 828 | 429 | 22 |
| 39 | 091 | 385 | 615 | 706 | 349 | 782 | 218 | 567 | 605 | 178 | 822 | 426 | 21 |
| 40 | 095 | 392 | 608 | 704 | 353 | 789 | 211 | 565 | 609 | 185 | 815 | 424 | 20 |
| 41 | 100 | 398 | 602 | 701 | 358 | 795 | 205 | 562 | 613 | 191 | 809 | 422 | 19 |
| 42 | 104 | 405 | 595 | 699 | 362 | 802 | 198 | 560 | 617 | 198 | 802 | 419 | 18 |
| 43 | 108 | 411 | 589 | 697 | 366 | 809 | 191 | 558 | 622 | 205 | 795 | 417 | 17 |
| 44 | 112 | 418 | 582 | 694 | 370 | 815 | 185 | 555 | 626 | 211 | 789 | 415 | 16 |
| 45 | 117 | 425 | 575 | 692 | 375 | 822 | 178 | 553 | 630 | 218 | 782 | 412 | 15 |
| 46 | 121 | 431 | 569 | 690 | 379 | 828 | 172 | 551 | 634 | 224 | 776 | 410 | 14 |
| 47 | 125 | 438 | 562 | 688 | 383 | 835 | 165 | 548 | 639 | 231 | 769 | 408 | 13 |
| 48 | 130 | 445 | 555 | 685 | 387 | 842 | 158 | 546 | 643 | 238 | 762 | 405 | 12 |
| 49 | 134 | 451 | 549 | 683 | 392 | 848 | 152 | 544 | 647 | 244 | 756 | 403 | 11 |
| 50 | 138 | 458 | 542 | 681 | 396 | 855 | 145 | 541 | 651 | 251 | 749 | 401 | 10 |
| 51 | 143 | 464 | 536 | 678 | 400 | 861 | 139 | 539 | 656 | 257 | 743 | 398 | 9 |
| 52 | 147 | 471 | 529 | 676 | 405 | 868 | 132 | 537 | 660 | 264 | 736 | 396 | 8 |
| 53 | 151 | 478 | 522 | 674 | 409 | 875 | 125 | 534 | 664 | 271 | 729 | 394 | 7 |
| 54 | 156 | 484 | 516 | 671 | 413 | 881 | 119 | 532 | 668 | 277 | 723 | 391 | 6 |
| 55 | 160 | 491 | 509 | 669 | 417 | 888 | 112 | 530 | 673 | 284 | 716 | 389 | 5 |
| 56 | 164 | 498 | 502 | 667 | 422 | 894 | 106 | 527 | 677 | 290 | 710 | 386 | 4 |
| 57 | 169 | 504 | 496 | 664 | 426 | 901 | 099 | 525 | 681 | 297 | 703 | 384 | 3 |
| 58 | 173 | 511 | 489 | 662 | 430 | 908 | 092 | 523 | 685 | 303 | 697 | 382 | 2 |
| 59 | 177 | 517 | 483 | 660 | 434 | 914 | 086 | 520 | 689 | 310 | 690 | 379 | 1 |
| 60 | 181 | 524 | 476 | 657 | 439 | 921 | 079 | 518 | 694 | 317 | 683 | 377 | 0 |
| | 9.77 | 9.86 | 0.13 | 9.90 | 9.77 | 9.86 | 0.13 | 9.90 | 9.77 | 9.87 | 0.12 | 9.90 | |
| | cos | cotg | tang | sin | cos | cotg | tang | sin | cos | cotg | tang | sin | |
| | 3h 35m | | | | 3h 34m | | | | 3h 33m | | | | |

| | 2h 27m | | | | 2h 28m | | | | 2h 29m | | | | |
|---|---|---|---|---|---|---|---|---|---|---|---|---|---|
| | sin | tang | cotg | cos | sin | tang | cotg | cos | sin | tang | cotg | cos | |
| | **9.77** | **9.87** | **0.12** | **9.90** | **9.77** | **9.87** | **0.12** | **9.90** | **9.78** | **9.88** | **0.11** | **9.90** | |
| 0s | 694 | 317 | 683 | 377 | 946 | 711 | 289 | 235 | 197 | 105 | 895 | 091 | 60s |
| 1 | 698 | 323 | 677 | 375 | 950 | 718 | 282 | 232 | 201 | 112 | 888 | 089 | 59 |
| 2 | 702 | 330 | 670 | 372 | 955 | 725 | 275 | 230 | 205 | 118 | 882 | 087 | 58 |
| 3 | 706 | 336 | 664 | 370 | 959 | 731 | 269 | 228 | 209 | 125 | 875 | 084 | 57 |
| 4 | 711 | 343 | 657 | 368 | 963 | 738 | 262 | 225 | 213 | 131 | 869 | 082 | 56 |
| 5 | 715 | 350 | 650 | 365 | 967 | 744 | 256 | 223 | 217 | 138 | 862 | 079 | 55 |
| 6 | 719 | 356 | 644 | 363 | 971 | 751 | 249 | 221 | 222 | 145 | 855 | 077 | 54 |
| 7 | 723 | 363 | 637 | 360 | 976 | 757 | 243 | 218 | 226 | 151 | 849 | 075 | 53 |
| 8 | 728 | 369 | 631 | 358 | 980 | 764 | 236 | 216 | 230 | 158 | 842 | 072 | 52 |
| 9 | 732 | 376 | 624 | 356 | 984 | 771 | 229 | 213 | 234 | 164 | 836 | 070 | 51 |
| **10** | 736 | 383 | 617 | 353 | 988 | 777 | 223 | 211 | 238 | 171 | 829 | 067 | **50** |
| 11 | 740 | 389 | 611 | 351 | 992 | 784 | 216 | 209 | 242 | 177 | 823 | 065 | 49 |
| 12 | 744 | 396 | 604 | 349 | 997 | 790 | 210 | 206 | 246 | 184 | 816 | 063 | 48 |
| 13 | 749 | 402 | 598 | 346 | *001 | 797 | 203 | 204 | 251 | 190 | 810 | 060 | 47 |
| 14 | 753 | 409 | 591 | 344 | 005 | 803 | 197 | 202 | 255 | 197 | 803 | 058 | 46 |
| 15 | 757 | 415 | 585 | 342 | 009 | 810 | 190 | 199 | 259 | 204 | 796 | 055 | 45 |
| 16 | 761 | 422 | 578 | 339 | 013 | 817 | 183 | 197 | 263 | 210 | 790 | 053 | 44 |
| 17 | 765 | 429 | 571 | 337 | 017 | 823 | 177 | 194 | 267 | 217 | 783 | 051 | 43 |
| 18 | 770 | 435 | 565 | 335 | 022 | 830 | 170 | 192 | 271 | 223 | 777 | 048 | 42 |
| 19 | 774 | 442 | 558 | 332 | 026 | 836 | 164 | 190 | 275 | 230 | 770 | 046 | 41 |
| **20** | 778 | 448 | 552 | 330 | 030 | 843 | 157 | 187 | 280 | 236 | 764 | 043 | **40** |
| 21 | 782 | 455 | 545 | 327 | 034 | 849 | 151 | 185 | 284 | 243 | 757 | 041 | 39 |
| 22 | 787 | 462 | 538 | 325 | 038 | 856 | 144 | 182 | 288 | 249 | 751 | 038 | 38 |
| 23 | 791 | 468 | 532 | 323 | 043 | 863 | 137 | 180 | 292 | 256 | 744 | 036 | 37 |
| 24 | 795 | 475 | 525 | 320 | 047 | 869 | 131 | 178 | 296 | 262 | 738 | 034 | 36 |
| 25 | 799 | 481 | 519 | 318 | 051 | 876 | 124 | 175 | 300 | 269 | 731 | 031 | 35 |
| 26 | 803 | 488 | 512 | 316 | 055 | 882 | 118 | 173 | 304 | 276 | 724 | 029 | 34 |
| 27 | 808 | 494 | 506 | 313 | 059 | 889 | 111 | 170 | 309 | 282 | 718 | 026 | 33 |
| 28 | 812 | 501 | 499 | 311 | 063 | 895 | 105 | 168 | 313 | 289 | 711 | 024 | 32 |
| 29 | 816 | 508 | 492 | 308 | 068 | 902 | 098 | 166 | 317 | 295 | 705 | 022 | 31 |
| **30** | 820 | 514 | 486 | 306 | 072 | 908 | 092 | 163 | 321 | 302 | 698 | 019 | **30** |
| 31 | 824 | 521 | 479 | 304 | 076 | 915 | 085 | 161 | 325 | 308 | 692 | 017 | 29 |
| 32 | 829 | 527 | 473 | 301 | 080 | 922 | 078 | 159 | 329 | 315 | 685 | 014 | 28 |
| 33 | 833 | 534 | 466 | 299 | 084 | 928 | 072 | 156 | 333 | 321 | 679 | 012 | 27 |
| 34 | 837 | 540 | 460 | 297 | 088 | 935 | 065 | 154 | 337 | 328 | 672 | 010 | 26 |
| 35 | 841 | 547 | 453 | 294 | 093 | 941 | 059 | 151 | 342 | 334 | 666 | 007 | 25 |
| 36 | 846 | 554 | 446 | 292 | 097 | 948 | 052 | 149 | 346 | 341 | 659 | 005 | 24 |
| 37 | 850 | 560 | 440 | 290 | 101 | 954 | 046 | 147 | 350 | 348 | 652 | 002 | 23 |
| 38 | 854 | 567 | 433 | 287 | 105 | 961 | 039 | 144 | 354 | 354 | 646 | 000 | 22 |
| 39 | 858 | 573 | 427 | 285 | 109 | 968 | 032 | 142 | 358 | 361 | 639 | *997 | 21 |
| **40** | 862 | 580 | 420 | 282 | 113 | 974 | 026 | 139 | 362 | 367 | 633 | 995 | **20** |
| 41 | 867 | 587 | 413 | 280 | 118 | 981 | 019 | 137 | 366 | 374 | 626 | 993 | 19 |
| 42 | 871 | 593 | 407 | 278 | 122 | 987 | 013 | 135 | 371 | 380 | 620 | 990 | 18 |
| 43 | 875 | 600 | 400 | 275 | 126 | 994 | 006 | 132 | 375 | 387 | 613 | 988 | 17 |
| 44 | 879 | 606 | 394 | 273 | 130 | *000 | 000 | 130 | 379 | 393 | 607 | 985 | 16 |
| 45 | 883 | 613 | 387 | 271 | 134 | 007 | *993 | 127 | 383 | 400 | 600 | 983 | 15 |
| 46 | 888 | 619 | 381 | 268 | 138 | 013 | 987 | 125 | 387 | 406 | 594 | 981 | 14 |
| 47 | 892 | 626 | 374 | 266 | 143 | 020 | 980 | 123 | 391 | 413 | 587 | 978 | 13 |
| 48 | 896 | 633 | 367 | 263 | 147 | 027 | 973 | 120 | 395 | 420 | 580 | 976 | 12 |
| 49 | 900 | 639 | 361 | 261 | 151 | 033 | 967 | 118 | 399 | 426 | 574 | 973 | 11 |
| **50** | 904 | 646 | 354 | 259 | 155 | 040 | 960 | 115 | 404 | 433 | 567 | 971 | **10** |
| 51 | 909 | 652 | 348 | 256 | 159 | 046 | 954 | 113 | 408 | 439 | 561 | 968 | 9 |
| 52 | 913 | 659 | 341 | 254 | 163 | 053 | 947 | 111 | 412 | 446 | 554 | 966 | 8 |
| 53 | 917 | 665 | 335 | 252 | 168 | 059 | 941 | 108 | 416 | 452 | 548 | 964 | 7 |
| 54 | 921 | 672 | 328 | 249 | 172 | 066 | 934 | 106 | 420 | 459 | 541 | 961 | 6 |
| 55 | 925 | 679 | 321 | 247 | 176 | 072 | 928 | 103 | 424 | 465 | 535 | 959 | 5 |
| 56 | 930 | 685 | 315 | 244 | 180 | 079 | 921 | 101 | 428 | 472 | 528 | 956 | 4 |
| 57 | 934 | 692 | 308 | 242 | 184 | 086 | 914 | 099 | 432 | 478 | 522 | 954 | 3 |
| 58 | 938 | 698 | 302 | 240 | 188 | 092 | 908 | 096 | 436 | 485 | 515 | 952 | 2 |
| 59 | 942 | 705 | 295 | 237 | 192 | 099 | 901 | 094 | 441 | 492 | 508 | 949 | 1 |
| **60** | 946 | 711 | 289 | 235 | 197 | 105 | 895 | 091 | 445 | 498 | 502 | 947 | **0** |
| | **9.77** | **9.87** | **0.12** | **9.90** | **9.78** | **9.88** | **0.11** | **9.90** | **9.78** | **9.88** | **0.11** | **9.89** | |
| | cos | cotg | tang | sin | cos | cotg | tang | sin | cos | cotg | tang | sin | |
| | 3h 32m | | | | 3h 31m | | | | 3h 30m | | | | |

| | 2h 30m | | | | 2h 31m | | | | 2h 32m | | | | |
|---|---|---|---|---|---|---|---|---|---|---|---|---|---|
| | sin | tang | cotg | cos | sin | tang | cotg | cos | sin | tang | cotg | cos | |
| | **9.78** | **9.88** | **0.11** | **9.89** | **9.78** | **9.88** | **0.11** | **9.89** | **9.78** | **9.89** | **0.10** | **9.89** | |
| 0s | 445 | 498 | 502 | 947 | 691 | 890 | 110 | 801 | 934 | 281 | 719 | 653 | 60s |
| 1 | 449 | 505 | 495 | 944 | 695 | 896 | 104 | 798 | 938 | 287 | 713 | 651 | 59 |
| 2 | 453 | 511 | 489 | 942 | 699 | 903 | 097 | 796 | 942 | 294 | 706 | 648 | 58 |
| 3 | 457 | 518 | 482 | 939 | 703 | 910 | 090 | 793 | 946 | 301 | 699 | 646 | 57 |
| 4 | 461 | 524 | 476 | 937 | 707 | 916 | 084 | 791 | 950 | 307 | 693 | 643 | 56 |
| 5 | 465 | 531 | 469 | 935 | 711 | 923 | 077 | 788 | 954 | 314 | 686 | 641 | 55 |
| 6 | 469 | 537 | 463 | 932 | 715 | 929 | 071 | 786 | 958 | 320 | 680 | 638 | 54 |
| 7 | 474 | 544 | 456 | 930 | 719 | 936 | 064 | 783 | 962 | 327 | 673 | 636 | 53 |
| 8 | 478 | 550 | 450 | 927 | 723 | 942 | 058 | 781 | 967 | 333 | 667 | 633 | 52 |
| 9 | 482 | 557 | 443 | 925 | 727 | 949 | 051 | 779 | 971 | 340 | 660 | 631 | 51 |
| **10** | 486 | 563 | 437 | 922 | 731 | 955 | 045 | 776 | 975 | 346 | 654 | 629 | **50** |
| 11 | 490 | 570 | 430 | 920 | 735 | 962 | 038 | 774 | 979 | 353 | 647 | 626 | 49 |
| 12 | 494 | 577 | 423 | 918 | 739 | 968 | 032 | 771 | 983 | 359 | 641 | 624 | 48 |
| 13 | 498 | 583 | 417 | 915 | 744 | 975 | 025 | 769 | 987 | 366 | 634 | 621 | 47 |
| 14 | 502 | 590 | 410 | 913 | 748 | 981 | 019 | 766 | 991 | 372 | 628 | 619 | 46 |
| 15 | 506 | 596 | 404 | 910 | 752 | 988 | 012 | 764 | 995 | 379 | 621 | 616 | 45 |
| 16 | 510 | 603 | 397 | 908 | 756 | 994 | 006 | 761 | 999 | 385 | 615 | 614 | 44 |
| 17 | 515 | 609 | 391 | 905 | 760 | *001 | *999 | 759 | *003 | 392 | 608 | 611 | 43 |
| 18 | 519 | 616 | 384 | 903 | 764 | 007 | 993 | 757 | 007 | 398 | 602 | 609 | 42 |
| 19 | 523 | 622 | 378 | 901 | 768 | 014 | 986 | 754 | 011 | 405 | 595 | 606 | 41 |
| **20** | 527 | 629 | 371 | 898 | 772 | 020 | 980 | 752 | 015 | 411 | 589 | 604 | **40** |
| 21 | 531 | 635 | 365 | 896 | 776 | 027 | 973 | 749 | 019 | 418 | 582 | 601 | 39 |
| 22 | 535 | 642 | 358 | 893 | 780 | 033 | 967 | 747 | 023 | 424 | 576 | 599 | 38 |
| 23 | 539 | 648 | 352 | 891 | 784 | 040 | 960 | 744 | 027 | 431 | 569 | 596 | 37 |
| 24 | 543 | 655 | 345 | 888 | 788 | 046 | 954 | 742 | 031 | 437 | 563 | 594 | 36 |
| 25 | 547 | 661 | 339 | 886 | 792 | 053 | 947 | 739 | 035 | 444 | 556 | 591 | 35 |
| 26 | 552 | 668 | 332 | 884 | 796 | 060 | 940 | 737 | 039 | 450 | 550 | 589 | 34 |
| 27 | 556 | 675 | 325 | 881 | 800 | 066 | 934 | 734 | 043 | 457 | 543 | 586 | 33 |
| 28 | 560 | 681 | 319 | 879 | 805 | 073 | 927 | 732 | 047 | 463 | 537 | 584 | 32 |
| 29 | 564 | 688 | 312 | 876 | 809 | 079 | 921 | 730 | 051 | 470 | 530 | 582 | 31 |
| **30** | 568 | 694 | 306 | 874 | 813 | 086 | 914 | 727 | 055 | 476 | 524 | 579 | **30** |
| 31 | 572 | 701 | 299 | 871 | 817 | 092 | 908 | 725 | 059 | 483 | 517 | 577 | 29 |
| 32 | 576 | 707 | 293 | 869 | 821 | 099 | 901 | 722 | 063 | 489 | 511 | 574 | 28 |
| 33 | 580 | 714 | 286 | 866 | 825 | 105 | 895 | 720 | 067 | 496 | 504 | 572 | 27 |
| 34 | 584 | 720 | 280 | 864 | 829 | 112 | 888 | 717 | 071 | 502 | 498 | 569 | 26 |
| 35 | 588 | 727 | 273 | 862 | 833 | 118 | 882 | 715 | 075 | 509 | 491 | 567 | 25 |
| 36 | 592 | 733 | 267 | 859 | 837 | 125 | 875 | 712 | 079 | 515 | 485 | 564 | 24 |
| 37 | 597 | 740 | 260 | 857 | 841 | 131 | 869 | 710 | 083 | 522 | 478 | 562 | 23 |
| 38 | 601 | 746 | 254 | 854 | 845 | 138 | 862 | 707 | 087 | 528 | 472 | 559 | 22 |
| 39 | 605 | 753 | 247 | 852 | 849 | 144 | 856 | 705 | 091 | 535 | 465 | 557 | 21 |
| **40** | 609 | 759 | 241 | 849 | 853 | 151 | 849 | 702 | 095 | 541 | 459 | 554 | **20** |
| 41 | 613 | 766 | 234 | 847 | 857 | 157 | 843 | 700 | 099 | 548 | 452 | 552 | 19 |
| 42 | 617 | 772 | 228 | 845 | 861 | 164 | 836 | 698 | 103 | 554 | 446 | 549 | 18 |
| 43 | 621 | 779 | 221 | 842 | 865 | 170 | 830 | 695 | 107 | 561 | 439 | 547 | 17 |
| 44 | 625 | 786 | 214 | 840 | 869 | 177 | 823 | 693 | 111 | 567 | 433 | 544 | 16 |
| 45 | 629 | 792 | 208 | 837 | 873 | 183 | 817 | 690 | 115 | 574 | 426 | 542 | 15 |
| 46 | 633 | 799 | 201 | 835 | 878 | 190 | 810 | 688 | 120 | 580 | 420 | 539 | 14 |
| 47 | 637 | 805 | 195 | 832 | 882 | 196 | 804 | 685 | 124 | 587 | 413 | 537 | 13 |
| 48 | 642 | 812 | 188 | 830 | 886 | 203 | 797 | 683 | 128 | 593 | 407 | 534 | 12 |
| 49 | 646 | 818 | 182 | 827 | 890 | 209 | 791 | 680 | 132 | 600 | 400 | 532 | 11 |
| **50** | 650 | 825 | 175 | 825 | 894 | 216 | 784 | 678 | 136 | 606 | 394 | 529 | **10** |
| 51 | 654 | 831 | 169 | 823 | 898 | 222 | 778 | 675 | 140 | 613 | 387 | 527 | 9 |
| 52 | 658 | 838 | 162 | 820 | 902 | 229 | 771 | 673 | 144 | 619 | 381 | 524 | 8 |
| 53 | 662 | 844 | 156 | 818 | 906 | 235 | 765 | 670 | 148 | 626 | 374 | 522 | 7 |
| 54 | 666 | 851 | 149 | 815 | 910 | 242 | 758 | 668 | 152 | 632 | 368 | 519 | 6 |
| 55 | 670 | 857 | 143 | 813 | 914 | 248 | 752 | 666 | 156 | 639 | 361 | 517 | 5 |
| 56 | 674 | 864 | 136 | 810 | 918 | 255 | 745 | 663 | 160 | 645 | 355 | 514 | 4 |
| 57 | 678 | 870 | 130 | 808 | 922 | 261 | 739 | 661 | 164 | 652 | 348 | 512 | 3 |
| 58 | 682 | 877 | 123 | 805 | 926 | 268 | 732 | 658 | 168 | 658 | 342 | 509 | 2 |
| 59 | 686 | 883 | 117 | 803 | 930 | 274 | 726 | 656 | 172 | 665 | 335 | 507 | 1 |
| **60** | 691 | 890 | 110 | 801 | 934 | 281 | 719 | 653 | 176 | 671 | 329 | 504 | **0** |
| | **9.78** | **9.88** | **0.11** | **9.89** | **9.78** | **9.89** | **0.10** | **9.89** | **9.79** | **9.89** | **0.10** | **9.89** | |
| | cos | cotg | tang | sin | cos | cotg | tang | sin | cos | cotg | tang | sin | |
| | 3h 29m | | | | 3h 28m | | | | 3h 27m | | | | |

| | 2h 33m | | | | 2h 34m | | | | 2h 35m | | | | |
|---|---|---|---|---|---|---|---|---|---|---|---|---|---|
| | sin | tang | cotg | cos | sin | tang | cotg | cos | sin | tang | cotg | cos | |
| | **9.79** | **9.89** | **0.10** | **9.89** | **9.79** | **9.90** | **0.09** | **9.89** | **9.79** | **9.90** | **0.09** | **9.89** | |
| $0^s$ | 176 | 671 | 329 | 504 | 415 | 061 | 939 | 354 | 652 | 449 | 551 | 203 | $60^s$ |
| 1 | 180 | 678 | 322 | 502 | 419 | 067 | 933 | 352 | 656 | 456 | 544 | 200 | 59 |
| 2 | 184 | 684 | 316 | 500 | 423 | 073 | 927 | 349 | 660 | 462 | 538 | 198 | 58 |
| 3′ | 188 | 691 | 309 | 497 | 427 | 080 | 920 | 347 | 664 | 469 | 531 | 195 | 57 |
| 4 | 192 | 697 | 303 | 495 | 431 | 086 | 914 | 344 | 668 | 475 | 525 | 193 | 56 |
| 5 | 196 | 704 | 296 | 492 | 435 | 093 | 907 | 342 | 672 | 481 | 519 | 190 | 55 |
| 6 | 200 | 710 | 290 | 490 | 439 | 099 | 901 | 339 | 676 | 488 | 512 | 188 | 54 |
| 7 | 204 | 717 | 283 | 487 | 443 | 106 | 894 | 337 | 680 | 494 | 506 | 185 | 53 |
| 8 | 208 | 723 | 277 | 485 | 447 | 112 | 888 | 334 | 684 | 501 | 499 | 183 | 52 |
| 9 | 212 | 730 | 270 | 482 | 451 | 119 | 881 | 332 | 688 | 507 | 493 | 180 | 51 |
| **10** | 216 | 736 | 264 | 480 | 455 | 125 | 875 | 329 | 691 | 514 | 486 | 178 | **50** |
| 11 | 220 | 743 | 257 | 477 | 459 | 132 | 868 | 327 | 695 | 520 | 480 | 175 | 49 |
| 12 | 224 | 749 | 251 | 475 | 463 | 138 | 862 | 324 | 699 | 527 | 473 | 173 | 48 |
| 13 | 228 | 756 | 244 | 472 | 467 | 145 | 855 | 322 | 703 | 533 | 467 | 170 | 47 |
| 14 | 232 | 762 | 238 | 470 | 470 | 151 | 849 | 319 | 707 | 540 | 460 | 168 | 46 |
| 15 | 236 | 769 | 231 | 467 | 474 | 158 | 842 | 317 | 711 | 546 | 454 | 165 | 45 |
| 16 | 240 | 775 | 225 | 465 | 478 | 164 | 836 | 314 | 715 | 553 | 447 | 162 | 44 |
| 17 | 244 | 782 | 218 | 462 | 482 | 171 | 829 | 312 | 719 | 559 | 441 | 160 | 43 |
| 18 | 248 | 788 | 212 | 460 | 486 | 177 | 823 | 309 | 723 | 566 | 434 | 157 | 42 |
| 19 | 252 | 795 | 205 | 457 | 490 | 184 | 816 | 307 | 727 | 572 | 428 | 155 | 41 |
| **20** | 256 | 801 | 199 | 455 | 494 | 190 | 810 | 304 | 731 | 578 | 422 | 152 | **40** |
| 21 | 260 | 808 | 192 | 452 | 498 | 197 | 803 | 302 | 735 | 585 | 415 | 150 | 39 |
| 22 | 264 | 814 | 186 | 450 | 502 | 203 | 797 | 299 | 739 | 591 | 409 | 147 | 38 |
| 23 | 268 | 821 | 179 | 447 | 506 | 210 | 790 | 297 | 742 | 598 | 402 | 145 | 37 |
| 24 | 272 | 827 | 173 | 445 | 510 | 216 | 784 | 294 | 746 | 604 | 396 | 142 | 36 |
| 25 | 276 | 833 | 167 | 442 | 514 | 223 | 777 | 292 | 750 | 611 | 389 | 140 | 35 |
| 26 | 280 | 840 | 160 | 440 | 518 | 229 | 771 | 289 | 754 | 617 | 383 | 137 | 34 |
| 27 | 284 | 846 | 154 | 437 | 522 | 235 | 765 | 286 | 758 | 624 | 376 | 134 | 33 |
| 28 | 288 | 853 | 147 | 435 | 526 | 242 | 758 | 284 | 762 | 630 | 370 | 132 | 32 |
| 29 | 292 | 859 | 141 | 432 | 530 | 248 | 752 | 281 | 766 | 637 | 363 | 129 | 31 |
| **30** | 296 | 866 | 134 | 430 | 534 | 255 | 745 | 279 | 770 | 643 | 357 | 127 | **30** |
| 31 | 300 | 872 | 128 | 427 | 538 | 261 | 739 | 276 | 774 | 650 | 350 | 124 | 29 |
| 32 | 304 | 879 | 121 | 425 | 542 | 268 | 732 | 274 | 778 | 656 | 344 | 122 | 28 |
| 33 | 308 | 885 | 115 | 422 | 546 | 274 | 726 | 271 | 782 | 662 | 338 | 119 | 27 |
| 34 | 312 | 892 | 108 | 420 | 550 | 281 | 719 | 269 | 786 | 669 | 331 | 117 | 26 |
| 35 | 316 | 898 | 102 | 417 | 554 | 287 | 713 | 266 | 789 | 675 | 325 | 114 | 25 |
| 36 | 319 | 905 | 095 | 415 | 558 | 294 | 706 | 264 | 793 | 682 | 318 | 112 | 24 |
| 37 | 323 | 911 | 089 | 412 | 561 | 300 | 700 | 261 | 797 | 688 | 312 | 109 | 23 |
| 38 | 327 | 918 | 082 | 410 | 565 | 307 | 693 | 259 | 801 | 695 | 305 | 106 | 22 |
| 39 | 331 | 924 | 076 | 407 | 569 | 313 | 687 | 256 | 805 | 701 | 299 | 104 | 21 |
| **40** | 335 | 931 | 069 | 405 | 573 | 320 | 680 | 254 | 809 | 708 | 292 | 101 | **20** |
| 41 | 339 | 937 | 063 | 402 | 577 | 326 | 674 | 251 | 813 | 714 | 286 | 099 | 19 |
| 42 | 343 | 944 | 056 | 400 | 581 | 333 | 667 | 249 | 817 | 721 | 279 | 096 | 18 |
| 43 | 347 | 950 | 050 | 397 | 585 | 339 | 661 | 246 | 821 | 727 | 273 | 094 | 17 |
| 44 | 351 | 957 | 043 | 395 | 589 | 346 | 654 | 244 | 825 | 734 | 266 | 091 | 16 |
| 45 | 355 | 963 | 037 | 392 | 593 | 352 | 648 | 241 | 829 | 740 | 260 | 089 | 15 |
| 46 | 359 | 970 | 030 | 390 | 597 | 358 | 642 | 238 | 833 | 746 | 254 | 086 | 14 |
| 47 | 363 | 976 | 024 | 387 | 601 | 365 | 635 | 236 | 836 | 753 | 247 | 083 | 13 |
| 48 | 367 | 983 | 017 | 385 | 605 | 371 | 629 | 233 | 840 | 759 | 241 | 081 | 12 |
| 49 | 371 | 989 | 011 | 382 | 609 | 378 | 622 | 231 | 844 | 766 | 234 | 078 | 11 |
| **50** | 375 | 996 | 004 | 380 | 613 | 384 | 616 | 228 | 848 | 772 | 228 | 076 | **10** |
| 51 | 379 | *002 | *998 | 377 | 617 | 391 | 609 | 226 | 852 | 779 | 221 | 073 | 9 |
| 52 | 383 | 009 | 991 | 375 | 621 | 397 | 603 | 223 | 856 | 785 | 215 | 071 | 8 |
| 53 | 387 | 015 | 985 | 372 | 625 | 404 | 596 | 221 | 860 | 792 | 208 | 068 | 7 |
| 54 | 391 | 022 | 978 | 370 | 629 | 410 | 590 | 218 | 864 | 798 | 202 | 066 | 6 |
| 55 | 395 | 028 | 972 | 367 | 632 | 417 | 583 | 216 | 868 | 805 | 195 | 063 | 5 |
| 56 | 399 | 035 | 965 | 364 | 636 | 423 | 577 | 213 | 872 | 811 | 189 | 060 | 4 |
| 57 | 403 | 041 | 959 | 362 | 640 | 430 | 570 | 211 | 875 | 818 | 182 | 058 | 3 |
| 58 | 407 | 048 | 952 | 359 | 644 | 436 | 564 | 208 | 879 | 824 | 176 | 055 | 2 |
| 59 | 411 | 054 | 946 | 357 | 648 | 443 | 557 | 206 | 883 | 830 | 170 | 053 | 1 |
| **60** | 415 | 061 | 939 | 354 | 652 | 449 | 551 | 203 | 887 | 837 | 163 | 050 | **0** |
| | **9.79** | **9.90** | **0.09** | **9.89** | **9.79** | **9.90** | **0.09** | **9.89** | **9.79** | **9.90** | **0.09** | **9.89** | |
| | cos | cotg | tang | sin | cos | cotg | tang | sin | cos | cotg | tang | sin | |
| | 3h 26m | | | | 3h 25m | | | | 3h 24m | | | | |

| | $2^h\ 36^m$ | | | | $2^h\ 37^m$ | | | | $2^h\ 38^m$ | | | | |
|---|---|---|---|---|---|---|---|---|---|---|---|---|---|
| | sin | tang | cotg | cos | sin | tang | cotg | cos | sin | tang | cotg | cos | |
| | **9.79** | **9.90** | **0.09** | **9.89** | **9.80** | **9.91** | **0.08** | **9.88** | **9.80** | **9.91** | **0.08** | **9.88** | |
| 0s | 887 | 837 | 163 | 050 | 120 | 224 | 776 | 896 | 351 | 610 | 390 | 741 | 60s |
| 1 | 891 | 843 | 157 | 048 | 124 | 230 | 770 | 894 | 355 | 617 | 383 | 738 | 59 |
| 2 | 895 | 850 | 150 | 045 | 128 | 237 | 763 | 891 | 359 | 623 | 377 | 735 | 58 |
| 3 | 899 | 856 | 144 | 043 | 132 | 243 | 757 | 888 | 363 | 630 | 370 | 733 | 57 |
| 4 | 903 | 863 | 137 | 040 | 136 | 250 | 750 | 886 | 366 | 636 | 364 | 730 | 56 |
| 5 | 907 | 869 | 131 | 037 | 139 | 256 | 744 | 883 | 370 | 643 | 357 | 728 | 55 |
| 6 | 911 | 876 | 124 | 035 | 143 | 263 | 737 | 881 | 374 | 649 | 351 | 725 | 54 |
| 7 | 914 | 882 | 118 | 032 | 147 | 269 | 731 | 878 | 378 | 655 | 345 | 722 | 53 |
| 8 | 918 | 889 | 111 | 030 | 151 | 276 | 724 | 875 | 382 | 662 | 338 | 720 | 52 |
| 9 | 922 | 895 | 105 | 027 | 155 | 282 | 718 | 873 | 386 | 668 | 332 | 717 | 51 |
| **10** | 926 | 901 | 099 | 025 | 159 | 288 | 712 | 870 | 389 | 675 | 325 | 715 | **50** |
| 11 | 930 | 908 | 092 | 022 | 163 | 295 | 705 | 868 | 393 | 681 | 319 | 712 | 49 |
| 12 | 934 | 914 | 086 | 020 | 166 | 301 | 699 | 865 | 397 | 688 | 312 | 709 | 48 |
| 13 | 938 | 921 | 079 | 017 | 170 | 308 | 692 | 863 | 401 | 694 | 306 | 707 | 47 |
| 14 | 942 | 927 | 073 | 014 | 174 | 314 | 686 | 860 | 405 | 701 | 299 | 704 | 46 |
| 15 | 946 | 934 | 066 | 012 | 178 | 321 | 679 | 857 | 408 | 707 | 293 | 702 | 45 |
| 16 | 950 | 940 | 060 | 009 | 182 | 327 | 673 | 855 | 412 | 713 | 287 | 699 | 44 |
| 17 | 953 | 947 | 053 | 007 | 186 | 334 | 666 | 852 | 416 | 720 | 280 | 696 | 43 |
| 18 | 957 | 953 | 047 | 004 | 190 | 340 | 660 | 850 | 420 | 726 | 274 | 694 | 42 |
| 19 | 961 | 960 | 040 | 002 | 193 | 346 | 654 | 847 | 424 | 733 | 267 | 691 | 41 |
| **20** | 965 | 966 | 034 | *999 | 197 | 353 | 647 | 844 | 428 | 739 | 261 | 688 | **40** |
| 21 | 969 | 972 | 028 | 996 | 201 | 359 | 641 | 842 | 431 | 746 | 254 | 686 | 39 |
| 22 | 973 | 979 | 021 | 994 | 205 | 366 | 634 | 839 | 435 | 752 | 248 | 683 | 38 |
| 23 | 977 | 985 | 015 | 991 | 209 | 372 | 628 | 837 | 439 | 758 | 242 | 681 | 37 |
| 24 | 981 | 992 | 008 | 989 | 213 | 379 | 621 | 834 | 443 | 765 | 235 | 678 | 36 |
| 25 | 985 | 998 | 002 | 986 | 217 | 385 | 615 | 831 | 447 | 771 | 229 | 675 | 35 |
| 26 | 988 | *005 | *995 | 984 | 220 | 392 | 608 | 829 | 450 | 778 | 222 | 673 | 34 |
| 27 | 992 | 011 | 989 | 981 | 224 | 398 | 602 | 826 | 454 | 784 | 216 | 670 | 33 |
| 28 | 996 | 018 | 982 | 978 | 228 | 404 | 596 | 824 | 458 | 791 | 209 | 668 | 32 |
| 29 | *000 | 024 | 976 | 976 | 232 | 411 | 589 | 821 | 462 | 797 | 203 | 665 | 31 |
| **30** | 004 | 031 | 969 | 973 | 236 | 417 | 583 | 819 | 466 | 803 | 197 | 662 | **30** |
| 31 | 008 | 037 | 963 | 971 | 240 | 424 | 576 | 816 | 470 | 810 | 190 | 660 | 29 |
| 32 | 012 | 043 | 957 | 968 | 244 | 430 | 570 | 813 | 473 | 816 | 184 | 657 | 28 |
| 33 | 016 | 050 | 950 | 966 | 247 | 437 | 563 | 811 | 477 | 823 | 177 | 654 | 27 |
| 34 | 019 | 056 | 944 | 963 | 251 | 443 | 557 | 808 | 481 | 829 | 171 | 652 | 26 |
| 35 | 023 | 063 | 937 | 961 | 255 | 450 | 550 | 806 | 485 | 836 | 164 | 649 | 25 |
| 36 | 027 | 069 | 931 | 958 | 259 | 456 | 544 | 803 | 489 | 842 | 158 | 647 | 24 |
| 37 | 031 | 076 | 924 | 955 | 263 | 462 | 538 | 800 | 492 | 848 | 152 | 644 | 23 |
| 38 | 035 | 082 | 918 | 953 | 267 | 469 | 531 | 798 | 496 | 855 | 145 | 641 | 22 |
| 39 | 039 | 089 | 911 | 950 | 270 | 475 | 525 | 795 | 500 | 861 | 139 | 639 | 21 |
| **40** | 043 | 095 | 905 | 948 | 274 | 482 | 518 | 793 | 504 | 868 | 132 | 636 | **20** |
| 41 | 047 | 102 | 898 | 945 | 278 | 488 | 512 | 790 | 508 | 874 | 126 | 634 | 19 |
| 42 | 050 | 108 | 892 | 943 | 282 | 495 | 505 | 787 | 511 | 881 | 119 | 631 | 18 |
| 43 | 054 | 114 | 886 | 940 | 286 | 501 | 499 | 785 | 515 | 887 | 113 | 628 | 17 |
| 44 | 058 | 121 | 879 | 937 | 290 | 507 | 493 | 782 | 519 | 893 | 107 | 626 | 16 |
| 45 | 062 | 127 | 873 | 935 | 294 | 514 | 486 | 780 | 523 | 900 | 100 | 623 | 15 |
| 46 | 066 | 134 | 866 | 932 | 297 | 520 | 480 | 777 | 527 | 906 | 094 | 620 | 14 |
| 47 | 070 | 140 | 860 | 930 | 301 | 527 | 473 | 774 | 530 | 913 | 087 | 618 | 13 |
| 48 | 074 | 147 | 853 | 927 | 305 | 533 | 467 | 772 | 534 | 919 | 081 | 615 | 12 |
| 49 | 078 | 153 | 847 | 924 | 309 | 540 | 460 | 769 | 538 | 926 | 074 | 613 | 11 |
| **50** | 081 | 160 | 840 | 922 | 313 | 546 | 454 | 767 | 542 | 932 | 068 | 610 | **10** |
| 51 | 085 | 166 | 834 | 919 | 317 | 553 | 447 | 764 | 546 | 938 | 062 | 607 | 9 |
| 52 | 089 | 172 | 828 | 917 | 320 | 559 | 441 | 761 | 550 | 945 | 055 | 605 | 8 |
| 53 | 093 | 179 | 821 | 914 | 324 | 565 | 435 | 759 | 553 | 951 | 049 | 602 | 7 |
| 54 | 097 | 185 | 815 | 912 | 328 | 572 | 428 | 756 | 557 | 958 | 042 | 599 | 6 |
| 55 | 101 | 192 | 808 | 909 | 332 | 578 | 422 | 754 | 561 | 964 | 036 | 597 | 5 |
| 56 | 105 | 198 | 802 | 906 | 336 | 585 | 415 | 751 | 565 | 971 | 029 | 594 | 4 |
| 57 | 109 | 205 | 795 | 904 | 340 | 591 | 409 | 748 | 569 | 977 | 023 | 592 | 3 |
| 58 | 112 | 211 | 789 | 901 | 343 | 598 | 402 | 746 | 572 | 983 | 017 | 589 | 2 |
| 59 | 116 | 218 | 782 | 899 | 347 | 604 | 396 | 743 | 576 | 990 | 010 | 586 | 1 |
| **60** | 120 | 224 | 776 | 896 | 351 | 610 | 390 | 741 | 580 | 996 | 004 | 584 | **0** |
| | **9.80** | **9.91** | **0.08** | **9.88** | **9.80** | **9.91** | **0.08** | **9.88** | **9.80** | **9.91** | **0.08** | **9.88** | |
| | cos | cotg | tang | sin | cos | cotg | tang | sin | cos | cotg | tang | sin | |
| | $3^h\ 23^m$ | | | | $3^h\ 22^m$ | | | | $3^h\ 21^m$ | | | | |

| | 2h 39m | | | | 2h 40m | | | | 2h 41m | | | | |
|---|---|---|---|---|---|---|---|---|---|---|---|---|---|
| | sin | tang | cotg | cos | sin | tang | cotg | cos | sin | tang | cotg | cos | |
| | **9.80** | **9.91** | **0.08** | **9.88** | **9.80** | **9.92** | **0.07** | **9.88** | **9.81** | **9.92** | **0.07** | **9.88** | |
| 0s | 580 | 996 | 004 | 584 | 807 | 381 | 619 | 425 | 032 | 766 | 234 | 266 | 60s |
| 1 | 584 | *003 | *997 | 581 | 811 | 388 | 612 | 423 | 035 | 772 | 228 | 263 | 59 |
| 2 | 588 | 009 | 991 | 578 | 814 | 394 | 606 | 420 | 039 | 779 | 221 | 260 | 58 |
| 3 | 591 | 015 | 985 | 576 | 818 | 401 | 599 | 417 | 043 | 785 | 215 | 258 | 57 |
| 4 | 595 | 022 | 978 | 573 | 822 | 407 | 593 | 415 | 047 | 792 | 208 | 255 | 56 |
| 5 | 599 | 028 | 972 | 571 | 826 | 413 | 587 | 412 | 050 | 798 | 202 | 252 | 55 |
| 6 | 603 | 035 | 965 | 568 | 829 | 420 | 580 | 409 | 054 | 804 | 196 | 250 | 54 |
| 7 | 606 | 041 | 959 | 565 | 833 | 426 | 574 | 407 | 058 | 811 | 189 | 247 | 53 |
| 8 | 610 | 048 | 952 | 563 | 837 | 433 | 567 | 404 | 061 | 817 | 183 | 244 | 52 |
| 9 | 614 | 054 | 946 | 560 | 841 | 439 | 561 | 402 | 065 | 824 | 176 | 242 | 51 |
| **10** | 618 | 060 | 940 | 557 | 844 | 445 | 555 | 399 | 069 | 830 | 170 | 239 | **50** |
| 11 | 622 | 067 | 933 | 555 | 848 | 452 | 548 | 396 | 073 | 836 | 164 | 236 | 49 |
| 12 | 625 | 073 | 927 | 552 | 852 | 458 | 542 | 394 | 076 | 843 | 157 | 234 | 48 |
| 13 | 629 | 080 | 920 | 550 | 856 | 465 | 535 | 391 | 080 | 849 | 151 | 231 | 47 |
| 14 | 633 | 086 | 914 | 547 | 859 | 471 | 529 | 388 | 084 | 856 | 144 | 228 | 46 |
| 15 | 637 | 093 | 907 | 544 | 863 | 478 | 522 | 386 | 087 | 862 | 138 | 226 | 45 |
| 16 | 641 | 099 | 901 | 542 | 867 | 484 | 516 | 383 | 091 | 868 | 132 | 223 | 44 |
| 17 | 644 | 105 | 895 | 539 | 871 | 490 | 510 | 380 | 095 | 875 | 125 | 220 | 43 |
| 18 | 648 | 112 | 888 | 536 | 874 | 497 | 503 | 378 | 099 | 881 | 119 | 217 | 42 |
| 19 | 652 | 118 | 882 | 534 | 878 | 503 | 497 | 375 | 102 | 888 | 112 | 215 | 41 |
| **20** | 656 | 125 | 875 | 531 | 882 | 510 | 490 | 372 | 106 | 894 | 106 | 212 | **40** |
| 21 | 660 | 131 | 869 | 528 | 886 | 516 | 484 | 370 | 110 | 900 | 100 | 209 | 39 |
| 22 | 663 | 138 | 862 | 526 | 889 | 522 | 478 | 367 | 114 | 907 | 093 | 207 | 38 |
| 23 | 667 | 144 | 856 | 523 | 893 | 529 | 471 | 364 | 117 | 913 | 087 | 204 | 37 |
| 24 | 671 | 150 | 850 | 521 | 897 | 535 | 465 | 362 | 121 | 920 | 080 | 201 | 36 |
| 25 | 675 | 157 | 843 | 518 | 901 | 542 | 458 | 359 | 125 | 926 | 074 | 199 | 35 |
| 26 | 678 | 163 | 837 | 515 | 904 | 548 | 452 | 356 | 128 | 932 | 068 | 196 | 34 |
| 27 | 682 | 170 | 830 | 513 | 908 | 554 | 446 | 354 | 132 | 939 | 061 | 193 | 33 |
| 28 | 686 | 176 | 824 | 510 | 912 | 561 | 439 | 351 | 136 | 945 | 055 | 191 | 32 |
| 29 | 690 | 182 | 818 | 507 | 916 | 567 | 433 | 348 | 140 | 952 | 048 | 188 | 31 |
| **30** | 694 | 189 | 811 | 505 | 919 | 574 | 426 | 346 | 143 | 958 | 042 | 185 | **30** |
| 31 | 697 | 195 | 805 | 502 | 923 | 580 | 420 | 343 | 147 | 964 | 036 | 183 | 29 |
| 32 | 701 | 202 | 798 | 499 | 927 | 587 | 413 | 340 | 151 | 971 | 029 | 180 | 28 |
| 33 | 705 | 208 | 792 | 497 | 931 | 593 | 407 | 338 | 154 | 977 | 023 | 177 | 27 |
| 34 | 709 | 215 | 785 | 494 | 934 | 599 | 401 | 335 | 158 | 984 | 016 | 175 | 26 |
| 35 | 712 | 221 | 779 | 492 | 938 | 606 | 394 | 332 | 162 | 990 | 010 | 172 | 25 |
| 36 | 716 | 227 | 773 | 489 | 942 | 612 | 388 | 330 | 166 | 996 | 004 | 169 | 24 |
| 37 | 720 | 234 | 766 | 486 | 946 | 619 | 381 | 327 | 169 | *003 | *997 | 166 | 23 |
| 38 | 724 | 240 | 760 | 484 | 949 | 625 | 375 | 324 | 173 | 009 | 991 | 164 | 22 |
| 39 | 728 | 247 | 753 | 481 | 953 | 631 | 369 | 322 | 177 | 016 | 984 | 161 | 21 |
| **40** | 731 | 253 | 747 | 478 | 957 | 638 | 362 | 319 | 180 | 022 | 978 | 158 | **20** |
| 41 | 735 | 259 | 741 | 476 | 961 | 644 | 356 | 316 | 184 | 028 | 972 | 156 | 19 |
| 42 | 739 | 266 | 734 | 473 | 964 | 651 | 349 | 314 | 188 | 035 | 965 | 153 | 18 |
| 43 | 743 | 272 | 728 | 470 | 968 | 657 | 343 | 311 | 191 | 041 | 959 | 150 | 17 |
| 44 | 746 | 279 | 721 | 468 | 972 | 663 | 337 | 308 | 195 | 048 | 952 | 148 | 16 |
| 45 | 750 | 285 | 715 | 465 | 976 | 670 | 330 | 306 | 199 | 054 | 946 | 145 | 15 |
| 46 | 754 | 292 | 708 | 462 | 979 | 676 | 324 | 303 | 203 | 060 | 940 | 142 | 14 |
| 47 | 758 | 298 | 702 | 460 | 983 | 683 | 317 | 300 | 206 | 067 | 933 | 140 | 13 |
| 48 | 762 | 304 | 696 | 457 | 987 | 689 | 311 | 298 | 210 | 073 | 927 | 137 | 12 |
| 49 | 765 | 311 | 689 | 455 | 991 | 695 | 305 | 295 | 214 | 080 | 920 | 134 | 11 |
| **50** | 769 | 317 | 683 | 452 | 994 | 702 | 298 | 292 | 217 | 086 | 914 | 132 | **10** |
| 51 | 773 | 324 | 676 | 449 | 998 | 708 | 292 | 290 | 221 | 092 | 908 | 129 | 9 |
| 52 | 777 | 330 | 670 | 447 | *002 | 715 | 285 | 287 | 225 | 099 | 901 | 126 | 8 |
| 53 | 780 | 336 | 664 | 444 | 005 | 721 | 279 | 284 | 229 | 105 | 895 | 123 | 7 |
| 54 | 784 | 343 | 657 | 441 | 009 | 727 | 273 | 282 | 232 | 112 | 888 | 121 | 6 |
| 55 | 788 | 349 | 651 | 439 | 013 | 734 | 266 | 279 | 236 | 118 | 882 | 118 | 5 |
| 56 | 792 | 356 | 644 | 436 | 017 | 740 | 260 | 276 | 240 | 124 | 876 | 115 | 4 |
| 57 | 795 | 362 | 638 | 433 | 020 | 747 | 253 | 274 | 243 | 131 | 869 | 113 | 3 |
| 58 | 799 | 369 | 631 | 431 | 024 | 753 | 247 | 271 | 247 | 137 | 863 | 110 | 2 |
| 59 | 803 | 375 | 625 | 428 | 028 | 759 | 241 | 268 | 251 | 143 | 857 | 107 | 1 |
| **60** | 807 | 381 | 619 | 425 | 032 | 766 | 234 | 266 | 254 | 150 | 850 | 105 | 0 |
| | **9.80** | **9.92** | **0.07** | **9.88** | **9.81** | **9.92** | **0.07** | **9.88** | **9.81** | **9.93** | **0.06** | **9.88** | |
| | cos | cotg | tang | sin | cos | cotg | tang | sin | cos | cotg | tang | sin | |
| | 3h 20m | | | | 3h 19m | | | | 3h 18m | | | | |

| | 2h 42m | | | | 2h 43m | | | | 2h 44m | | | | |
|---|---|---|---|---|---|---|---|---|---|---|---|---|---|
| | sin | tang | cotg | cos | sin | tang | cotg | cos | sin | tang | cotg | cos | |
| | **9.81** | **9.93** | **0.06** | **9.88** | **9.81** | **9.93** | **0.06** | **9.87** | **9.81** | **9.93** | **0.06** | **9.87** | |
| 0s | 254 | 150 | 850 | 105 | 475 | 533 | 467 | 942 | 694 | 916 | 084 | 778 | 60s |
| 1 | 258 | 156 | 844 | 102 | 479 | 540 | 460 | 939 | 698 | 923 | 077 | 775 | 59 |
| 2 | 262 | 163 | 837 | 099 | 483 | 546 | 454 | 937 | 702 | 929 | 071 | 772 | 58 |
| 3 | 266 | 169 | 831 | 096 | 486 | 553 | 447 | 934 | 705 | 935 | 065 | 770 | 57 |
| 4 | 269 | 175 | 825 | 094 | 490 | 559 | 441 | 931 | 709 | 942 | 058 | 767 | 56 |
| 5 | 273 | 182 | 818 | 091 | 494 | 565 | 435 | 928 | 712 | 948 | 052 | 764 | 55 |
| 6 | 277 | 188 | 812 | 088 | 497 | 572 | 428 | 926 | 716 | 955 | 045 | 762 | 54 |
| 7 | 280 | 195 | 805 | 086 | 501 | 578 | 422 | 923 | 720 | 961 | 039 | 759 | 53 |
| 8 | 284 | 201 | 799 | 083 | 505 | 584 | 416 | 920 | 723 | 967 | 033 | 756 | 52 |
| 9 | 288 | 207 | 793 | 080 | 508 | 591 | 409 | 917 | 727 | 974 | 026 | 753 | 51 |
| **10** | 291 | 214 | 786 | 078 | 512 | 597 | 403 | 915 | 731 | 980 | 020 | 751 | **50** |
| 11 | 295 | 220 | 780 | 075 | 516 | 604 | 396 | 912 | 734 | 986 | 014 | 748 | 49 |
| 12 | 299 | 227 | 773 | 072 | 519 | 610 | 390 | 909 | 738 | 993 | 007 | 745 | 48 |
| 13 | 302 | 233 | 767 | 069 | 523 | 616 | 384 | 907 | 741 | 999 | 001 | 742 | 47 |
| 14 | 306 | 239 | 761 | 067 | 527 | 623 | 377 | 904 | 745 | *006 | *994 | 740 | 46 |
| 15 | 310 | 246 | 754 | 064 | 530 | 629 | 371 | 901 | 749 | 012 | 988 | 737 | 45 |
| 16 | 314 | 252 | 748 | 061 | 534 | 636 | 364 | 898 | 752 | 018 | 982 | 734 | 44 |
| 17 | 317 | 259 | 741 | 059 | 538 | 642 | 358 | 896 | 756 | 025 | 975 | 731 | 43 |
| 18 | 321 | 265 | 735 | 056 | 541 | 648 | 352 | 893 | 760 | 031 | 969 | 729 | 42 |
| 19 | 325 | 271 | 729 | 053 | 545 | 655 | 345 | 890 | 763 | 037 | 963 | 726 | 41 |
| **20** | 328 | 278 | 722 | 051 | 549 | 661 | 339 | 887 | 767 | 044 | 956 | 723 | **40** |
| 21 | 332 | 284 | 716 | 048 | 552 | 667 | 333 | 885 | 770 | 050 | 950 | 720 | 39 |
| 22 | 336 | 291 | 709 | 045 | 556 | 674 | 326 | 882 | 774 | 057 | 943 | 717 | 38 |
| 23 | 339 | 297 | 703 | 042 | 559 | 680 | 320 | 879 | 778 | 063 | 937 | 715 | 37 |
| 24 | 343 | 303 | 697 | 040 | 563 | 687 | 313 | 877 | 781 | 069 | 931 | 712 | 36 |
| 25 | 347 | 310 | 690 | 037 | 567 | 693 | 307 | 874 | 785 | 076 | 924 | 709 | 35 |
| 26 | 350 | 316 | 684 | 034 | 570 | 699 | 301 | 871 | 789 | 082 | 918 | 706 | 34 |
| 27 | 354 | 323 | 677 | 032 | 574 | 706 | 294 | 868 | 792 | 088 | 912 | 704 | 33 |
| 28 | 358 | 329 | 671 | 029 | 578 | 712 | 288 | 866 | 796 | 095 | 905 | 701 | 32 |
| 29 | 361 | 335 | 665 | 026 | 581 | 719 | 281 | 863 | 799 | 101 | 899 | 698 | 31 |
| **30** | 365 | 342 | 658 | 023 | 585 | 725 | 275 | 860 | 803 | 108 | 892 | 695 | **30** |
| 31 | 369 | 348 | 652 | 021 | 589 | 731 | 269 | 857 | 807 | 114 | 886 | 693 | 29 |
| 32 | 372 | 354 | 646 | 018 | 592 | 738 | 262 | 855 | 810 | 120 | 880 | 690 | 28 |
| 33 | 376 | 361 | 639 | 015 | 596 | 744 | 256 | 852 | 814 | 127 | 873 | 687 | 27 |
| 34 | 380 | 367 | 633 | 013 | 600 | 750 | 250 | 849 | 818 | 133 | 867 | 684 | 26 |
| 35 | 384 | 374 | 626 | 010 | 603 | 757 | 243 | 846 | 821 | 139 | 861 | 682 | 25 |
| 36 | 387 | 380 | 620 | 007 | 607 | 763 | 237 | 844 | 825 | 146 | 854 | 679 | 24 |
| 37 | 391 | 386 | 614 | 004 | 611 | 770 | 230 | 841 | 828 | 152 | 848 | 676 | 23 |
| 38 | 395 | 393 | 607 | 002 | 614 | 776 | 224 | 838 | 832 | 159 | 841 | 673 | 22 |
| 39 | 398 | 399 | 601 | *999 | 618 | 782 | 218 | 836 | 836 | 165 | 835 | 671 | 21 |
| **40** | 402 | 406 | 594 | 996 | 622 | 789 | 211 | 833 | 839 | 171 | 829 | 668 | **20** |
| 41 | 406 | 412 | 588 | 994 | 625 | 795 | 205 | 830 | 843 | 178 | 822 | 665 | 19 |
| 42 | 409 | 418 | 582 | 991 | 629 | 801 | 199 | 827 | 846 | 184 | 816 | 662 | 18 |
| 43 | 413 | 425 | 575 | 988 | 632 | 808 | 192 | 825 | 850 | 190 | 810 | 660 | 17 |
| 44 | 417 | 431 | 569 | 985 | 636 | 814 | 186 | 822 | 854 | 197 | 803 | 657 | 16 |
| 45 | 420 | 438 | 562 | 983 | 640 | 821 | 179 | 819 | 857 | 203 | 797 | 654 | 15 |
| 46 | 424 | 444 | 556 | 980 | 643 | 827 | 173 | 816 | 861 | 210 | 790 | 651 | 14 |
| 47 | 428 | 450 | 550 | 977 | 647 | 833 | 167 | 814 | 864 | 216 | 784 | 649 | 13 |
| 48 | 431 | 457 | 543 | 975 | 651 | 840 | 160 | 811 | 868 | 222 | 778 | 646 | 12 |
| 49 | 435 | 463 | 537 | 972 | 654 | 846 | 154 | 808 | 872 | 229 | 771 | 643 | 11 |
| **50** | 439 | 469 | 531 | 969 | 658 | 853 | 147 | 805 | 875 | 235 | 765 | 640 | **10** |
| 51 | 442 | 476 | 524 | 966 | 662 | 859 | 141 | 803 | 879 | 241 | 759 | 637 | 9 |
| 52 | 446 | 482 | 518 | 964 | 665 | 865 | 135 | 800 | 882 | 248 | 752 | 635 | 8 |
| 53 | 450 | 489 | 511 | 961 | 669 | 872 | 128 | 797 | 886 | 254 | 746 | 632 | 7 |
| 54 | 453 | 495 | 505 | 958 | 672 | 878 | 122 | 794 | 890 | 261 | 739 | 629 | 6 |
| 55 | 457 | 501 | 499 | 956 | 676 | 884 | 116 | 792 | 893 | 267 | 733 | 626 | 5 |
| 56 | 461 | 508 | 492 | 953 | 680 | 891 | 109 | 789 | 897 | 273 | 727 | 624 | 4 |
| 57 | 464 | 514 | 486 | 950 | 683 | 897 | 103 | 786 | 901 | 280 | 720 | 621 | 3 |
| 58 | 468 | 521 | 479 | 947 | 687 | 904 | 096 | 783 | 904 | 286 | 714 | 618 | 2 |
| 59 | 472 | 527 | 473 | 945 | 691 | 910 | 090 | 781 | 908 | 292 | 708 | 615 | 1 |
| **60** | 475 | 533 | 467 | 942 | 694 | 916 | 084 | 778 | 911 | 299 | 701 | 613 | **0** |
| | **9.81** | **9.93** | **0.06** | **9.87** | **9.81** | **9.93** | **0.06** | **9.87** | **9.81** | **9.94** | **0.05** | **9.87** | |
| | cos | cotg | tang | sin | cos | cotg | tang | sin | cos | cotg | tang | sin | |
| | 3h 17m | | | | 3h 16m | | | | 3h 15m | | | | |

| | 2h 45m | | | | 2h 46m | | | | 2h 47m | | | | |
|---|---|---|---|---|---|---|---|---|---|---|---|---|---|
| | sin | tang | cotg | cos | sin | tang | cotg | cos | sin | tang | cotg | cos | |
| | 9.81 | 9.94 | 0.05 | 9.87 | 9.82 | 9.94 | 0.05 | 9.87 | 9.82 | 9.95 | 0.04 | 9.87 | |
| 0s | 911 | 299 | 701 | 613 | 126 | 681 | 319 | 446 | 340 | 062 | 938 | 277 | 60s |
| 1 | 915 | 305 | 695 | 610 | 130 | 687 | 313 | 443 | 343 | 069 | 931 | 274 | 59 |
| 2 | 919 | 312 | 688 | 607 | 134 | 694 | 306 | 440 | 347 | 075 | 925 | 272 | 58 |
| 3 | 922 | 318 | 682 | 604 | 137 | 700 | 300 | 437 | 350 | 082 | 918 | 269 | 57 |
| 4 | 926 | 324 | 676 | 601 | 141 | 706 | 294 | 434 | 354 | 088 | 912 | 266 | 56 |
| 5 | 929 | 331 | 669 | 599 | 144 | 713 | 287 | 432 | 357 | 094 | 906 | 263 | 55 |
| 6 | 933 | 337 | 663 | 596 | 148 | 719 | 281 | 429 | 361 | 101 | 899 | 260 | 54 |
| 7 | 937 | 343 | 657 | 593 | 151 | 725 | 275 | 426 | 364 | 107 | 893 | 257 | 53 |
| 8 | 940 | 350 | 650 | 590 | 155 | 732 | 268 | 423 | 368 | 113 | 887 | 255 | 52 |
| 9 | 944 | 356 | 644 | 588 | 159 | 738 | 262 | 420 | 372 | 120 | 880 | 252 | 51 |
| **10** | 947 | 362 | 638 | 585 | 162 | 744 | 256 | 418 | 375 | 126 | 874 | 249 | **50** |
| 11 | 951 | 369 | 631 | 582 | 166 | 751 | 249 | 415 | 379 | 132 | 868 | 246 | 49 |
| 12 | 955 | 375 | 625 | 579 | 169 | 757 | 243 | 412 | 382 | 139 | 861 | 243 | 48 |
| 13 | 958 | 382 | 618 | 576 | 173 | 764 | 236 | 409 | 386 | 145 | 855 | 241 | 47 |
| 14 | 962 | 388 | 612 | 574 | 176 | 770 | 230 | 406 | 389 | 151 | 849 | 238 | 46 |
| 15 | 965 | 394 | 606 | 571 | 180 | 776 | 224 | 404 | 393 | 158 | 842 | 235 | 45 |
| 16 | 969 | 401 | 599 | 568 | 184 | 783 | 217 | 401 | 396 | 164 | 836 | 232 | 44 |
| 17 | 972 | 407 | 593 | 565 | 187 | 789 | 211 | 398 | 400 | 171 | 829 | 229 | 43 |
| 18 | 976 | 413 | 587 | 563 | 191 | 795 | 205 | 395 | 403 | 177 | 823 | 226 | 42 |
| 19 | 980 | 420 | 580 | 560 | 194 | 802 | 198 | 392 | 407 | 183 | 817 | 224 | 41 |
| **20** | 983 | 426 | 574 | 557 | 198 | 808 | 192 | 390 | 410 | 190 | 810 | 221 | **40** |
| 21 | 987 | 433 | 567 | 554 | 201 | 814 | 186 | 387 | 414 | 196 | 804 | 218 | 39 |
| 22 | 990 | 439 | 561 | 551 | 205 | 821 | 179 | 384 | 417 | 202 | 798 | 215 | 38 |
| 23 | 994 | 445 | 555 | 549 | 208 | 827 | 173 | 381 | 421 | 209 | 791 | 212 | 37 |
| 24 | 998 | 452 | 548 | 546 | 212 | 834 | 166 | 378 | 424 | 215 | 785 | 209 | 36 |
| 25 | *001 | 458 | 542 | 543 | 216 | 840 | 160 | 376 | 428 | 221 | 779 | 207 | 35 |
| 26 | 005 | 464 | 536 | 540 | 219 | 846 | 154 | 373 | 432 | 228 | 772 | 204 | 34 |
| 27 | 008 | 471 | 529 | 538 | 223 | 853 | 147 | 370 | 435 | 234 | 766 | 201 | 33 |
| 28 | 012 | 477 | 523 | 535 | 226 | 859 | 141 | 367 | 439 | 240 | 760 | 198 | 32 |
| 29 | 016 | 484 | 516 | 532 | 230 | 865 | 135 | 364 | 442 | 247 | 753 | 195 | 31 |
| **30** | 019 | 490 | 510 | 529 | 233 | 872 | 128 | 362 | 446 | 253 | 747 | 192 | **30** |
| 31 | 023 | 496 | 504 | 526 | 237 | 878 | 122 | 359 | 449 | 260 | 740 | 190 | 29 |
| 32 | 026 | 503 | 497 | 524 | 240 | 884 | 116 | 356 | 453 | 266 | 734 | 187 | 28 |
| 33 | 030 | 509 | 491 | 521 | 244 | 891 | 109 | 353 | 456 | 272 | 728 | 184 | 27 |
| 34 | 033 | 515 | 485 | 518 | 248 | 897 | 103 | 350 | 460 | 279 | 721 | 181 | 26 |
| 35 | 037 | 522 | 478 | 515 | 251 | 904 | 096 | 348 | 463 | 285 | 715 | 178 | 25 |
| 36 | 041 | 528 | 472 | 513 | 255 | 910 | 090 | 345 | 467 | 291 | 709 | 175 | 24 |
| 37 | 044 | 534 | 466 | 510 | 258 | 916 | 084 | 342 | 470 | 298 | 702 | 173 | 23 |
| 38 | 048 | 541 | 459 | 507 | 262 | 923 | 077 | 339 | 474 | 304 | 696 | 170 | 22 |
| 39 | 051 | 547 | 453 | 504 | 265 | 929 | 071 | 336 | 477 | 310 | 690 | 167 | 21 |
| **40** | 055 | 554 | 446 | 501 | 269 | 935 | 065 | 334 | 481 | 317 | 683 | 164 | **20** |
| 41 | 059 | 560 | 440 | 499 | 272 | 942 | 058 | 331 | 484 | 323 | 677 | 161 | 19 |
| 42 | 062 | 566 | 434 | 496 | 276 | 948 | 052 | 328 | 488 | 329 | 671 | 158 | 18 |
| 43 | 066 | 573 | 427 | 493 | 279 | 954 | 046 | 325 | 491 | 336 | 664 | 156 | 17 |
| 44 | 069 | 579 | 421 | 490 | 283 | 961 | 039 | 322 | 495 | 342 | 658 | 153 | 16 |
| 45 | 073 | 585 | 415 | 487 | 287 | 967 | 033 | 319 | 498 | 348 | 652 | 150 | 15 |
| 46 | 076 | 592 | 408 | 485 | 290 | 973 | 027 | 317 | 502 | 355 | 645 | 147 | 14 |
| 47 | 080 | 598 | 402 | 482 | 294 | 980 | 020 | 314 | 505 | 361 | 639 | 144 | 13 |
| 48 | 084 | 604 | 396 | 479 | 297 | 986 | 014 | 311 | 509 | 368 | 632 | 141 | 12 |
| 49 | 087 | 611 | 389 | 476 | 301 | 993 | 007 | 308 | 512 | 374 | 626 | 139 | 11 |
| **50** | 091 | 617 | 383 | 474 | 304 | 999 | 001 | 305 | 516 | 380 | 620 | 136 | **10** |
| 51 | 094 | 624 | 376 | 471 | 308 | *005 | *995 | 303 | 520 | 387 | 613 | 133 | 9 |
| 52 | 098 | 630 | 370 | 468 | 311 | 012 | 988 | 300 | 523 | 393 | 607 | 130 | 8 |
| 53 | 101 | 636 | 364 | 465 | 315 | 018 | 982 | 297 | 527 | 399 | 601 | 127 | 7 |
| 54 | 105 | 643 | 357 | 462 | 318 | 024 | 976 | 294 | 530 | 406 | 594 | 124 | 6 |
| 55 | 109 | 649 | 351 | 460 | 322 | 031 | 969 | 291 | 534 | 412 | 588 | 122 | 5 |
| 56 | 112 | 655 | 345 | 457 | 326 | 037 | 963 | 288 | 537 | 418 | 582 | 119 | 4 |
| 57 | 116 | 662 | 338 | 454 | 329 | 043 | 957 | 286 | 541 | 425 | 575 | 116 | 3 |
| 58 | 119 | 668 | 332 | 451 | 333 | 050 | 950 | 283 | 544 | 431 | 569 | 113 | 2 |
| 59 | 123 | 674 | 326 | 448 | 336 | 056 | 944 | 280 | 548 | 437 | 563 | 110 | 1 |
| **60** | 126 | 681 | 319 | 446 | 340 | 062 | 938 | 277 | 551 | 444 | 556 | 107 | **0** |
| | 9.82 | 9.94 | 0.05 | 9.87 | 9.82 | 9.95 | 0.04 | 9.87 | 9.82 | 9.95 | 0.04 | 9.87 | |
| | cos | cotg | tang | sin | cos | cotg | tang | sin | cos | cotg | tang | sin | |
| | 3h 14m | | | | 3h 13m | | | | 3h 12m | | | | |

| | 2h 48m | | | | 2h 49m | | | | 2h 50m | | | | |
|---|---|---|---|---|---|---|---|---|---|---|---|---|---|
| | sin | tang | cotg | cos | sin | tang | cotg | cos | sin | tang | cotg | cos | |
| | 9.82 | 9.95 | 0.04 | 9.87 | 9.82 | 9.95 | 0.04 | 9.86 | 9.82 | 9.96 | 0.03 | 9.86 | |
| 0s | 551 | 444 | 556 | 107 | 761 | 825 | 175 | 936 | 968 | 205 | 795 | 763 | 60s |
| 1 | 555 | 450 | 550 | 105 | 764 | 831 | 169 | 933 | 972 | 212 | 788 | 760 | 59 |
| 2 | 558 | 456 | 544 | 102 | 768 | 837 | 163 | 930 | 975 | 218 | 782 | 757 | 58 |
| 3 | 562 | 463 | 537 | 099 | 771 | 844 | 156 | 927 | 979 | 224 | 776 | 754 | 57 |
| 4 | 565 | 469 | 531 | 096 | 775 | 850 | 150 | 924 | 982 | 231 | 769 | 752 | 56 |
| 5 | 569 | 475 | 525 | 093 | 778 | 856 | 144 | 922 | 986 | 237 | 763 | 749 | 55 |
| 6 | 572 | 482 | 518 | 090 | 781 | 863 | 137 | 919 | 989 | 243 | 757 | 746 | 54 |
| 7 | 576 | 488 | 512 | 087 | 785 | 869 | 131 | 916 | 992 | 250 | 750 | 743 | 53 |
| 8 | 579 | 495 | 505 | 085 | 788 | 875 | 125 | 913 | 996 | 256 | 744 | 740 | 52 |
| 9 | 583 | 501 | 499 | 082 | 792 | 882 | 118 | 910 | 999 | 262 | 738 | 737 | 51 |
| 10 | 586 | 507 | 493 | 079 | 795 | 888 | 112 | 907 | *003 | 269 | 731 | 734 | 50 |
| 11 | 590 | 514 | 486 | 076 | 799 | 894 | 106 | 904 | 006 | 275 | 725 | 731 | 49 |
| 12 | 593 | 520 | 480 | 073 | 802 | 901 | 099 | 902 | 010 | 281 | 719 | 728 | 48 |
| 13 | 597 | 526 | 474 | 070 | 806 | 907 | 093 | 899 | 013 | 288 | 712 | 725 | 47 |
| 14 | 600 | 533 | 467 | 067 | 809 | 913 | 087 | 896 | 017 | 294 | 706 | 723 | 46 |
| 15 | 604 | 539 | 461 | 065 | 813 | 920 | 080 | 893 | 020 | 300 | 700 | 720 | 45 |
| 16 | 607 | 545 | 455 | 062 | 816 | 926 | 074 | 890 | 023 | 307 | 693 | 717 | 44 |
| 17 | 611 | 552 | 448 | 059 | 820 | 933 | 067 | 887 | 027 | 313 | 687 | 714 | 43 |
| 18 | 614 | 558 | 442 | 056 | 823 | 939 | 061 | 884 | 030 | 319 | 681 | 711 | 42 |
| 19 | 618 | 564 | 436 | 053 | 827 | 945 | 055 | 881 | 034 | 326 | 674 | 708 | 41 |
| 20 | 621 | 571 | 429 | 050 | 830 | 952 | 048 | 879 | 037 | 332 | 668 | 705 | 40 |
| 21 | 625 | 577 | 423 | 048 | 834 | 958 | 042 | 876 | 041 | 338 | 662 | 702 | 39 |
| 22 | 628 | 583 | 417 | 045 | 837 | 964 | 036 | 873 | 044 | 345 | 655 | 699 | 38 |
| 23 | 632 | 590 | 410 | 042 | 840 | 971 | 029 | 870 | 047 | 351 | 649 | 696 | 37 |
| 24 | 635 | 596 | 404 | 039 | 844 | 977 | 023 | 867 | 051 | 357 | 643 | 694 | 36 |
| 25 | 639 | 602 | 398 | 036 | 847 | 983 | 017 | 864 | 054 | 364 | 636 | 691 | 35 |
| 26 | 642 | 609 | 391 | 033 | 851 | 990 | 010 | 861 | 058 | 370 | 630 | 688 | 34 |
| 27 | 646 | 615 | 385 | 030 | 854 | 996 | 004 | 858 | 061 | 376 | 624 | 685 | 33 |
| 28 | 649 | 622 | 378 | 028 | 858 | *002 | *998 | 855 | 065 | 383 | 617 | 682 | 32 |
| 29 | 653 | 628 | 372 | 025 | 861 | 009 | 991 | 853 | 068 | 389 | 611 | 679 | 31 |
| 30 | 656 | 634 | 366 | 022 | 865 | 015 | 985 | 850 | 072 | 395 | 605 | 676 | 30 |
| 31 | 660 | 641 | 359 | 019 | 868 | 021 | 979 | 847 | 075 | 402 | 598 | 673 | 29 |
| 32 | 663 | 647 | 353 | 016 | 872 | 028 | 972 | 844 | 078 | 408 | 592 | 670 | 28 |
| 33 | 667 | 653 | 347 | 013 | 875 | 034 | 966 | 841 | 082 | 414 | 586 | 667 | 27 |
| 34 | 670 | 660 | 340 | 010 | 879 | 040 | 960 | 838 | 085 | 421 | 579 | 664 | 26 |
| 35 | 674 | 666 | 334 | 008 | 882 | 047 | 953 | 835 | 089 | 427 | 573 | 662 | 25 |
| 36 | 677 | 672 | 328 | 005 | 885 | 053 | 947 | 832 | 092 | 433 | 567 | 659 | 24 |
| 37 | 681 | 679 | 321 | 002 | 889 | 059 | 941 | 830 | 096 | 440 | 560 | 656 | 23 |
| 38 | 684 | 685 | 315 | *999 | 892 | 066 | 934 | 827 | 099 | 446 | 554 | 653 | 22 |
| 39 | 687 | 691 | 309 | 996 | 896 | 072 | 928 | 824 | 102 | 452 | 548 | 650 | 21 |
| 40 | 691 | 698 | 302 | 993 | 899 | 078 | 922 | 821 | 106 | 459 | 541 | 647 | 20 |
| 41 | 694 | 704 | 296 | 990 | 903 | 085 | 915 | 818 | 109 | 465 | 535 | 644 | 19 |
| 42 | 698 | 710 | 290 | 988 | 906 | 091 | 909 | 815 | 113 | 471 | 529 | 641 | 18 |
| 43 | 701 | 717 | 283 | 985 | 910 | 097 | 903 | 812 | 116 | 478 | 522 | 638 | 17 |
| 44 | 705 | 723 | 277 | 982 | 913 | 104 | 896 | 809 | 120 | 484 | 516 | 635 | 16 |
| 45 | 708 | 729 | 271 | 979 | 917 | 110 | 890 | 806 | 123 | 490 | 510 | 632 | 15 |
| 46 | 712 | 736 | 264 | 976 | 920 | 116 | 884 | 804 | 126 | 497 | 503 | 630 | 14 |
| 47 | 715 | 742 | 258 | 973 | 923 | 123 | 877 | 801 | 130 | 503 | 497 | 627 | 13 |
| 48 | 719 | 748 | 252 | 970 | 927 | 129 | 871 | 798 | 133 | 510 | 490 | 624 | 12 |
| 49 | 722 | 755 | 245 | 968 | 930 | 135 | 865 | 795 | 137 | 516 | 484 | 621 | 11 |
| 50 | 726 | 761 | 239 | 965 | 934 | 142 | 858 | 792 | 140 | 522 | 478 | 618 | 10 |
| 51 | 729 | 768 | 232 | 962 | 937 | 148 | 852 | 789 | 143 | 529 | 471 | 615 | 9 |
| 52 | 733 | 774 | 226 | 959 | 941 | 155 | 845 | 786 | 147 | 535 | 465 | 612 | 8 |
| 53 | 736 | 780 | 220 | 956 | 944 | 161 | 839 | 783 | 150 | 541 | 459 | 609 | 7 |
| 54 | 740 | 787 | 213 | 953 | 948 | 167 | 833 | 780 | 154 | 548 | 452 | 606 | 6 |
| 55 | 743 | 793 | 207 | 950 | 951 | 174 | 826 | 778 | 157 | 554 | 446 | 603 | 5 |
| 56 | 747 | 799 | 201 | 947 | 955 | 180 | 820 | 775 | 161 | 560 | 440 | 600 | 4 |
| 57 | 750 | 806 | 194 | 945 | 958 | 186 | 814 | 772 | 164 | 567 | 433 | 597 | 3 |
| 58 | 754 | 812 | 188 | 942 | 961 | 193 | 807 | 769 | 167 | 573 | 427 | 595 | 2 |
| 59 | 757 | 818 | 182 | 939 | 965 | 199 | 801 | 766 | 171 | 579 | 421 | 592 | 1 |
| 60 | 761 | 825 | 175 | 936 | 968 | 205 | 795 | 763 | 174 | 586 | 414 | 589 | 0 |
| | 9.82 | 9.95 | 0.04 | 9.86 | 9.82 | 9.96 | 0.03 | 9.86 | 9.83 | 9.96 | 0.03 | 9.86 | |
| | cos | cotg | tang | sin | cos | cotg | tang | sin | cos | cotg | tang | sin | |
| | 3h 11m | | | | 3h 10m | | | | 3h 9m | | | | |

| | 2h 51m | | | | 2h 52m | | | | 2h 53m | | | | |
|---|---|---|---|---|---|---|---|---|---|---|---|---|---|
| | sin | tang | cotg | cos | sin | tang | cotg | cos | sin | tang | cotg | cos | |
| | 9.83 | 9.96 | 0.03 | 9.86 | 9.83 | 9.96 | 0.03 | 9.86 | 9.83 | 9.97 | 0.02 | 9.86 | |
| 0s | 174 | 586 | 414 | 589 | 378 | 966 | 034 | 413 | 581 | 345 | 655 | 235 | 60s |
| 1 | 178 | 592 | 408 | 586 | 382 | 972 | 028 | 410 | 584 | 352 | 648 | 232 | 59 |
| 2 | 181 | 598 | 402 | 583 | 385 | 978 | 022 | 407 | 587 | 358 | 642 | 229 | 58 |
| 3 | 184 | 605 | 395 | 580 | 388 | 985 | 015 | 404 | 591 | 364 | 636 | 226 | 57 |
| 4 | 188 | 611 | 389 | 577 | 392 | 991 | 009 | 401 | 594 | 371 | 629 | 223 | 56 |
| 5 | 191 | 617 | 383 | 574 | 395 | 997 | 003 | 398 | 597 | 377 | 623 | 220 | 55 |
| 6 | 195 | 624 | 376 | 571 | 399 | *004 | *996 | 395 | 601 | 383 | 617 | 217 | 54 |
| 7 | 198 | 630 | 370 | 568 | 402 | 010 | 990 | 392 | 604 | 390 | 610 | 214 | 53 |
| 8 | 202 | 636 | 364 | 565 | 405 | 016 | 984 | 389 | 608 | 396 | 604 | 211 | 52 |
| 9 | 205 | 643 | 357 | 562 | 409 | 023 | 977 | 386 | 611 | 402 | 598 | 209 | 51 |
| **10** | 208 | 649 | 351 | 559 | 412 | 029 | 971 | 383 | 614 | 409 | 591 | 206 | **50** |
| 11 | 212 | 655 | 345 | 557 | 416 | 035 | 965 | 380 | 618 | 415 | 585 | 203 | 49 |
| 12 | 215 | 662 | 338 | 554 | 419 | 042 | 958 | 377 | 621 | 421 | 579 | 200 | 48 |
| 13 | 219 | 668 | 332 | 551 | 422 | 048 | 952 | 374 | 624 | 428 | 572 | 197 | 47 |
| 14 | 222 | 674 | 326 | 548 | 426 | 054 | 946 | 371 | 628 | 434 | 566 | 194 | 46 |
| 15 | 225 | 681 | 319 | 545 | 429 | 061 | 939 | 369 | 631 | 440 | 560 | 191 | 45 |
| 16 | 229 | 687 | 313 | 542 | 432 | 067 | 933 | 366 | 634 | 447 | 553 | 188 | 44 |
| 17 | 232 | 693 | 307 | 539 | 436 | 073 | 927 | 363 | 638 | 453 | 547 | 185 | 43 |
| 18 | 236 | 700 | 300 | 536 | 439 | 080 | 920 | 360 | 641 | 459 | 541 | 182 | 42 |
| 19 | 239 | 706 | 294 | 533 | 443 | 086 | 914 | 357 | 644 | 466 | 534 | 179 | 41 |
| **20** | 242 | 712 | 288 | 530 | 446 | 092 | 908 | 354 | 648 | 472 | 528 | 176 | **40** |
| 21 | 246 | 719 | 281 | 527 | 449 | 099 | 901 | 351 | 651 | 478 | 522 | 173 | 39 |
| 22 | 249 | 725 | 275 | 524 | 453 | 105 | 895 | 348 | 654 | 485 | 515 | 170 | 38 |
| 23 | 253 | 731 | 269 | 521 | 456 | 111 | 889 | 345 | 658 | 491 | 509 | 167 | 37 |
| 24 | 256 | 738 | 262 | 518 | 459 | 118 | 882 | 342 | 661 | 497 | 503 | 164 | 36 |
| 25 | 259 | 744 | 256 | 516 | 463 | 124 | 876 | 339 | 664 | 504 | 496 | 161 | 35 |
| 26 | 263 | 750 | 250 | 513 | 466 | 130 | 870 | 336 | 668 | 510 | 490 | 158 | 34 |
| 27 | 266 | 757 | 243 | 510 | 470 | 137 | 863 | 333 | 671 | 516 | 484 | 155 | 33 |
| 28 | 270 | 763 | 237 | 507 | 473 | 143 | 857 | 330 | 674 | 523 | 477 | 152 | 32 |
| 29 | 273 | 769 | 231 | 504 | 476 | 149 | 851 | 327 | 678 | 529 | 471 | 149 | 31 |
| **30** | 277 | 776 | 224 | 501 | 480 | 156 | 844 | 324 | 681 | 535 | 465 | 146 | **30** |
| 31 | 280 | 782 | 218 | 498 | 483 | 162 | 838 | 321 | 685 | 542 | 458 | 143 | 29 |
| 32 | 283 | 788 | 212 | 495 | 486 | 168 | 832 | 318 | 688 | 548 | 452 | 140 | 28 |
| 33 | 287 | 795 | 205 | 492 | 490 | 175 | 825 | 315 | 691 | 554 | 446 | 137 | 27 |
| 34 | 290 | 801 | 199 | 489 | 493 | 181 | 819 | 312 | 695 | 561 | 439 | 134 | 26 |
| 35 | 294 | 807 | 193 | 486 | 497 | 187 | 813 | 309 | 698 | 567 | 433 | 131 | 25 |
| 36 | 297 | 814 | 186 | 483 | 500 | 193 | 807 | 306 | 701 | 573 | 427 | 128 | 24 |
| 37 | 300 | 820 | 180 | 480 | 503 | 200 | 800 | 303 | 705 | 580 | 420 | 125 | 23 |
| 38 | 304 | 826 | 174 | 477 | 507 | 206 | 794 | 301 | 708 | 586 | 414 | 122 | 22 |
| 39 | 307 | 833 | 167 | 474 | 510 | 212 | 788 | 298 | 711 | 592 | 408 | 119 | 21 |
| **40** | 310 | 839 | 161 | 472 | 513 | 219 | 781 | 295 | 715 | 598 | 402 | 116 | **20** |
| 41 | 314 | 845 | 155 | 469 | 517 | 225 | 775 | 292 | 718 | 605 | 395 | 113 | 19 |
| 42 | 317 | 852 | 148 | 466 | 520 | 231 | 769 | 289 | 721 | 611 | 389 | 110 | 18 |
| 43 | 321 | 858 | 142 | 463 | 524 | 238 | 762 | 286 | 725 | 617 | 383 | 107 | 17 |
| 44 | 324 | 864 | 136 | 460 | 527 | 244 | 756 | 283 | 728 | 624 | 376 | 104 | 16 |
| 45 | 327 | 871 | 129 | 457 | 530 | 250 | 750 | 280 | 731 | 630 | 370 | 101 | 15 |
| 46 | 331 | 877 | 123 | 454 | 534 | 257 | 743 | 277 | 735 | 636 | 364 | 098 | 14 |
| 47 | 334 | 883 | 117 | 451 | 537 | 263 | 737 | 274 | 738 | 643 | 357 | 095 | 13 |
| 48 | 338 | 890 | 110 | 448 | 540 | 269 | 731 | 271 | 741 | 649 | 351 | 092 | 12 |
| 49 | 341 | 896 | 104 | 445 | 544 | 276 | 724 | 268 | 745 | 655 | 345 | 089 | 11 |
| **50** | 344 | 902 | 098 | 442 | 547 | 282 | 718 | 265 | 748 | 662 | 338 | 086 | **10** |
| 51 | 348 | 909 | 091 | 439 | 550 | 288 | 712 | 262 | 751 | 668 | 332 | 083 | 9 |
| 52 | 351 | 915 | 085 | 436 | 554 | 295 | 705 | 259 | 755 | 674 | 326 | 080 | 8 |
| 53 | 355 | 921 | 079 | 433 | 557 | 301 | 699 | 256 | 758 | 681 | 319 | 077 | 7 |
| 54 | 358 | 928 | 072 | 430 | 561 | 307 | 693 | 253 | 761 | 687 | 313 | 074 | 6 |
| 55 | 361 | 934 | 066 | 427 | 564 | 314 | 686 | 250 | 765 | 693 | 307 | 071 | 5 |
| 56 | 365 | 940 | 060 | 425 | 567 | 320 | 680 | 247 | 768 | 700 | 300 | 068 | 4 |
| 57 | 368 | 947 | 053 | 422 | 571 | 326 | 674 | 244 | 771 | 706 | 294 | 065 | 3 |
| 58 | 372 | 953 | 047 | 419 | 574 | 333 | 667 | 241 | 775 | 712 | 288 | 062 | 2 |
| 59 | 375 | 959 | 041 | 416 | 577 | 339 | 661 | 238 | 778 | 719 | 281 | 059 | 1 |
| **60** | 378 | 966 | 034 | 413 | 581 | 345 | 655 | 235 | 781 | 725 | 275 | 056 | **0** |
| | 9.83 | 9.96 | 0.03 | 9.86 | 9.83 | 9.97 | 0.02 | 9.86 | 9.83 | 9.97 | 0.02 | 9.86 | |
| | cos | cotg | tang | sin | cos | cotg | tang | sin | cos | cotg | tang | sin | |
| | 3h 8m | | | | 3h 7m | | | | 3h 6m | | | | |

| | 2h 54m | | | | 2h 55m | | | | 2h 56m | | | | |
|---|---|---|---|---|---|---|---|---|---|---|---|---|---|
| | sin | tang | cotg | cos | sin | tang | cotg | cos | sin | tang | cotg | cos | |
| | **9.83** | **9.97** | **0.02** | **9.86** | **9.83** | **9.98** | **0.01** | **9.85** | **9.84** | **9.98** | **0.01** | **9.85** | |
| 0s | 781 | 725 | 275 | 056 | 980 | 104 | 896 | 876 | 177 | 484 | 516 | 693 | 60s |
| 1 | 785 | 731 | 269 | 053 | 983 | 111 | 889 | 873 | 180 | 490 | 510 | 690 | 59 |
| 2 | 788 | 738 | 262 | 050 | 987 | 117 | 883 | 870 | 184 | 496 | 504 | 687 | 58 |
| 3 | 791 | 744 | 256 | 047 | 990 | 123 | 877 | 867 | 187 | 503 | 497 | 684 | 57 |
| 4 | 795 | 750 | 250 | 044 | 993 | 130 | 870 | 864 | 190 | 509 | 491 | 681 | 56 |
| 5 | 798 | 757 | 243 | 041 | 997 | 136 | 864 | 860 | 193 | 515 | 485 | 678 | 55 |
| 6 | 801 | 763 | 237 | 038 | *000 | 142 | 858 | 857 | 197 | 522 | 478 | 675 | 54 |
| 7 | 805 | 769 | 231 | 035 | 003 | 149 | 851 | 854 | 200 | 528 | 472 | 672 | 53 |
| 8 | 808 | 776 | 224 | 032 | 006 | 155 | 845 | 851 | 203 | 534 | 466 | 669 | 52 |
| 9 | 811 | 782 | 218 | 029 | 010 | 161 | 839 | 848 | 207 | 541 | 459 | 666 | 51 |
| **10** | 814 | 788 | 212 | 026 | 013 | 168 | 832 | 845 | 210 | 547 | 453 | 663 | **50** |
| 11 | 818 | 795 | 205 | 023 | 016 | 174 | 826 | 842 | 213 | 553 | 447 | 660 | 49 |
| 12 | 821 | 801 | 199 | 020 | 020 | 180 | 820 | 839 | 216 | 560 | 440 | 657 | 48 |
| 13 | 824 | 807 | 193 | 017 | 023 | 187 | 813 | 836 | 220 | 566 | 434 | 654 | 47 |
| 14 | 828 | 814 | 186 | 014 | 026 | 193 | 807 | 833 | 223 | 572 | 428 | 651 | 46 |
| 15 | 831 | 820 | 180 | 011 | 029 | 199 | 801 | 830 | 226 | 579 | 421 | 648 | 45 |
| 16 | 834 | 826 | 174 | 008 | 033 | 206 | 794 | 827 | 229 | 585 | 415 | 645 | 44 |
| 17 | 838 | 833 | 167 | 005 | 036 | 212 | 788 | 824 | 233 | 591 | 409 | 641 | 43 |
| 18 | 841 | 839 | 161 | 002 | 039 | 218 | 782 | 821 | 236 | 597 | 403 | 638 | 42 |
| 19 | 844 | 845 | 155 | *999 | 043 | 225 | 775 | 818 | 239 | 604 | 396 | 635 | 41 |
| **20** | 848 | 851 | 149 | 996 | 046 | 231 | 769 | 815 | 242 | 610 | 390 | 632 | **40** |
| 21 | 851 | 858 | 142 | 993 | 049 | 237 | 763 | 812 | 246 | 616 | 384 | 629 | 39 |
| 22 | 854 | 864 | 136 | 990 | 053 | 244 | 756 | 809 | 249 | 623 | 377 | 626 | 38 |
| 23 | 858 | 870 | 130 | 987 | 056 | 250 | 750 | 806 | 252 | 629 | 371 | 623 | 37 |
| 24 | 861 | 877 | 123 | 984 | 059 | 256 | 744 | 803 | 255 | 635 | 365 | 620 | 36 |
| 25 | 864 | 883 | 117 | 981 | 062 | 262 | 738 | 800 | 259 | 642 | 358 | 617 | 35 |
| 26 | 868 | 889 | 111 | 978 | 066 | 269 | 731 | 797 | 262 | 648 | 352 | 614 | 34 |
| 27 | 871 | 896 | 104 | 975 | 069 | 275 | 725 | 794 | 265 | 654 | 346 | 611 | 33 |
| 28 | 874 | 902 | 098 | 972 | 072 | 281 | 719 | 791 | 269 | 661 | 339 | 608 | 32 |
| 29 | 878 | 908 | 092 | 969 | 076 | 288 | 712 | 788 | 272 | 667 | 333 | 605 | 31 |
| **30** | 881 | 915 | 085 | 966 | 079 | 294 | 706 | 785 | 275 | 673 | 327 | 602 | **30** |
| 31 | 884 | 921 | 079 | 963 | 082 | 300 | 700 | 782 | 278 | 680 | 320 | 599 | 29 |
| 32 | 887 | 927 | 073 | 960 | 085 | 307 | 693 | 779 | 282 | 686 | 314 | 596 | 28 |
| 33 | 891 | 934 | 066 | 957 | 089 | 313 | 687 | 776 | 285 | 692 | 308 | 593 | 27 |
| 34 | 894 | 940 | 060 | 954 | 092 | 319 | 681 | 773 | 288 | 699 | 301 | 589 | 26 |
| 35 | 897 | 946 | 054 | 951 | 095 | 326 | 674 | 770 | 291 | 705 | 295 | 586 | 25 |
| 36 | 901 | 953 | 047 | 948 | 098 | 332 | 668 | 766 | 295 | 711 | 289 | 583 | 24 |
| 37 | 904 | 959 | 041 | 945 | 102 | 338 | 662 | 763 | 298 | 718 | 282 | 580 | 23 |
| 38 | 907 | 965 | 035 | 942 | 105 | 345 | 655 | 760 | 301 | 724 | 276 | 577 | 22 |
| 39 | 911 | 972 | 028 | 939 | 108 | 351 | 649 | 757 | 304 | 730 | 270 | 574 | 21 |
| **40** | 914 | 978 | 022 | 936 | 112 | 357 | 643 | 754 | 308 | 737 | 263 | 571 | **20** |
| 41 | 917 | 984 | 016 | 933 | 115 | 364 | 636 | 751 | 311 | 743 | 257 | 568 | 19 |
| 42 | 921 | 991 | 009 | 930 | 118 | 370 | 630 | 748 | 314 | 749 | 251 | 565 | 18 |
| 43 | 924 | 997 | 003 | 927 | 121 | 376 | 624 | 745 | 317 | 755 | 245 | 562 | 17 |
| 44 | 927 | *003 | *997 | 924 | 125 | 383 | 617 | 742 | 321 | 762 | 238 | 559 | 16 |
| 45 | 930 | 010 | 990 | 921 | 128 | 389 | 611 | 739 | 324 | 768 | 232 | 556 | 15 |
| 46 | 934 | 016 | 984 | 918 | 131 | 395 | 605 | 736 | 327 | 774 | 226 | 553 | 14 |
| 47 | 937 | 022 | 978 | 915 | 135 | 402 | 598 | 733 | 330 | 781 | 219 | 550 | 13 |
| 48 | 940 | 029 | 971 | 912 | 138 | 408 | 592 | 730 | 334 | 787 | 213 | 547 | 12 |
| 49 | 944 | 035 | 965 | 909 | 141 | 414 | 586 | 727 | 337 | 793 | 207 | 543 | 11 |
| **50** | 947 | 041 | 959 | 906 | 144 | 421 | 579 | 724 | 340 | 800 | 200 | 540 | **10** |
| 51 | 950 | 048 | 952 | 903 | 148 | 427 | 573 | 721 | 343 | 806 | 194 | 537 | 9 |
| 52 | 954 | 054 | 946 | 900 | 151 | 433 | 567 | 718 | 347 | 812 | 188 | 534 | 8 |
| 53 | 957 | 060 | 940 | 897 | 154 | 439 | 561 | 715 | 350 | 819 | 181 | 531 | 7 |
| 54 | 960 | 066 | 934 | 894 | 157 | 446 | 554 | 712 | 353 | 825 | 175 | 528 | 6 |
| 55 | 964 | 073 | 927 | 891 | 161 | 452 | 548 | 709 | 356 | 831 | 169 | 525 | 5 |
| 56 | 967 | 079 | 921 | 888 | 164 | 458 | 542 | 706 | 360 | 838 | 162 | 522 | 4 |
| 57 | 970 | 085 | 915 | 885 | 167 | 465 | 535 | 703 | 363 | 844 | 156 | 519 | 3 |
| 58 | 973 | 092 | 908 | 882 | 171 | 471 | 529 | 700 | 366 | 850 | 150 | 516 | 2 |
| 59 | 977 | 098 | 902 | 879 | 174 | 477 | 523 | 696 | 369 | 857 | 143 | 513 | 1 |
| **60** | 980 | 104 | 896 | 876 | 177 | 484 | 516 | 693 | 373 | 863 | 137 | 510 | **0** |
| | **9.83** | **9.98** | **0.01** | **9.85** | **9.84** | **9.98** | **0.01** | **9.85** | **9.84** | **9.98** | **0.01** | **9.85** | |
| | cos | cotg | tang | sin | cos | cotg | tang | sin | cos | cotg | tang | sin | |
| | 3h 5m | | | | 3h 4m | | | | 3h 3m | | | | |

| | 2h 57m | | | | 2h 58m | | | | 2h 59m | | | | |
|---|---|---|---|---|---|---|---|---|---|---|---|---|---|
| | sin | tang | cotg | cos | sin | tang | cotg | cos | sin | tang | cotg | cos | |
| | 9.84 | 9.98 | 0.01 | 9.85 | 9.84 | 9.99 | 0.00 | 9.85 | 9.84 | 9.99 | 0.00 | 9.85 | |
| 0s | 373 | 863 | 137 | 510 | 566 | 242 | 758 | 324 | 758 | 621 | 379 | 137 | 60s |
| 1 | 376 | 869 | 131 | 507 | 569 | 248 | 752 | 321 | 761 | 627 | 373 | 134 | 59 |
| 2 | 379 | 876 | 124 | 503 | 573 | 255 | 745 | 318 | 765 | 634 | 366 | 131 | 58 |
| 3 | 382 | 882 | 118 | 500 | 576 | 261 | 739 | 315 | 768 | 640 | 360 | 128 | 57 |
| 4 | 385 | 888 | 112 | 497 | 579 | 267 | 733 | 312 | 771 | 646 | 354 | 125 | 56 |
| 5 | 389 | 894 | 106 | 494 | 582 | 274 | 726 | 309 | 774 | 653 | 347 | 122 | 55 |
| 6 | 392 | 901 | 099 | 491 | 585 | 280 | 720 | 306 | 777 | 659 | 341 | 118 | 54 |
| 7 | 395 | 907 | 093 | 488 | 589 | 286 | 714 | 302 | 780 | 665 | 335 | 115 | 53 |
| 8 | 398 | 913 | 087 | 485 | 592 | 293 | 707 | 299 | 784 | 672 | 328 | 112 | 52 |
| 9 | 402 | 920 | 080 | 482 | 595 | 299 | 701 | 296 | 787 | 678 | 322 | 109 | 51 |
| 10 | 405 | 926 | 074 | 479 | 598 | 305 | 695 | 293 | 790 | 684 | 316 | 106 | 50 |
| 11 | 408 | 932 | 068 | 476 | 602 | 311 | 689 | 290 | 793 | 690 | 310 | 103 | 49 |
| 12 | 411 | 939 | 061 | 473 | 605 | 318 | 682 | 287 | 796 | 697 | 303 | 100 | 48 |
| 13 | 415 | 945 | 055 | 470 | 608 | 324 | 676 | 284 | 800 | 703 | 297 | 096 | 47 |
| 14 | 418 | 951 | 049 | 466 | 611 | 330 | 670 | 281 | 803 | 709 | 291 | 093 | 46 |
| 15 | 421 | 958 | 042 | 463 | 614 | 337 | 663 | 278 | 806 | 716 | 284 | 090 | 45 |
| 16 | 424 | 964 | 036 | 460 | 618 | 343 | 657 | 274 | 809 | 722 | 278 | 087 | 44 |
| 17 | 428 | 970 | 030 | 457 | 621 | 349 | 651 | 271 | 812 | 728 | 272 | 084 | 43 |
| 18 | 431 | 977 | 023 | 454 | 624 | 356 | 644 | 268 | 815 | 735 | 265 | 081 | 42 |
| 19 | 434 | 983 | 017 | 451 | 627 | 362 | 638 | 265 | 819 | 741 | 259 | 078 | 41 |
| 20 | 437 | 989 | 011 | 448 | 630 | 368 | 632 | 262 | 822 | 747 | 253 | 074 | 40 |
| 21 | 440 | 996 | 004 | 445 | 634 | 375 | 625 | 259 | 825 | 754 | 246 | 071 | 39 |
| 22 | 444 | *002 | *998 | 442 | 637 | 381 | 619 | 256 | 828 | 760 | 240 | 068 | 38 |
| 23 | 447 | 008 | 992 | 439 | 640 | 387 | 613 | 253 | 831 | 766 | 234 | 065 | 37 |
| 24 | 450 | 015 | 985 | 436 | 643 | 394 | 606 | 250 | 835 | 773 | 227 | 062 | 36 |
| 25 | 453 | 021 | 979 | 433 | 646 | 400 | 600 | 246 | 838 | 779 | 221 | 059 | 35 |
| 26 | 457 | 027 | 973 | 429 | 650 | 406 | 594 | 243 | 841 | 785 | 215 | 056 | 34 |
| 27 | 460 | 033 | 967 | 426 | 653 | 413 | 587 | 240 | 844 | 792 | 208 | 052 | 33 |
| 28 | 463 | 040 | 960 | 423 | 656 | 419 | 581 | 237 | 847 | 798 | 202 | 049 | 32 |
| 29 | 466 | 046 | 954 | 420 | 659 | 425 | 575 | 234 | 850 | 804 | 196 | 046 | 31 |
| 30 | 470 | 052 | 948 | 417 | 662 | 431 | 569 | 231 | 854 | 811 | 189 | 043 | 30 |
| 31 | 473 | 059 | 941 | 414 | 666 | 438 | 562 | 228 | 857 | 817 | 183 | 040 | 29 |
| 32 | 476 | 065 | 935 | 411 | 669 | 444 | 556 | 225 | 860 | 823 | 177 | 037 | 28 |
| 33 | 479 | 071 | 929 | 408 | 672 | 450 | 550 | 222 | 863 | 829 | 171 | 034 | 27 |
| 34 | 482 | 078 | 922 | 405 | 675 | 457 | 543 | 218 | 866 | 836 | 164 | 030 | 26 |
| 35 | 486 | 084 | 916 | 402 | 678 | 463 | 537 | 215 | 869 | 842 | 158 | 027 | 25 |
| 36 | 489 | 090 | 910 | 399 | 682 | 469 | 531 | 212 | 873 | 848 | 152 | 024 | 24 |
| 37 | 492 | 097 | 903 | 395 | 685 | 476 | 524 | 209 | 876 | 855 | 145 | 021 | 23 |
| 38 | 495 | 103 | 897 | 392 | 688 | 482 | 518 | 206 | 879 | 861 | 139 | 018 | 22 |
| 39 | 499 | 109 | 891 | 389 | 691 | 488 | 512 | 203 | 882 | 867 | 133 | 015 | 21 |
| 40 | 502 | 116 | 884 | 386 | 694 | 495 | 505 | 200 | 885 | 874 | 126 | 012 | 20 |
| 41 | 505 | 122 | 878 | 383 | 698 | 501 | 499 | 197 | 888 | 880 | 120 | 008 | 19 |
| 42 | 508 | 128 | 872 | 380 | 701 | 507 | 493 | 193 | 892 | 886 | 114 | 005 | 18 |
| 43 | 511 | 135 | 865 | 377 | 704 | 514 | 486 | 190 | 895 | 893 | 107 | 002 | 17 |
| 44 | 515 | 141 | 859 | 374 | 707 | 520 | 480 | 187 | 898 | 899 | 101 | *999 | 16 |
| 45 | 518 | 147 | 853 | 371 | 710 | 526 | 474 | 184 | 901 | 905 | 095 | 996 | 15 |
| 46 | 521 | 154 | 846 | 368 | 714 | 533 | 467 | 181 | 904 | 912 | 088 | 993 | 14 |
| 47 | 524 | 160 | 840 | 365 | 717 | 539 | 461 | 178 | 907 | 918 | 082 | 990 | 13 |
| 48 | 528 | 166 | 834 | 361 | 720 | 545 | 455 | 175 | 911 | 924 | 076 | 986 | 12 |
| 49 | 531 | 172 | 828 | 358 | 723 | 552 | 448 | 172 | 914 | 931 | 069 | 983 | 11 |
| 50 | 534 | 179 | 821 | 355 | 726 | 558 | 442 | 168 | 917 | 937 | 063 | 980 | 10 |
| 51 | 537 | 185 | 815 | 352 | 729 | 564 | 436 | 165 | 920 | 943 | 057 | 977 | 9 |
| 52 | 540 | 191 | 809 | 349 | 733 | 570 | 430 | 162 | 923 | 949 | 051 | 974 | 8 |
| 53 | 544 | 198 | 802 | 346 | 736 | 577 | 423 | 159 | 926 | 956 | 044 | 971 | 7 |
| 54 | 547 | 204 | 796 | 343 | 739 | 583 | 417 | 156 | 930 | 962 | 038 | 967 | 6 |
| 55 | 550 | 210 | 790 | 340 | 742 | 589 | 411 | 153 | 933 | 968 | 032 | 964 | 5 |
| 56 | 553 | 217 | 783 | 337 | 745 | 596 | 404 | 150 | 936 | 975 | 025 | 961 | 4 |
| 57 | 557 | 223 | 777 | 334 | 749 | 602 | 398 | 147 | 939 | 981 | 019 | 958 | 3 |
| 58 | 560 | 229 | 771 | 330 | 752 | 608 | 392 | 143 | 942 | 987 | 013 | 955 | 2 |
| 59 | 563 | 236 | 764 | 327 | 755 | 615 | 385 | 140 | 945 | 994 | 006 | 952 | 1 |
| 60 | 566 | 242 | 758 | 324 | 758 | 621 | 379 | 137 | 949 | *000 | 000 | 949 | 0 |
| | 9.84 | 9.99 | 0.00 | 9.85 | 9.84 | 9.99 | 0.00 | 9.85 | 9.84 | 0.00 | 0.00 | 9.84 | |
| | cos | cotg | tang | sin | cos | cotg | tang | sin | cos | cotg | tang | sin | |
| | 3h 2m | | | | 3h 1m | | | | 3h 0m | | | | |

# Umwandlung von Gradmaß in Zeitmaß und umgekehrt.

| Grade | | | | | | | | | | | | Minuten | | Sekunden | |
|---|---|---|---|---|---|---|---|---|---|---|---|---|---|---|---|
| 0° | 0h 0m | 60° | 4h 0m | 120° | 8h 0m | 180° | 12h 0m | 240° | 16h 0m | 300° | 20h 0m | 0' | 0m 0s | 0" | 0s.000 |
| 1 | 0 4 | 61 | 4 4 | 121 | 8 4 | 181 | 12 4 | 241 | 16 4 | 301 | 20 4 | 1 | 0 4 | 1 | 0.067 |
| 2 | 0 8 | 62 | 4 8 | 122 | 8 8 | 182 | 12 8 | 242 | 16 8 | 302 | 20 8 | 2 | 0 8 | 2 | 0.133 |
| 3 | 0 12 | 63 | 4 12 | 123 | 8 12 | 183 | 12 12 | 243 | 16 12 | 303 | 20 12 | 3 | 0 12 | 3 | 0.200 |
| 4 | 0 16 | 64 | 4 16 | 124 | 8 16 | 184 | 12 16 | 244 | 16 16 | 304 | 20 16 | 4 | 0 16 | 4 | 0.267 |
| 5 | 0 20 | 65 | 4 20 | 125 | 8 20 | 185 | 12 20 | 245 | 16 20 | 305 | 20 20 | 5 | 0 20 | 5 | 0.333 |
| 6 | 0 24 | 66 | 4 24 | 126 | 8 24 | 186 | 12 24 | 246 | 16 24 | 306 | 20 24 | 6 | 0 24 | 6 | 0.400 |
| 7 | 0 28 | 67 | 4 28 | 127 | 8 28 | 187 | 12 28 | 247 | 16 28 | 307 | 20 28 | 7 | 0 28 | 7 | 0.467 |
| 8 | 0 32 | 68 | 4 32 | 128 | 8 32 | 188 | 12 32 | 248 | 16 32 | 308 | 20 32 | 8 | 0 32 | 8 | 0.533 |
| 9 | 0 36 | 69 | 4 36 | 129 | 8 36 | 189 | 12 36 | 249 | 16 36 | 309 | 20 36 | 9 | 0 36 | 9 | 0.600 |
| 10 | 0 40 | 70 | 4 40 | 130 | 8 40 | 190 | 12 40 | 250 | 16 40 | 310 | 20 40 | 10 | 0 40 | 10 | 0.667 |
| 11 | 0 44 | 71 | 4 44 | 131 | 8 44 | 191 | 12 44 | 251 | 16 44 | 311 | 20 44 | 11 | 0 44 | 11 | 0.733 |
| 12 | 0 48 | 72 | 4 48 | 132 | 8 48 | 192 | 12 48 | 252 | 16 48 | 312 | 20 48 | 12 | 0 48 | 12 | 0.800 |
| 13 | 0 52 | 73 | 4 52 | 133 | 8 52 | 193 | 12 52 | 253 | 16 52 | 313 | 20 52 | 13 | 0 52 | 13 | 0.867 |
| 14 | 0 56 | 74 | 4 56 | 134 | 8 56 | 194 | 12 56 | 254 | 16 56 | 314 | 20 56 | 14 | 0 56 | 14 | 0.933 |
| 15 | 1 0 | 75 | 5 0 | 135 | 9 0 | 195 | 13 0 | 255 | 17 0 | 315 | 21 0 | 15 | 1 0 | 15 | 1.000 |
| 16 | 1 4 | 76 | 5 4 | 136 | 9 4 | 196 | 13 4 | 256 | 17 4 | 316 | 21 4 | 16 | 1 4 | 16 | 1.067 |
| 17 | 1 8 | 77 | 5 8 | 137 | 9 8 | 197 | 13 8 | 257 | 17 8 | 317 | 21 8 | 17 | 1 8 | 17 | 1.133 |
| 18 | 1 12 | 78 | 5 12 | 138 | 9 12 | 198 | 13 12 | 258 | 17 12 | 318 | 21 12 | 18 | 1 12 | 18 | 1.200 |
| 19 | 1 16 | 79 | 5 16 | 139 | 9 16 | 199 | 13 16 | 259 | 17 16 | 319 | 21 16 | 19 | 1 16 | 19 | 1.267 |
| 20 | 1 20 | 80 | 5 20 | 140 | 9 20 | 200 | 13 20 | 260 | 17 20 | 320 | 21 20 | 20 | 1 20 | 20 | 1.333 |
| 21 | 1 24 | 81 | 5 24 | 141 | 9 24 | 201 | 13 24 | 261 | 17 24 | 321 | 21 24 | 21 | 1 24 | 21 | 1.400 |
| 22 | 1 28 | 82 | 5 28 | 142 | 9 28 | 202 | 13 28 | 262 | 17 28 | 322 | 21 28 | 22 | 1 28 | 22 | 1.467 |
| 23 | 1 32 | 83 | 5 32 | 143 | 9 32 | 203 | 13 32 | 263 | 17 32 | 323 | 21 32 | 23 | 1 32 | 23 | 1.533 |
| 24 | 1 36 | 84 | 5 36 | 144 | 9 36 | 204 | 13 36 | 264 | 17 36 | 324 | 21 36 | 24 | 1 36 | 24 | 1.600 |
| 25 | 1 40 | 85 | 5 40 | 145 | 9 40 | 205 | 13 40 | 265 | 17 40 | 325 | 21 40 | 25 | 1 40 | 25 | 1.667 |
| 26 | 1 44 | 86 | 5 44 | 146 | 9 44 | 206 | 13 44 | 266 | 17 44 | 326 | 21 44 | 26 | 1 44 | 26 | 1.733 |
| 27 | 1 48 | 87 | 5 48 | 147 | 9 48 | 207 | 13 48 | 267 | 17 48 | 327 | 21 48 | 27 | 1 48 | 27 | 1.800 |
| 28 | 1 52 | 88 | 5 52 | 148 | 9 52 | 208 | 13 52 | 268 | 17 52 | 328 | 21 52 | 28 | 1 52 | 28 | 1.867 |
| 29 | 1 56 | 89 | 5 56 | 149 | 9 56 | 209 | 13 56 | 269 | 17 56 | 329 | 21 56 | 29 | 1 56 | 29 | 1.933 |
| 30 | 2 0 | 90 | 6 0 | 150 | 10 0 | 210 | 14 0 | 270 | 18 0 | 330 | 22 0 | 30 | 2 0 | 30 | 2.000 |
| 31 | 2 4 | 91 | 6 4 | 151 | 10 4 | 211 | 14 4 | 271 | 18 4 | 331 | 22 4 | 31 | 2 4 | 31 | 2.067 |
| 32 | 2 8 | 92 | 6 8 | 152 | 10 8 | 212 | 14 8 | 272 | 18 8 | 332 | 22 8 | 32 | 2 8 | 32 | 2.133 |
| 33 | 2 12 | 93 | 6 12 | 153 | 10 12 | 213 | 14 12 | 273 | 18 12 | 333 | 22 12 | 33 | 2 12 | 33 | 2.200 |
| 34 | 2 16 | 94 | 6 16 | 154 | 10 16 | 214 | 14 16 | 274 | 18 16 | 334 | 22 16 | 34 | 2 16 | 34 | 2.267 |
| 35 | 2 20 | 95 | 6 20 | 155 | 10 20 | 215 | 14 20 | 275 | 18 20 | 335 | 22 20 | 35 | 2 20 | 35 | 2.333 |
| 36 | 2 24 | 96 | 6 24 | 156 | 10 24 | 216 | 14 24 | 276 | 18 24 | 336 | 22 24 | 36 | 2 24 | 36 | 2.400 |
| 37 | 2 28 | 97 | 6 28 | 157 | 10 28 | 217 | 14 28 | 277 | 18 28 | 337 | 22 28 | 37 | 2 28 | 37 | 2.467 |
| 38 | 2 32 | 98 | 6 32 | 158 | 10 32 | 218 | 14 32 | 278 | 18 32 | 338 | 22 32 | 38 | 2 32 | 38 | 2.533 |
| 39 | 2 36 | 99 | 6 36 | 159 | 10 36 | 219 | 14 36 | 279 | 18 36 | 339 | 22 36 | 39 | 2 36 | 39 | 2.600 |
| 40 | 2 40 | 100 | 6 40 | 160 | 10 40 | 220 | 14 40 | 280 | 18 40 | 340 | 22 40 | 40 | 2 40 | 40 | 2.667 |
| 41 | 2 44 | 101 | 6 44 | 161 | 10 44 | 221 | 14 44 | 281 | 18 44 | 341 | 22 44 | 41 | 2 44 | 41 | 2.733 |
| 42 | 2 48 | 102 | 6 48 | 162 | 10 48 | 222 | 14 48 | 282 | 18 48 | 342 | 22 48 | 42 | 2 48 | 42 | 2.800 |
| 43 | 2 52 | 103 | 6 52 | 163 | 10 52 | 223 | 14 52 | 283 | 18 52 | 343 | 22 52 | 43 | 2 52 | 43 | 2.867 |
| 44 | 2 56 | 104 | 6 56 | 164 | 10 56 | 224 | 14 56 | 284 | 18 56 | 344 | 22 56 | 44 | 2 56 | 44 | 2.933 |
| 45 | 3 0 | 105 | 7 0 | 165 | 11 0 | 225 | 15 0 | 285 | 19 0 | 345 | 23 0 | 45 | 3 0 | 45 | 3.000 |
| 46 | 3 4 | 106 | 7 4 | 166 | 11 4 | 226 | 15 4 | 286 | 19 4 | 346 | 23 4 | 46 | 3 4 | 46 | 3.067 |
| 47 | 3 8 | 107 | 7 8 | 167 | 11 8 | 227 | 15 8 | 287 | 19 8 | 347 | 23 8 | 47 | 3 8 | 47 | 3.133 |
| 48 | 3 12 | 108 | 7 12 | 168 | 11 12 | 228 | 15 12 | 288 | 19 12 | 348 | 23 12 | 48 | 3 12 | 48 | 3.200 |
| 49 | 3 16 | 109 | 7 16 | 169 | 11 16 | 229 | 15 16 | 289 | 19 16 | 349 | 23 16 | 49 | 3 16 | 49 | 3.267 |
| 50 | 3 20 | 110 | 7 20 | 170 | 11 20 | 230 | 15 20 | 290 | 19 20 | 350 | 23 20 | 50 | 3 20 | 50 | 3.333 |
| 51 | 3 24 | 111 | 7 24 | 171 | 11 24 | 231 | 15 24 | 291 | 19 24 | 351 | 23 24 | 51 | 3 24 | 51 | 3.400 |
| 52 | 3 28 | 112 | 7 28 | 172 | 11 28 | 232 | 15 28 | 292 | 19 28 | 352 | 23 28 | 52 | 3 28 | 52 | 3.467 |
| 53 | 3 32 | 113 | 7 32 | 173 | 11 32 | 233 | 15 32 | 293 | 19 32 | 353 | 23 32 | 53 | 3 32 | 53 | 3.533 |
| 54 | 3 36 | 114 | 7 36 | 174 | 11 36 | 234 | 15 36 | 294 | 19 36 | 354 | 23 36 | 54 | 3 36 | 54 | 3.600 |
| 55 | 3 40 | 115 | 7 40 | 175 | 11 40 | 235 | 15 40 | 295 | 19 40 | 355 | 23 40 | 55 | 3 40 | 55 | 3.667 |
| 56 | 3 44 | 116 | 7 44 | 176 | 11 44 | 236 | 15 44 | 296 | 19 44 | 356 | 23 44 | 56 | 3 44 | 56 | 3.733 |
| 57 | 3 48 | 117 | 7 48 | 177 | 11 48 | 237 | 15 48 | 297 | 19 48 | 357 | 23 48 | 57 | 3 48 | 57 | 3.800 |
| 58 | 3 52 | 118 | 7 52 | 178 | 11 52 | 238 | 15 52 | 298 | 19 52 | 358 | 23 52 | 58 | 3 52 | 58 | 3.867 |
| 59 | 3 56 | 119 | 7 56 | 179 | 11 56 | 239 | 15 56 | 299 | 19 56 | 359 | 23 56 | 59 | 3 56 | 59 | 3.933 |
| 60 | 4 0 | 120 | 8 0 | 180 | 12 0 | 240 | 16 0 | 300 | 20 0 | 360 | 24 0 | 60 | 4 0 | 60 | 4.000 |

# Inhalt.

FSC
www.fsc.org
MIX
Papier | Fördert gute Waldnutzung
FSC® C083411

Zeitfracht Medien GmbH
Ferdinand-Jühlke-Straße 7
99095 Erfurt, Deutschland
produktsicherheit@kolibri360.de